中文版
Photoshop CC
应用宝典

梁为民 编著

北京日报出版社

图书在版编目（CIP）数据

中文版 Photoshop CC 应用宝典 / 梁为民编著. --
北京 ：北京日报出版社, 2015.12
　ISBN 978-7-5477-1980-0

　Ⅰ. ①中… Ⅱ. ①梁… Ⅲ. ①图象处理软件 Ⅳ.
① TP391.41

　中国版本图书馆 CIP 数据核字(2015)第 314396 号

中文版 Photoshop CC 应用宝典

出版发行：北京日报出版社
地　　址：北京市东城区东单三条 8-16 号 东方广场东配楼四层
邮　　编：100005
电　　话：发行部：（010）65255876
　　　　　　总编室：（010）65252135-8043
网　　址：www.beijingtongxin.com
印　　刷：北京凯达印务有限公司
经　　销：各地新华书店
版　　次：2016 年 3 月第 1 版
　　　　　　2016 年 3 月第 1 次印刷
开　　本：787 毫米×1092 毫米　1/16
印　　张：32.75
字　　数：679 千字
定　　价：98.00 元(随书赠送 DVD 一张)

前 言

软件简介

　　Photoshop CC 是 Adobe 公司最新推出的一款图形图像处理软件，是目前世界上优秀的平面设计软件之一，被广泛应用于图像处理、图像制作、广告设计、影楼摄影等行业，随着软件的不断升级，本书立足于这款软件的实际操作及行业应用，完全从一个初学者的角度出发，循序渐进地讲解核心知识点，并通过大量实例演练，让读者在最短的时间内成为 Photoshop 操作高手。

本书的主要特色

　　全面内容：5 大篇幅内容安排＋23 章软件技术精解＋160 多个专家提醒＋1680 多张图片全程图解。

　　功能完备：书中详细讲解了 Photoshop CC 的工具、功能、命令、菜单、选项，做到完全解析、完全自学，读者可以即查即用。

　　案例丰富：4 大领域专题实战精通＋260 多个技能实例演练＋450 多分钟视频播放，帮助读者步步精通，成为设计行家！

本书内容

　　第 1~2 章，为软件入门篇，主要介绍了 Photoshop CC 快速入门的基础知识。

　　第 3~8 章，为进阶提高篇，主要介绍了图像选区、图像色彩、修饰图像等内容。

　　第 9~14 章，为核心攻略篇，主要介绍了文字、图层、路径、通道、蒙版、滤镜等内容。

　　第 15~19 章，为高手终极篇，主要介绍了 3D 图像、网页动画、图像视频、打印输出等内容。

　　第 20~23 章，为综合案例篇，主要介绍了数码照片、卡片、海报招贴、商品包装的效果制作。

作者售后

　　本书由卓越编著，在编写的过程中，得到了杨侃滢、李瑶等人的帮助，在此表示感谢。由于作者知识水平有限，书中难免有错误和疏漏之处，恳请广大读者批评、指正，联系邮箱：itsir@qq.com。

版权声明

　　本书及光盘中所采用的图片、模型、音频、视频和赠品等素材，均为所属公司、网站或个人所有，本书引用仅为说明（教学）之用，绝无侵权之意，特此声明。

编者

内容提要

本书是一本 Photoshop 学习宝典，通过 260 多个实战案例，以及 450 多分钟全程同步语音教学视频，帮助读者从入门、进阶、精通软件，直到成为应用高手！

书中内容包括：初步认识 Photoshop CC、Photoshop CC 基础操作、处理图像的基本操作、认识与创建图像选区、图像选区的管理运用、图像色彩的基本调整、调整图像色调的方法、修饰图像的各种工具、输入与制作文字特效、创建与管理图层样式、绘制与编辑多种路径、通道的创建与编辑、蒙版的创建与管理、应用图像滤镜特效、制作与渲染 3D 图像、制作网页动画特效、图像的自动处理、视频的创建与编辑、打印输出图像文件，以及制作数码照片效果、各类卡片效果、海报招贴广告、商品包装效果等。

本书适用于 Photoshop 的初、中级读者阅读，以及图像处理人员、照片处理人员、平面广告设计人员、淘宝修图人员等，也可作为各类计算机培训中心、中职中专、高职高专等院校相关专业的辅导教材。

CONTENTS 目录

■ 软件入门篇 ■

第 1 章 Photoshop CC 快速入门 1

1.1 Photoshop CC 的安装与卸载 2

  1.1.1 安装 Photos hop CC 的方法 2

  1.1.2 卸载 Photoshop CC 的方法 3

1.2 Photoshop CC 工作界面的介绍 4

  1.2.1 菜单栏 5

  1.2.2 状态栏 6

  1.2.3 工具属性栏 7

  1.2.4 工具箱 8

  1.2.5 图像编辑窗口 8

  1.2.6 浮动面板 8

1.3 了解 Photoshop CC 的新增功能 9

  1.3.1 全新的启动界面 9

  1.3.2 相机防抖功能 10

  1.3.3 Camera Raw 修复功能改进 11

  1.3.4 Camera Raw 径向滤镜 11

  1.3.5 Camera Raw 自动垂直功能 12

  1.3.6 保留细节重采样模式 12

  1.3.7 形状图层属性面板 13

  1.3.8 智能锐化的改进 14

  1.3.9 隔离层 15

  1.3.10 同步设置 15

  1.3.11 将图层提取为资源 15

  1.3.12 3D 面板更新 16

  1.3.13 在 Behance 上共享作品 16

  1.3.14 3D 绘画增强 17

  1.3.15 "最小值"和"最大值" 滤镜增强 17

  1.3.16 污点去除工具 18

  1.3.17 支持多种印度语言 20

1.4 Photoshop 的应用领域 20

  1.4.1 在平面设计中的应用 20

  1.4.2 在插画设计中的应用 21

  1.4.3 在网页设计中的应用 21

  1.4.4 在数码摄影后期处理中的应用 21

  1.4.5 在效果图后期制作中的应用 22

1.5 Photoshop 图像基本常识 22

  1.5.1 位图与矢量图 23

  1.5.2 像素与分辨率 23

  1.5.3 常用图像颜色模式 24

  1.5.4 图像的文件格式 26

第 2 章 初步了解 Photoshop CC 28

2.1 常用的图像文件操作 29

  2.1.1 新建图像文件 29

  2.1.2 打开图像文件 30

  2.1.3 保存图像文件 31

  2.1.4 关闭图像文件 32

  2.1.5 图像撤销操作 32

  2.1.6 使用快照还原图像 32

  2.1.7 恢复图像为初始状态 33

2.2 设置窗口显示 34

  2.2.1 最小化、最大化和还原窗口 34

  2.2.2 面板的展开和组合 34

  2.2.3 移动和调整面板大小 35

  2.2.4 调整图像窗口排列 36

  2.2.5 切换图像窗口 37

  2.2.6 调整窗口大小 37

  2.2.7 移动图像窗口 38

2.3 图像显示的调整 38

  2.3.1 放大与缩小显示图像 38

  2.3.2 控制图像显示模式 40

  2.3.3 按区域放大显示图像 41

  2.3.4 按适合屏幕显示图像 42

  2.3.5 移动图像窗口显示区域 43

2.4 辅助工具的运用 44

  2.4.1 应用网格 44

  2.4.2 应用参考线 45

2.4.3 应用标尺 46

2.4.4 应用注释工具 48

■ 进阶提高篇 ■

第 3 章 图像处理的基础操作 50

3.1 图像画布的控制 51

3.1.1 调整画布的尺寸 51

3.1.2 旋转和翻转画布 52

3.1.3 显示全部图像 52

3.1.4 调整图像的尺寸 53

3.1.5 调整图像分辨率 54

3.2 图像的裁剪 55

3.2.1 运用工具裁剪图像 55

3.2.2 运用命令裁切图像 56

3.2.3 精确裁剪图像对象 58

3.3 图像素材的管理 58

3.3.1 移动图像素材 59

3.3.2 删除图像素材 61

3.4 图像的变换和翻转 62

3.4.1 缩放 / 旋转图像素材 62

3.4.2 水平翻转图像素材 63

3.4.3 垂直翻转图像素材 64

3.5 图像的自由变换 65

3.5.1 斜切图像素材 65

3.5.2 扭曲图像素材 66

3.5.3 透视图像素材 67

3.5.4 变形图像素材 68

3.5.5 重复上次变换 69

3.5.6 操控变形图像 70

第 4 章 初步认识图像选区的创建 ...72

4.1 选区介绍 73

4.1.1 选区的主要含义 73

4.1.2 创建常用选区的方法 ...73

4.2 几何选区的创建 75

4.2.1 运用矩形选框工具
　　　创建矩形选区 75

4.2.2 运用椭圆选框工具
　　　创建椭圆选区 77

4.2.3 运用单行选框工具
　　　创建水平选区 79

4.2.4 运用单列选框工具
　　　创建垂直选区 80

4.3 不规则选区的创建 81

4.3.1 运用套索工具
　　　创建不规则选区 81

4.3.2 运用多边形套索工具
　　　创建形状选区 82

4.3.3 运用磁性套索工具创建选区 ...84

4.4 颜色选区的创建 86

4.4.1 运用魔棒工具
　　　创建颜色相近选区 86

4.4.2 运用快速选择工具创建选区 ...87

4.5 随意选区的创建 89

4.5.1 "色彩范围"命令
　　　自定颜色选区 89

4.5.2 运用"全部"命令
　　　全选图像选区 90

4.5.3 运用"扩大选取"命令
　　　扩大选区 91

4.5.4 运用"选取相似"命令
　　　创建相似选区 92

4.6 运用按钮创建选区 93

4.6.1 运用"新选区"按钮创建选区 94

4.6.2 运用"添加到选区"按钮
　　　添加选区 95

4.6.3 运用"从选区减去"按钮
　　　减少选区 96

4.6.4 运用"与选区交叉"按钮
　　　重合选区 97

第 5 章 管理与运用图像选区 99

5.1 选区的管理 100

5.1.1 移动和取消选区 100

5.1.2 重选选区 101

5.1.3 存储选区 102

5.1.4 载入选区 103

CONTENTS

5.2 选区的编辑 103
  5.2.1 变换选区 103
  5.2.2 剪切选区图像 105
  5.2.3 拷贝和粘贴选区图像 106
  5.2.4 在选区内贴入图像 107
  5.2.5 外部粘贴选区内的图像 108

5.3 选区的修改 110
  5.3.1 边界选区 110
  5.3.2 平滑选区 111
  5.3.3 扩展 / 收缩选区 113
  5.3.4 羽化选区 115
  5.3.5 调整边缘 116

5.4 选区的应用 118
  5.4.1 移动选区内图像 118
  5.4.2 清除选区内图像 118
  5.4.3 描边选区 119
  5.4.4 填充选区 121
  5.4.5 使用选区定义图案 122

5.5 填充工具的运用 123
  5.5.1 "填充"命令 123
  5.5.2 运用"填充"命令 123
  5.5.3 油漆桶工具 125
  5.5.4 运用油漆桶工具美化 125
  5.5.5 渐变工具 126
  5.5.6 运用渐变工具 127
  5.5.7 快捷键填充 128
  5.5.8 运用快捷键更改图片颜色 128

第 6 章 图像色彩的调整方法 130

6.1 颜色的基本含义 131
  6.1.1 色相 131
  6.1.2 亮度 131
  6.1.3 饱和度 132

6.2 图像的颜色分布 132
  6.2.1 "信息"面板 133
  6.2.2 "直方图"面板 133

6.3 图像颜色模式的转换 135

6.3.1 转换图像为 RGB 模式 135
  6.3.2 转换图像为 CMYK 模式 135
  6.3.3 转换图像为灰度模式 136
  6.3.4 转换图像为多通道模式 137

6.4 色域范围外的颜色识别 138
  6.4.1 预览 RGB 颜色模式里的
     CMYK 颜色 138
  6.4.2 识别图像色域外的颜色 138

6.5 图像色彩和色调的自动校正 139
  6.5.1 运用"自动色调"命令
     调整图像色调 139
  6.5.2 运用"自动对比度"命令
     调整图像对比度 140
  6.5.3 运用"自动颜色"命令
     校正图像颜色 140

6.6 调整图像的色彩 141
  6.6.1 运用"色阶"命令
     调整图像的亮度范围 141
  6.6.2 运用"亮度 / 对比度"命令
     调整图像色彩亮度 143
  6.6.3 运用"曲线"命令
     调整图像色调 144
  6.6.4 运用"曝光度"命令
     调整图像曝光度 146

第 7 章 图像色调的调整方法 148

7.1 调整图像色调 149
  7.1.1 "自然饱和度"命令 149
  7.1.2 运用"自然饱和度"命令
     调整图像饱和度 150
  7.1.3 "色相 / 饱和度"命令 150
  7.1.4 运用"色相 / 饱和度"命令
     调整图像色相 152
  7.1.5 "色彩平衡"命令 153
  7.1.6 运用"色彩平衡"命令
     调整图像偏色 154
  7.1.7 "匹配颜色"命令 154
  7.1.8 运用"匹配颜色"命令
     匹配图像色调 156
  7.1.9 "替换颜色"命令 157

7.1.10 运用"替换颜色"命令
　　　　替换图像颜色 158

7.1.11 "照片滤镜"命令 159

7.1.12 运用"照片滤镜"命令
　　　　过滤图像色调 160

7.1.13 "阴影／高光"命令 161

7.1.14 运用"阴影／高光"命令
　　　　调整图像明暗 162

7.1.15 "通道混合器"命令 163

7.1.16 运用"通道混合器"命令
　　　　调整图像色彩 164

7.1.17 "可选颜色"命令 165

7.1.18 运用"可选颜色"命令
　　　　校正图像色彩平衡 166

7.2 特殊调整色彩和色调 167

7.2.1 "黑白"命令 167

7.2.2 运用"黑白"命令
　　　制作单色图像 168

7.2.3 运用"反相"命令
　　　制作照片底片效果 169

7.2.4 运用"去色"命令
　　　制作灰度图像 170

7.2.5 "阈值"命令 171

7.2.6 运用"阈值"命令
　　　制作黑白图像 171

7.2.7 "变化"命令 172

7.2.8 运用"变化"命令
　　　调整图像色彩 173

7.2.9 "HDR 色调"命令 175

7.2.10 运用"HDR 色调"命令
　　　　调整图像色调 176

7.2.11 运用"色调均化"命令
　　　　均化图像亮度值 177

7.2.12 运用"色调分离"命令
　　　　指定色调级数 178

7.2.13 "渐变映射"命令 179

7.2.14 运用"渐变映射"命令
　　　　制作彩色渐变效果 179

第 8 章 修饰图像的工具运用 181

8.1 基础绘图 182

8.1.1 纸张的选择 182

8.1.2 画笔的选择 182

8.1.3 颜色的选择 183

8.2 画笔属性的设置 183

8.2.1 画笔面板 183

8.2.2 管理画笔 184

8.2.3 载入和自定义画笔 186

8.3 图像的复制 188

8.3.1 仿制图章工具 189

8.3.2 运用仿制图章工具复制图像 189

8.3.3 图案图章工具 190

8.3.4 运用图案图章工具复制图像 191

8.3.5 "仿制源"面板 192

8.3.6 运用"仿制源"面板
　　　复制图像 192

8.4 图像的修复和修补 193

8.4.1 污点修复画笔工具 193

8.4.2 运用污点修复画笔工具
　　　修复图像 194

8.4.3 修复画笔工具 195

8.4.4 运用修复画笔工具修复图像 195

8.4.5 修补工具 196

8.4.6 运用修补工具修补图像 197

8.4.7 红眼工具 198

8.4.8 运用红眼工具去除红眼 198

8.5 图像的恢复 199

8.5.1 运用历史记录画笔工具
　　　恢复图像 200

8.5.2 运用历史记录艺术画笔工具
　　　绘制图像 200

8.6 图像的修饰 201

8.6.1 模糊工具 201

8.6.2 运用模糊工具模糊图像 202

8.6.3 锐化工具 203

8.6.4 运用锐化工具清晰图像 203

8.6.5 涂抹工具 204

8.6.6 运用涂抹工具混合图像颜色 205

8.7 清除图像的工具 206

  8.7.1 橡皮擦工具 206

  8.7.2 运用橡皮擦工具擦除图像 206

  8.7.3 背景橡皮擦工具 207

  8.7.4 运用背景橡皮擦工具
     擦除背景 208

  8.7.5 魔术橡皮擦工具 209

  8.7.6 运用魔术橡皮擦工具
     擦除图像 209

8.8 图像的调色 210

  8.8.1 减淡工具 210

  8.8.2 运用减淡工具加亮图像 211

  8.8.3 运用加深工具调暗图像 211

  8.8.4 海绵工具 212

  8.8.5 运用海绵工具调整图像 213

■ 核心攻略篇 ■

第 9 章 文字的输入与特效制作 215

9.1 文字的介绍 215

  9.1.1 文字的类型 215

  9.1.2 文字工具属性栏 215

9.2 文字的输入 217

  9.2.1 横排文字工具 217

  9.2.2 横排文字工具的运用 218

  9.2.3 直排工具 219

  9.2.4 直排文字工具的运用 219

  9.2.5 段落工具 220

  9.2.6 运用横排文字工具
     制作段落文字效果 220

  9.2.7 运用文字蒙版工具
     创建选区文字效果 222

9.3 文字属性的设置 223

  9.3.1 设置文字属性 224

  9.3.2 设置段落属性 225

9.4 文字的编辑 226

  9.4.1 选择和移动文字 226

  9.4.2 互换水平和垂直文字 227

  9.4.3 切换点文本和段落文本 227

  9.4.4 拼写检查文字 229

  9.4.5 查找与替换文字 230

9.5 路径文字的制作 231

  9.5.1 输入沿路径排列文字 232

  9.5.2 调整文字排列的位置 233

  9.5.3 调整文字路径形状 234

  9.5.4 调整文字与路径距离 235

9.6 变形文字的制作 236

  9.6.1 变形文字样式 236

  9.6.2 创建变形文字样式 237

  9.6.3 变形文字效果 238

9.7 文字转换 238

  9.7.1 将文字转换为路径 239

  9.7.2 将文字转换为形状 239

  9.7.3 将文字转换为图像 240

第 10 章 图层样式的创建与管理 243

10.1 认识图层 243

  10.1.1 图层的基本含义 243

  10.1.2 "图层"面板介绍 243

10.2 图层和图层组的创建 244

  10.2.1 普通图层 244

  10.2.2 文本图层 245

  10.2.3 形状图层 245

  10.2.4 创建调整图层 246

  10.2.5 创建填充图层 248

  10.2.6 图层组 249

10.3 图层的基础操作 250

  10.3.1 选择图层 250

  10.3.2 显示 / 隐藏图层 250

  10.3.3 复制图层 251

  10.3.4 删除图层 251

  10.3.5 重命名图层 252

  10.3.6 调整图层顺序 252

10.4 管理图层 253

  10.4.1 设置图层不透明度 253

  10.4.2 设置图层的填充参数 254

10.4.3 链接和合并图层 255

10.4.4 锁定图层 256

10.4.5 对齐 / 分布图层 257

10.4.6 栅格化图层 258

10.4.7 更改调整图层参数 259

10.5 常用图像混合模式的设置 260

10.5.1 设置"正片叠底"模式 260

10.5.2 设置"滤色"模式 260

10.5.3 设置"强光"模式 262

10.5.4 设置"明度"模式 262

10.5.5 应用混合模式抠图 263

10.6 经典图层样式的应用 264

10.6.1 投影样式 265

10.6.2 内发光样式 266

10.6.3 斜面和浮雕样式 267

10.6.4 运用斜面和浮雕样式制
作文字效果 268

10.6.5 渐变叠加样式 269

10.7 图层样式的管理 270

10.7.1 隐藏 / 清除图层样式 270

10.7.2 复制 / 粘贴图层样式 271

10.7.3 移动 / 缩放图层样式 272

10.7.4 将图层样式转换为普通图层 273

第 11 章 多种路径的编辑与绘制 276

11.1 初识路径 276

11.1.1 路径的基本含义 276

11.1.2 "路径"控制面板 276

11.2 线性路径的绘制 277

11.2.1 运用钢笔工具
绘制直线 / 曲线路径 277

11.2.2 运用钢笔工具绘制开放路径 279

11.2.3 运用自由钢笔工具
绘制曲线路径 279

11.3 形状路径的绘制 282

11.3.1 矩形路径形状 282

11.3.2 运用圆角矩形工具
绘制路径形状 283

11.3.3 运用椭圆工具绘制路径形状.....284

11.3.4 运用多边形工具
绘制路径形状 285

11.3.5 运用直线工具绘制路径形状.....287

11.3.6 运用自定形状工具
绘制路径形状 288

11.4 路径的管理 290

11.4.1 选择和移动路径 290

11.4.2 复制和变换路径 291

11.4.3 显示和隐藏路径 292

11.4.4 存储和删除路径 293

11.5 路径的编辑 294

11.5.1 添加和删除锚点 295

11.5.2 平滑和尖突锚点 296

11.5.3 连接和断开路径 297

11.6 路径的应用 298

11.6.1 填充路径 299

11.6.2 描边路径 299

11.6.3 布尔运算形状路径 301

第 12 章 通道的运用与管理 304

12.1 通道的含义 304

12.1.1 通道的作用 304

12.1.2 "通道"面板 304

12.2 了解通道的类型 305

12.2.1 颜色通道 305

12.2.2 专色通道 305

12.2.3 Alpha 通道 306

12.3 通道的创建 306

12.3.1 创建 Alpha 通道 306

12.3.2 创建复合通道 307

12.3.3 创建单色通道 308

12.3.4 创建专色通道 309

12.4 常见通道的基本操作 311

12.4.1 保存选区至通道 311

12.4.2 复制与删除通道 312

12.4.3 分离和合并通道 313

12.5 通道的合成 314

12.5.1 运用 "应用图像" 命令
合成图像 315

12.5.2 运用 "计算" 命令合成图像 316

第 13 章 创建与管理蒙版 319

13.1 蒙版的含义 319

13.1.1 蒙版的类型 319

13.1.2 蒙版的作用 319

13.2 蒙版的创建与编辑 320

13.2.1 创建图层蒙版 320

13.2.2 创建剪贴蒙版 322

13.2.3 创建快速蒙版 323

13.2.4 创建矢量蒙版 324

13.3 蒙版的管理 325

13.3.1 停用 / 启用蒙版 326

13.3.2 删除图层蒙版 327

13.3.3 应用图层蒙版 328

13.3.4 设置蒙版混合模式 329

第 14 章 图像滤镜特效的应用 332

14.1 滤镜的含义 332

14.1.1 滤镜的种类 332

14.1.2 滤镜的作用 332

14.1.3 内置滤镜的共性 334

14.1.4 认识滤镜库 334

14.2 智能滤镜的运用 335

14.2.1 创建智能滤镜 335

14.2.2 编辑智能滤镜 336

14.2.3 停用 / 启用智能滤镜 337

14.2.4 删除智能滤镜 337

14.3 特殊滤镜 338

14.3.1 液化滤镜 338

14.3.2 运用液化滤镜制作图像效果 339

14.3.3 消失点滤镜 340

14.3.4 运用滤镜库制作图像效果 342

14.4 常用滤镜的应用 343

14.4.1 "风格化" 滤镜 343

14.4.2 "模糊" 滤镜 344

14.4.3 "扭曲" 滤镜 345

14.4.4 "素描" 滤镜 346

14.4.5 "纹理" 滤镜 346

14.4.6 "像素化" 滤镜 347

14.4.7 "渲染" 滤镜 347

14.4.8 "艺术效果" 滤镜 348

14.4.9 "杂色" 滤镜 348

14.4.10 "画笔描边" 滤镜 349

■ 高手终极篇 ■

第 15 章 3D 图像的制作与渲染 351

15.1 初识 3D 351

15.1.1 3D 的基本概念 351

15.1.2 3D 的作用 351

15.1.3 3D 的特征 351

15.1.4 3D 工具 352

15.2 3D 面板介绍 353

15.2.1 3D 场景 353

15.2.2 3D 网格 354

15.2.3 3D 材质 354

15.2.4 3D 光源 355

15.3 3D 模型的制作 355

15.3.1 导入 3D 模型 355

15.3.2 创建 3D 模型纹理 356

15.3.3 填充 3D 模型 357

15.3.4 调整 3D 模型视角 359

15.3.5 改变模型光照 360

15.4 3D 图像的渲染与管理 361

15.4.1 渲染图像 361

15.4.2 3D 转换为 2D 362

15.4.3 编辑 3D 贴图 363

15.4.4 2D 转换为 3D 364

15.4.5 导出 3D 365

第 16 章 网页动画特效的制作 368

16.1 网络图像的优化 368

16.1.1 优化 GIF 格式图像 368

16.1.2 优化 JPEG 格式图像 369
16.2 动态图像的制作 369
16.2.1 "动画"面板 370
16.2.2 创建动态图像 370
16.2.3 制作动态图像 371
16.2.4 保存动态效果 373
16.2.5 创建过渡动画 374
16.2.6 创建文字变形动画 375
16.3 切片图像的编辑 377
16.3.1 了解切片对象种类 377
16.3.2 创建用户切片 378
16.3.3 创建自动切片 378
16.4 切片的管理 379
16.4.1 移动切片 379
16.4.2 调整切片 380
16.4.3 转换切片 381
16.4.4 锁定切片 383
16.4.5 隐藏切片 383
16.4.6 显示切片 384
16.4.7 清除切片 385

第 17 章 自动处理图像 387

17.1 动作的基本概念 387
17.1.1 动作的基本概括 387
17.1.2 动作与自动化命令的关系 387
17.1.3 "动作"控制面板 387
17.2 创建与编辑动作 388
17.2.1 创建动作 388
17.2.2 录制动作 389
17.2.3 播放动作 390
17.2.4 重新排列命令顺序 391
17.2.5 新增动作组 391
17.2.6 插入停止 392
17.2.7 插入菜单项目 394
17.2.8 复制、删除、保存动作 394
17.2.9 加载\替换\复位动作 396
17.3 运用动作制作特效 397
17.3.1 快速制作木质相框 397

17.3.2 快速制作暴风雪 398
17.4 图像的批处理 399
17.4.1 批处理图像 400
17.4.2 创建快捷批处理 400
17.4.3 裁剪并修齐图片 401
17.4.4 条件模式更改 402
17.4.5 HDR Pro 合并图像 403
17.4.6 合并生成全景 403
17.4.7 创建 PDF 演示文稿 404

第 18 章 创建与编辑视频 406

18.1 视频图层的概述 406
18.1.1 视频图层的含义 406
18.1.2 认识视频图层 406
18.1.3 编辑视频图层 406
18.2 视频的创建与导入 406
18.2.1 创建视频 407
18.2.2 导入视频帧 408
18.3 视频文件的编辑 409
18.3.1 插入、复制和删除
视频空白帧 409
18.3.2 像素长宽比的调整 409
18.3.3 设置视频的不透明度 410
18.3.4 解释素材 412
18.3.5 在视频中替换素材 412
18.3.6 渲染和保存视频 413

第 19 章 图像文件的打印输出 417

19.1 图像选项的优化 417
19.1.1 优化 GIF 和 PNG-8 格式 417
19.1.2 优化 JPEG 格式 418
19.1.3 优化 PNG-24 格式 419
19.1.4 优化 WBMP 格式 419
19.1.5 Web 图形格式 420
19.2 图像印前处理准备工作 420
19.2.1 选择文件存储格式 420
19.2.2 转换图像色彩模式 421
19.2.3 检查图像的分辨率 421

CONTENTS

19.3 安装\添加\设置打印机 422
   19.3.1 安装打印机驱动 422
   19.3.2 添加打印机 424
   19.3.3 设置打印机页面 425
   19.3.4 设置打印选项 426
19.4 输出属性的设置 426
   19.4.1 设置输出背景 426
   19.4.2 设置出血边 427
   19.4.3 设置图像边界 428
   19.4.4 设置打印份数 429
   19.4.5 预览打印效果 430

■ 综合案例篇 ■

第 20 章 设计案例:
数码照片的效果制作 432
20.1 打造素描效果 432
   20.1.1 制作黑白效果 432
   20.1.2 制作人物素描效果 433
20.2 打造绚丽妆容 434
   20.2.1 制作眼影效果 435
   20.2.2 制作唇彩效果 436
20.3 儿童相片处理 438
   20.3.1 制作儿童相片背景图像 438
   20.3.2 制作儿童相片整体效果 441
20.4 婚纱相片处理 443
   20.4.1 制作婚纱相片背景图像 443
   20.4.2 制作婚纱相片整体效果 445

第 21 章 设计案例:卡片效果的制作 448
21.1 制作会员卡 448
   21.1.1 制作会员卡文字图像 448
   21.1.2 制作会员卡整体效果 450
21.2 制作游戏卡 453
   21.2.1 制作游戏卡背景图像 454
   21.2.2 制作游戏卡整体效果 456
21.3 制作个人名片 459
   21.3.1 制作个人名片整体效果 459

21.3.2 制作个人名片立体效果 463
21.4 制作银行卡 464
   21.4.1 制作银行卡主体效果 464
   21.4.2 制作银行卡文字效果 466

第22章 设计案例:设计海报招贴广告 469
22.1 制作春天百货海报 469
   22.1.1 制作春天百货海报背景效果 469
   22.1.2 制作春天百货海报整体效果 470
22.2 制作餐厅海报 472
   22.2.1 制作餐厅海报背景效果 472
   22.2.2 制作餐厅海报整体效果 474
22.3 制作葡萄酒海报 476
   22.3.1 制作葡萄酒海报背景效果 476
   22.3.2 制作葡萄酒海报整体效果 479
22.4 制作华旗电脑城海报 481
   22.4.1 制作华旗电脑城
      海报背景效果 481
   22.4.2 制作华旗电脑海城报整体效果 483

第 23 章 设计案例:
商品包装的效果制作 486
23.1 制作 CD 光盘包装盒 486
   23.1.1 制作 CD 光盘包装盒
      平面效果 486
   23.1.2 制作 CD 光盘包装盒
      立体效果 491
23.2 制作书籍包装 492
   23.2.1 制作书籍包装平面效果 492
   23.2.2 制作书籍包装立体效果 495
23.3 喜糖包装袋设计 497
   23.3.1 制作喜糖包装袋平面效果 498
   23.3.2 制作喜糖包装袋立体效果 501
23.4 制作手提袋 502
   23.4.1 制作手提袋包装平面效果 502
   23.4.2 制作手提袋包装立体效果 506

01

Photoshop CC
快速入门

学习提示

Photoshop CC 是 Adobe 公司推出的 Photoshop 的最新版本，它是目前世界上优秀的平面设计软件之一，被广泛用于广告设计、图像处理、图形制作、影像编辑和建筑效果图设计等行业。它简洁的工作界面及强大的功能深受广大用户的青睐。

本章案例导航

- 实战——Photoshop CC 的安装
- 实战——微笑
- 实战——Photoshop CC 的卸载

1.1 Photoshop CC 的安装与卸载

　　用户学习软件的第一步，就是要掌握这个软件的安装方法，下面主要介绍 Photoshop CC 安装与卸载的操作方法。

1.1.1 安装 Photoshop CC 的方法

　　Photoshop CC 的安装时间较长，在安装的过程中需要耐心等待。如果计算机中已经有其他的版本，不需要卸载其他的版本，但需要将正在运行的软件关闭。

素材文件	无
效果文件	无
视频文件	光盘 \ 视频 \ 第 1 章 \1.1.1 安装 Photos hop CC 的方法 .mp4

实战 Photoshop CC 的安装

步骤 01 打开 Photoshop CC 的安装软件文件夹，双击 Setup.exe 图标，安装软件开始初始化。初始化之后，会显示一个"欢迎"界面，选择"试用"选项，如图 1-1 示。

步骤 02 执行上述操作后，进入"需要登录"界面，单击"登录"按钮，如图 1-2 示。

图 1-1 选择"试用"选项　　　　　　　　　图 1-2 单击"登录"按钮

步骤 03 执行上述操作后，进入相应界面，单击"以后登录"按钮（需要断开网络连接），如图 1-3 所示。

步骤 04 执行上述操作后，进入"Adobe 软件许可协议"界面，单击"接受"按钮，如图 1-4 所示。

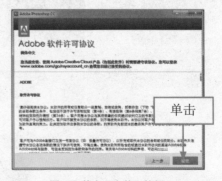

图 1-3 单击"以后登录"按钮　　　　　　　图 1-4 单击"安装"按钮

步骤 05 执行上述操作后，进入"选项"界面，在"位置"下方的文本框中设置相应的安装位置，然后单击"安装"按钮，如图 1-5 所示。

步骤 06 执行上述操作后，系统会自动安装软件，进入"安装"界面，显示安装进度，如图 1-6 所示，如果用户需要取消，单击左下角的"取消"按钮即可。

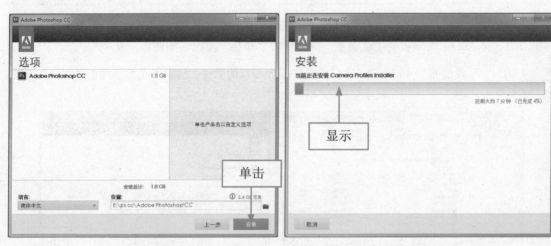

图 1-5 单击"安装"按钮　　　　　　　　　　　图 1-6 显示安装进度

步骤 07 在弹出的相应窗口中提示此次安装完成，然后单击右下角的"关闭"按钮，如图 1-7 所示，即可完成 Photoshop CC 的安装操作。

图 1-7 单击"关闭"按钮

1.1.2　卸载 Photoshop CC 的方法

　　Photoshop CC 的卸载方法比较简单，在这里用户需要借助 Windows 的卸载程序进行操作，或者运用杀毒软件中的卸载功能来进行卸载。如果用户想要彻底的移除 Photoshop 相关文件，就需要找到 Photoshop 的安装路径，删掉这个文件夹即可。

素材文件	无	
效果文件	无	
视频文件	光盘 \ 视频 \ 第 1 章 \1.1.2 卸载 Photoshop CC 的方法 .mp4	

实战 Photoshop CC 的卸载

步骤 01 在 Windows 操作系统中打开"控制面板"窗口，单击"程序和功能"图标，在弹出的窗口中选择 Adobe Photoshop CC 选项，然后单击"卸载"按钮，如图 1-8 所示。

步骤 02 在弹出的"卸载选项"窗口中选中需要卸载的软件，然后单击右下角的"卸载"按钮，如图 1-9 所示。

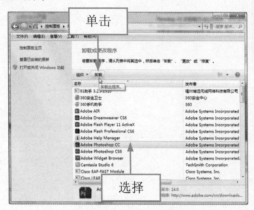

图 1-8 单击"卸载"按钮

图 1-9 单击"卸载"选项

步骤 03 执行操作后，系统开始卸载，进入"卸载"窗口，显示软件卸载进度，如图 1-10 所示。

步骤 04 稍等片刻，弹出相应窗口，单击右下角的"关闭"按钮，如图 1-11 所示，即可完成卸载。

图 1-10 显示卸载进度

图 1-11 单击"关闭"按钮

1.2 Photoshop CC 工作界面的介绍

Photoshop CC 的工作界面在原有基础上进行了创新，许多功能更加界面化、按钮化，如图 1-12 所示。从图中可以看出，Photoshop CC 的工作界面主要由菜单栏、工具栏、工具属性栏、图像编辑窗口、状态栏和浮动控制面板等 6 个部分组成。下面简单地对 Photoshop CC 工作界面各组成部分进行介绍。

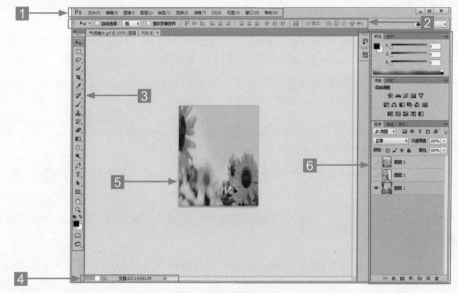

图 1-12 Photoshop CC 的工作界面

1 菜单栏：菜单栏包含可以执行的各种命令，单击菜单名称即可打开相应的菜单。

2 工具属性栏：工具属性栏用来设置工具的各种选项，它会随着所选工具的不同而变换内容。（图形数字序号后面，有冒号的都标成 R:255,G:0,B:102 的颜色）

3 工具箱：工具箱包含用于执行各种操作的工具，如创建选区、移动图像绘画等。

4 状态栏：状态栏显示打开文档的大小、尺寸、当前工具和窗口缩放比例等信息。

5 图像编辑窗口：文档窗口是编辑图像的窗口。

6 浮动控制面板：浮动面板用来帮助用户编辑图像，设置编辑内容和设置颜色属性。

1.2.1 菜单栏

菜单栏位于整个窗口的顶端，由"文件"、"编辑"、"图像"、"图层"、"类型"、"选择"、"滤镜"、"视图"、"窗口"和"帮助"10 个菜单命令组成，如图 1-13 所示。

单击任意一个菜单项都会弹出其包含的命令，Photoshop CC 中的绝大部分功能都可以利用菜单栏中的命令来实现。

菜单栏的右侧还显示了控制文件窗口显示大小的最小化、窗口最大化（还原窗口）、关闭窗口等几个快捷按钮。

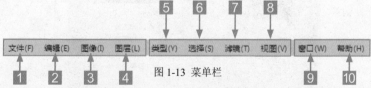

图 1-13 菜单栏

1 文件：执行"文件"菜单命令，在弹出的下级菜单中可以执行新建、打开、存储、关闭、植入以及打印等一系列针对文件的命令。

2 编辑："编辑"菜单是对图像进行编辑的命令，包括还原、剪切、拷贝、粘贴、填充、变换以及定义图案等命令。

3 图像："图像"菜单命令主要是针对图像模式、颜色、大小等进行调整以及设置。

4 图层："图层"菜单中的命令主要是针对图层进行相应的操作，这些命令便于对图层进行运用和管理，如新建图层、复制图层、蒙版图层、文字图层等。

5 类型："类型"菜单主要用于对对文字对象进行创建和设置，包括创建工作路径、转换为形状、变形文字以及字体预览大小等。

6 选择："选择"菜单中的命令主要是针对选区进行操作，可以对选区进行反向、修改、变换、扩大、载入选区等操作，这些命令结合选区工具，更便于对选区操作。

7 滤镜："滤镜"菜单中的命令可以为图像设置各种不同的特效，在制作特效方面更是功不可没。

8 视图："视图"菜单中的命令可对整个视图进行调整及设置，包括缩放视图、改变屏幕模式、显示标尺、设置参考线等。

9 窗口："窗口"菜单主要用于控制 Photoshop CC 工作界面中的工具箱和各个面板的显示和隐藏。

10 帮助："帮助"菜单中提供了使用 Photoshop CC 的各种版主信息。在使用 Photoshop CC 的过程中，若遇到问题，可以查看该菜单，及时了解各种命令、工具和功能的使用。

专家指点

如果菜单中的命令呈现灰色，则表示该命令在当前编辑状态下不可用；如果菜单命令右侧有一个三角形符号，则表示此菜单包含有子菜单，将鼠标指针移动到该菜单上，即可打开其子菜单；如果菜单命令右侧有省略号"…"，则执行此菜单命令时将会弹出与之有关的对话框。另外，Photoshop CC 的菜单栏相对于以前的版本，变化比较大，现在的 CC 标题栏和菜单栏是合并在一起的。

1.2.2 状态栏

状态栏位于图像编辑窗口的底部，主要用于显示当前所编辑图像的各种参数信息。状态栏主要由显示比例、文件信息和提示信息等 3 部分组成。状态栏右侧显示的是图像文件信息，单击文件信息右侧的小三角形按钮，即可弹出快捷菜单，其中显示了当前图像文件信息的各种显示方式选项，如图 1-14 所示。

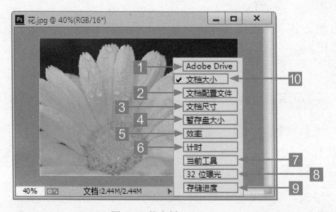

图 1-14 状态栏

1 Adobe Drive：显示文档的 VersionCue 工作组状态。Adobe Drive 可以帮助连接到 VersionCue CC 服务器，连接成功后，可以在 Window 资源管理器或 Mac OS Finder 中查看服务器的项目文件。

2 文档配置文件：显示图像所有使用的颜色配置文件的名称。

3 文档尺寸：查看图像的尺寸。

4 暂存盘大小：查看关于处理图像的内存和 Photoshop 暂存盘的信息，选择该选项后，状态栏中会出现两组数字，左边的数字表达程序用来显示所有打开图像的内存量，右边的数字表达用于处理图像的总内存量。

5 效率：查看执行操作实际花费的时间百分比。当效率为 100 时，表示当前处理的图像在内存中生成，如果低于 100，则表示 Photoshop 正在使用暂存盘，操作速度也会变慢。

6 计时：查看完成上一次操作所用的时间。

7 当前工具：查看当前使用的工具名称。

8 32 位曝光：调整预览图像，以便在计算机显示器上查看 32 位通道高动态范围图像的选项。只有当文档窗口显示 HDR 图像时，该选项才可以用。

9 存储进度：读取当前文档的保存进度。

10 文档大小：显示有关图像中的数据量的信息。选择该选项后，状态栏中会出现两组数字，左边的数字显示了拼合图层并存储文件后的大小，右边的数字显示了包图层和通道的近似大小。

1.2.3 工具属性栏

工具属性栏一般位于菜单的下方，主要用于对所选取工具的属性进行设置，它提供了控制工具属性的相关选项，其显示的内容会根据所选工具的不同而改变。在工具箱中选取相应的工具后，工具属性栏将显示该工具可使用的功能，如图 1-15 所示。

图 1-15 画笔工具的工具属性栏

1 菜单箭头：单击该按钮，可以弹出列表框，菜单栏中包括多种混合模式，如图 1-16 所示。

2 小滑块按钮：单击该按钮，会出现一个小滑块可以进行数值调整，如图 1-17 所示。

图 1-16 弹出列表框

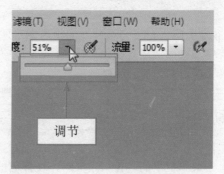

图 1-17 数值调整

1.2.4 工具箱

工具箱位于工作界面的左侧，如图 1-18 所示。要使用工具箱中的工具，只要单击工具按钮即可在图像编辑窗口中使用。若工具按钮的右下角有一个小三角形，则表示该工具按钮还有其他工具，在工具按钮上单击鼠标左键的同时，可弹出所隐藏的工具选项，如图 1-19 所示。

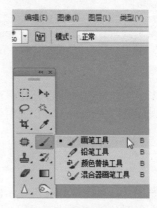

图 1-18 工具箱   图 1-19 显示隐藏工具

1.2.5 图像编辑窗口

Photoshop CC 中的所有功能都可以在图像编辑窗口中实现。打开文件后，图像标题栏呈灰白色时，即为当前图像编辑窗口，如图 1-20 所示，此时所有操作将只针对该图像编辑窗口；若想对其他图像编辑窗口进行编辑，使用鼠标单击需要编辑的图像窗口即可。

当前窗口

图 1-20 当前图像编辑窗口

专家指点

Photoshop 是美国 Adobe 公司开发的优秀图形图像处理软件，实现了对数字图像的精确调控，可以支持多种图像格式和色彩模式，能同时进行多图层处理，使用户得到各种手工处理或其他软件无法得到的美妙图像效果。

1.2.6 浮动面板

浮动面板是位于工作界面的右侧，它主要用于对当前图像的图层、颜色、样式以及相关的操作进行设置。单击菜单栏中的"窗口"菜单，在弹出的菜单列表中单击相应的命令，即可显示相应的浮动面板，分别如图 1-21、1-22、1-23、1-24 所示。

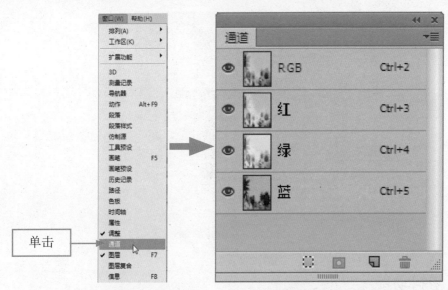

图 1-21 显示相应浮动面板菜单　　　　　图 1-22 浮动面板显示

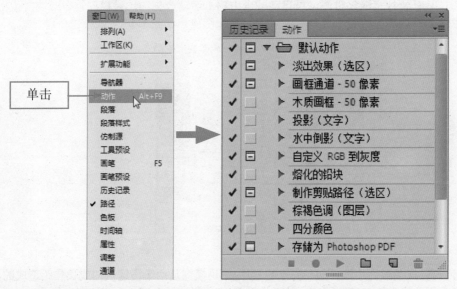

图 1-23 显示相应浮动面板菜单　　　　　图 1-24 显示相应浮动面板

1.3　了解 Photoshop CC 的新增功能

　　继 Adobe 推出 Photoshop CS6 版本后，Adobe 又在 MAX 大会上推出了最新版本的 Photoshop CC（Creative Cloud）。在主题演讲中，Adobe 宣布了 Photoshop 的几项新功能，包括相机防抖动功能、Camera RAW 功能改进、属性面板改进、Behance 集成、同步设置以及其他一些有用的功能，让我们详细看一下这些新功能吧。

1.3.1　全新的启动界面

　　新软件的变化，最直观的当属用户的工作界面。Photoshop CC 采用色调更暗、类似苹果摄影软件 Aperture 的界面风格，取代目前灰色风格，如图 1-25 所示。

图 1-25 启动界面

1.3.2 相机防抖功能

Photoshop CC 具有一种智能化机制，可自动减少由相机运动产生的图像模糊。在必要时，用户可以通过"滤镜"|"锐化"|"防抖"命令来进一步锐化图像，如图 1-26 所示。

图 1-26 "防抖"命令

"防抖"滤镜可以挽救因为相机抖动而失败的照片，不论模糊是由于慢速快门或长焦距造成的，该功能都能通过分析曲线来恢复其清晰度，前后效果分别如图 1-27 和图 1-28 所示。

图 1-27 原始图片

图 1-28 恢复照片清晰度后

专家指点

　　"防抖"滤镜可减少由某些相机运动类型产生的模糊，包括线性运动、弧形运动、旋转运动和 Z 字形运动。

1.3.3　Camera Raw 修复功能改进

　　在 Photoshop CC 中，用户可以将 Camera Raw 所做的编辑以滤镜方式应用到 Photoshop 内的任何图层或文档中，然后再随心所欲地加以美化，操作界面如图 1-29 所示。在最新的 Adobe Camera Raw 8.2 中，可以更加精确地修改图片、修正扭曲的透视，用户现在可以像画笔一样使用污点修复画笔工具在想要去除的图像区域绘制，效果如图 1-30 所示。

图 1-29　Camera RAW 操作界面　　　　　　图 1-30　Camera RAW 修复功能改进效果

1.3.4　Camera Raw 径向滤镜

　　在 Photoshop CC 最新的 Camera Raw 8.2 中，用户可以在自己的图像上创建出圆形的径向滤镜，这个功能可以用来实现多种效果，就像所有的 Camera Raw 调整效果一样，都是无损调整。全新径向滤镜工具（单击 Camera Raw ｜"径向滤镜"命令，即可在弹出的 Camera Raw 对话框上方找到径向滤镜工具 ⊙）可让用户定义椭圆选框，然后将局部校正应用到这些区域，可以在选框区域的内部或外部应用校正。用户可以在一张图像上放置多个径向滤镜，并为每个径向滤镜应用一套不同的调整。图 1-31 所示为拍摄的图像，图 1-32 所示为使用径向滤镜处理成晕影效果而变得清晰的图像。

图 1-31　拍摄的图像　　　　　　　　　　图 1-32　变得清晰的图像

专家指点

　　Adobe Camera Raw 8.2 的径向滤镜使用户能够突出展示想要引起观众注意的图像的特定部分。例如，可以使用径向滤镜工具在主体周围绘制椭圆形状，然后增加该形状中区域的曝光度和清晰度，以提高对主体的关注度。另外，主体可能不在照片中心，或者位于照片中的任何地方。

1.3.5　Camera Raw 自动垂直功能

　　在 Camera Raw 8.1 中，用户可以利用自动垂直功能很轻易地修复扭曲的透视，并且有很多选项来修复透视扭曲的照片。在 Camera Raw 对话框中，切换至"镜头校正"|"手动"选项卡，在此即可设置自动拉直图像内容，如图 1-33 所示。

　　用户可以循环使用各个设置，然后选择最适合照片的设置。应用透视校正之前的示例图像；使用自动设定垂直功能之后的图像，如图 1-34 所示。

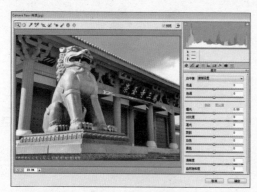
图 1-33　拍摄的图像

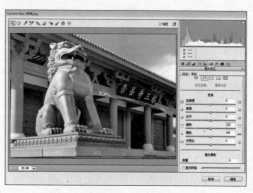
图 1-34　自动垂直功能效果

专家指点

　　此外，在 Camera Raw 对话框中的现有设置中添加了"长宽比"滑块，可以让用户水平或竖直修改图像的长宽。例如，将控件滑动到左边会修改照片的水平长宽，滑动到右边会修改垂直长宽。

　　垂直模式会自动校正照片中元素的透视，该功能主要具有以下 4 个设置。

*　自动：平衡透视校正。

*　色阶：透视校正以横向细节衡量。

*　垂直：透视校正以纵向细节衡量。

*　全部：色阶、垂直和自动透视校正的组合。

1.3.6　保留细节重采样模式

　　保留细节重采样模式可将低分辨率的图像放大，使其拥有更优质的印刷效果，或者将一张大尺寸图像放大成海报和广告牌的尺寸。新的图像提升采样功能可以保留图像细节并且不会因为放大而生成噪点。

　　单击"图像"|"图像大小"命令，弹出"图像大小"对话框，在"重新采样"列表框中选择"保

留细节"选项，即可在放大图像时提供更好的锐度，如图 1-35 所示。

"图像大小"对话框中各选项主要含义如下。

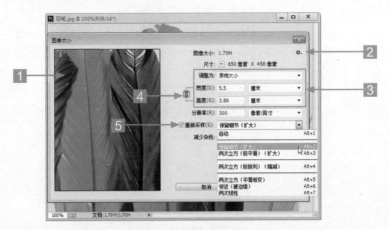

图 1-35 选择"保留细节"选项

1 预览窗口：通过一个窗口显示调整参数的预览图像，调整对话框的大小也将调整预览窗口的大小。

2 齿轮菜单：可从对话框右上角的齿轮菜单内启用和禁用"缩放样式"选项。

3 尺寸：从"尺寸"列表框中，选取其他度量单位显示最终输出的尺寸。

4 "链接"图标🔗：单击"链接"图标🔗，可在启用或禁用"约束比例"选项之间进行切换。

5 重新取样："重新取样"菜单选项按使用情况排列，包含新的边缘保留方法。

图 1-36 所示为原始未裁剪的图像；图 1-37 所示为锐化已调整大小的图像并保留细节。

图 1-36 原始未裁剪的图像

图 1-37 已调整大小的图像

1.3.7 形状图层属性面板的改进

在 Photoshop CC 中，用户可以重新改变形状的尺寸，并且可重复编辑，无论是在创建前还是创建后，甚至可以随时改变圆角矩形的圆角半径，可以通过选择多条路径、形状或矢量蒙版来批量修改它们。即使在有许多路径的多层文档中，也可以使用新的滤镜模式，直接在画布上锁定路径和任何图层。

Photoshop CC 的"路径"属性面板，如图 1-38 所示。用户现在可以在"路径"属性面板中执行以下操作：

图 1-38 "路径"属性面板

* 在路径面板中按住【Shift】键并单击以选择多个路径。

* 按住【Ctrl】键的同时并单击以选择非连续路径。

* 即使路径位于不同的图层，也可对多个路径拖动"路径选择"工具和"直接选择"工具以对其进行操控。

* 在路径面板中按住【Alt】键并拖动路径可复制该路径。

* 通过在"路径"面板中拖动，可以重新排列路径，但只能对非形状、文字或矢量蒙版路径重新排序。

* 可以同时删除多个选定的路径。

1.3.8 智能锐化的改进

Photoshop CC 中改进了只能锐化功能，使锐化过的图像更加富有质感，同时产生清爽的边缘和丰富的细节。智能锐化是至今为止最为先进的锐化技术，该技术会分析图像，将清晰度最大化并同时将噪点和色斑最小化，来取得外观自然的高品质结果，锐化前后效果分别如图 1-39 和图 1-40 所示。

图 1-39 智能锐化效果

图 1-40 智能锐化后的效果

1.3.9 隔离层

在 Photoshop CC 中，用户可以在复杂的层结构中建立隔离层，这是一个神奇的简化设计者工作的新方法。在相应图层的图像编辑窗口中单击鼠标右键，在弹出的快捷菜单中选择"隔离图层"选项，如图 1-41 所示，即可得到隔离层。

隔离层功能可以让用户在一个特定的图层或图层组中进行工作，而不用看到所有图层，如图 1-42 所示。

图 1-41 选择"隔离图层"选项

图 1-42 启用隔离层

1.3.10 同步设置

在 Photoshop CC 中，会经常有更新的版本，用户可以使用云端的同步设置功能来使不同电脑上的设置保持一致。单击"编辑"|"首选项"|"同步设置"命令，弹出"首选项"对话框，并切换至"同步设置"选项卡，如图 1-43 所示，即可在此设置云端的同步功能。

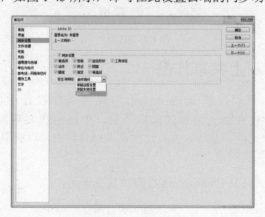

图 1-43 "同步设置"选项卡

1.3.11 将图层提取为资源

在 Photoshop CC 中，可以将图层的内容提取为 JPEG、PNG 和 GIF 资源。在导出资源时，用户可以轻松地调整所需的输出品质。单击"文件"|"保存"命令，弹出"另存为"对话框，选中"图层"复选框，如图 1-44 所示。单击"保存"按钮，即可将该图层的内容提取为资源。

选中

图 1-44 选中"图层"复选框

1.3.12 3D 面板更新

Photoshop CC 提供改进的 3D 面板，可让用户更轻松地处理 3D 对象。重新设计的 3D 面板效仿"图层"面板，被构建为具有根对象和子对象的场景图 / 树，如图 1-45 所示。

图 1-45 3D 面板

1.3.13 在 Behance 上共享作品

在 Photoshop CC 中，可以直接从 Photoshop 内部将正在设计中的创意图像作品上传至 Behance。Behance 是居于行业领先地位的联机平台，可展示和发现具有创造力的作品。使用 Behance，用户可以创建自己的作品集，并广泛而高效地传播它，以获取反馈，用户还可以上传全新的图像以及之前已上传图像的修订版。

可以通过以下两种方式，从 Photoshop CC 内部共享作品：

＊ 打开素材图像，单击"文件"|"在 Behance 上共享"命令。

＊ 打开素材图像，单击文档窗口左下角的"在 Behance 上共享"按钮 。

专家指点

需要注意的是，目前 Behance 与 Photoshop CC 的集成仅在英语语言环境下可用，且法国、日本和中国不提供 Behance 与 Photoshop CC 的集成。

1.3.14 3D 绘画增强

Photoshop CC 提供了多种增强，可让用户在绘制 3D 模型时实现更精确的控制和更高的准确度。

不同的绘画方法适于不同的用例，Photoshop CC 提供以下几种 3D 绘画方法：

* 实时 3D 绘画：（Photoshop CC 中的默认方法）在"3D 模型"视图或纹理视图中创建的画笔描边会实时反映在其他视图中，可提供高品质低失真的图像，如图 1-46 所示。在默认的"实时 3D 绘画"模式下绘画时，用户将看到自己的画笔描边会同时在 3D 模型视图和纹理视图中实时更新，也可显著提升性能。

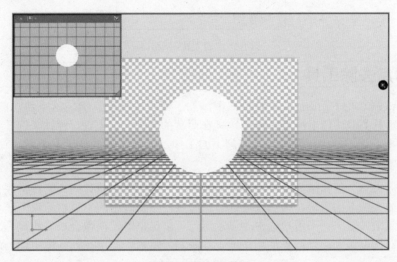

图 1-46 实时 3D 绘画

* 图层投影绘画：（Photoshop CC 中的增强）渐变工具和滤镜使用此绘画方法。"图层投影绘画"方法是将绘制的图层与下层 3D 图层合并，在合并操作期间，Photoshop 会自动将绘画投影到相应的目标纹理上。

* 投影绘画：（Photoshop CS6 中的唯一方法）投影绘画适用于同时绘制多个纹理或绘制两个纹理之间的接缝。但一般而言，该绘画方法效率较低，并可能在绘制复杂的 3D 对象时导致裂缝。

* 纹理绘画：可以打开 2D 纹理直接在上面绘画。

 专家指点

在 Photoshop CC 中，用户可以使用任何 Photoshop 绘画工具直接在 3D 模型上绘画，就像在 2D 图层上绘画一样。使用选择工具将特定的模型区域设为目标，或让 Photoshop 识别并高亮显示可绘画的区域。使用 3D 菜单命令可清除模型区域，从而访问内部或隐藏的部分，以便进行绘画。

1.3.15 "最小值"和"最大值"滤镜增强

在 Photoshop CC 中，更新了"最大值"和"最小值"滤镜。例如，单击"滤镜"|"其他"|"最大值"命令，弹出"最大值"对话框，如图 1-47 所示，用户可以在指定半径值时从"保留"列表框中选取所需的方正度或圆度。

图 1-47 "最大值"对话框

1.3.16 污点去除工具

在 Photoshop CC 的 Camera Raw 对话框中添加了污点去除工具 ，这个新功能与 Photoshop 中的修复画笔工具类似。使用污点去除工具 在照片的某个元素上进行涂抹，选择要应用在所选区域上的源区域，该工具会帮助用户完成剩下的工作。也可以按正斜杠【/】键，让 Camera Raw 自动选择源区域。

尽管"污点去除"工具能使用户移去可见缺陷，但是照片中的某些缺陷在常规视图中可能无法观察到（例如人像上的微尘、污点或瑕疵）。污点去除工具中的"显示污点"选项能让用户看到更小、更不起眼的缺陷。当用户选中"显示污点"复选框时，图像会以反相显示。用户可以改变反转图像的对比度级别，以便更加清楚地查看缺陷。然后，即可在此视图中使用污点去除工具来移去缺陷。

素材文件	光盘 \ 素材 \ 第 1 章 \ 微笑 .jpg
效果文件	光盘 \ 效果 \ 第 1 章 \ 微笑 .psd
视频文件	光盘 \ 视频 \ 第 1 章 \1.3.16 污点去除工具 .mp4

实战 微笑

步骤 01 选择"文件"|"打开"命令，打开本书配套光盘中的"素材 \ 第 1 章 \ 微笑 .jpg"文件，如图 1-48 所示。

步骤 02 选择"滤镜"|"Camera Raw 滤镜"命令，如图 1-49 所示。

图 1-48 打开素材图像

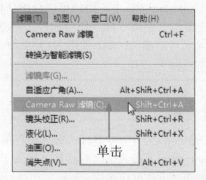

图 1-49 选择"Camera Raw 滤镜"命令

步骤 03 执行操作后，弹出 Camera Raw 对话框，如图 1-50 所示。

步骤 04 选取对话框上方的污点去除工具，如图 1-51 所示。

图 1-50 弹出 Camera Raw 对话框

图 1-51 选取污点去除工具

步骤 05 在"污点去除"的选项区中设置"大小"为 21、"不透明度"为 100，如图 1-52 所示。

步骤 06 在图像预览窗口中，单击污点所在的位置，如图 1-53 所示。

图 1-52 设置相应参数

图 1-53 单击污点所在的位置

步骤 07 执行上述操作后，即可自动将其与附近的源区域匹配，如图 1-54 所示。

步骤 08 单击"确定"按钮，即可修复图像，效果如图 1-55 所示。

图 1-54 匹配源区域

图 1-55 图像效果

1.3.17 支持多种印度语言

在 Photoshop CC 中，可以用 10 种印度语系在 Photoshop 文档中键入文字：孟加拉语、古吉拉特语、北印度语、坎那达语、马拉雅拉姆语、马拉地语、奥里雅语、旁遮普语、泰米尔语和泰卢固语。要启用印度语系支持，可选择"编辑"|"首选项"|"文字"命令，弹出"首选项"对话框，选中"中东和南亚"单选按钮即可，如图 1-56 所示。单击"确定"按钮保存设置，会对创建的下一个文档生效。

图 1-56 选中"中东和南亚"单选按钮

专家指点

Photoshop CC 提供了全新的文字系统消除锯齿功能，可使文字在网页上显示效果变得更加逼真。另外，Photoshop Extended CS6 中的所有功能现在均能在 Photoshop CC 中使用，Photoshop CC 也不再提供单独的 Extended 版本。

1.4 Photoshop 的应用领域

Photoshop 的应用领域非常广泛，无论是在平面广告设计、网页设计、包装设计、CIS 企业形象设计，还是在装潢设计、印刷制版、游戏、动漫形象以及影视制作等领域，Photoshop 都起着举足轻重的作用。本节主要向读者介绍 Photoshop 的应用领域。

1.4.1 在平面设计中的应用

平面设计是 Photoshop 应用最为广泛的领域，无论是书籍的封面，还是各种海报、宣传栏等，基本上都需要使用 Photoshop 对其中的图像进行合成、处理，效果如图 1-57 所示。

图 1-57 平面设计中的应用

1.4.2 在插画设计中的应用

插画是近年来已经走向成熟的兴业，随着出版及商业设计领域工作的逐渐细分，Photoshop 在绘画方面的功能也越来越强大。广告插画、卡通漫画插画、影视游戏插画、出版物插画等都属于商业插画。图 1-58 所示为使用 Photoshop 设计的插画作品。

图 1-58 插画设计中的应用

1.4.3 在网页设计中的应用

网页设计是一个比较成熟的行业，网络中每天诞生上百万个网页，这些网页都是使用与图形处理技术密切相关的网页设计与制作软件完成的。Photoshop CC 的图像设计功能非常强大，使用其中的绘图工具、文字工具、调色命令和图层样式等能够制作出精美、大气的网页。图 1-59 所示为使用 Photoshop 设计的网页作品。

图 1-59 网页设计中的应用

1.4.4 在数码摄影后期处理中的应用

Photoshop 具有强大的照片修饰功能，尤其在最新的 Photoshop CC 版本中，对于数码相片处理的处理功能又有进一步的增强，不仅可以轻松修复旧损照片、清除照片中人物脸上的斑点等瑕疵，还可以使用特有的功能模拟光学滤镜镜头拍摄的照片效果，并借助强大的图层与通道功能，合成模拟照片。图 1-60 所示为使用 Photoshop 修整照片饱和度的效果。

图 1-60 数码摄影后期处理中的应用

1.4.5 在效果图后期制作中的应用

Photoshop CC 强大的颜色处理和图像合成功能，可以将原本不相干的对象天衣无缝地拼合在一起，使图像发生巨大的变化。需要注意的是，通常这类创意图像的最低要求就是看起来足够逼真，需要使用足够扎实的 Photoshop 功底，才能制作出满意的效果，如图 1-61 所示。

图 1-61 在效果图后期制作中的应用

1.5 Photoshop 图像基本常识

Photoshop CC 是专业的图像处理软件，在学习之前，必须了解并掌握该软件的一些图像处的基本常识，才能在工作中更好的处理各类图像，创作出高品质的设计作品。本节主要向读者介绍 Photoshop CC 中的一些基本常识。

1.5.1　位图与矢量图

位图与矢量图是计算机领域中图形图像的两大主要类型，这两类在绘制和处理图像时各自的属性不相同，在存储时两种类型的文件格式各不相同，以及存储的格式也是不相同的。

1. 位图

位图又称为点阵图，是由许多不同颜色的像素组成，这些点被称为像素（pixel）。位图像上的每一个像素点有各自的位置和颜色等数据信息，从而可以精确、自然地表现出图像的丰富的色彩感。

位图图像的清晰度与图像的分辨率是息息相关的，位置图像中的像素数目是有限的，若将图像放大到一定程度后，图像就会失真，则图像会失真并显示锯齿，如图 1-62 所示。

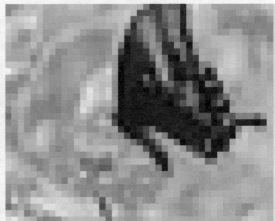

图 1-62 位图原图与放大后的效果

2. 矢量图

矢量图又称为向量图形，它主要是以线条和色块为主，通过许多且不同的线条和色块组合在一起，而形成一幅矢量图形。矢量图形中的每一个图形对象都是独立的，如颜色、形状、大小和位置等都是不同的，矢量图形的品质与图像的分辨率无关，可以任意进行放大、缩小、旋转或剪切等操作，且图形不会失真。

矢量图也有其局限性，它不适宜制作色彩丰富、细腻的图形，不会像位图一样精确地表现图像色彩。

1.5.2　像素与分辨率

像素与分辨率是 Photoshop 中最常见的专业术语，它也是决定文件大小和图像输入质量的关键因素。

1. 像素

像素是组成图像的最小单位，其形态是一个小方点，且每一个小方点只显示一种颜色，当许多不同颜色的像素组合在一起时，就形成了一幅色彩丰富的图像，图像的像素越高，则文件越大，图像的品质就越好，如图 1-63 所示。

图 1-63 高品质的图像

2．分辨率

分辨率是指单位长度上像素的数目，其单位通常用 dpi（dots per inch）、"像素／英寸"或"像素／厘米"表示。

图像分辨率的高低直接影响着图像的质量，分辨率越高，则文件也就越大，图像也越清晰，但处理图像的速度会稍慢。反之，分辨率越小，则文件也就越小，图像越模糊，但处理图像的速度会较快，如图 1-64 所示。

图 1-64 分辨率高、低的图像效果

专家指点

在 Photoshop 中新建文件时，并不是分辨率越大越好，图像的分辨率应当根据其用途而设定。通常大型的墙体广告等图像的分辨率一般为 30dpi；发布于网页上的图像分辨率为 72dpi 或 96dpi；报纸或一般的纸张打印的分辨率一般为 120dpi 或 150dpi；用于彩版印刷或大型灯箱等图像的分辨率一般不低于 300dpi。

1.5.3 常用图像颜色模式

在 Photoshop CC 软件的工作界面中，常用的图像颜色模式有 4 种，分别是 RGB 模式、CMYK 模式、灰度模式和位图模式。

1．RGB 模式

RGB 模式是 Photoshop 默认的颜色模式，是图形图像设计中最常用的色彩模式。它是由光学中的红、绿、蓝三原色构成，即"光学三原色"，其中每一种颜色存在着 256 个等级的强度变化。

当三原色重叠时，由不同的混色比例和强度会产生其他的间色，因此三原色相加会产生白色。

　　RGB 模式在屏幕表现下色彩丰富，所有滤镜都可以使用，各软件之间文件兼容性高，但在印刷输出时，偏色情况较重，如图 1-65 所示。

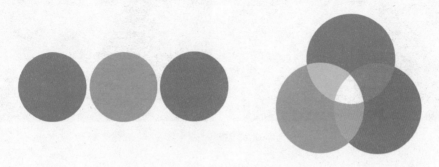

图 1-65　RGB 的图像效果

2．CMYK 模式

　　CMYK 模式即由 C（青色）、M（洋红）、Y（黄色）、K（黑色）合成颜色的模式，这是印刷上最主要使用的颜色模式，由这 4 种油墨合成可生成千变万化的颜色，因此被称为"四色印刷"。由青色、洋红、黄色叠加即生成红色、绿色、蓝色及黑色。黑色用来增加对比度，以补偿 CMY 产生黑度不足之用。由于印刷使用的油墨都包含一些杂质，单纯由 CMY 这 3 种油墨混合不能产生真正的黑色，因此需要加一种黑色。

　　CMYK 模式是一种减色模式，每一种颜色所占有的百分比范围为 0% ～ 100%，百分比越大，颜色越深，如图 1-66 所示。

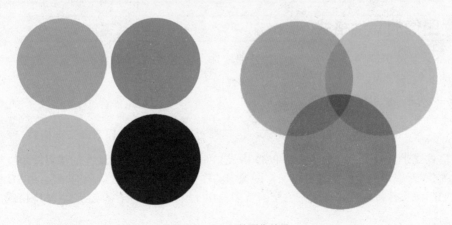

图 1-66　CMYK 的图像效果

3．灰度模式

　　灰度模式可以将图片转变成黑白相片的效果，是图像处理中被广泛运用的颜色模式，采用 256 级不同浓度的灰度来描述图像，每一个像素都有 0 ～ 255 之间范围的亮度值。

　　将彩色图像转换为灰度模式时，所有的颜色信息都将被删除。虽然 Photoshop 允许将灰度模式的图像再转换为彩色模式，但是原来已删除的颜色信息将不能恢复，如图 1-67 所示。

图 1-67 灰度模式的图像效果

4．位图模式

位图模式也称为黑白模式，通过使用黑、白色来描述图像中的像素，黑白之间没有灰色的过渡，该类图像占用的内存空间非常少。当一幅彩色图像要转换成位图模式时，不能直接转换，必须先将图像转换成灰度模式，再由灰度模式转换为位图模式。

> **专家指点**
>
> 将已成灰色模式的图像转换为位图模式时，可以对位图模式的方式进行相关的设置，单击"图像"|"模式"|"位图"命令后，将弹出"位图"对话框，在"方法"选项区中，有"50%阈值"、"图案仿色"、"扩展仿色"、"半调网屏"和"自定图案" 5 种使用选项，选择不同的选项，所转换成位图的图像方法也有所不同。

1.5.4 图像的文件格式

Photoshop 是使用起来非常方便的图像处理软件，支持 20 多种的文件格式。本节主要向读者介绍常用的 8 种文件格式。

1．PSD/PSB 文件格式

PSD 格式是 Photoshop 软件的默认格式，也是唯一支持所有图像模式的文件格式。

PSB 格式属于大型文件，除了具有 PSD 格式文件的所有属性外，最大的特点就是支持宽度和高度最大为 30 万像素的文件，且可以保存图像中的图层、通道和路径等所有信息。PSB 格式缺点在于存储的图像文件特别大，占用磁盘空间较多。由于一些排版软件不能支持 PSD 格式，所以其通用性不强。

2．JPEG 格式

JPEG 是一种高压缩率、有损压缩真彩色的图像文件格式，但在压缩文件时可以通过控制压缩范围，来决定图像的最终质量。它主要是用于图像预览和制作 HTML 网页。

JPEG 格式的最大特点是文件比较小，因而在注重文件大小的领域应用较为广泛，JPEG 格式支持 RGB、CMYK 和灰度颜色模式，但不支持 Alpha 通道。JPEG 格式是压缩率最高的图像格式之一，这是由于 JPEG 格式在压缩保存的过程中会以失真最小的方式丢掉一些肉眼不易察觉的数据，因此保存后的图像与原图会有所差别。此格式的图像没有原图像的质量好，所以不宜在印刷、出版等高要求的场合下使用。

3．TIFF 格式

TIFF 格式用于在不同的应用程序和不同的计算机平台之间交换文件。TIFF 格式是一种通用的位图文件格式，几乎所有的绘画、图像编辑和页面版式应用程序均支持该文件格式。

TIFF 格式是一种无损压缩格式，也是最常用的文件格式，它可以保存通道、图层和路径信息，看似与 PSD 格式没有区别，如果在其他应用程序中打开该文件格式所保存的图像，则所有图层将被合并，只有使用 Photoshop 打开保存了图层的 TIFF 文件，才能对其中的图层进行相应的修改或编辑。

4．AI 格式

AI 格式是 Illustrator 软件所特有的矢量图形存储格式。若在 Photoshop 软件中将存有路径的图像文件输出为 AI 格式，则可以在 Illustrator 和 CorelDraw 等矢量图形软件中直接打开并可以对进行任意修改和处理。

5．BMP 格式

BMP 格式是 DOS 和 Windows 平台上的标准图像格式，是英文 Bitmap（位图）的简写。BMP格式支持 1 ～ 24 位颜色深度，所支持的颜色模式有 RGB、索引颜色、灰度和位图等，但不能保存 Alpha 通道。BMP 格式的图像具有极其丰富的色彩，同时可以使用 1600 万种色彩进行图像渲染，它在存储时采取的是无损压缩。

6．GIF 格式

GIF 格式也是一种非常通用的图像格式，由于最多只能保存 256 种颜色，且使用 LZW 压缩方式压缩文件，因此 GIF 格式保存的文件不会占用太多的磁盘空间，非常适合 Internet 上的图片传输，GIF 格式还可以保存动画。

7．EPS 格式

EPS 是 Encapsulated PostScript 的缩写。EPS 可以说是一种通用的行业标准格式，可同时包含像素信息和矢量信息。除了多通道模式的图像之外，其他模式都可存储为 EPS 格式，但是它不支持 Alpha 通道。EPS 格式最大的优点就是可以在排版软件中以低分辨率预览，却以高分辨率进行图像输出。

8．PNG 格式

PNG 格式常用于网络图像模式，与 GIF 格式的不同之处在于，GIF 只能保存 256 种色彩，而PNG 格式可以保存图像的 24 位真彩色，且支持透明背景和消除锯齿边缘的功能，在不失真的情况下压缩保存图像。

02

初步了解
Photoshop CC

学习提示

　　Photoshop CC 是目前世界上非常优秀的图像处理软件，掌握该软件的一些基本操作，可以为学习 Photoshop CC 软件奠定良好的基础。本章主要向读者介绍 Photoshop CC 的基础操作，主要包括图像文件基本操作、窗口显示基本设置以及调整图像显示等内容。

本章案例导航

- 实战——新建图像
- 实战——沙滩回忆
- 实战——图像排列
- 实战——美丽新娘
- 实战——蒲公英
- 实战——美丽黄昏
- 实战——窗边的花
- 实战——杯具

- 实战——打开图像
- 实战——玫瑰心语
- 实战——蓝天白云
- 实战——小小雏菊
- 实战——墨镜美女
- 实战——童真笑脸
- 实战——折叠名片
- 实战——木头人

2.1 常用的图像文件操作

Photoshop CC 作为一款图像处理软件，绘图和图像处理是它的看家本领。在使用 Photoshop CC 开始创作之前，需要先了解此软件的一些常用操作，如新建文件、打开文件、储存文件和关闭文件等。熟练掌握各种操作，才可以更好、更快地设计作品。

2.1.1 新建图像文件

在 Photoshop 程序中不仅可以编辑一个现有的图像，也可以新建一个空白文件，然后再进行各种编辑操作。

素材文件	无
效果文件	无
视频文件	光盘 \ 视频 \ 第 2 章 \2.1.1 新建图像文件 .mp4

实战 新建图像

步骤 01 单击"文件"|"新建"命令，弹出"新建"对话框，在"名称"右侧的文本框中设置"名称"为"未标题 -2"，在"预设"选项区中分别设置"宽度"为 400 像素、"高度"为 400 像素、"分辨率"为 300 像素 / 英寸、"颜色模式"为 RGB 颜色、"背景内容"为白色，如图 2-1 所示。

步骤 02 单击"确定"按钮，即可显示新建的空白图像，如图 2-2 所示。

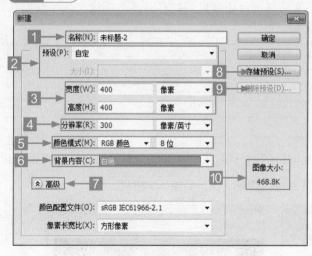

图 2-1 设置相应参数

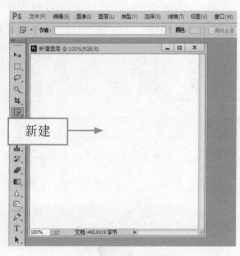

图 2-2 新建空白图像

"新建"对话框各选项的主要含义如下。

1 名称：设置文件的名称，也可以使用默认的文件名。创建文件后，文件名会自动显示在文档窗口的标题栏中。

2 预设：可以选择不同的文档类别，如：Web、A3、A4 打印纸、胶片和视频常用的尺寸预设。

3 宽度 / 高度：用来设置文档的宽度和高度置文件的名称，在各自的右侧下拉列表框中选择单位，如：像素、英寸、毫米、厘米等。

4 分辨率：设置文件的分辨率。在右侧的下来列表框中可以选择分辨率的单位，如："像素 / 英寸"、"像素 / 厘米"。

5 颜色模式：用来设置文件的颜色模式，如："位图"、"灰度"、"RGB 颜色"、"CMYK 颜色"等。

6 背景内容：设置文件背景内容，如："白色"、"背景色"、"透明"。

7 高级：单击"高级"按钮，可以显示出对话框中隐藏的内容，如："颜色配置文件"和"像素长宽比"等。

8 存储预设：单击此按钮，打开"新建文档预设"对话框，可以输入预设名称并选择相应的选项。

9 删除预设：当选择自定义的预设文件以后，单击此按钮，可以将其删除。

10 图像大小：读取使用当前设置的文件大小。

专家指点

　　在"新建"对话框中，"分辨率"是用于设置新建文件分辨率的大小。若创建的图像用于网页或屏幕浏览，分辨率一般设置为 72 像素 / 英寸；若将图像用于印刷，则分辨率值不能低于 300 像素 / 英寸。

2.1.2 打开图像文件

Photoshop CC 不仅可以支持多种图像的文件格式，还可以同时打开多个图像文件。若要在 Photoshop 中编辑一个图像文件，首先需要将其打开。

素材文件	光盘 \ 素材 \ 第 2 章 \ 拼图 .jpg
效果文件	无
视频文件	光盘 \ 视频 \ 第 2 章 \2.1.2 打开图像文件 .mp4

实战 打开图像

步骤 01 单击"文件"|"打开"命令，弹出"打开"对话框，选择相应的素材图像，如图 2-3 所示。

步骤 02 单击"打开"按钮，即可打开所选择的图像文件，如图 2-4 所示。

图 2-3 选择素材

图 2-4 打开图像文件

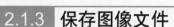

2.1.3　保存图像文件

新建文件或者对打开的文件进行了编辑后，应及时地保存图像文件，以免因各种原因而导致文件丢失。Photoshop CC 可以支持 20 多种图像格式，所以用户可以选择不同的格式存储文件。

素材文件	光盘 \ 素材 \ 第 2 章 \ 沙滩回忆 .jpg
效果文件	光盘 \ 效果 \ 第 2 章 \ 心形 .jpg
视频文件	光盘 \ 视频 \ 第 2 章 \2.1.3 保存图像文件 .mp4

实战 沙滩回忆

步骤 01 单击"文件"|"打开"命令，打开随书附带光盘的"素材 \ 第 2 章 \ 沙滩回忆 .jpg"文件，如图 2-5 所示。

步骤 02 单击"文件"|"存储为"命令，弹出"另存为"对话框，设置"文件名"为"心形"、"保存类型"为 JPEG，如图 2-6 所示，单击"保存"按钮，弹出信息提示框，单击"确定"按钮，即可完成操作。

图 2-5　打开素材图像　　　　　　　　　　　　　图 2-6　设置文件名

"另存为"对话框各选项的主要含义如下：

1 另存为：用户保存图像文件的位置。

2 文件名 / 保存类型：用户可以输入文件名，并根据不同的需要选择文件的保存格式。

3 作为副本：选中该复选框，可以另存一个副本，并且与源文件保存的位置一致。

4 Alpha 通道 / 图层 / 专色：用来选择是否存储 Alpha 通道、图层和专色。

5 注释：用户自由选择是否存储注释。

6 缩览图：创建图像缩览图。方面以后在"打开"对话框中的底部显示预览图。

7 ICC 配置文件：用于保存嵌入文档中的 ICC 配置文件。

8 使用校样设置：当文件的保存格式为 EPS 或 PDF 时，才可选中该复选框。

除了运用上述方法可以弹出"存储为"对话框外，还有以下两种方法。

＊ 快捷键1：按【Ctrl＋S】组合键。

＊ 快捷键2：按【Ctrl＋Shift＋S】组合键。

2.1.4 关闭图像文件

在 Photoshop CC 中完成图像的编辑后，若用户不再需要该图像文件，可以采用以下的方法关闭文件，以保证电脑的运行速度不受影响。

＊ 关闭文件：单击"文件"|"关闭"命令或按【Ctrl＋W】组合键，如图 2-7 所示。

＊ 关闭全部文件：如果在 Photoshop 中打开了多个文件，可以单击"文件"|"关闭全部"命令，关闭所有文件。

＊ 退出程序：单击"文件"|"退出"命令，或单击程序窗口右上角的"关闭"按钮，如图 2-8 所示。

图 2-7 单击"关闭"命令　　　　　图 2-8 单击"关闭"按钮

2.1.5 图像撤销操作

用户在进行图像处理时，若对创建的效果不满意或出现了失误的操作，可以对图像进行撤销操作。

＊ 还原与重做：单击"编辑"|"还原"命令，可以撤销对图像最后一次操作，还原至上一步的编辑状态，若需要撤销还原操作，可以单击"编辑"|"重做"命令。

＊ 前进一步与后退一步："还原"命令只能还原一步操作，如果需要还原更多的操作，可以连续单击"编辑"|"后退一步"命令。

"编辑"菜单中的"后退一步"命令，是指将当前图像文件中用户近期的操作进行逐步撤销，默认的最大撤销步骤值为 20 步。"还原"命令，是指将当前修改过的文件恢复到用户最后一次执行的操作。

2.1.6 使用快照还原图像

用户在进行图像处理过程中，若对图像处理的效果不满意时，可以通过新建快照还原图像，当绘制完重要的效果以后，单击"历史记录"面板中的"创建新快照"按钮，将画面的当前状态保存一个快照，用户就可以通过单击快照还原图像效果，如图 2-9 所示。

图 2-9 快照还原图像

"历史记录"面板各选项的主要含义如下：

* 设置历史记录画笔的源：使用历史记录画笔时，该图标所在的位置将作为历史画笔的源图像。

* 快照 2：被记录为快照的图像状态。

* 从当前状态创建新文档：在当前操作步骤中图像的状态创建一个新文件。

* 创建新快照：在当前状态下创建快照。

* 删除当前状态：当选择某个操作步骤后，单击该按钮可将该步骤及后面的操作删除。

2.1.7 恢复图像为初始状态

在 Photoshop CC 中，用户在编辑图像的过程中，若对创建的效果不满意时，可以通过菜单栏中的"恢复"命令，将图像文件恢复为初始状态，执行"恢复"命令的前后效果如图 2-10 所示。

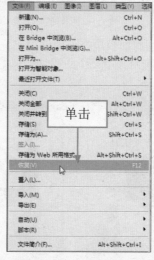

图 2-10 恢复图像为初始状态

2.2 设置窗口显示

在 Photoshop CC 中，用户可以同时打开多个图像文件，其中当前图像编辑窗口将会显示在最前面。用户还可以根据工作需要移动窗口位置、调整窗口大小、改变窗口排列方式或在各窗口之间切换，让工作环境变得更加简洁，下面详细介绍 Photoshop CC 窗口的管理方法。

2.2.1 最小化、最大化和还原窗口

使用 Photoshop CC 处理图像文件时，根据工作的需要可以改变窗口的大小，从而提高工作效率，最小化、最大化和还原按钮位于图像文件窗口的右上角，如图 2-11 所示。

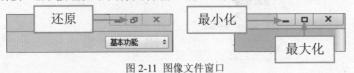

图 2-11 图像文件窗口

2.2.2 面板的展开和组合

在 Photoshop CC 中包含了多个面板，用户在"窗口"菜单中可以单击需要的面板命令，将该面板打开。单击"窗口"|"通道"命令，展开"通道"面板，如图 2-12 所示。

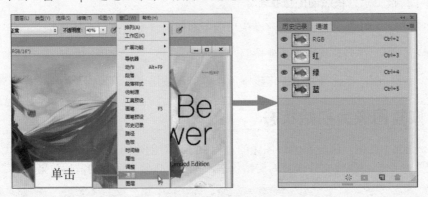

图 2-12 展开面板

在绘图时，根据个人的工作习惯将面板放在方便使用的位置，或将两个或多个面板合并到一个面板中，如图 2-13 所示。当需要调用其中某个面板时，只需要单击其标签名称即可，这样能方便用户制作图像。

图 2-13 组合面板

2.2.3 移动和调整面板大小

在 Photoshop CC 中，如果用户在处理图像的过程中，为了充分利用编辑窗口的空间，这时就要调整面板的大小。在 Photoshop CC 中编辑图像时，用户可以根据个人的习惯随意移动面板，或者调整面板的大小。

素材文件	光盘 \ 素材 \ 第 2 章 \ 玫瑰心语 .jpg
效果文件	无
视频文件	光盘 \ 视频 \ 第 2 章 \2.2.3 移动和调整面板大小 .mp4

实战 玫瑰心语

步骤 01 打开随书附带光盘的"素材 \ 第 2 章 \ 玫瑰心语 .jpg"文件，移动鼠标至控制面板上方的区域，如图 2-14 所示。

步骤 02 单击鼠标左键的同时并拖曳至合适位置，然后释放鼠标，即可移动面板，如图 2-15 所示。

图 2-14 移动鼠标位置　　　　　　　　　　　　　　　图 2-15 移动控制面板

步骤 03 展开"通道"面板，将鼠标移至面板边缘处，光标呈双向箭头形状↕，如图 2-16 所示。

步骤 04 单击鼠标左键的同时向下拖曳，执行操作后，即可调整控制面板的大小，如图 2-17 所示。

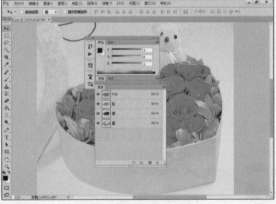

图 2-16 光标呈双向箭头　　　　　　　　　　　　　　　图 2-17 调整控制面板大小

2.2.4 调整图像窗口排列

在 Photoshop CC 中，当打开多个图像文件时，每次只能显示一个图像编辑窗口内的图像。若用户需要对多个窗口中的内容进行比较，则可将各窗口以水平平铺、浮动、层叠和选项卡等方式进行排列。

素材文件	光盘 \ 素材 \ 第 2 章 \ 素材 1.jpg、素材 2.jpg、素材 3.jpg
效果文件	无
视频文件	光盘 \ 视频 \ 第 2 章 \2.2.4 调整图像窗口排列 .mp4

实战 图像排列

步骤 01 单击"文件"|"打开"命令，打开随书附带光盘的"素材\第 2 章\素材 1.jpg、素材 2.jpg、素材 3.jpg"文件，如图 2-18 所示。

步骤 02 单击"窗口"|"排列"|"平铺"命令，即可平铺窗口中的图像，如图 2-19 所示。

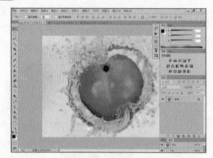

图 2-18 打开素材图像

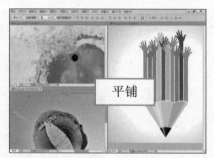

图 2-19 平铺窗口中的图像

步骤 03 单击"窗口"|"排列"|"使所有内容在窗口中浮动"命令，即可浮动排列图像窗口，如图 2-20 所示。

步骤 04 单击"窗口"|"排列"|"将所有内容合并到选项卡中"命令，即可以选项卡的方式排列图像窗口，如图 2-21 所示。

图 2-20 浮动排列图像窗口

图 2-21 以选项卡方式排列图像窗口

专家指点

当用户需要对窗口进行适当的布置时，可以将鼠标指针移至图像窗口的标题栏上，单击鼠标左键并拖曳，即可将图像窗口拖到屏幕任意位置。

2.2.5　切换图像窗口

在 Photoshop CC 中，用户在处理图像过程中，如果界面的图像编辑窗口中同时打开多幅素材图像时，用户可以根据需要在各窗口之间进行切换，让工作界面变得更加方便、快捷，从而提高工作效率。

素材文件	光盘 \ 素材 \ 第 2 章 \ 蓝天白云 .jpg、热气球 .jpg
效果文件	无
视频文件	光盘 \ 视频 \ 第 2 章 \2.2.5 切换图像窗口 .mp4

实战 蓝天白云

步骤 01　单击"文件"|"打开"命令，打开随书附带光盘的"素材 \ 第 2 章 \ 蓝天白云 .jpg、热气球 .jpg"文件，将鼠标移至"蓝天白云"素材图像的编辑窗口上，单击鼠标左键，如图 2-22 所示。

步骤 02　执行操作后，即可将"蓝天白云"素材图像设置为当前窗口，如图 2-23 所示。

图 2-22　单击鼠标左键　　　　　　　　　图 2-23　设置为当前窗口

专家指点

除了运用上述方法可以切换图像编辑窗口外，还有以下 3 种方法。

＊ 快捷键 1：按【Ctrl ＋ Tab】组合键。

＊ 快捷键 2：按【Ctrl ＋ F6】组合键。

＊ 快捷菜单：单击"窗口"命令，在弹出的菜单中的最下面中，会列出当前打开的所有素材图像名称，单击某一个图像名称，即可将其切换为当前图像窗口。

2.2.6　调整窗口大小

在 Photoshop CC 中，窗口的大小是可以随意调整的，如果用户在处理图像的过程中，需要把图像放在合适的位置，这时就要调整图像编辑窗口的大小和位置。

素材文件	光盘 \ 素材 \ 第 2 章 \ 美丽新娘 .jpg
效果文件	无
视频文件	光盘 \ 视频 \ 第 2 章 \2.2.6 调整窗口大小 .mp4

实战 美丽新娘

步骤 01 单击"文件"|"打开"命令，打开随书附带光盘的"素材\第 2 章\美丽新娘 .jpg"文件，将鼠标移至图像编辑窗口的边框线上，鼠标指针呈双向箭头←→，如图 2-24 所示。

步骤 02 单击鼠标左键的同时向右拖曳，即可改变窗口的大小，效果如图 2-25 所示。

图 2-24 鼠标指针呈双向箭头　　　　　　　　图 2-25 改变窗口大小

2.2.7 移动图像窗口

在 Photoshop CC 中编辑图像时，可以根据个人习惯将窗口移至方便使用的位置。首先选中图像窗口标题栏，单击鼠标左键的同时并拖曳至合适位置，然后释放鼠标左键，即可移动窗口，如图 2-26 所示。

图 2-26 移动图像窗口

2.3 图像显示的调整

在 Photoshop CC 中，可以同时打开多个图像文件，为了工作需要，用户可以对图像的显示进行放大、缩小，控制图像显示模式或按区域放大显示图像等操作。

2.3.1 放大与缩小显示图像

在 Photoshop CC 中编辑和设计作品的过程中，用户可以根据工作需要对图像进行放大或缩小操作，以便更好地观察和处理图像，使工作起来更加方便。

素材文件	光盘 \ 素材 \ 第 2 章 \ 小小雏菊 .jpg
效果文件	无
视频文件	光盘 \ 视频 \ 第 2 章 \2.3.1 放大与缩小显示图像 .mp4

实战 小小雏菊

步骤 01 单击"文件"|"打开"命令，打开随书附带光盘的"素材 \ 第 2 章 \ 小小雏菊 .jpg"文件，如图 2-27 所示。

步骤 02 在菜单栏上单击"视图"|"放大"命令，如图 2-28 所示。

图 2-27 打开素材图像

图 2-28 单击"放大"命令

步骤 03 执行操作后，即可放大图像的显示，如图 2-29 所示。

步骤 04 在菜单栏上单击两次"视图"|"缩小"命令，即可使图像的显示比例缩小两倍，如图 2-30 所示。

图 2-29 放大图像

图 2-30 缩小图像

 专家指点

除了上述缩小和放大图像的方法外，还有以下两种方法。

* 按【Ctrl ＋－】组合键，可缩小图像。

* 按【Ctrl ＋＋】组合键，可放大图像。

2.3.2 控制图像显示模式

用户在处理图像时，可以根据需要转换图像的显示模式。Photoshop CC 为用户提供了 3 种不同的屏幕显示模式，即标准屏幕模式、带有菜单栏的全屏模式与全屏模式。

素材文件	光盘 \ 素材 \ 第 2 章 \ 蒲公英 .jpg
效果文件	无
视频文件	光盘 \ 视频 \ 第 2 章 \2.3.2 控制图像显示模式 .mp4

实战 蒲公英

步骤 01 单击"文件"|"打开"命令，打开随书附带光盘的"素材 \ 第 2 章 \ 蒲公英 .jpg"文件，此时屏幕显示为标准屏幕模式，如图 2-31 所示，该模式是 Photoshop CC 默认的显示模式。

步骤 02 单击"视图"|"屏幕模式"|"带有菜单栏的全屏模式"命令，如图 2-32 所示。

图 2-31 标准屏幕模式

图 2-32 单击相应命令

步骤 03 执行上述操作后，图像编辑窗口的标题栏和状态栏即可被隐藏起来，屏幕切换至带有菜单栏的全屏模式，如图 2-33 所示。

步骤 04 单击"视图"|"屏幕模式"|"全屏模式"命令，如图 2-34 所示。

图 2-33 "带有菜单栏的全屏模式"效果

图 2-34 单击"全屏模式"命令

步骤 05 执行操作后，弹出信息提示框，如图 2-35 所示。

步骤 06 单击"全屏"按钮，即可切换至全屏模式，在该模式下 Photoshop CC 隐藏窗口所有的内容，以获得图像的最大显示，且空白区域呈黑色显示，如图 2-36 所示。

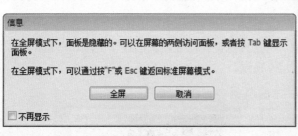

图 2-35 弹出提示信息框　　　　　　图 2-36 全屏模式显示图像

 专家指点

　　除了运用上述方法可以切换图像显示模式外，还有一种常用的快捷方法，用户只需按【F】键，可以在上述 3 种显示模式之间进行切换。

2.3.3　按区域放大显示图像

　　在 Photoshop CC 中，用户可以通过区域放大显示图像，更准确地放大所需要操作的图像显示区域，选择工具箱中的缩放工具后，其属性栏的变化如图 2-37 所示。

图 2-37　放大工具属性栏

放大工具属性栏各选项的主要含义如下。

1 放大 / 缩小：单击放大按钮，即可放大图片，单击缩小按钮，即可缩小图片。

2 调整窗口大小以满屏显示：自动调整窗口的大小。

3 缩放所有窗口：同时缩放所有打开的文档窗口。

4 细微缩放：用户选中该复选框，在画面中单击并向左或向右拖动鼠标，能够快速放大或缩小窗口；取消该复选框时，在画面中 并拖动鼠标，会出现一个矩形框，放开鼠标后，矩形框中的图像会放大至整个窗口。

5 实际像素：图像以实际的像素显示。

6 适合屏幕：在窗口中最大化显示完整的图像。

7 填充屏幕：在整个屏幕内最大化显示完整的图像。

8 打印尺寸：按照实际的打印尺寸显示图像。

下面向读者介绍按区域放大显示图像的操作方法：

素材文件	光盘 \ 素材 \ 第 2 章 \ 墨镜美女 .jpg
效果文件	无
视频文件	光盘 \ 视频 \ 第 2 章 \2.3.3 按区域放大显示图像 .mp4

实战 墨镜美女

步骤 01 单击"文件"|"打开"命令，打开随书附带光盘的"素材\第 2 章\墨镜美女.jpg"文件，如图 2-38 所示。

步骤 02 在工具箱中选取缩放工具 ，将鼠标定位在需要放大的图像区域，单击鼠标左键的同时并拖曳，创建一个虚线矩形框，如图 2-39 所示。

图 2-38 打开素材图像　　　　　图 2-39 创建矩形

步骤 03 释放鼠标左键，即可放大显示所需要的区域，如图 2-40 所示。

图 2-40 按区域放大显示区域后的图像效果

2.3.4 按适合屏幕显示图像

用户在编辑图像时，可根据工作需要放大图像进行更精确的操作，当编辑完成后，单击缩放工具属性栏中的"适合屏幕"按钮，即可将图像以最合适的比例完全显示出来，下面向读者介绍适合屏幕显示图像的操作方法。

素材文件	光盘\素材\第 2 章\美丽黄昏.jpg
效果文件	无
视频文件	光盘\视频\第 2 章\2.3.4 按适合屏幕显示图像.mp4

实战 美丽黄昏

步骤 01 单击"文件"|"打开"命令，打开随书附带光盘的"素材\第 2 章\美丽黄昏.jpg"文件，如图 2-41 所示。

步骤 **02** 选取抓手工具，在工具属性栏中，单击"适合屏幕"按钮，执行操作后，图像即可以适合屏幕的方式显示图像，如图 2-42 所示。

图 2-41 打开素材图像

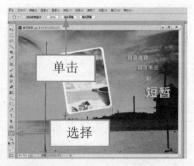
图 2-42 适合屏幕显示图像

 专家指点

除了上述方法可以将图像以最合适的比例完全显示外，还有以下两种方法。
* 双击：在工具箱中的抓手工具上，双击鼠标左键。
* 快捷键：按【Ctrl + 0】组合键。

2.3.5 移动图像窗口显示区域

在 Photoshop CC 中，当所打开的图像因缩放超出当前显示窗口的范围时，图像编辑窗口的右侧和下方将分别显示垂直和水平的滚动条。此时，用户可以拖曳滚动条或使用抓手工具移动图像窗口的显示区域，以便更好的查看图像。下面向读者介绍移动图像窗口显示区域的操作方法。

素材文件	光盘 \ 素材 \ 第 2 章 \ 童真笑脸 .jpg
效果文件	无
视频文件	光盘 \ 视频 \ 第 2 章 \2.3.5 移动图像窗口显示区域 .mp4

实战 童真笑脸

步骤 **01** 单击"文件"|"打开"命令，打开随书附带光盘的"素材 \ 第 2 章 \ 童真笑脸 .jpg"文件，选取工具箱中的缩放工具，放大图像，如图 2-43 所示。

步骤 **02** 选取抓手工具，将鼠标移至图像上，当鼠标指针呈抓手形状时，单击鼠标左键的同时并拖曳，即可移动图像窗口的显示区域，如图 2-44 所示。

图 2-43 打开素材图像

图 2-44 移动窗口显示区域

2.4 辅助工具的运用

用户在编辑和绘制图像时，灵活掌握应用网格、参考线、标尺工具、注释工具等辅助工具的使用方法，可以在处理图像的过程中精确地对图像进行定位、对齐、测量等操作，以便更加精美有效地处理图像。

2.4.1 应用网格

当用户需要平均分配间距和对齐图像时，网格就带来很大的方便。网格可以平均分配空间，在网格选项中可以设置间距，方便度量和排列很多的图片。

素材文件	光盘 \ 素材 \ 第 2 章 \ 窗边的花 .jpg
效果文件	无
视频文件	光盘 \ 视频 \ 第 2 章 \2.4.1 应用网格 .mp4

实战 窗边的花

步骤 01 单击"文件"|"打开"命令，打开随书附带光盘的"素材 \ 第 2 章 \ 窗边的花 .jpg"文件，如图 2-45 所示。

步骤 02 单击"视图"|"显示"|"网格"命令，即可在图像中显示网格，如图 2-46 所示。

图 2-45 打开素材图像　　　　　　　图 2-46 显示网格

步骤 03 单击"视图"|"对齐到"|"网格"命令，执行操作后，可以看到在"网格"命令的左侧出现一个对号标志√，如图 2-47 所示。

步骤 04 在工具箱中选取矩形选框工具，将鼠标移至图像编辑窗口中的鲜花处，单击鼠标左键的同时并拖曳绘制矩形框，即可自动对齐到网格，如图 2-48 所示。

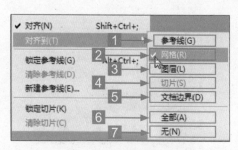

图 2-47 出现对号标志　　　　　　图 2-48 对齐到网格

"对齐到"命令介绍：

1 参考线：选择该选项，能使对象与参考线对齐。

2 网格：选择该选项，能使对象与网格对齐，网格被隐藏时不能选择该选项。

3 图层：选择该选项，能使对象与图层中的内容对齐。

4 切片：选择该选项，能使对象与切片边界对齐，切片被隐藏时不能选择该选项。

5 文档边界：选择该选项，可以使对象与文档的边缘对齐。

6 全部：选择所有"对齐到"选项。

7 无：取消选择所有"对齐到"选项。

2.4.2 应用参考线

进行图像排版或是一些规范操作时，用户要精细作图时就需要运用到参考线，参考线相当于辅助线，起到辅助的作用，能让用户的操作更方便。它是浮动在整个图像上却不被打印的直线，用户可以随意移动、删除或锁定参考线。下面介绍应用参考线的操作方法。

素材文件	光盘 \ 素材 \ 第 2 章 \ 折叠名片 .jpg
效果文件	无
视频文件	光盘 \ 视频 \ 第 2 章 \2.4.2 应用参考线 .mp4

实战 折叠名片

步骤 01 单击"文件"|"打开"命令，打开随书附带光盘的"素材 \ 第 2 章 \ 折叠名片 .jpg"文件，如图 2-49 所示。

步骤 02 单击"视图"|"新建参考线"命令，弹出"新建参考线"对话框，选中"垂直"单选按钮，在"位置"右侧的数值框中设置为 3.7 厘米，如图 2-50 所示。

图 2-49 打开素材图像

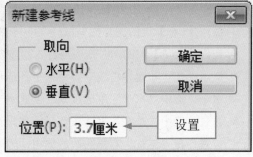

图 2-50 设置数值

步骤 03 单击"确定"按钮，即可创建垂直参考线，如图 2-51 所示。

步骤 04 单击"视图"|"新建参考线"命令，如图 2-52 所示。

步骤 05 执行上述操作后，弹出"新建参考线"对话框，选中"水平"单选按钮，在"位置"右侧的数值框中输入 4 厘米，如图 2-53 所示。

步骤 06 单击"确定"按钮，即可创建水平参考线，效果如图2-54示。

图 2-51 创建垂直参考线

图 2-52 单击"新建参考线"命令

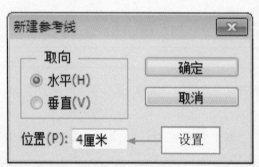

图 2-53 设置数值

图 2-54 创建水平参考线

 专家指点

移动参考线有关的快捷键和技巧如下。

* 按住【Ctrl】键的同时拖曳鼠标，即可移动参考线。

* 按住【Shift】键的同时拖曳鼠标，可使参考线与标尺上的刻度对齐。

* 提示：在"新建参考线"对话框中各选项主要含义如下。

* 水平：选中"水平"单选按钮，创建水平参考线。

* 垂直：选中"垂直"单选按钮，创建垂直参考线。

* 位置：在"位置"右侧的数值框中，输入相应的数值，可以设置参考线的位置。

2.4.3 应用标尺

标尺工具是非常精准的测量及图像修正工具。利用此工具拉出一条直线后，会在属性栏显示这条直线的详细信息，如直线的坐标、宽、高、长度、角度等，可以判断一些角度不正的图片偏斜角度，方便精确校正。

素材文件	光盘 \ 素材 \ 第 2 章 \ 杯具 .jpg
效果文件	无
视频文件	光盘 \ 视频 \ 第 2 章 \2.4.3 应用标尺 .mp4

实战 | 杯具

步骤 01 单击"文件"|"打开"命令,打开随书附带光盘的"素材\第 2 章\杯具 .jpg"文件,如图 2-55 所示。

步骤 02 选取工具箱中的标尺工具 ,将鼠标移至图像编辑窗口中,此时鼠标指针呈 +形状,如图 2-56 所示。

图 2-55 打开素材图像

图 2-56 指针呈 +形状

步骤 03 在图像编辑窗口中单击鼠标左键,确认起始位置,并向下拖曳,确定测试长度,如图 2-57 所示。

步骤 04 单击"窗口"|"信息"命令,即可查看到测量的信息,如图 2-58 所示。

图 2-57 确定测试长度

图 2-58 查看测量信息

专家指点

技巧:按住【Shift】键的同时,单击鼠标左键并拖曳,可以将沿水平、垂直或 45 度角的方向进行测量。将鼠标指针拖曳至测量的支点上,单击鼠标左键并拖曳,即可改变测量的长度和方向。

技巧:在 Photoshop CC 中,按住【Ctrl + R】组合键,在图像编辑窗口中即可隐藏或者显示标尺。

2.4.4 应用注释工具

在 Photoshop CC 中，注释工具是用来协助用户制作图像的，使用注释工具可以在图像的任何区域添加文字注释，标记制作说明或其他有用信息。下面向读者介绍应用注释工具的操作方法。

素材文件	光盘\素材\第 2 章\木头人 .jpg
效果文件	无
视频文件	光盘\视频\第 2 章\2.4.4 应用注释工具 .mp4

实战 木头人

步骤 01 单击"文件"|"打开"命令，打开随书附带光盘的"素材\第 2 章\木头人 .jpg"文件，如图 2-59 所示。

步骤 02 选取工具箱中的注释工具，将鼠标移至图像编辑窗口中，单击鼠标左键，弹出"注释"面板，在"注释"文本框中输入说明文字，如图 2-60 所示。

图 2-59 打开素材图像

图 2-60 输入说明文字

步骤 03 执行操作后，即可创建注释，单击"注释"面板右上方的双三角形按钮，折叠面板，即可在素材图像中显示注释标记，如图 2-61 所示。

步骤 04 移动鼠标至素材图像中的注释标记上，单击鼠标右键，弹出快捷菜单,选择"删除注释"选项，如图 2-62 所示。

图 2-61 显示注释标记

图 2-62 选择"删除注释"选项

步骤 05 执行上述操作后，弹出信息提示框，如图 2-63 所示。

步骤 06 单击"是"按钮，即可删除注释，效果如图 2-64 所示。

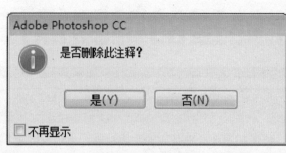

图 2-63 弹出信息提示框　　　　　　　　　　图 2-64 删除注释后效果

 专家指点

"注释"右键菜单的各选项主要含义如下：

* 新建注释：选择"新建注释"选项，可以创建新的注释。

* 打开注释：选择"打开注释"选项，可以打开注释面板，查看面板中的内容。

* 删除注释：选择"删除注释"选项，将当前的注释删除。

* 导入注释：选择"导入注释"选项，导入新的注释。

* 关闭注释：选择"关闭注释"选项，可以关闭当前的注释面板。

* 删除所有注释：选择"删除所有注释"选项，将所有的注释删除。

03

图像处理的基础操作

学习提示

　　Photoshop CC 作为一款图像处理软件，绘图和图像处理是它的主要功能，用户可以通过调整图像尺寸、分辨率、裁剪图像和变换图像等操作，来调整与编辑图像，以此来优化图像的质量，设计出更好的作品。

本章案例导航

- 实战——山水美景
- 实战——麦兜当当
- 实战——飞越时尚
- 实战——天空之城
- 实战——玫瑰花纹
- 实战——动感男孩
- 实战——美丽人生
- 实战——婚纱相框
- 实战——人物变换

- 实战——红色汽车
- 实战——乐天音乐
- 实战——美丽容颜
- 实战——蓝天白云
- 实战——紫色野花
- 实战——翻转玫瑰
- 实战——电脑
- 实战——被子
- 实战——泥人

3.1 图像画布的控制

在 Photoshop CC 中，画布是指整个文档的工作区域，根据需要合理控制图像的大小和方向，有利于图像的显示。

3.1.1 调整画布的尺寸

画布是指实际打印的工作区域，图像画面尺寸的大小是指当前图像周围工作空间的大小，改变画布大小直接会影响最终的输出效果。

素材文件	光盘 \ 素材 \ 第 3 章 \ 山水美景 .jpg
效果文件	光盘 \ 效果 \ 第 3 章 \ 山水美景 .jpg
视频文件	光盘 \ 视频 \ 第 3 章 \3.1.1 调整画布的尺寸 .mp4

实战 山水美景

步骤 01 单击"文件"|"打开"命令，打开随书附带光盘的"素材 \ 第 3 章 \ 山水美景 .jpg"文件，如图 3-1 所示。

步骤 02 单击"图像"|"画布大小"命令，弹出"画布大小"对话框，如图 3-2 所示。

图 3-1 打开素材图像

图 3-2 弹出"画布大小"对话框

步骤 03 在"新建大小"选项区中设置"宽度"为 40 厘米、"高度"为 30 厘米，设置"画布扩展颜色"为"黑色"，如图 3-3 所示。

步骤 04 单击"确定"按钮，即可调整画布的大小，如图 3-4 所示。

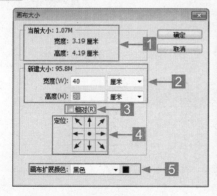
图 3-3 设置数值

图 3-4 调整画布大小

"画布大小"对话框中各选项的主要含义如下。

1 当前大小：显示的是当前画布的大小。

2 新建大小：用于设置画布的大小。

3 相对：选中该复选框后，在"宽度"和"高度"选项后面将出现"锁链"图标，表示改变其中某一选项设置时，另一选项会按比例同时发生变化。

4 定位：是用来修改图像像素的大小。在 Photoshop 中是"重新取样"。当减少像素数量时就会从图像中删除一些信息；当增加像素的数量或增加像素取样时，则会添加新的像素。在"图像大小"对话框最下面的下拉列表中可以选择一种插值方法来确定添加或删除像素的方式，如"两次立方"、"邻近"、"两次线性"等。

5 画布扩展颜色：在"画布扩展颜色"下拉列表中可以选择填充新画布的颜色。

3.1.2 旋转和翻转画布

有时打开图像时，会发现图像出现了颠倒、倾斜或反向，此时就需要对画布进行旋转或翻转操作。

素材文件	光盘 \ 素材 \ 第 3 章 \ 红色汽车 .jpg
效果文件	光盘 \ 效果 \ 第 3 章 \ 红色汽车 .jpg
视频文件	光盘 \ 视频 \ 第 3 章 \3.1.2 旋转和翻转画布 .mp4

实战 红色汽车

步骤 01 打开随书附带光盘的"素材 \ 第 3 章 \ 红色汽车 .jpg"文件，如图 3-5 所示。

步骤 02 单击"图像"|"图像旋转"|"水平翻转画布"命令，即可水平翻转画布，效果如图 3-6 所示。

图 3-5 素材图像　　　　　　　　　　图 3-6 水平翻转图像效果

专家指点

使用"旋转画布"命令可以旋转或翻转整个图像，但不适用于单个图层、图层中的一部分、选区及路径。如果需要对单个图层、图层中的一个部分、选区及路径进行旋转或翻转，可以通过执行"编辑"|"变换"命令来完成。

3.1.3 显示全部图像

在 Photoshop CC 中，有时用户打开图像会发现图像没有显示完全，此时可以单击"显示全部"命令对图像进行全部显示的操作。

素材文件	光盘 \ 素材 \ 第 3 章 \ 麦兜当当 .psd
效果文件	光盘 \ 效果 \ 第 3 章 \ 麦兜当当 .jpg
视频文件	光盘 \ 视频 \ 第 3 章 \3.1.3 显示全部图像 .mp4

实战 麦兜当当

步骤 01 单击"文件"|"打开"命令，打开随书附带光盘的"素材 \ 第 3 章 \ 麦兜当当 .psd"文件，如图 3-7 所示。

步骤 02 单击"图像"|"显示全部"命令，即可显示全部图像，如图 3-8 所示。

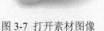

图 3-7 打开素材图像 　　　　　　　　图 3-8 显示全部图像

专家指点

　　有时图像的部分区域会处于画布的可见区域外，单击"显示全部"命令，可以扩大画面，从而使其处于画布可见区域外的图像完全显示出来。

3.1.4 调整图像的尺寸

　　用户在对图像的再编辑过程中可以根据需要调整图片的大小，但在调整时一定要注意文档宽度值、高度值与分辨率值之间的关系，否则改变大小后图像的效果质量也会受到影响。

素材文件	光盘 \ 素材 \ 第 3 章 \ 梦幻海滩 .jpg
效果文件	光盘 \ 效果 \ 第 3 章 \ 梦幻海滩 .jpg
视频文件	光盘 \ 视频 \ 第 3 章 \3.1.4 调整图像的尺寸 .mp4

实战 梦幻海滩

步骤 01 单击"文件"|"打开"命令，打开随书附带光盘的"素材 \ 第 3 章 \ 梦幻海滩 .jpg"文件，如图 3-9 所示。

步骤 02 单击"图像"|"图像大小"命令，弹出"图像大小"对话框，如图 3-10 所示。

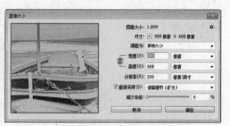

图 3-9 打开素材图像 　　　　　图 3-10 弹出"图像大小"对话框

步骤 03 在"文档大小"选项区中，设置"宽度"为30厘米、"分辨率"为72像素/英寸，如图 3-11 所示。

步骤 04 单击"确定"按钮，即可调整图像的尺寸，如图 3-12 所示。

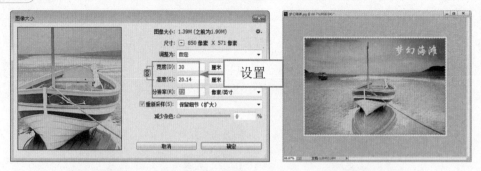

图 3-11 设置相应数值   图 3-12 调整图像尺寸

3.1.5 调整图像分辨率

分辨率指的是单位长度上像素的数目，通常用"像素/英寸"或"像素/厘米"表示。每英寸的像素越多，分辨率越高，则图像印刷出来的质量就越好；反之，每英寸的像素越少，分辨率越低，印刷出来的图像质量就越差。

素材文件	光盘\素材\第 3 章\乐天音乐 .jpg
效果文件	光盘\效果\第 3 章\乐天音乐 .jpg
视频文件	光盘\视频\第 3 章\3.1.5 调整图像分辨率 .mp4

实战 乐天音乐

步骤 01 单击"文件"|"打开"命令，打开随书附带光盘的"素材\第 3 章\乐天音乐 .jpg"文件，如图 3-13。

步骤 02 单击"图像"|"图像大小"命令，弹出"图像大小"对话框，如图 3-14 示。

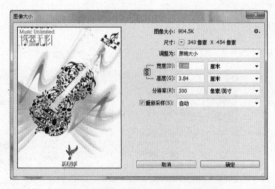

图 3-13 打开素材图像   图 3-14 弹出"图像大小"对话框

步骤 03 设置"分辨率"为400，单击"确定"按钮，如图 3-15 所示。

步骤 04 执行上述操作后，即可调整图像的分辨率，如图 3-16 所示。

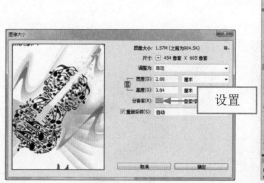

图 3-15 设置数值

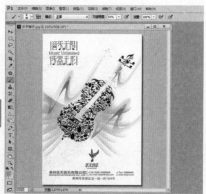

图 3-16 调整图像分辨率

3.2 图像的裁剪

当图像扫描到计算机中，经常会遇到图像中多出一些不需要的部分，这时就需要对图像进行裁剪操作，下面向读者介绍裁剪图像的操作方法。

3.2.1 运用工具裁剪图像

在 Photoshop 中，裁剪工具是应用非常灵活的截取图像的工具，灵活运用裁剪工具可以突出主体图像，选择裁剪工具后，其属性栏的变化如图 3-17 所示。

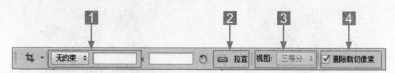

图 3-17 裁剪工具属性栏

裁剪工具的工具属性栏各选项主要含义如下。

1 无约束：用来输入图像裁剪比例，裁剪后图像的尺寸有输入的数值决定，与裁剪区域的大小没有关系。

2 拉直：通过其上绘制线段拉直图像。

3 视图：设置裁剪工具视图选项。

4 删除裁切像素：确定裁剪框以外透明度像素数据是保留还是删除。

下面向读者介绍运用工具裁剪图像的操作方法。

素材文件	光盘 \ 素材 \ 第 3 章 \ 时尚飞跃 .jpg
效果文件	光盘 \ 效果 \ 第 3 章 \ 时尚飞跃 .jpg
视频文件	光盘 \ 视频 \ 第 3 章 \3.2.1 运用工具裁剪图像 .mp4

实战 飞跃时尚

步骤 01 单击"文件"|"打开"命令，打开随书附带光盘的"素材\第3章\时尚飞跃.jpg"文件，如图3-18所示。

步骤 02 选取工具箱中的裁剪工具 🔲，调出变换控制框，单击鼠标左键的同时并拖曳，如图3-19所示。

图3-18 打开素材图像　　　　　　　　图3-19 拖动至适合位置

步骤 03 将鼠标移至裁剪控制框中，单击鼠标左键的同时并拖曳图像至适合位置，如图3-20所示。

步骤 04 执行上述操作后，按【Enter】键确认，即可裁剪图像，效果如图3-21所示。

图3-20 移动图像至适合位置　　　　　　图3-21 裁剪图像

专家指点

在变换控制框中，可以对其进行适当调整，将鼠标拖曳至变换控制框四周的8个控制柄上，当鼠标呈双向箭头↔形状时，单击鼠标左键的同时并拖曳，即可放大或缩小裁剪区域，将鼠标移至控制框外，当鼠标呈↰形状时，可对其裁剪区域进行旋转。

3.2.2 运用命令裁切图像

在Photoshop CC中，除了运用裁剪工具裁剪图像外，还可以运用"裁切"命令裁剪图像，下面向读者介绍运用命令裁剪图像的操作方法。

素材文件	光盘 \ 素材 \ 第 3 章 \ 美丽容颜 .jpg
效果文件	光盘 \ 效果 \ 第 3 章 \ 美丽容颜 .jpg
视频文件	光盘 \ 视频 \ 第 3 章 \3.2.2 运用命令裁切图像 .mp4

实战 美丽容颜

步骤 **01** 单击"文件"|"打开"命令，打开随书附带光盘的"素材\第 3 章\美丽容颜 .jpg"
文件，如图 3-22 所示。

步骤 **02** 单击"图像"|"裁切"命令，弹出"裁切"对话框，在"基于"选项区中选中"左
上角像素颜色"单选按钮，在"裁切"选项区中分别选中"顶"、"底"、"左"和"右"复选框，
如图 3-23 所示。

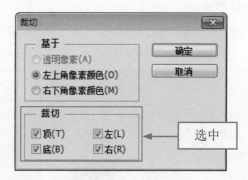

图 3-22 打开素材图像　　　　　　　图 3-23 选中复选框

步骤 **03** 执行上述操作后，单击"确定"按钮，即可裁切图像，如图 3-24 所示。

图 3-24 裁切后图像

 专家指点

裁切对话框的各选项的主要含义主要如下：

* 透明像素：用于删除图像边缘的透明区域，留下包含非透明像素的最小图像。

* 左上角像素颜色：删除图像左上角像素颜色的区域。

* 右下角像素颜色：删除图像右上角像素颜色的区域。

* 剪裁：设置要修正的图像区域。

3.2.3 精确裁剪图像对象

在制作等分拼图需要裁剪时,就要运用到精确裁剪图像,在裁剪工具属性栏上设置固定的宽度、高度、分辨率等参数,即可裁剪同样大小的图像。

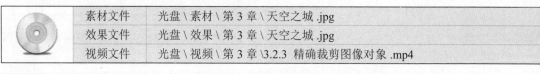

素材文件	光盘 \ 素材 \ 第 3 章 \ 天空之城 .jpg	
效果文件	光盘 \ 效果 \ 第 3 章 \ 天空之城 .jpg	
视频文件	光盘 \ 视频 \ 第 3 章 \3.2.3 精确裁剪图像对象 .mp4	

实战 天空之城

步骤 01 单击"文件"|"打开"命令,打开随书附带光盘的"素材 \ 第 3 章 \ 天空之城 .jpg"文件,如图 3-25 所示。

步骤 02 选取工具箱中的矩形选框工具,将鼠标移至图像编辑窗口中,单击鼠标左键的同时并拖曳,创建一个选区,如图 3-26 所示。

图 3-25 打开素材图像　　　　　　　　图 3-26 创建一个选区

步骤 03 单击"图像"|"裁剪"命令,即可裁剪图像,如图 3-27 所示。

步骤 04 执行上述操作后,按【Ctrl ＋ D】组合键,取消选区,如图 3-28 所示。

图 3-27 裁剪图像　　　　　图 3-28 取消选区

3.3 图像素材的管理

在 Photoshop CC 中,移动与删除图像是图像处理的基本操作。本节主要向读者介绍移动和删除图像的操作方法。

3.3.1　移动图像素材

在 Photoshop CC 中，移动工具是最常用的工具之一，移动图层、选区内的图像，或者整个图像都可以通过移动工具进行位置的调整，用户选中移动工具后，其属性栏的变化如图 3-29 所示。

图 3-29　移动工具属性栏

移动工具属性栏各选项的主要含义如下：

1 自动选择：如果文档中包含多个图层或图层组，可在选中该复选框的同时单击"选择或后图层"按钮，在弹出的下拉列表框中选择要移动的内容。选择"组"选项，在图像中单击时，可自动选择工具下面包含像素的最顶层的图层所在的图层组；选择"图层"选项，使用移动工具在画面中单击时，可自动选择工具下面包含像素的最顶层的图层。

2 显示变换控件：选中该复选框以后，系统会在选中图层内容的周围显示变换框，通过拖动控制点对图像进行变换操作。

3 对齐图层：在选择了两个或两个以上的图层，可以单击相应按钮，使所选的图层对齐。包括顶对齐、垂直居中对齐、底对齐、左对齐、水平居中对齐和右对齐。

4 分布图层：在选择 3 或 3 个以上的图层，可单击相应的按钮使所选的图层按照一定的规则分布。这些按钮包括按顶分布、垂直居中分布、按底分布、按左分布、水平居中分布和按右分布。

5 自动对齐图层：在选择 3 或 3 个以上的图层，可以单击该按钮，弹出"自动对齐图层"对话框，在其中可选择"自动"、"透视"、"拼贴"、"圆柱"、"球面"和"调整位置" 6 个单选按钮，如图 3-30 所示。

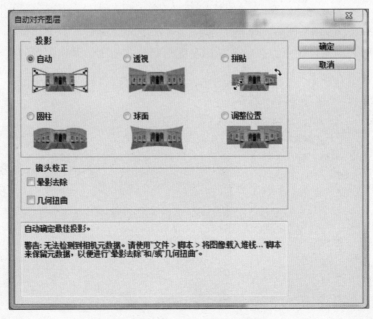

图 3-30　"自动对齐图层"对话框

下面向读者介绍移动图像素材的操作方法。

素材文件	光盘 \ 素材 \ 第 3 章 \ 蓝天白云 .psd、向日葵 .psd
效果文件	光盘 \ 效果 \ 第 3 章 \ 蓝天白云 .psd
视频文件	光盘 \ 视频 \ 第 3 章 \3.3.1 移动图像素材 .mp4

实战 蓝天白云

步骤 01 单击"文件"|"打开"命令，打开随书附带光盘的"素材 \ 第 3 章 \ 蓝天白云 .psd、向日葵 .psd"文件，如图 3-31 所示。

步骤 02 选取移动工具，将鼠标指针移至"蓝天白云"图像编辑窗口中，单击鼠标左键的同时并拖曳至"向日葵"图像编辑窗口中，释放鼠标左键，即可移动图像，如图 3-32 所示。

图 3-31 打开素材图像

图 3-32 移动图像

步骤 03 在"图层"面板中，选择"图层 1"图层，单击鼠标左键并向下拖曳至"图层 0"图层下方，释放鼠标左键，调整图层顺序，如图 3-33 所示。

步骤 04 选择"图层 0"图层，单击"编辑"|"变换"|"缩放"命令，调出变换控制框，将鼠标移至控制框的右上角控制点上，单击鼠标左键的同时并拖曳，调整图像的大小，并调整至合适位置，如图 3-34 所示。

图 3-33 调整图像大小

图 3-34 改变图像效果

专家指点

除了运用上述方法可以移动图像外，还有以下 3 种方法移动图像：

❋ 鼠标 1：如果当前没有选取移动工具，可按住【Ctrl】键，单击鼠标左键的同时并拖曳，即可移动图像。

❋ 鼠标 2：按住【Alt】键的同时，在图像上单击鼠标左键的同时并拖曳，即可复制图像。

❋ 快捷键：按住【Shift】键的同时，可以将图像垂直或水平移动。

3.3.2 删除图像素材

在制作图像的过程中，会创建许多且不同内容的图层或图像，将多余的、不必要的图层或图像删除，不仅可以节省磁盘空间，也可以提高软件运行速度。下面向用户介绍删除图像素材的操作方法。

素材文件	光盘 \ 素材 \ 第 3 章 \ 玫瑰花纹 .psd
效果文件	光盘 \ 效果 \ 第 3 章 \ 玫瑰花纹 .jpg
视频文件	光盘 \ 视频 \ 第 3 章 \3.3.2 删除图像素材 .mp4

实战 玫瑰花纹

步骤 01 单击"文件"|"打开"命令，打开随书附带光盘的"素材 \ 第 3 章 \ 玫瑰花纹 .psd"文件，如图 3-35 所示。

步骤 02 选取工具箱中的移动工具，将鼠标指针移至需要删除的图像上，单击鼠标右键，弹出快捷菜单，选择"图层 1"图层，如图 3-36 所示。

图 3-35 打开素材图像

图 3-36 选择"图层 1"图层

步骤 03 执行上述操作后，"图层 1"图层处于被选中的状态，将鼠标移至"图层 1"图层上，单击鼠标左键的同时并拖曳至"图层"面板下方的"删除图层"按钮上，如图 3-37 所示。

步骤 04 释放鼠标左键，即可删除"图层 1"图层，如图 3-38 所示。

图 3-37 拖曳至"删除图层"按钮上

图 3-38 删除"图层 1"图层

3.4 图像的变换和翻转

当图像扫描到电脑中,如果发现图像出现了颠倒或倾斜现象,就需要对画布进行变换或旋转操作。本节主要向读者介绍缩放 / 旋转、水平翻转以及垂直翻转图像的操作方法。

3.4.1 缩放 / 旋转图像素材

在设计图形或调入图像时,图像角度的改变可能会影响整幅图像的效果,针对缩放或旋转图像,能使平面图像显示视角独特,同时也可以将倾斜的图像纠正。

素材文件	光盘 \ 素材 \ 第 3 章 \ 紫色野花 .psd
效果文件	光盘 \ 效果 \ 第 3 章 \ 紫色野花 .jpg
视频文件	光盘 \ 视频 \ 第 3 章 \3.4.1 缩放 / 旋转图像素材 .mp4

实战 紫色野花

步骤 01 单击"文件"|"打开"命令,打开随书附带光盘"素材 \ 第 3 章 \ 紫色野花 .psd"文件,如图 3-39 所示。

步骤 02 选中"图层 2"图层,单击"编辑"|"变换"|"缩放"命令,如图 3-40 所示。

图 3-39 打开素材图像

图 3-40 单击"缩放"命令

步骤 **03** 将鼠标移至变换控制框右上方的控制柄上，当鼠标指针呈双向箭头形状时，单击鼠标左键的同时并向左下方拖曳，缩放至合适位置，如图 3-41 所示。

步骤 **04** 将鼠标指针移至变换框内的同时，单击鼠标右键，弹出快捷菜单，选择"旋转"选项，如图 3-42 所示。

图 3-41 缩放至合适位置　　　　　图 3-42 选择"旋转"选项

步骤 **05** 将鼠标指针移至变换控制框右上方的控制柄外，当鼠标指针呈↰形状时，单击鼠标左键的同时并向逆时针方向旋转，如图 3-43 所示。

步骤 **06** 执行上述操作后，按【Enter】键确认，即可旋转图像，如图 3-44 所示。

图 3-43 顺时针旋转　　　　　图 3-44 旋转图像后的效果

专家指点

用户对图像进行旋转操作时，按住【Shift】键的同时，单击鼠标左键的同时并拖曳，可以等比例缩放图像。

3.4.2 水平翻转图像素材

用户在处理图像文件时，可以根据需要对图像素材进行水平翻转。下面向读者介绍水平翻转图像的操作方法。

素材文件	光盘 \ 素材 \ 第 3 章 \ 动感男孩 .psd
效果文件	光盘 \ 效果 \ 第 3 章 \ 动感男孩 .jpg
视频文件	光盘 \ 视频 \ 第 3 章 \3.4.2 水平翻转图像素材 .mp4

实战 动感男孩

步骤 01 单击"文件"|"打开"命令，打开随书附带光盘的"素材\第 3 章\动感男孩 .psd"文件，如图 3-45 所示。

步骤 02 单击"编辑"|"变换"|"水平翻转"命令，即可水平翻转图像，效果如图 3-46 所示。

图 3-45 打开素材图像　　　　　　图 3-46 水平翻转图像后的效果

 专家指点

"水平翻转画布"命令和"水平翻转"命令的区别如下：

* 水平翻转画布：可以将整个画布，即画布中的全部图层，水平翻转。
* 水平翻转：可将画布中的某个图像，即选中画布中的某个图层水平翻转。

3.4.3　垂直翻转图像素材

当用户打开一个图像文件时，如果图像素材有颠倒状态，此时用户可以对图像素材进行垂直翻转操作来进行纠正。

素材文件	光盘\素材\第 3 章\翻转玫瑰 .psd	
效果文件	光盘\效果\第 3 章\翻转玫瑰 .jpg	
视频文件	光盘\视频\第 3 章\3.4.3 垂直翻转图像素材 .mp4	

实战 翻转玫瑰

步骤 01 单击"文件"|"打开"命令，打开随书附带光盘的"素材\第 3 章\翻转玫瑰 .psd"文件，如图 3-47 所示。

步骤 02 单击"编辑"|"变换"|"垂直翻转"命令，即可垂直翻转图像，如图 3-48 所示。

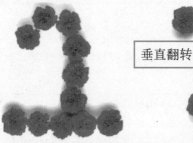 垂直翻转 →

图 3-47 打开素材图像　　　　　　图 3-48 垂直翻转图像

3.5 图像的自由变换

运用 Photoshop CC 处理图像时，为了制作出相应的图像效果，使图像与整体画面和谐统一，则需要对某些图像进行斜切、扭曲、透视、变形等变换操作。

3.5.1 斜切图像素材

运用"斜切"命令可以对图像进行斜切操作，该操作类似于扭曲操作，不同之处在于扭曲变换状态下，变换控制框中的控制柄可以按任意方向移动，而在斜切操作状态下，控制柄只能在变换框边线所定义的方向上移动。

素材文件	光盘 \ 素材 \ 第 3 章 \ 美丽人生 .psd
效果文件	光盘 \ 效果 \ 第 3 章 \ 美丽人生 .jpg
视频文件	光盘 \ 视频 \ 第 3 章 \3.5.1 斜切图像素材 .mp4

实战 美丽人生

步骤 01 单击"文件"|"打开"命令，打开随书附带光盘的"素材 \ 第 3 章 \ 美丽人生 .psd"文件，如图 3-49 所示。

步骤 02 展开"图层"面板，选择"美丽人生"文字图层，如图 3-50 所示。

图 3-49 打开素材图像　　　　　图 3-50 选择相应文字图层

步骤 03 单击"编辑"|"变换"|"斜切"命令，调出变换控制框，将鼠标移至变换控制框右方中间的控制点上，单击鼠标左键的同时并向下拖曳，文字图像倾斜，如图 3-51 所示。

步骤 04 执行上述操作后，按【Enter】键确认，即可完成斜切图像；如图 3-52 所示。

图 3-51 文字图像倾斜　　　　　图 3-52 完成斜切图像后的效果

专家指点

在对图像进行斜切操作时，若按住【Alt + Shift】组合键，可以使图像以中心点为交点，沿着水平或垂直的方向进行倾斜。

3.5.2 扭曲图像素材

在 Photoshop CC 中，用户可以根据工作需要，运用"扭曲"命令，通过变换控制框上的任意控制柄，对图像进行扭曲变形操作。

素材文件	光盘＼素材＼第 3 章＼光束 .jpg、电脑 .jpg
效果文件	光盘＼效果＼第 3 章＼电脑 .jpg
视频文件	光盘＼视频＼第 3 章＼3.5.2 扭曲图像素材 .mp4

实战 电脑

步骤 01 单击"文件"|"打开"命令，打开随书附带光盘的"素材＼第 3 章＼光束 .jpg、电脑 .jpg"文件，如图 3-53 所示。

步骤 02 选取移动工具，将鼠标移至"光束"图像上，单击鼠标左键的同时并拖曳至"电脑"图像编辑窗口中，如图 3-54 所示。

图 3-53 打开素材图像 　　　　　　图 3-54 拖曳图像

步骤 03 单击"编辑"|"变换"|"扭曲"命令，调出变换控制框，将鼠标指针移至各方控制柄上，单击鼠标左键的同时并拖曳，调整图像至适合位置，如图 3-55 所示。

步骤 04 执行上述操作后，按【Enter】键确认，即可扭曲图像，如图 3-56 所示。

图 3-55 调整图像至适合位置 　　　　图 3-56 扭曲图像后的效果

专家指点

对图像进行扭曲操作时，可以结合以下两种技巧。

* 按住【Shift】键，即可以水平或垂直的方向进行扭曲。

* 按住【Alt + Shift】组合键，则图像以透视进行变形操作。

3.5.3 透视图像素材

透视是绘图中重要的要素之一，注意图像的透视关系可以让图像或整幅画面显得更加协调，利用"透视"命令，还可以对图像的形状进行修正或调整。

素材文件	光盘 \ 素材 \ 第 3 章 \ 婚纱相框 .psd
效果文件	光盘 \ 效果 \ 第 3 章 \ 婚纱相框 .jpg
视频文件	光盘 \ 视频 \ 第 3 章 \3.5.3 透视图像素材 .mp4

实战 婚纱相框

步骤 01 单击"文件"|"打开"命令，打开随书附带光盘的"素材 \ 第 3 章 \ 婚纱相框 .psd"文件，如图 3-57 所示。

步骤 02 单击"编辑"|"变换"|"透视"命令，调出变换控制框，如图 3-58 所示。

图 3-57 打开素材图像　　　　　　　　　图 3-58 调出变换控制框

步骤 03 将鼠标移至变换控制框的控制柄上，单击鼠标左键的同时并拖曳，调整至适合位置，如图 3-59 所示。

步骤 04 执行上述操作后，按【Enter】键确认，即可完成扭曲图像的操作，如图 3-60 所示。

图 3-59 调整至适合位置　　　　　　　　图 3-60 完成扭曲图像后的效果

3.5.4 变形图像素材

运用"变形"命令时,所选图像上会显示变形网格和锚点,通过调整各锚点或对应锚点的控制柄,可以对图像进行更加自由和灵活的变形处理。

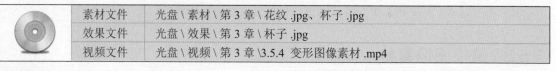

素材文件	光盘 \ 素材 \ 第 3 章 \ 花纹 .jpg、杯子 .jpg
效果文件	光盘 \ 效果 \ 第 3 章 \ 杯子 .jpg
视频文件	光盘 \ 视频 \ 第 3 章 \3.5.4 变形图像素材 .mp4

实战 杯子

步骤 01 单击"文件"|"打开"命令,打开随书附带光盘的"素材 \ 第 3 章 \ 花纹 .jpg、杯子 .jpg"文件,如图 3-61 所示。

步骤 02 选取工具箱中的移动工具,将鼠标移至"花纹"图像上,单击鼠标左键的同时并拖曳至杯子图像上,如图 3-62 所示。

图 3-61 打开素材图像　　　　图 3-62 拖曳图像至杯子

步骤 03 按【Ctrl＋T】组合键,调出变换控制框,调整图像大小,单击"编辑"|"变换"|"变形"命令,调出自由变换控制框,将鼠标移至变换控制框中的各控制柄上,单击鼠标左键的同时并拖曳,调整各控制柄的位置,如图 3-63 所示。

步骤 04 执行上述操作后,按【Enter】键确认,即可变形图像,在"图层"面板中将"混合模式"设置为"正片叠底" 正片叠底 ,改变图像效果,如图 3-64 所示。

图 3-63 调整各控制柄的位置　　　　图 3-64 改变图像效果

 专家指点

除了上述方法可以执行变形操作外,按【Ctrl＋T】组合键,调出变换控制框,然后单击鼠标右键,在弹出的快捷菜单中选择"变形"选项,也可执行变形操作。

3.5.5 重复上次变换

在 Photoshop CC 中对图像进行变换操作后，若想多次进行同样操作，可以通过"再次"命令重复上次变换操作。

	素材文件	光盘 \ 素材 \ 第 3 章 \ 人物变换 .psd
	效果文件	光盘 \ 效果 \ 第 3 章 \ 人物变换 .jpg
	视频文件	光盘 \ 视频 \ 第 3 章 \3.5.5 重复上次变换 .mp4

实战 人物变换

步骤 01 单击"文件"|"打开"命令，打开随书附带光盘的"素材 \ 第 3 章 \ 人物变换 .psd"文件，如图 3-65 所示。

步骤 02 单击"编辑"|"变换"|"旋转"命令，调出变换控制框，旋转素材图像，如图 3-66 所示。

图 3-65 打开素材图像　　　　　　　图 3-66 旋转素材图像

步骤 03 执行上述操作后，按【Enter】键确认，如图 3-67 所示。

步骤 04 单击"编辑"|"变换"|"再次"命令，再次旋转图像，如图 3-68 所示。

图 3-67 按【Enter】键确认　　　　　　图 3-68 单击"再次"命令后的图像效果

3.5.6 操控变形图像

　　操控变形功能比变形网格还要强大，也更吸引人，使用该功能时，用户可以在图像的关键点上放置图钉，然后通过拖动图钉来对图像进行变形操作，下面向用户介绍操控变形图像的基本操作方法。

素材文件	光盘 \ 素材 \ 第 3 章 \ 泥人 .psd
效果文件	光盘 \ 效果 \ 第 3 章 \ 泥人 .jpg
视频文件	光盘 \ 视频 \ 第 3 章 \3.5.6 操控变形图像 .mp4

实战　泥人

　步骤　01　单击"文件"|"打开"命令，打开随书附带光盘的"素材 \ 第 3 章 \ 泥人 .psd"文件，如图 3-69 所示。

　步骤　02　选择"图层 1"图层，单击"编辑"|"操控变形"命令，图像上即可显示变形网格，如图 3-70 所示。

图 3-69 打开素材图像　　　　　　　图 3-70 显示变形网格

　步骤　03　在图像中"人物"关节处的网格点上，单击鼠标左键，添加图钉，然后单击鼠标右键，弹出快捷菜单，选择"选择所有图钉"选项，如图 3-71 所示。

　步骤　04　执行上述操作后，即可显示所有图钉，然后取消选中工具属性栏上的"显示网格"复选框，即可隐藏网格，如图 3-72 所示。

图 3-71 选择"选择所有图钉"选项　　　　图 3-72 隐藏网格

步骤 05 将鼠标移至"图层 1"图层中的红色锤子上，当鼠标指针呈 状态时，单击左键的同时并向下拖曳，即可变形图像，如图 3-73 所示。

步骤 06 执行上述操作后，按【Enter】键确认变换操作，效果如图 3-74 所示。

向下拖曳

图 3-73 变形图像

图 3-74 最终效果

04 初步认识 图像选区的创建

学习提示

　　选区是指通过工具或者相应命令在图像上创建的选区范围。创建选区后，即可将选区内的图像区域进行隔离，以便复制、移动、填充以及校正颜色。在 Photoshop CC 中可以运用工具创建几何选区、不规则选区、颜色选区，运用命令创建图像选区以及运用按钮创建图像选区等。

本章案例导航

- 实战——宠物之家
- 实战——清新卡片
- 实战——紫色浪漫
- 实战——心形抱枕
- 实战——春暖花开
- 实战——海边别墅
- 实战——绿色盈然
- 实战——宠物图册
- 实战——彩色羽毛

- 实战——七色彩糖
- 实战——动感 CD
- 实战——金色港湾
- 实战——数码相机
- 实战——鲜花百态
- 实战——紫色背景
- 实战——花团锦簇
- 实战——玻璃彩球

4.1 选区介绍

　　选区在图像编辑过程中有着非常重要的位置，它限制着图像编辑的范围和区域。本节将详细介绍选区的概述与常用选区的创建方法。

4.1.1 选区的主要含义

　　在 Photoshop CC 中，创建选区是为了限制图像编辑的范围，从而得到精确的效果。

　　在选区建立之后，选区的边界就会显现出不断交替闪烁的虚线，此虚线框表示选区的范围，如图 4-1 所示。

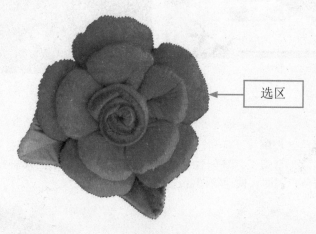

图 4-1　选区状态

　　当图像中的一部分被选中，此时可以对图像选定的部分进行移动、复制、填充以及滤镜、颜色校正等操作，选区外的图像不受影响，如图 4-2 所示。

图 4-2　原图与创建选区后填充选区效果

4.1.2 创建常用选区的方法

　　在 Photoshop CC 中建立选区的方法非常广泛，用户可以根据不同选择对象的形状、颜色等特征决定创建选区采用的工具和方法。

1．创建规则形状选区

规则选区中包括矩形、圆形等规则形态的图像，运用选框工具可以框选出选择的区域范围，这是 Photoshop CC 创建选区最基本的方法，如图 4-3 所示。

创建矩形选区

创建椭圆选区

图 4-3 创建规则形状选区

2．创建不规则选区

当图片的背景颜色比较单一，且与选择对象的颜色存在较大的反差时，就可以运用快速选择工具、魔棒工具、多边形套索工具等创建选区。用户在使用过程中，只需要注意在拐角及边缘不明显处手动添加一些节点，即可快速将图像选中，如图 4-4 所示。

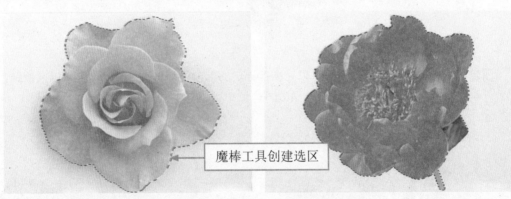

魔棒工具创建选区

图 4-4 使用魔棒工具创建选区

3．通过通道或蒙版创建选区

运用通道和蒙版创建选区是所有选择方法中功能最为强大的一种，因为它表现选区不是用虚线选框，而是用灰阶图像，这样就可以像编辑图像一样来编辑选区。画笔、橡皮擦工具、色调调整工具以及滤镜都可以自由使用。

4．通过图层或路径创建选区

图层和路径都可以转换为选区，只需按住【Ctrl】键的同时单击图层左侧的缩览图，即可得到该图层非透明区域的选区。运用路径工具创建的路径是非常光滑的，而且还可以反复调节各锚点的位置和曲线的弯曲弧度，因而常用来建立复杂和边界较为光滑的选区，可将路径转换为选区，如图 4-5 所示。

路径

选区

图 4-5 将路径转换为选区

4.2 几何选区的创建

Photoshop CC 提供了 4 个选框工具用于创建形状规则的选区,其中包括矩形选框工具、椭圆选框工具、单行选框工具和单列选框工具,分别用于建立矩形、椭圆、单行和单列选区,如图 4-6 所示。

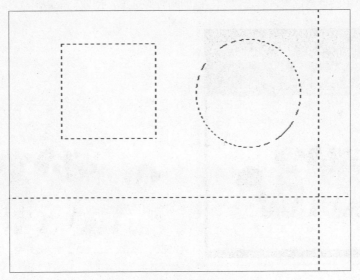

图 4-6 选框工具绘制的各种选区

4.2.1 运用矩形选框工具创建矩形选区

在 Photoshop CC 中矩形选框工具可以建立矩形选区,该工具是区域选择工具中最基本、最常用的工具,用户选择矩形选框工具后,其工具属性栏如图 4-7 所示。

图 4-7 矩形选框工具属性栏

矩形选框工具的工具属性栏各选项含义如下：

1 羽化：用来设置选区的羽化范围从而得到柔化效果。

2 样式：用来设置选区的创建方法。选择"正常"选项，可以自由创建任何宽高比例、长度大小的矩形选区；选择"固定比例"选项，可在"宽度"和"高度"文本框中输入数值，设置选择区域高度与宽度的比例，得到精确的固定宽高比的矩形选择区域；选择"固定大小"选项，可在此文本框中输入数值，确定新选区高度与宽度的精确数值，创建大小精确的选区。

3 调整边缘：单击该按钮，可以打开"调整边缘"对话框，对选区进行平滑、羽化等处理。

下面向读者介绍运用矩形选框工具创建矩形选区的操作方法。

	素材文件	光盘 \ 素材 \ 第 4 章 \ 狗狗 .jpg、相框 .psd.jpg
	效果文件	光盘 \ 效果 \ 第 4 章 \ 宠物之家 .jpg
	视频文件	光盘 \ 视频 \ 第 4 章 \4.2.1 运用矩形选框工具创建矩形选区 .mp4

实战 宠物之家

步骤 01 打开本书配套光盘中的"素材 \ 第 4 章 \ 狗狗 .jpg、相框 .psd"文件，如图 4-8 所示。

步骤 02 确认"狗狗"图像编辑窗口为当前编辑窗口，选取工具箱中的矩形选框工具，将鼠标移至图像编辑窗口中的合适位置，单击鼠标左键的同时并拖曳，创建一个矩形选区，如图 4-9 所示。

图 4-8 素材图像

创建

图 4-9 创建矩形选区

步骤 03 选取工具箱中的移动工具，将鼠标移至图像中的矩形选区内，单击鼠标左键的同时并拖曳选区内图像至"相框"图像编辑窗口中，如图 4-10 所示。

步骤 04 移动图像，调整至合适位置，单击"编辑"|"变换"|"缩放"命令，调出变换控制框，调整图像大小，按【Enter】键，确认操作，效果如图 4-11 所示。

图 4-10 移动选区内的图像　　　　　　　　图 4-11 最终效果

专家指点

与创建矩形选框有关的技巧如下。

* 按【M】键，可快速选取矩形选框工具。

* 按【Shift】键，可创建正方形选区。

* 按【Alt】键，可创建以起点为中心的矩形选区。一个技巧不能跨页。

* 按【Alt + Shift】组合键，可创建以起点为中心的正方形。

4.2.2　运用椭圆选框工具创建椭圆选区

在 Photoshop CC 中，用户运用椭圆选框工具可以创建椭圆选区或者是正圆选区。选取椭圆选框工具后其属性栏的变化如图 4-12 所示。

图 4-12　椭圆选框工具属性栏

椭圆选框工具的工具属性栏各选项含义如下：

1 羽化：用来设置选区的羽化范围从而得到柔化效果。

2 样式：用来设置选区的创建方法。选择"正常"选项，可以自由创建任何宽高比例、长度大小的矩形选区；选择"固定比例"选项，可在"宽度"和"高度"文本框中输入数值，设置选择区域高度与宽度的比例，得到精确的固定宽高比的矩形选择区域；选择"固定大小"选项，可在此文本框中输入数值，确定新选区高度与宽度的精确数值，创建大小精确的选区。

3 调整边缘：单击该按钮，可以打开"调整边缘"对话框，对选区进行平滑、羽化等处理。

专家指点

与创建椭圆选框有关的技巧如下。

* 按【Shift + M】组合键，可快速选择椭圆选框工具。

* 按【Shift】键，可创建正圆选区。
* 按【Alt】键，可创建以起点为中心的椭圆选区。
* 按【Alt + Shift】组合键，可创建以起点为中心的正圆选区。

下面向读者介绍运用椭圆选框工具创建椭圆选区的操作方法。

素材文件	光盘 \ 素材 \ 第 4 章 \ 七色彩糖 .jpg	
效果文件	光盘 \ 效果 \ 第 4 章 \ 七色彩糖 .jpg	
视频文件	光盘 \ 视频 \ 第 4 章 \4.2.2 运用椭圆选框工具创建椭圆选区	

实战 七色彩糖

步骤 01 打开本书配套光盘中的"素材 \ 第 4 章 \ 七色彩糖 .jpg"文件，如图 4-13 所示。

步骤 02 选取工具箱中的椭圆选框工具，将鼠标移至图像编辑窗口中，单击鼠标左键的同时并拖曳，创建一个正圆形选区，如图 4-14 所示。

创建椭圆选区

图 4-13 素材图像　　　　　　　图 4-14 创建一个椭圆选区

步骤 03 单击"图像"|"调整"|"色相 / 饱和度"命令，弹出"色相 / 饱和度"对话框，设置"色相"为 30、"饱和度"为 20，如图 4-15 所示。

步骤 04 单击"确定"按钮，即可改变选区内图像的色相，按【Ctrl + D】组合键，取消选区，效果如图 4-16 所示。

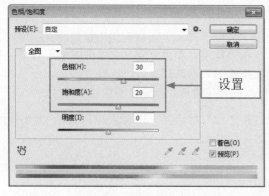

设置

图 4-15 设置相应参数　　　　　　　图 4-16 最终效果

4.2.3 运用单行选框工具创建水平选区

在 Photoshop CC 中,选取工具箱中的单行选框工具,可以在图像编辑窗口中创建 1 个像素宽的横线选区,单行选区工具可以将创建的选区定义为 1 个像素宽的行,从而得到单行 1 个像素的选区。

	素材文件	光盘 \ 素材 \ 第 4 章 \ 清新卡片 .jpg
	效果文件	光盘 \ 效果 \ 第 4 章 \ 清新卡片 .jpg
	视频文件	光盘 \ 视频 \ 第 4 章 \4.2.3 运用单行选框工具创建水平选区 .mp4

实战 清新卡片

步骤 01 打开本书配套光盘中的"素材 \ 第 4 章 \ 清新卡片 .jpg"文件,如图 4-17 所示。

步骤 02 单击"图层"|"新建"|"图层"命令,新建"图层 1"图层,选取工具箱中的单行选框工具,在工具属性栏中,选择"添加到选区"按钮,在图像上的适当位置,多次单击鼠标左键,创建单行选区,如图 4-18 所示。

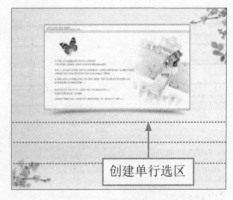

图 4-17 素材图像　　　　　　　　　图 4-18 创建单行选区

步骤 03 设置前景色为灰色(RGB 参数值分别为 31、74、92),按【Alt + Delete】组合键,填充前景色,按【Ctrl + D】组合键取消选区,效果如图 4-19 所示。

步骤 04 单击"滤镜"|"扭曲"|"波纹"命令,在"波纹"对话框中,设置"数量"为 -180%,单击"确定"按钮,即可扭曲图像,效果如图 4-20 所示。

图 4-19 取消选区　　　　　　　　　图 4-20 最终效果

4.2.4　运用单列选框工具创建垂直选区

　　在 Photoshop CC 中，选区工具箱中的单列选框工具，可以创建 1 像素宽的竖线选区，从而得到单列选区。

	素材文件	光盘 \ 素材 \ 第 4 章 \ 动感 CD.jpg
	效果文件	光盘 \ 效果 \ 第 4 章 \ 动感 CD.jpg
	视频文件	光盘 \ 视频 \ 第 4 章 \4.2.4 运用单列选框工具创建垂直选区 .mp4

实战 动感 CD

步骤 01　打开本书配套光盘中的"素材 \ 第 4 章 \ 动感 CD.jpg"文件，如图 4-21 所示。

步骤 02　按【Ctrl + Shift + N】组合键，新建"图层 1"图层，选取工具箱中的单列选框工具 ，在图像编辑窗口中多次单击鼠标左键，创建单列选区，如图 4-22 所示。

图 4-21　素材图像

图 4-22　创建单列选区

步骤 03　设置前景色为黑色，按【Alt + Delete】组合键，填充前景色，按【Ctrl + D】组合键取消选区，如图 4-23 所示。

步骤 04　单击"滤镜"|"扭曲"|"波纹"命令，在"波纹"对话框中，设置"数量"为 -200%，单击"确定"按钮，即可扭曲图像，效果如图 4-24 所示。

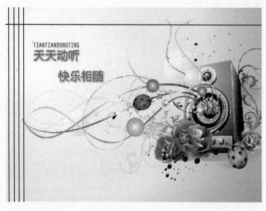

图 4-23　取消选区

图 4-24　最终效果

4.3 不规则选区的创建

在 Photoshop CC 的工具箱中，包含 3 种不同类型的套索工具：套索工具、多边形套索工具以及磁性套索工具，灵活运用这 3 种工具可以创建不同的不规则选区。

4.3.1 运用套索工具创建不规则选区

在 Photoshop CC 中，运用套索工具可以在图像编辑窗口中创建任意形状的选区，套索工具一般用于处理创建不太精确的选区。下面向读者详细介绍利用套索工具创建不规则选区的操作方法。

素材文件	光盘 \ 素材 \ 第 4 章 \ 紫色浪漫 .jpg、项链 .jpg
效果文件	光盘 \ 效果 \ 第 4 章 \ 紫色浪漫 .jpg
视频文件	光盘 \ 视频 \ 第 4 章 \4.3.1 运用套索工具创建不规则选区 .mp4

实战 紫色浪漫

步骤 01 打开本书配套光盘中的"素材 \ 第 4 章 \ 紫色浪漫 .jpg、项链 .jpg"文件，如图 4-25 所示。

步骤 02 切换至"项链"图像编辑窗口，选取工具箱中的套索工具，在工具属性栏中设置"羽化"为 5 像素，在图像上单击鼠标左键并拖曳，创建不规则选区，如图 4-26 所示。

图 4-25 素材图像

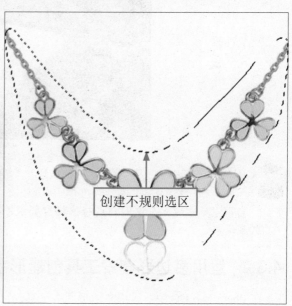

创建不规则选区

图 4-26 创建不规则选区

步骤 03 在工具箱中，选取移动工具，拖曳选区内的图像至"紫色浪漫"图像编辑窗口中的合适位置，如图 4-27 所示。

步骤 04 在"图层"面板中，选择"图层 1"图层，设置"图层 1"图层的"混合模式"为"正片叠底"，如图 4-28 所示。

移动图像

图 4-27 移动图像

图 4-28 设置混合模式

步骤 05 执行上述操作后，图像效果也随之改变，效果如图 4-29 所示。

图 4-29 最终效果

 专家指点

套索工具主要用来选取对选择区精度要求不高的区域，该工具的最大优势是选取选择区的效率很高。

4.3.2 运用多边形套索工具创建形状选区

在 Photoshop CC 中，运用多边形套索工具，可以在图像编辑窗口中绘制不规则的选区，多边形套索工具创建的选区可以非常精确。下面向读者详细介绍利用多边形套索工具创建形状选区的操作方法。

	素材文件	光盘 \ 素材 \ 第 4 章 \ 手机 .jpg、金色港湾 .jpg
	效果文件	光盘 \ 效果 \ 第 4 章 \ 金色港湾 .jpg
	视频文件	光盘 \ 视频 \ 第 4 章 \4.3.2 运用多边形套索工具创建形状选区 .mp4

实战 金色港湾

步骤 01 打开本书配套光盘中的"素材 \ 第 4 章 \ 手机 .jpg、金色港湾 .jpg"文件，如图 4-30 所示。

步骤 02 选取工具箱中的多边形套索工具，在"手机"图像编辑窗口中创建一个选区，如图4-31所示。

图 4-30 素材图像

图 4-31 创建选区

步骤 03 切换至"金色港湾"图像编辑窗口，按【Ctrl + A】组合键全选图像，如图4-32所示。

步骤 04 按【Ctrl + C】组合键复制图像，切换至"手机"图像编辑窗口，按【Alt + Shift + Ctrl + V】组合键，贴入图像，如图4-33所示。

图 4-32 全选图像

图 4-33 贴入图像

步骤 05 按【Ctrl + T】组合键，调出变换控制框，如图4-34所示。

步骤 06 移动鼠标至变换控制柄上，单击鼠标左键并拖曳，适当缩放图像，按【Enter】键确认缩放图像，效果如图 4-35 所示。

图 4-34 调出变换控制框　　　　　　　　　图 4-35 最终效果

　专家指点

　　运用多边形套索工具创建选区时，按住【Shift】键的同时单击鼠标左键，可以沿水平、垂直或 45 度角方向创建选区。

4.3.3 运用磁性套索工具创建选区

　　磁性套索工具是套索工具组中的选取工具之一，在 Photoshop CC 中，磁性套索工具用于快速选择与背景对比强烈并且边缘复杂的对象，它可以沿着图像的边缘生成选区。选择磁性套索工具后，其属性栏变化如图 4-36 所示。

图 4-36 磁性套索工具属性栏

磁性套索工具的工具属性栏中各选项的主要含义如下：

■1 宽度：以光标中心为准，其周围有多少个像素能够被工具检测到，如果对象的边界不是特别清晰，需要使用较小的宽度值。

■2 对比度：用来设置工作感应图像边缘的灵敏度。如果图像的边缘清晰，可将该数值设置的高一些；反之，则设置的低一些。

■3 频率：用来设置创建选区时生成锚点的数量。

■4 使用绘图板压力以更改钢笔压力：在计算机配置有数位板和压感笔，单击此按钮，Photoshop 会根据压感笔的压力自动调整工具的检测范围。

下面向读者介绍运用磁性套索工具创建选区的操作方法：

素材文件	光盘 \ 素材 \ 第 4 章 \ 心形抱枕 .jpg
效果文件	光盘 \ 效果 \ 第 4 章 \ 心形抱枕 .jpg
视频文件	光盘 \ 视频 \ 第 4 章 \4.3.3 运用磁性套索工具创建选区 .mp4

实战 心形抱枕

步骤 01 打开本书配套光盘中的"素材 \ 第 4 章 \ 心形抱枕 .jpg"文件，如图 4-37 所示。

步骤 02 选取工具箱中的磁性套索工具 ，在工具属性栏中设置"羽化"为 0 像素，沿着抱枕的边缘移动鼠标，如图 4-38 所示。

图 4-37 素材图像

图 4-38 沿边缘处移动鼠标

步骤 03 执行上述操作后，将鼠标移至起始点处，单击鼠标左键，即可创建选区，选区的效果如图 4-39 所示。

步骤 04 按【Ctrl ＋ J】组合键拷贝一个新图层，并隐藏"背景"图层，得到最终效果如图 4-40 所示。

图 4-39 建选区

图 4-40 最终效果

 专家指点

运用磁性套索工具自动创建边界选区时，按【Delete】键可以删除上一个节点和线段。

若选择的边框没有贴近被选图像的边缘，可以在选区上单击鼠标左键，手动添加一个节点，然后将其调整至合适位置。

4.4 颜色选区的创建

在 Photoshop CC 中，当图像中色彩相邻像素的颜色相近时，用户可以运用魔棒工具或快速选择工具进行选取。

4.4.1 运用魔棒工具创建颜色相近选区

魔棒工具是用来创建与图像颜色相近或相同像素的选区，在颜色相近的图像上单击鼠标左键，即可选取图像找那个相近颜色范围。在工具箱中选取魔棒工具后，其工具属性栏的变化，如图 4-41 所示。

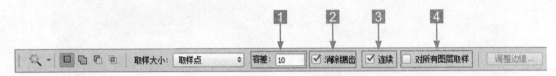

图 4-41 魔棒工具属性栏

魔棒工具的工具属性栏中各选项的主要含义如下：

1 容差：用来控制创建选区范围的大小，数值越小，所要求的颜色越相近，数值越大，则颜色相差越大。

2 消除锯齿：用来模糊羽化边缘的像素，使其与背景像素产生颜色的过渡，从而消除边缘明显的锯齿。

3 连续：选中该复选框后，只选取与鼠标单击处相连接中的相近颜色。

4 对所有图层取样：用于有多个图层的文件，选中该复选框后，能选取图像文件中所有图层中相近颜色的区域，不选中时，只选取当前图层中相近颜色的区域。

下面向读者介绍运用魔棒工具创建颜色相近选区的操作方法。

	素材文件	光盘 \ 素材 \ 第 4 章 \ 数码相机 .jpg
	效果文件	光盘 \ 效果 \ 第 4 章 \ 数码相机 .jpg
	视频文件	光盘 \ 视频 \ 第 4 章 \4.4.1 运用魔棒工具创建颜色相近选区 .mp4

实战 数码相机

步骤 01 打开本书配套光盘中的"素材 \ 第 4 章 \ 数码相机 .jpg"文件，如图 4-42 所示。

步骤 02 选取工具箱中的魔棒工具，在工具属性栏上设置"容差"为 60，将鼠标指针移至图像编辑窗口中的紫色区域上，单击鼠标左键，即可创建选区，如图 4-43 所示。

步骤 03 在工具属性栏上单击"添加到选区"按钮，再将鼠标指针移至未创建选区的紫色区域上，单击鼠标左键，加选选区，如图 4-44 所示。

步骤 04 单击"图层"面板底部的"创建新的填充和调整图层"按钮，在弹出的列表框中选择"色相 / 饱和度"选项，在弹出的"色相 / 饱和度"属性面板中，设置"色相"为 60、"饱和度"为 50，选区内的图像效果随之改变，效果如图 4-45 所示。

图 4-42 素材图像

创建选区

图 4-43 创建选区

加选选区

图 4-44 加选选区

图 4-45 最终效果

专家指点

　　魔棒工具属性栏中的"容差"选项含义：在其右侧的文本框中可以设置 0 ～ 255 之间的数值，其主要用于确定选择范围的容差，默认值为 32。设置的数值越小，选择的颜色范围越相近，选择的范围也就越小。

4.4.2　运用快速选择工具创建选区

　　快速选择工具是用来选择颜色的工具，在拖曳鼠标的过程中，它能够快速选择多个颜色相似的区域，相当于按住【Shift】键或【Alt】键不断使用魔棒工具单击。

　　在工具箱中，选取快速选择工具后 ，其工具属性栏变化如图 4-46 所示。

图 4-46 快速选择工具属性栏

快速选择工具的工具属性栏中各选项的主要含义如下：

1 选区运算按钮：分别为"新选区"按钮，可以创建一个新的选区；"添加到选区"按钮，可在原选区的基础上添加新的选区；"从选区减去"按钮，可在原选区的基础上减去当前绘制的选区。

2 "画笔拾取器"：单击按钮，可以设置画笔笔尖的大小、硬度、间距。

3 对所有图层取样：可基于所有图层创建选区。

4 自动增强：可以减少选区边界的粗糙度和块效应。

下面向读者介绍运用快速选择工具创建选区的操作方法。

素材文件	光盘 \ 素材 \ 第 4 章 \ 花 .jpg	
效果文件	光盘 \ 效果 \ 第 4 章 \ 春暖花开 .jpg	
视频文件	光盘 \ 视频 \ 第 4 章 \4.4.2 运用快速选择工具创建选区 .mp4	

实战 春暖花开

步骤 01 打开本书配套光盘中的"素材 \ 第 4 章 \ 花 .jpg"文件，如图 4-47 所示。

步骤 02 选取工具箱中的快速选择工具 ⚡，将鼠标移至图像编辑窗口中，单击鼠标左键拖曳鼠标，创建选区，如图 4-48 所示。

创建选区

图 4-47 素材图像　　　　　　　　　　图 4-48 创建选区

步骤 03 单击"图像"|"调整"|"亮度 / 对比度"命令，弹出"亮度 / 对比度"对话框，如图 4-49 所示。

步骤 04 在"亮度 / 对比度"对话框中，分别设置"亮度"为 70、"对比度"为 40，单击"确定"按钮，调整图像亮度 / 对比度，按【Ctrl ＋ D】组合键，取消选区，效果如图 4-50 所示。

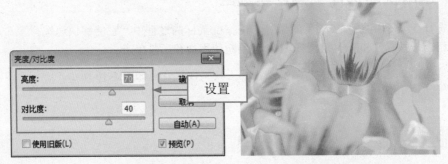

图 4-49 "亮度 / 对比度"对话框　　　　　　图 4-50 最终效果

专家指点

　　快速选择工具默认选择画笔周围与图像范围内的颜色类似且连续的图像区域，因此画笔的大小决定着选取的范围。根据颜色相似性来选择区域的，可以将画笔大小内的相似的颜色一次性选中。

4.5 随意选区的创建

　　在 Photoshop CC 中，复杂不规则选区指的是随意性强、不被局限在几何形状内的选区，它可以是任意创建的，也可以是通过计算而得到的单个或多个选区。

4.5.1 "色彩范围"命令自定颜色选区

　　"色彩范围"是一个利用图像中的颜色变化关系来创建选择区域的命令，此命令根据选取色彩的相似程度，通过在图像中提取相似的色彩区域而生成的选区。

素材文件	光盘 \ 素材 \ 第 4 章 \ 鲜花 .jpg
效果文件	光盘 \ 效果 \ 第 4 章 \ 鲜花百态 .jpg
视频文件	光盘 \ 视频 \ 第 4 章 \4.5.1 "色彩范围"命令自定颜色选区 .mp4

实战 鲜花百态

步骤 01　打开本书配套光盘中的"素材 \ 第 4 章 \ 鲜花 .jpg"文件，如图 4-51 所示。

步骤 02　单击"选择"|"色彩范围"命令，弹出"色彩范围"对话框，设置"颜色容差"为80，如图 4-52 所示。

图 4-51 素材图像　　　　　　　　　　　　图 4-52 设置各选项

步骤 03　单击"色彩范围"对话框中的"添加到取样"按钮 ，将鼠标指针拖曳至"鲜花"图像中，并单击鼠标左键，效果如图 4-53 所示。

步骤 04　单击"确定"按钮，即可选中图像编辑窗口中的"鲜花"区域图像，此时图像编辑窗口中的图像显示区域，如图 4-54 所示。

步骤 05　单击"图像"|"调整"|"色相/饱和度"命令，弹出"色相/饱和度"对话框，设置"色相"为 -30，如图 4-55 所示。

步骤 06 单击"确定"按钮，即可调整图像的色调，按【Ctrl＋D】组合键，取消选区，效果如图 4-56 所示。

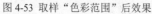

创建选区

图 4-53 取样"色彩范围"后效果　　　　图 4-54 创建选区

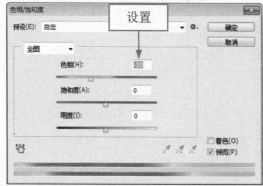

设置

图 4-55 设置"色相"参数　　　　图 4-56 最终效果

专家指点

　　"色彩范围"命令是一种利用图像中的颜色变化关系来创建选取区域的命令，此命令根据选取色彩的相似程度，在图像编辑窗口中，提取相似的色彩区域而生成选区。在编辑图像的过程中，若像素图像的元素过多或者需要对整幅图像进行调整，则可以通过"全部"命令对图像进行调整。

4.5.2 运用"全部"命令全选图像选区

　　在 Photoshop CC 中，用户在编辑图像时，若图像像素颜色比较复杂或者需要对整幅图像进行调整，则可以通过"全部"命令对图像进行调整。

素材文件	光盘＼素材＼第 4 章＼海景 .jpg
效果文件	光盘＼效果＼第 4 章＼海边别墅 .jpg
视频文件	光盘＼视频＼第 4 章＼4.5.2 运用"全部"命令全选图像选区 .mp4

实战 海边别墅

步骤 01 打开本书配套光盘中的"素材＼第 4 章＼海景 .jpg"文件，如图 4-57 所示。

步骤 **02** 单击"选择"|"全部"命令，即可创建图像的全部选区，如图 4-58 所示。

创建全部选区

图 4-57 素材图像　　　　　　　　　　　图 4-58 创建图像的全部选区

步骤 **03** 单击"图层"面板底部的"创建新的填充和调整图层"按钮，在弹出的列表框中选择"亮度 / 对比度"选项，调出"亮度 / 对比度"属性面板，设置"亮度"为 70、"对比度"为 40，如图 4-59 所示。

步骤 **04** 执行操作后，选区中的图像效果随之改变，效果如图 4-60 所示。

设置

图 4-59 设置相应参数　　　　　　　　　　图 4-60 最终效果

4.5.3 运用"扩大选取"命令扩大选区

在 Photoshop CC 中，用户单击"扩大选取"命令时，Photoshop 会基于魔棒工具属性栏中的"容差"值来决定选区的扩展范围。首先确定小块的选区，然后再执行此命令来选取相邻的像素。Photoshop CC 会查找并选择与当前选区中的像素色相近的像素，从而扩大选择区域，但该命令只扩大到与原选区相连接的区域。下面为读者详细介绍"扩大选取"命令的操作方法。

	素材文件	光盘 \ 素材 \ 第 4 章 \ 紫色背景 .jpg
	效果文件	无
	视频文件	光盘 \ 视频 \ 第 4 章 \4.5.3 运用"扩大选取"命令扩大选区 .mp4

实战 紫色背景

步骤 01 打开本书配套光盘中的"素材\第 4 章\紫色背景 .jpg"文件，如图 4-61 所示。

步骤 02 选取工具箱中的磁性套索工具，在图像编辑窗口中围绕心形拖曳出一个选区，如图 4-62 所示。

图 4-61 素材图像 　　　　　　　　　图 4-62 拖曳出一个心形选区

步骤 03 单击"选择"|"扩大选取"命令，即可扩大选区，如图 4-63 所示。

步骤 04 按【Ctrl + D】组合键，取消选区，效果如图 4-64 所示。

图 4-63 扩大选区 　　　　　　　　　图 4-64 最终效果

专家指点

　　使用"扩大选取"命令可以将原选区扩大，所扩大的范围是与原选区相邻且颜色相近的区域，扩大的范围由魔棒工具属性栏中的容差值决定。

4.5.4 运用"选取相似"命令创建相似选区

　　在 Photoshop CC 中，"选取相似"命令是针对图像中所有颜色相近的像素，此命令在有大面积实色的情况下非常有用。

	素材文件	光盘 \ 素材 \ 第 4 章 \ 绿色盈然 .jpg
	效果文件	无
	视频文件	光盘 \ 视频 \ 第 4 章 \4.5.4 运用"选取相似"命令创建相似选区 .mp4

实战 绿色盈然

步骤 01 打开本书配套光盘中的"素材 \ 第 4 章 \ 绿色盈然 .jpg"文件，如图 4-65 所示。

步骤 02 选取工具箱中的选取魔棒工具，在工具属性栏中，设置"容差"为 32，将鼠标移至图像编辑窗口中，单击鼠标左键，即可创建一个选区，如图 4-66 所示。

图 4-65 素材图像

图 4-66 创建选区

步骤 03 单击"选择"|"选取相似"命令，执行上述操作后，即可选取相似范围，如图 4-67 所示。

步骤 04 按【Ctrl ＋ D】组合键，取消选区，效果如图 4-68 所示。

图 4-67 选取相似范围

图 4-68 最终效果

 专家指点

"选取相似"命令是将图像中所有与选区内像素颜色相近的像素都扩充到选区中，不适合用于复杂像素图像。

4.6 运用按钮创建选区

在选区的运用中，第一次创建的选区一般很难完成理想的选择范围，因此要进行第二次，或者第三次的选择，此时用户可以使用选区范围加减运算功能，这些功能都可直接通过工具属性栏中的按钮来实现。

单击工具箱中的矩形选框工具 ▦，其工具属性栏变化如图 4-69 所示。

图 4-69 矩形选框工具属性栏

矩形选框工具的工具属性栏中各选项的主要含义如下：

1 选区运算组："新选区" ▣，单击该按钮可以创建新的选区，替换原有的选区；"添加到选区" ▣，单击该按钮可以在原有的基础上添加新的选区；"从选区减去" ▣，单击该按钮可以在原有的选区中减去新的创建的选区；"与选区交叉" ▣，单击该按钮可以新建选区是只保留原有选区与新选区的相交的部分。

2 羽化：对选区进行羽化，数值越大，羽化范围越大；数值越小，羽化范围也就越小。

4.6.1 运用"新选区"按钮创建选区

在 Photoshop CC 中，当用户要创建新选区时，可以单击"新选区"按钮 ▣，即可在图像中创建不重复的选区。

素材文件	光盘 \ 素材 \ 第 4 章 \ 花团锦簇 .jpg	
效果文件	光盘 \ 效果 \ 第 4 章 \ 花团锦簇 .jpg	
视频文件	光盘 \ 视频 \ 第 4 章 \4.6.1 运用"新选区"按钮创建选区 .mp4	

实战 花团锦簇

步骤 01 打开本书配套光盘中的"素材 \ 第 4 章 \ 花团锦簇 .jpg"文件，如图 4-70 所示。

步骤 02 选取工具箱中的魔棒工具，单击工具属性栏中的"新选区"按钮 ▣，设置"容差"为 35，在图像编辑窗口中创建选区，如图 4-71 所示。

图 4-70 素材图像

创建选区

图 4-71 创建选区

步骤 03 单击"图层"面板底部的"创建新的填充和调整图层"按钮，在弹出的列表框中选择"色相 / 饱和度"选项，调出"色相 / 饱和度"属性面板，设置"色相"为 24，执行操作后，选区中的图像效果随之改变，效果如图 4-72 所示。

步骤 04 在图像编辑窗口中另一位置，单击鼠标左键，即可创建新选区，如图 4-73 所示。

创建新选区

图 4-72 图像效果

图 4-73 创建新选区

步骤 05 单击"图层"面板底部的"创建新的填充和调整图层"按钮，在弹出的列表框中选择"色相／饱和度"选项，调出"色相／饱和度"属性面板，设置"色相"为 -21，如图 4-74 所示。

步骤 06 执行操作后，选区中的图像效果随之改变，效果如图 4-75 所示。

设置

图 4-74 设置"色相"为 -21

图 4-75 最终效果

4.6.2 运用"添加到选区"按钮添加选区

在 Photoshop CC 中，如果用户要在已经创建的选区外，再加上另外的选择范围，就要用到选框工具创建一个选区后，单击"添加到选区"按钮，即可得到两个选区范围的并集。下面向读者详细介绍运用"添加到选区"按钮添加选区的操作方法。

素材文件	光盘 \ 素材 \ 第 4 章 \ 宠物图册 .jpg
效果文件	光盘 \ 效果 \ 第 4 章 \ 宠物图册 .jpg
视频文件	光盘 \ 视频 \ 第 4 章 \4.6.2 运用"添加到选区"按钮添加选区 .mp4

实战 宠物图册

步骤 01　打开本书配套光盘中的"素材\第 4 章\宠物图册 .jpg"文件，如图 4-76 所示。

步骤 02　选取工具箱中的矩形选框工具，在其中一个相框上创建一个矩形选区，如图 4-77 所示。

创建选区

图 4-76 素材图像　　　　　　图 4-77 创建一个矩形选区

步骤 03　在工具属性栏中单击"添加到选区"按钮，依次在其他相框上创建矩形选区，执行上述操作后，所有创建的矩形选区都进行相加，合并成一个选区，如图 4-78 所示。

步骤 04　按【Ctrl + J】组合键拷贝一个新图层，并隐藏"背景"图层，效果如图 4-79 所示。

组合选区

隐藏"背景"图层

图 4-78 组合选区　　　　　　图 4-79 最终效果

4.6.3　运用"从选区减去"按钮减少选区

在 Photoshop CC 中运用"从选区减去"按钮，是对已存在的选区利用选框工具将原有选区减去一部分。

	素材文件	光盘\素材\第 4 章\玻璃彩球 .jpg
	效果文件	光盘\效果\第 4 章\玻璃彩球 .jpg
	视频文件	光盘\视频\第 4 章\4.6.3 运用"从选区减去"按钮减少选区 .mp4

实战 玻璃彩球

步骤 01　打开本书配套光盘中的"素材\第 4 章\玻璃彩球 .jpg"文件，如图 4-80 所示。

步骤 02　按【Ctrl + A】组合键，全选图像，如图 4-81 所示。

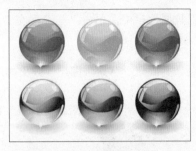
图 4-80 素材图像

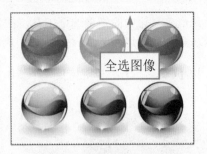
图 4-81 全选图像

步骤 03 选取工具箱中的椭圆选框工具 ◯ ，单击工具属性栏中的"从选区减去"按钮 ▣ ，在相应位置创建正圆选区，如图 4-82 所示。

步骤 04 按【Ctrl ＋ J】组合键拷贝一个新图层，并隐藏"背景"图层，效果如图 4-83 所示。

图 4-82 创建椭圆选区

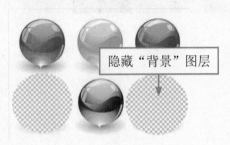
图 4-83 最终效果

4.6.4 运用"与选区交叉"按钮重合选区

交集运算是两个选择范围重叠的部分，在创建一个选区后，单击"与选区交叉"按钮 ▣ ，再创建一个选区，此时就会得到两个选区的交集。

素材文件	光盘 \ 素材 \ 第 4 章 \ 彩色羽毛 .jpg
效果文件	光盘 \ 效果 \ 第 4 章 \ 彩色羽毛 .jpg
视频文件	光盘 \ 视频 \ 第 4 章 \4.6.4 运用"与选区交叉"按钮重合选区 .mp4

实战 彩色羽毛

步骤 01 打开本书配套光盘中的"素材 \ 第 4 章 \ 彩色羽毛 .jpg"文件，如图 4-84 所示。

步骤 02 选取工具箱中的快速选择工具，在图像编辑窗口中，拖曳鼠标创建选区，如图 4-85 所示。

图 4-84 素材图像

图 4-85 创建选区

步骤 03 选取工具箱中的矩形选框工具，在工具属性栏中，单击"与选区交叉"按钮，在之前创建的选区区域创建矩形选区，得到交叉选区，如图 4-86 所示。

步骤 04 按【Ctrl＋J】组合键拷贝一个新图层，并隐藏"背景"图层，效果如图 4-87 所示。

图 4-86 交叉选区

图 4-87 最终效果

05 管理与运用图像选区

学习提示

在使用 Photoshop CC 进行图像处理时，为了使编辑的图像位置更加精确，经常要对已经创建的选区进行修改，使之更符合设计要求。本章主要介绍管理选区、编辑选区、修改选区、应用选区以及填充颜色的操作方法，以供读者掌握，为后面的学习奠定良好的基础。

本章案例导航

- 实战——日式玩偶
- 实战——蝶舞飞扬
- 实战——梦幻云朵
- 实战——时尚戒指
- 实战——那时花开
- 实战——美人花香
- 实战——树叶项链

- 实战——多彩夏日
- 实战——红花绿叶
- 实战——时尚跑车
- 实战——随堂笔记
- 实战——浪漫紫色
- 实战——时尚女郎
- 实战——青春记忆

- 实战——朦胧月色
- 实战——风景相框
- 实战——蔚蓝冰块
- 实战——活力新春
- 实战——枫叶如火
- 实战——舒适软椅
- 实战——彩虹大道

5.1 选区的管理

选区具有灵活操作性，可多次对选区进行编辑操作，以便得到满意的选区形状。用户在创建选区时，可以对选区进行多项修改，如移动选区、取消选区、重选选区、储存选区以及载入选区等，下面将分别对其进行介绍。

5.1.1 移动和取消选区

移动选区可以使用工具箱中的任何一种选框工具，是图像处理中最常用的操作方法。适当地对选区的位置进行调整，可以使图像更符合设计的需求。用户在编辑图像时，可以取消不需要的选区。

素材文件	光盘 \ 素材 \ 第 5 章 \ 日式玩偶 .jpg
效果文件	无
视频文件	光盘 \ 视频 \ 第 5 章 \5.1.1 移动 / 取消选区 .mp4

实战	日式玩偶

步骤 01 在 Photoshop CC 中，用户可以根据需要，选取工具箱中的矩形选框工具，打开本书配套光盘中的"素材 \ 第 5 章 \ 日式玩偶 .jpg"文件，在图像编辑窗口中的合适位置，创建一个矩形选区，如图 5-1 所示。

步骤 02 拖曳鼠标至图像上的矩形选区内，鼠标指针呈 形状，单击鼠标左键并向下拖曳，即可移动矩形选区，如图 5-2 所示。

图 5-1 创建矩形选区

图 5-2 移动矩形选区

 专家指点

在移动选区的过程中，按住【Shift】键的同时，可沿水平、垂直或 45 度角方向进行移动，若使用键盘上的 4 个方向键来移动选区，按一次键移动一个像素，若按【Shift ＋方向键】组合键，按一次键可以移动 10 个像素的位置，若按住【Ctrl】键的同时并拖曳选区，则移动选区内的图像。"取消选择"命令相对应的快捷键为【Ctrl ＋ D】组合键。

步骤 03 单击"选择"|"取消选择"命令，取消选区，如图 5-3 所示。

图 5-3 取消选区

5.1.2 重选选区

在 Photoshop CC 中，当用户取消选区后，还可以利用"重新选择"命令，重选上次放弃的选区，灵活运用"重选选区"命令，能够大大提高工作的效率。

素材文件	光盘 \ 素材 \ 第 5 章 \ 浪漫紫色 .jpg
效果文件	无
视频文件	光盘 \ 视频 \ 第 5 章 \5.1.2 重选选区 .mp4

实战 浪漫紫色

步骤 01 在 Photoshop CC 中，用户可以根据需要，选取工具箱中的矩形选框工具，打开本书配套光盘中的"素材 \ 第 5 章 \ 浪漫紫色 .jpg"文件，在图像编辑窗口中的合适位置，创建一个矩形选区，如图 5-4 所示。

步骤 02 单击"选择"|"取消选择"命令，即可取消选区，如图 5-5 所示。

图 5-4 创建矩形选区

图 5-5 取消选区

步骤 03 单击"选择"|"重新选择"命令，即可重新选择选区，如图5-6所示。

图5-6 重选选区

5.1.3 存储选区

在创建选区后，为了防止错误操作而造成选区丢失，或者后面制作其他效果时还需要更改选区，用户可以先将该选区保存。单击菜单栏中的"选择"|"存储选区"命令，弹出"存储选区"对话框，如图5-7所示。在弹出的对话框中设置存储选区的各选项，单击"确定"按钮后即可存储选区。

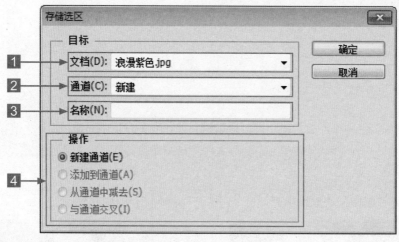

图5-7 "存储选区"对话框

"存储选区"对话框各选项的主要含义如下：

1 "文档"：在该列表框中可以选择保存选区的目标文件，默认情况下选区保存在当前文档中，也可以选择将选区保存在一个新建的文档中。

2 "通道"：可以选择将选区保存到一个新建的通道，或保存到其他Alpha通道中。

3 "名称"：用来设置存储的选择区域在通道中的名称。

4 "操作"：如果保存选区的目标文件包含选区，则可以选择如何在通道中合并选区。选中"新建通道"单选按钮，可以将当前选区存储在新通道中；选中"添加到通道"单选按钮，可以将选区添加到目标通道的现有选区中；选中"从通道中减去"单选按钮，可以从目标通道内的现有选区中减去当前的选区；选中"与通道交叉"单选按钮，可以从与当前选区和目标通道中的现有选区交叉的区域中存储为一个选区。

5.1.4 载入选区

存储选区后，单击菜单栏中的"选择"|"载入选区"命令，将选区载入到图像中，弹出"载入选区"对话框，如图 5-8 所示。

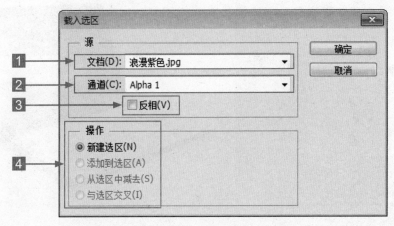

图 5-8 "载入选区"对话框

"载入选区"对话框各选项的主要含义如下：

1 "文档"：用来选择包含选区的目标文件。

2 "通道"：用来选择包含选区的通道。

3 "反相"：可以反转选区，相当于载入选区后执行"方向"命令。

4 "操作"：如果当前文档中已包含选区，用户可以通过该选项设置如何合并载入的选区。选中"新建选区"单选按钮，可以用载入的选区替换当前选区；选中"添加到选区"单选按钮，可以将载入的选区添加到当前选区中；选中"从选区中减去"单选按钮，可以从当前选区中减去载入的选区；选中"与选区交叉"单选按钮，可得到载入选区与当前选区交叉的区域。

5.2 选区的编辑

用户在使用 Photoshop CC 处理图像时，为了使编辑和绘制的图像更加精确，用户经常要对已经创建的选区进行修改，使之更符合设计要求。本节主要向读者介绍编辑选区的操作方法，其中包括变换选区、剪切选区图像、拷贝和粘贴选区图像、在选区内贴入图像以及外部粘贴选区内图像的操作方法。

5.2.1 变换选区

在 Photoshop CC 中，运用"变换选区"命令可以直接改变选区的形状，而不会改变选区内的内容。下面向读者详细介绍运用"变换选区"命令改变选区形状的操作方法。

	素材文件	光盘 \ 素材 \ 第 5 章 \ 蝴蝶 .jpg、笔记本 .jpg
	效果文件	光盘 \ 效果 \ 第 5 章 \ 蝶舞飞扬 .jpg
	视频文件	光盘 \ 视频 \ 第 5 章 \5.2.1 变换选区 .mp4

中文版 Photoshop CC 应用宝典

| 实战 | 蝶舞飞扬 |

步骤 01 打开本书配套光盘中的"素材\第 5 章\蝴蝶 .jpg、笔记本 .jpg"文件，如图 5-9 所示。

步骤 02 选取工具箱中的矩形选框工具，切换至"笔记本"图像编辑窗口，创建一个矩形选区，如图 5-10 所示。

图 5-9 素材图像　　　　　　　　　　　图 5-10 创建矩形选区

步骤 03 单击"选择"|"变换选区"命令，调出变换控制框，此时图像编辑窗口中的图像显示如图 5-11 所示。

步骤 04 按住【Ctrl】键的同时拖曳各控制柄，即可变换选区，按【Enter】键确认变换操作，如图 5-12 所示。

图 5-11 调出变换控制框　　　　　　　　图 5-12 变换选区

步骤 05 切换至"蝴蝶"图像编辑窗口，按【Ctrl + A】组合键，全选图像，按【Ctrl + C】组合键，复制图像，切换至"笔记本"图像编辑窗口，按【Alt + Shift + Ctrl + V】组合键，贴入图像，如图 5-13 所示。

步骤 06 按【Ctrl + T】组合键，调出变换控制框，适当缩放图像，按【Enter】键确认操作，效果如图 5-14 所示。

贴入图像

图 5-13 贴入图像   图 5-14 最终效果

专家指点

当执行"变换选区"命令变换选区时，对于选区内的图像没有任何影响；当执行"变换"命令时，则会将选区内的图像一起变换。

5.2.2 剪切选区图像

在 Photoshop CC 中，灵活运用"剪切"命令可以裁剪所需要的图像，下面向读者详细介绍剪切选区图像的操作方法。

素材文件	光盘 \ 素材 \ 第 5 章 \ 时尚女郎 .psd
效果文件	光盘 \ 效果 \ 第 5 章 \ 时尚女郎 .jpg
视频文件	光盘 \ 视频 \ 第 5 章 \5.2.2 剪切选区图像 .mp4

实战 时尚女郎

步骤 01 打开本书配套光盘中的"素材 \ 第 5 章 \ 时尚女郎 .psd"文件，如图 5-15 所示。

步骤 02 选取工具箱中的矩形选框工具，将鼠标移至图像编辑窗口中，单击鼠标左键的同时并拖曳，创建一个矩形选区，如图 5-16 所示。

步骤 03 单击"编辑"|"剪切"命令，如图 5-17 所示。

步骤 04 执行操作后，即可剪切选区内的图像，效果如图 5-18 所示。

创建选区

图 5-15 素材图像   图 5-16 创建矩形选区

图 5-17 单击"剪切"命令   图 5-18 最终效果

5.2.3 拷贝和粘贴选区图像

选择图像编辑窗口中需要的区域后，用户可将选区内的图像复制到剪贴板中进行粘贴，以拷贝选区内的图像。下面向读者详细介绍拷贝和粘贴选区图像的操作方法。

素材文件	光盘 \ 素材 \ 第 5 章 \ 梦幻云朵 .jpg	
效果文件	光盘 \ 效果 \ 第 5 章 \ 梦幻云朵 .jpg	
视频文件	光盘 \ 视频 \ 第 5 章 \5.2.3 拷贝和粘贴选区图像 .mp4	

实战 梦幻云朵

步骤 01 打开本书配套光盘中的"素材 \ 第 5 章 \ 梦幻云朵 .jpg"文件，如图 5-19 所示。

步骤 02 选取工具箱中的磁性套索工具，沿心形云朵创建选区，如图 5-20 所示。

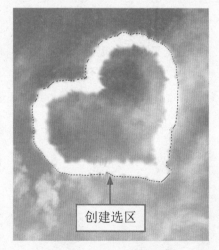

图 5-19 素材图像   图 5-20 创建选区

步骤 03 单击"编辑"|"拷贝"命令，拷贝选区内的图像，单击"编辑"|"粘贴"命令，粘贴选区内的图像，选取工具箱中的移动工具，将心形云朵移至图像编辑窗口中的合适位置，如图 5-21 所示。

步骤 **04** 按【Ctrl＋T】组合键，调出变换控制框，调整图像的大小，按【Enter】键确认，效果如图 5-22 所示。

移动图像

图 5-21 移动图像　　　　　　　　　　图 5-22 最终效果

 专家指点

在图像处理过程中，用户可以运用以下快捷键进行快速操作：

＊ 快捷键 1：按【Ctrl＋C】组合键，拷贝图像。

＊ 快捷键 2：按【Ctrl＋V】组合键，粘贴图像。

＊ 快捷键 3：按【Ctrl＋X】组合键，剪切图像。

＊ 快捷键 4：按【Ctrl＋Shift＋V】组合键，原位粘贴图像。

＊ 快捷键 5：按【Ctrl＋Shift＋Alt＋V】组合键，贴入图像。

5.2.4 在选区内贴入图像

使用"拷贝"命令可以将选区内的图像复制到剪贴板中；使用"贴入"命令，可以将剪贴板中的图像粘贴到同一图像或不同图像选区内的相应位置，并生成一个蒙版图层。下面向读者详细介绍在选区内贴入图像的操作方法。

素材文件	光盘 \ 素材 \ 第 5 章 \ 相片墙 .jpg、风车 .jpg
效果文件	光盘 \ 效果 \ 第 5 章 \ 青春记忆 .jpg
视频文件	光盘 \ 视频 \ 第 5 章 \5.2.4 在选区内贴入图像 .mp4

实战 青春记忆

步骤 **01** 打开本书配套的光盘中的"素材 \ 第 5 章 \ 相片墙 .jpg、风车 .jpg"文件，如图 5-23 所示。

步骤 **02** 在工具箱中选取魔棒工具，在"相片墙"图像编辑窗口中合适位置创建选区，如图 5-24 所示。

步骤 **03** 切换至"风车"图像编辑窗口，在工具箱中选取矩形选框工具，在图像编辑窗口中合适位置创建一个矩形选区，如图 5-25 所示。

步骤 04 按【Ctrl＋C】组合键，拷贝图像，切换至"相片墙"图像编辑窗口，单击"编辑"|"选择性粘贴"|"贴入"命令，如图 5-26 所示。

图 5-23 素材图像

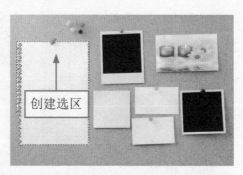

图 5-24 创建选区

图 5-25 创建选区

图 5-26 单击"贴入"命令

步骤 05 执行上述操作后，即可贴入拷贝的图像，如图 5-27 所示。

步骤 06 按【Ctrl＋T】组合键，调出自由变换控制框，将鼠标移至变换控制框的控制柄上，单击鼠标左键的同时并拖曳，调整至合适的位置，按【Enter】键确认变换，设置"图层 1"图层的"混合模式"为"正片叠底"，效果如图 5-28 所示。

图 5-27 贴入图像

图 5-28 最终效果

5.2.5 外部粘贴选区内的图像

在 Photoshop CC 中，使用"外部粘贴"命令，可以将剪贴板中的图像粘贴到同一图像或不同图像选区外的相应位置，并生成一个蒙版图层。下面向读者详细介绍在外部粘贴选区内的图像的操作方法。

素材文件	光盘 \ 素材 \ 第 5 章 \ 戒指 .jpg、背景 .jpg
效果文件	光盘 \ 效果 \ 第 5 章 \ 时尚戒指 .jpg
视频文件	光盘 \ 视频 \ 第 5 章 \5.2.5 外部粘贴选区内的图像 .mp4

实战 时尚戒指

步骤 01 打开本书配套光盘中的"素材 \ 第 5 章 \ 戒指 .jpg、背景 .jpg"文件，如图 5-29 所示。

步骤 02 选取工具箱中的魔棒工具，在工具属性栏中，单击"添加到选区"按钮，设置"容差"为 5，在"戒指"图像编辑窗口中的白色背景区域创建选区，如图 5-30 所示。

图 5-29 素材图像

图 5-30 创建选区

步骤 03 单击"选择"|"反向"命令，反选选区，如图 5-31 所示。

步骤 04 切换至"背景"图像编辑窗口，按【Ctrl + A】组合键全选图像，如图 5-32 所示。

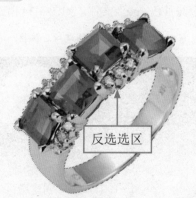

图 5-31 反选选区

图 5-32 全选图像

步骤 05 按【Ctrl + C】组合键，复制图像，切换至"戒指"图像编辑窗口，单击"编辑"|"选择性粘贴"|"外部粘贴"命令，即可粘贴图像，效果如图 5-33 所示。

图 5-33 最终效果

5.3 选区的修改

用户在创建选区时，可以对选区进行多项修改。本节主要介绍边界选区、平滑选区、扩展 /
收缩选区、羽化选区以及调整选区边缘的基本操作。

5.3.1 边界选区

"边界"命令可以得到具有一定羽化效果的选区，因此在进行填充或描边等操作后可得到具
有柔边效果的图像，但是"边界选区"对话框中的"宽度"值不能过大，否则会出现明显的马赛
克边缘效果。下面向读者详细介绍使用边界选区的操作方法。

	素材文件	光盘 \ 素材 \ 第 5 章 \ 朦胧月色 .jpg
	效果文件	光盘 \ 效果 \ 第 5 章 \ 朦胧月色 .jpg
	视频文件	光盘 \ 视频 \ 第 5 章 \5.3.1 边界选区 .mp4

实战 朦胧月色

步骤 01 打开本书配套光盘中的"素材 \ 第 5 章 \ 朦胧月色 .jpg"文件，如图 5-34 所示。

步骤 02 选取工具箱中的椭圆选框工具，在图像编辑窗口中创建一个正圆选区，如图 5-35 所示。

图 5-34 素材图像

创建选区

图 5-35 创建椭圆选区

步骤 **03** 单击"选择"|"修改"|"边界"命令,弹出"边界选区"对话框,设置"宽度"为15 像素,如图 5-36 所示。

步骤 **04** 单击"确定"按钮,即可将当前选区扩展 15 像素,如图 5-37 所示。

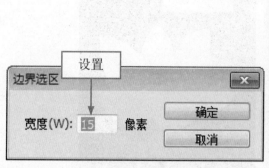

图 5-36 设置"宽度"为 15   图 5-37 选区扩展 15 像素

步骤 **05** 单击"编辑"|"填充"命令,弹出"填充"对话框,设置"使用"为"背景色","不透明度"设为 40%,如图 5-38 所示,单击"确定"按钮。

步骤 **06** 执行操作后,即可填充边界选区,单击"选择"|"取消选择"命令,取消选区,效果如图 5-39 所示。

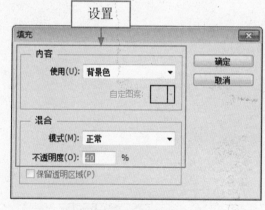

图 5-38 设置"使用"为"背景色"   图 5-39 最终效果

5.3.2 平滑选区

在 Photoshop CC 中,灵活运用"平滑选区"命令,能使选区的尖角变得平滑,并消除锯齿,从而使图像中选区边缘更加流畅。下面向读者详细介绍平滑选区的操作方法。

素材文件	光盘 \ 素材 \ 第 5 章 \ 荷花 .jpg
效果文件	光盘 \ 效果 \ 第 5 章 \ 那时花开 .jpg
视频文件	光盘 \ 视频 \ 第 5 章 \5.3.2 平滑选区 .mp4

实战 那时花开

步骤 01 打开本书配套光盘中的"素材 \ 第 5 章 \ 荷花 .jpg"文件，如图 5-40 所示。

步骤 02 选取工具箱中的矩形选框工具，在图像编辑窗口中创建一个矩形选区，如图 5-41 所示。

图 5-40 素材图像　　　　　　图 5-41 创建矩形选区

步骤 03 单击"选择"|"反向"命令，反选选区，如图 5-42 所示。

步骤 04 单击"选择"|"修改"|"平滑"命令，弹出"平滑选区"对话框，设置"取样半径"为 60 像素，如图 5-43 所示。

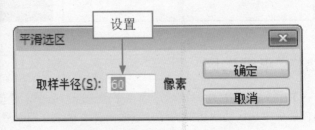

图 5-42 反选选区　　　　　　图 5-43 设置"取样半径"为 60

步骤 05 单击"确定"按钮，即可平滑选区，如图 5-44 所示。

步骤 06 设置前景色为白色，按【Alt ＋ Delete】组合键填充前景色，按【Ctrl ＋ D】组合键，取消选区，效果如图 5-45 所示。

图 5-44 平滑选区   图 5-45 最终效果

 专家指点

    除了运用上述方法可以弹出"平滑选区"对话框之外,还可按【Alt＋S＋M＋S】组合键,弹出"平滑选区"对话框。

5.3.3 扩展/收缩选区的

    "扩展"命令可以扩大当前选区,设置"扩展量"值越大,选区被扩展得就越大;"收缩"命令刚好相反,"收缩"命令可以缩小当前选区的选择范围。下面向读者详细介绍扩展/收缩选区的操作方法。

素材文件	光盘\素材\第5章\风景相框.jpg	
效果文件	光盘\效果\第5章\风景相框.jpg	
视频文件	光盘\视频\第5章\5.3.3 扩展/收缩选区.mp4	

实战 风景相框

步骤 01 打开本书配套光盘中的"素材\第5章\风景相框.psd"文件,如图5-46所示。

步骤 02 按住【Ctrl】键时单击"图层1"图层左侧的缩览图,调出选区,如图5-47所示。

图 5-46 素材图像   图 5-47 调出选区

步骤 03 单击"选择"|"修改"|"扩展"命令，弹出"扩展选区"对话框，设置"扩展量"为 5 像素，如图 5-48 所示。

步骤 04 单击"确定"按钮，即可扩展选区，如图 5-49 所示。

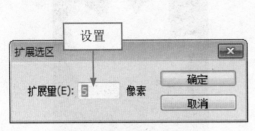

图 5-48 设置"扩展量"为 15 　　　　　　图 5-49 扩展选区

步骤 05 单击前景色色块，弹出"拾色器（前景色）"对话框，设置 RGB 参数值分别为 223、255、255，如图 5-50 所示。

步骤 06 单击"确定"按钮，按【Alt + Delete】组合键填充前景色，如图 5-51 所示。

图 5-50 设置相应参数 　　　　　　图 5-51 填充前景色

步骤 07 单击"选择"|"修改"|"收缩"命令，弹出"收缩选区"对话框，设置"收缩量"为 5 像素，如图 5-52 所示。

步骤 08 单击"确定"按钮，即可收缩选区，如图 5-53 所示。

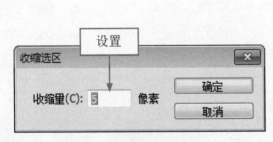

图 5-52 设置"收缩量"为 15 　　　　　　图 5-53 收缩选区

步骤 09 单击前景色色块，弹出"拾色器（前景色）"对话框，设置 RGB 参数值分别为 255、255、255，如图 5-54 所示，单击"确定"按钮。

步骤 10 按【Alt + Delete】组合键填充前景色，按【Ctrl + D】组合键，取消选区，效果如图 5-55 所示。

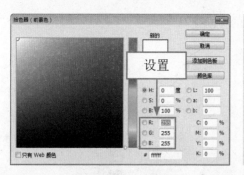

图 5-54 设置相应参数

图 5-55 最终效果

专家指点

　　除了运用上述方法可以弹出"扩展选区"对话框之外，还有依次按下【Alt＋S＋M＋E】组合键，弹出"扩展选区"对话框。当选区的边缘已经到达图像文件的边缘时再应用"收缩"命令，与图像边缘相接处的选区不会被收缩。

5.3.4　羽化选区

　　"羽化"命令用于对选区进行羽化，羽化是通过建立选区和选区周围像素之间的转换边界来模糊边缘的，这种模糊方式将丢失选区边缘的一些图像细节。下面向读者详细介绍羽化选区的操作方法。

素材文件	光盘 \ 素材 \ 第 5 章 \ 花框 .psd、侧面 .jpg
效果文件	光盘 \ 效果 \ 第 5 章 \ 美人花香 .jpg
视频文件	光盘 \ 视频 \ 第 5 章 \5.3.4 羽化选区 .mp4

实战　美人花香

步骤　01　打开本书配套光盘中的"素材 \ 第 5 章 \ 花框 .psd、侧面 .jpg"文件，如图 5-56 所示。

步骤　02　在工具箱中选取椭圆选框工具，切换至"侧面"图像编辑窗口，在"侧面"图像编辑窗口中创建一个椭圆选区，如图 5-57 所示。

图 5-56 素材图像

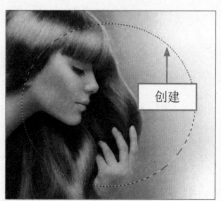

图 5-57 创建椭圆选区

步骤　03　单击"选择"|"修改"|"羽化"命令，弹出"羽化选区"对话框，设置"羽化半径"为 20 像素，如图 5-58 所示。

步骤 **04** 单击"确定"按钮，选取工具箱中的移动工具，移动选区内的图像至"花框"图像编辑窗口中的合适位置，效果如图 5-59 所示。

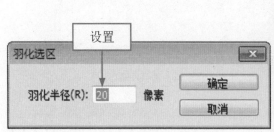

图 5-58 设置"羽化半径"为 20　　　　　　　　　　　图 5-59 最终效果

 专家指点

除了运用上述方法可以弹出"羽化选区"对话框外，还有以下两种方法。

✳ 快捷键：按【Shift + F6】组合键，弹出"羽化选区"对话框。

✳ 快捷菜单：创建好选区后，在图像编辑窗口中单击鼠标右键，在弹出的快捷菜单中选择"羽化"选项，弹出"羽化选区"对话框。

5.3.5 调整边缘

在 Photoshop CC 中，"调整边缘"命令在功能上有了很大的扩展，尤其是提供的边缘检测功能，可以大大提升操作的效率。除了"调整边缘"命令，也可以在各个创建选区工具的工具属性栏中单击"调整边缘"按钮，弹出"调整边缘"对话框，如图 5-60 所示。

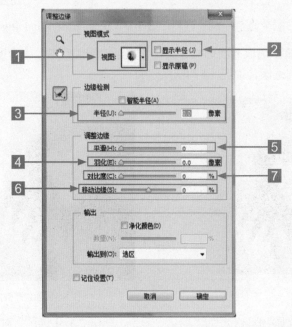

图 5-60 "调整边缘"对话框

"调整边缘"对话框各选项的主要含义如下：

1 视图：包含 7 种选区预览方式，用户可以根据需求进行选择。

2 显示半径：选中该复选框，可以显示微调选区与图像边缘之间的距离。

3 半径：可以微调选区与图像边缘之间的距离，数值越大，则选区会越来越精确的靠近图像边缘。

4 平滑：用于减少选区边界中的不规则区域，创建更加平滑的轮廓。

5 羽化：与"羽化"命令的功能基本相同，都是用来柔化选区边缘。

6 对比度：可以锐化选区边缘并去除模糊的不自然感。

7 移动边缘：负值收缩选区边界，正值扩展选区边界。

在 Photoshop CC 中，使用"调整边缘"命令可以方便的修改选区，并且可以更加直观的看到调整效果，从而得到更为精确的选区。下面向读者详细介绍调整边缘的操作方法。

	素材文件	光盘 \ 素材 \ 第 5 章 \ 蔚蓝冰块 .jpg
	效果文件	光盘 \ 效果 \ 第 5 章 \ 蔚蓝冰块 .jpg
	视频文件	光盘 \ 视频 \ 第 5 章 \5.3.5 调整边缘 .mp4

实战 蔚蓝冰块

步骤 **01** 打开本书配套光盘中的"素材 \ 第 5 章 \ 蔚蓝冰块 .jpg"文件，如图 5-61 所示。

步骤 **02** 选取工具箱中的椭圆选框工具，将鼠标移至图像编辑窗口中，单击鼠标左键的同时并拖曳，创建一个椭圆选区，如图 5-62 所示，调整至合适的位置。

图 5-61 素材图像   图 5-62 创建一个椭圆选区

步骤 **03** 单击"选择"|"调整边缘"命令，弹出"调整边缘"对话框，设置"半径"为 50 像素、"平滑"为 20、"羽化"为 5 像素、选中"净化颜色"复选框，如图 5-63 所示。

步骤 **04** 执行上述操作后，单击"确定"按钮，即可调整选区边缘，效果如图 5-64 所示。

图 5-63 设置相应选项   图 5-64 最终效果

5.4 选区的应用

除了可以对选区内的图像进行变换操作外，还可以随意地移动选区内图像、清除选区内图像、描边选区、填充选区以及使用选区定义图案，本节将分别讲解这些操作。

5.4.1 移动选区内图像

移动选区内图像除了可以调整选区图像的位置外，还可以用于在图像编辑窗口之间复制图层或选区图像。当在背景图层中移动选区图像时，移动后留下的空白区域将以背景色填充，当在普通图层中移动选区内图像时，移动后留下的空白区域将变为透明。

	素材文件	光盘 \ 素材 \ 第 5 章 \ 树叶项链 .psd
	效果文件	光盘 \ 效果 \ 第 5 章 \ 树叶项链 .jpg
	视频文件	光盘 \ 视频 \ 第 5 章 \5.4.1 移动选区内图像 .mp4

实战	树叶项链

步骤 01 在 Photoshop CC 中，用户可以根据需要，选取工具箱中的矩形选框工具，打开本书配套光盘中的"素材 \ 第 5 章 \ 树叶项链 .psd"文件，在图像编辑窗口中的合适位置，创建一个矩形选区，如图 5-65 所示。

步骤 02 选取工具箱中的移动工具，移动鼠标至图像上的矩形选区内，单击鼠标左键的同时并向下拖曳，即可移动矩形选区内的图像，按【Ctrl + D】组合键，取消选区，如图 5-66 所示。

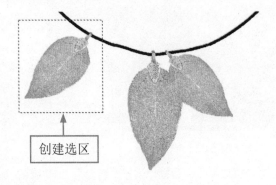

移动图像

创建选区

图 5-65 创建矩形选区　　　　　　　　　　　　图 5-66 取消选区

专家指点

在移动选区内图像的过程中，按住【Ctrl】键和方向键来移动选区，可以使图像向相应方向移动一个像素；按住【Alt】键移动图像，可以在移动过程中复制图像；按住【Shift】键拖曳，可以限制移动方向为水平或垂直移动。

5.4.2 清除选区内图像

在 Photoshop CC 中，可以使用"清除"命令清除选区内的图像。如果在背景图层中清除选区图像，将会在清除的图像区域内填充背景色，如果在其他图层中清除图像，将得到透明区域。下面向读者详细介绍清除选区内图像的操作方法。

	素材文件	光盘 \ 素材 \ 第 5 章 \ 春天 .psd
	效果文件	光盘 \ 效果 \ 第 5 章 \ 活力新春 .jpg
	视频文件	光盘 \ 视频 \ 第 5 章 \5.4.2 清除选区内图像 .mp4

实战 活力新春

步骤 01 打开本书配套光盘中的"素材 \ 第 5 章 \ 春天 .psd"文件，如图 5-67 所示。

步骤 02 选择"图层 2"图层，选取工具箱中的矩形选框工具，在图像编辑窗口中的合适位置，创建一个矩形选区，如图 5-68 所示。

图 5-67 素材图像

图 5-68 创建矩形选区

步骤 03 单击"编辑"|"清除"命令，如图 5-69 所示。

步骤 04 即可清除选区中的图像，按【Ctrl ＋ D】组合键，取消选区，效果如图 5-70 所示。

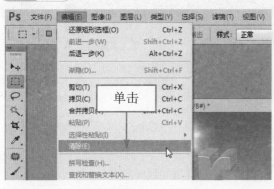

图 5-69 单击"清除"命令

图 5-70 最终效果

5.4.3 描边选区

用户创建选区后，可以运用"描边"命令为选区添加不同颜色和宽度的边框，为图像增添不同的视觉效果。下面向读者详细介绍描边选区的操作方法。

	素材文件	光盘 \ 素材 \ 第 5 章 \ 多彩夏日 .jpg
	效果文件	光盘 \ 效果 \ 第 5 章 \ 多彩夏日 .jpg
	视频文件	光盘 \ 视频 \ 第 5 章 \5.4.3 描边选区 .mp4

实战 | 多彩夏日

步骤 01 打开本书配套光盘中的"素材 \ 第 5 章 \ 多彩夏日 .jpg"文件，如图 5-71 所示。

步骤 02 选取工具箱中的椭圆选框工具，将鼠标移至图像编辑窗口中，单击鼠标左键的同时并拖曳，创建一个椭圆选区，如图 5-72 所示。

图 5-71 素材图像　　　　　　　　　图 5-72 创建椭圆选区

步骤 03 单击"编辑"|"描边"命令，弹出"描边"对话框，设置"宽度"为 4 像素、"不透明度"为 80%，如图 5-73 所示。

步骤 04 单击"确定"按钮，描边选区，按【Ctrl ＋ D】组合键，取消选区，效果如图 5-74 所示。

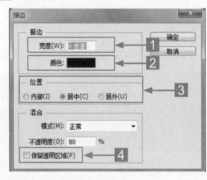

图 5-73 设置相应选项　　　　　　　　图 5-74 最终效果

描边选项框中各选项主要含义如下：

1 宽度：设置该文本框中数值可确定描边线条的宽度，数值越大线条越宽。

2 颜色：单击颜色块，可在弹出的"拾色器"对话框中选择一种合适的颜色。

3 位置：选择各个单选按钮，可以设置描边线条相对于选区的位置。

4 保留透明区域：如果当前描边的选区范围内存在透明区域，则选择该选项后，将不对透明区域进行描边。

 专家指点

　　除了运用上述命令可以弹出"描边"对话框外，选取工具箱中的矩形选框工具，移动鼠标至选区中，单击鼠标右键，在弹出的快捷菜单中选择"描边"选项，也可以弹出"描边"对话框。

5.4.4 填充选区

使用"填充"命令，可以只在指定选区内填充相应的颜色。下面向读者详细介绍填充选区的操作方法。

素材文件	光盘 \ 素材 \ 第 5 章 \ 枫叶 .jpg
效果文件	光盘 \ 效果 \ 第 5 章 \ 枫叶如火 .jpg
视频文件	光盘 \ 视频 \ 第 5 章 \5.4.4 填充选区 .mp4

实战	枫叶如火

步骤 01 打开本书配套光盘中的"素材 \ 第 5 章 \ 枫叶 .jpg"文件，如图 5-75 所示。

步骤 02 选取工具箱中的魔棒工具，将鼠标移至图像编辑窗口中，单击鼠标左键，创建选区，如图 5-76 所示。

图 5-75 素材图像　　　　　图 5-76 创建选区

步骤 03 单击前景色色块，弹出"拾色器（前景色）"对话框，在其中设置 RGB 参数值分别为 255、255、255，如图 5-77 所示。

步骤 04 单击"确定"按钮，按【Alt ＋ Delete】组合键填充前景色，按【Ctrl ＋ D】组合键，取消选区，效果如图 5-78 所示。

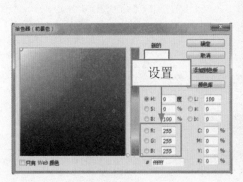

图 5-77 设置相应参数　　　　　图 5-78 最终效果

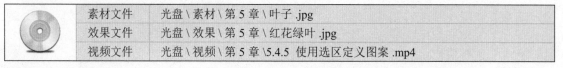

5.4.5 使用选区定义图案

在图像编辑的过程中，一些图案经常会被使用到，用户可以通过定义图案的方式将图案保存，定义图案时，需要创建选区将图案区域的范围选定。

素材文件	光盘 \ 素材 \ 第 5 章 \ 叶子 .jpg
效果文件	光盘 \ 效果 \ 第 5 章 \ 红花绿叶 .jpg
视频文件	光盘 \ 视频 \ 第 5 章 \5.4.5 使用选区定义图案 .mp4

实战 红花绿叶

步骤 01 打开本书配套光盘中的"素材 \ 第 5 章 \ 叶子 .jpg"文件，如图 5-79 所示。

步骤 02 选取工具箱中的矩形选框工具，将鼠标移至图像编辑窗口中，单击鼠标左键拖曳，创建一个矩形选区，如图 5-80 所示。

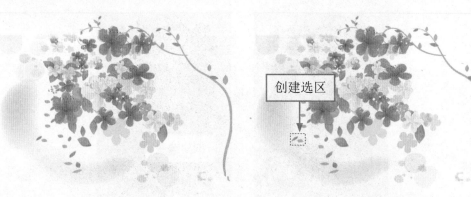

图 5-79 素材图像   图 5-80 创建矩形选区

步骤 03 单击"编辑"|"定义图案"命令，弹出"图案名称"对话框，设置"名称"为"叶子"，如图 5-81 所示。

步骤 04 单击"确定"按钮，按【Ctrl ＋ D】组合键，取消选区，选取工具箱中的油漆桶工具，单击工具属性栏中的"设置填充区域的源"按钮 ▨，在弹出的列表框中选择"图案"选项，单击"点按可打开图案拾色器"右侧的三角形按钮，在弹出的列表框中选择"叶子"选项，在图像编辑窗口中的合适位置单击鼠标左键，即可填充图案，如图 5-82 所示。

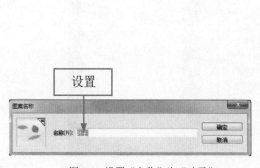

图 5-81 设置"名称"为"叶子"   图 5-82 最终效果

专家指点

在定义图案区域时，所创建的选区必需是矩形选区，才能定义图案。若在没有创建选区的情况下，运用"定义图案"命令，则系统会以整幅图像为图案区域进行定义。

5.5 填充工具的运用

在 Photoshop CC 中，使用填充工具或命令可以对图像进行快速、便捷的填充操作。可以通过"填充"命令、油漆桶工具、渐变工具以及快捷键填充方式填充颜色，油漆桶工具可以用于填充纯色和图案。

5.5.1 "填充"命令

在 Photoshop CC 中，用户可以运用"填充"命令对选区或图像填充颜色，单击"编辑"|"填充"命令，弹出"填充"对话框，如图 5-83 所示。

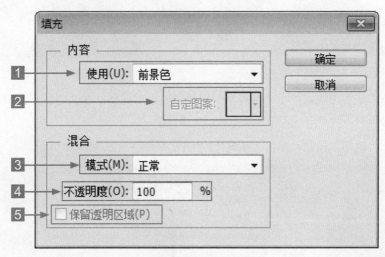

图 5-83 "填充"对话框

"填充"对话框各选项的主要含义如下：

1 使用：用来设置填充的内容。

2 自定图案：用来设置填充自定义图案的内容。

3 模式：用来设置填充内容的混合模式。

4 不透明度：用来设置填充内容的不透明度。

5 保留透明区域：用来保留填充内容的透明区域。

5.5.2 运用"填充"命令

填充是指在被编辑的图像中，可以对整体或局部使用单色、多色或复杂的图案进行覆盖，Photoshop CC 中的"填充"命令功能非常强大。下面向读者详细介绍运用"填充"命令填充颜色的操作方法。

素材文件	光盘 \ 素材 \ 第 5 章 \ 软椅 .jpg
效果文件	光盘 \ 效果 \ 第 5 章 \ 舒适软椅 .jpg
视频文件	光盘 \ 视频 \ 第 5 章 \5.5.2 运用 "填充" 命令 .mp4

实战 舒适软椅

步骤 01 打开本书配套光盘中的 "素材 \ 第 5 章 \ 软椅 .jpg" 文件，如图 5-84 所示。

步骤 02 选取工具箱中的魔棒工具，在图像编辑窗口中创建选区，如图 5-85 所示。

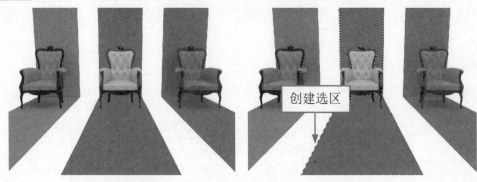

图 5-84 素材图像   图 5-85 创建选区

步骤 03 单击前景色色块，弹出 "拾色器（前景色）" 对话框，在其中设置 RGB 参数值分别为 255、252、7，如图 5-86 所示。

步骤 04 单击 "确定" 按钮，单击 "编辑" | "填充" 命令，如图 5-87 所示。

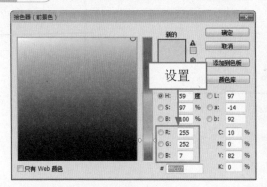 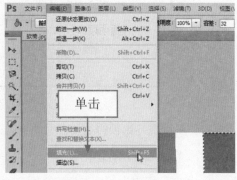

图 5-86 设置相应参数   图 5-87 单击 "填充" 命令

步骤 05 弹出 "填充" 对话框，在其中设置 "使用" 为 "前景色"、"模式" 为 "正常"、"不透明度" 为 100％，如图 5-88 所示。

步骤 06 单击 "确定" 按钮，即可运用 "填充" 命令填充颜色，按【Ctrl ＋ D】组合键，取消选区，效果如图 5-89 所示。

 专家指点

通常情况下，在运用该命令进行填充操作前，需要创建一个合适的选区，若当前图像中不存在选区，则填充效果将作用于整幅图像，此外该命令对 "背景" 图层操作时无效。

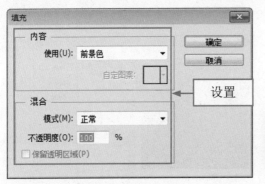

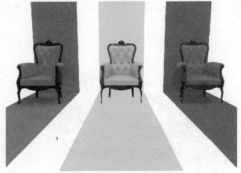

图 5-88 设置相应选项   图 5-89 最终效果

5.5.3 油漆桶工具

油漆桶工具🖌️可以快速、便捷地为图像填充颜色。填充的颜色以前景色为准，选取工具箱中油漆桶工具后，其工具属性栏的变化如图 5-90 所示。

图 5-90 油漆桶工具属性栏

油漆桶工具属性栏各选项的主要含义如下：

1 不透明度：用来设置填充颜色的不透明度。

2 容差：用来控制填充范围的大小，数值越小，所填充的范围越小，数值越大，则填充范围越大。

3 消除锯齿：用来模糊填充边缘的像素，使其与背景像素产生颜色的过渡，从而消除边缘明显的锯齿。

4 连续：选中该复选框后，只填充与鼠标单击处相连接中的相近颜色。

5 所有图层：用于有多个图层的图像文件，选中该复选框后，能填充所有图层中颜色相近的区域，没有选中时，只填充当前图层中颜色相近的区域。

5.5.4 运用油漆桶工具美化

油漆桶工具不仅可以用于填充纯色，还可以填充图案。下面向读者详细介绍运用油漆桶工具填充颜色的操作方法。

素材文件	光盘 \ 素材 \ 第 5 章 \ 时尚跑车 .jpg
效果文件	光盘 \ 效果 \ 第 5 章 \ 时尚跑车 .jpg
视频文件	光盘 \ 视频 \ 第 5 章 \5.5.4 运用油漆桶工具美化 .mp4

实战 时尚跑车

步骤 01 打开本书配套光盘中的"素材 \ 第 5 章 \ 时尚跑车 .jpg"文件，如图 5-91 所示。

步骤 02 单击前景色色块，弹出"拾色器（前景色）"对话框，在其中设置 RGB 参数值分别为 255、255、0，单击"确定"按钮，如图 5-92 所示。

图 5-91 素材图像

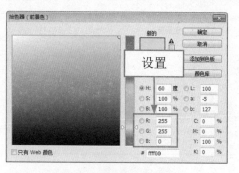

图 5-92 设置相应参数

步骤 03 选取工具箱中的油漆桶工具，将鼠标指针移至跑车图像上的白色区域，依次单击鼠标左键，即可填充前景色，效果如图 5-93 所示。

图 5-93 最终效果

专家指点

油漆桶工具与"填充"命令非常相似，主要用于在图像或选区中填充颜色或图案，但油漆桶工具在填充前会对鼠标单击位置的颜色进行取样，从而常用于填充颜色相同或相近的图像区域。

5.5.5 渐变工具

在 Photoshop CC 中，使用渐变工具可以运用多种颜色间的过渡效果，用户可以从预设的渐变颜色中选择渐变颜色，选取工具箱中的渐变工具后，其属性栏的变化如图 5-94 所示。

图 5-94 渐变工具属性栏

渐变工具属性栏各选项的主要含义如下：

1 渐变颜色条：渐变色条中显示了当前的渐变颜色，单击其右侧的三角形按钮，可以在打开的下拉列表框中选择一个预设渐变。如果直接单击渐变颜色条，就会弹出"渐变编辑器"对话框。

2 渐变样式：线性渐变，从起点到终点作直线形状的渐变；径向渐变，从中心开始作圆形放射状渐变；角度渐变，从中心开始作逆时针方向的角度渐变；对称渐变，从中心开始作对称直线形状的渐变；菱形渐变，从中心开始菱形渐变。

3 模式：用来设置应用渐变时混合模式。

4 不透明度：用来设置渐变效果不透明度。

5 反向：可转换渐变中的颜色顺序，得到反向的渐变结果。

6 仿色：选中该复选框，可以使渐变效果更加平滑，主要用于防止打印时出现条带化现象，但在屏幕上并不能明显体现其作用。

7 透明区域：选中该复选框，可创建包含透明像素的渐变；取消选中则创建实色渐变。

5.5.6 运用渐变工具

运用渐变工具 ▦ 可以对所选定的图像进行多种颜色的渐变填充，从而达到增强图像的视觉效果。下面向读者详细介绍运用渐变工具填充颜色的操作方法。

素材文件	光盘\素材\第 5 章\彩虹桥 .jpg
效果文件	光盘\效果\第 5 章\彩虹大道 .jpg
视频文件	光盘\视频\第 5 章\5.5.6 运用渐变工具 .mp4

实战 彩虹大道

步骤 01 打开本书配套光盘中的"素材\第 5 章\彩虹桥 .jpg"文件，如图 5-95 所示。

步骤 02 选取工具箱中的渐变工具 ▦，在工具属性栏中单击"点按可编辑渐变"按钮，弹出"渐变编辑器"对话框，在"预设"选项区中选择"透明彩虹渐变"色块，如图 5-96 所示。

图 5-95 素材图像　　　　图 5-96 设置相应选项

 专家指点

"渐变编辑器"对话框各选项的主要含义如下。

* 预设：显示 Photoshop CC 提供的基本预设渐变方式。单击该选项区中的选项，可以设置样式渐变，还可以单击右侧的小锯齿按钮，弹出快捷菜单，选择其他的渐变样式。

* 名称：在名称文本框中可以显示选定的渐变名称，也可以输入新渐变名称。

* 渐变类型/平滑度：单击"渐变类型"的下三角按钮，可选择单色形态的"实底"和多种色带形态的"杂色"两种类型。"实底"为默认形态，通过"平滑度"选项可以调整渐变颜色阶段的柔和程度，数值越大，效果越柔和。在“杂色”类型下的“粗糙度”选项可设置杂色渐变的柔和度，数值越大，颜色阶段越鲜明。

* 不透明度色标：用于调整渐变中应用的颜色的不透明度，默认值为 100，数值越小，渐变颜色越透明。

* 色标：用于调整渐变中应用的颜色或者颜色的范围，可以通过拖动调整滑块的方式更改色标的位置。双击色标滑块，弹出“选择色标颜色”对话框，在其中选择需要的渐变颜色即可。

* 载入：单击该按钮，可以在弹出的“载入”对话框中打开保存的渐变。

* 存储：单击该按钮，弹出“存储”对话框，可将新设置的渐变进行存储。

* 新建：在“渐变编辑器”对话框中设置新的渐变样式后，单击“新建”按钮，即可将这个样式新建到预设框中。

步骤 03 单击“确定”按钮，在工具属性栏中单击“径向渐变”按钮，模式为“滤色”，将鼠标移至图像编辑窗口中的合适位置，单击鼠标左键并拖曳，即可创建彩虹渐变，如图 5-97 所示。

步骤 04 用与上相同的操作方法，在图像编辑窗口中再创建多个彩虹圆环，效果如图 5-98 所示。

图 5-97 创建彩虹渐变

图 5-98 最终效果

专家指点

渐变编辑器中的“位置”文本框中显示标记点在渐变效果预览条的位置，用户可以输入数字来改变颜色标记点的位置，也可以直接拖曳渐变颜色带下端的颜色标记点，单击【Delete】键可将此颜色标记点删除。

5.5.7 快捷键填充

在 Photoshop CC 中，用户在编辑图像时，对图层中的图像或创建的选区填充颜色，可以使用快捷菜单完成。

5.5.8 运用快捷键更改图片颜色

运用快捷键方式进行填充，使填充操作起来变得更加方便快捷。按【Ctrl + Delete】组合键，填充背景色；按【Alt + Delete】组合键，填充前景色。下面向读者详细介绍运用快捷键填充颜色的操作方法。

素材文件	光盘 \ 素材 \ 第 5 章 \ 随堂笔记 .jpg
效果文件	光盘 \ 效果 \ 第 5 章 \ 随堂笔记 .jpg
视频文件	光盘 \ 视频 \ 第 5 章 \5.5.8 运用快捷键更改图片颜色 .mp4

实战 随堂笔记

步骤 01 打开本书配套光盘中的"素材 \ 第 5 章 \ 随堂笔记 .jpg"文件，如图 5-99 所示。

步骤 02 选取工具箱中的魔棒工具，将鼠标移至图像编辑窗口中，单击鼠标左键，创建选区，如图 5-100 所示。

图 5-99 素材图像

图 5-100 创建选区

步骤 03 单击前景色色块，弹出"拾色器（前景色）"对话框，在其中设置 RGB 参数值分别为 255、255、255，如图 5-101 所示。

步骤 04 单击"确定"按钮，按【Alt + Delete】组合键，填充前景色，按【Ctrl + D】组合键，取消选区，效果如图 5-102 所示。

图 5-101 设置相应参数

图 5-102 最终效果

图像色彩的调整方法

学习提示

    调整图像色彩是图像修饰和设计中一项非常重要的内容。Photoshop CC 提供了较为完美的色彩调整功能，使用这些功能可以查看图像的颜色分布、转换图像颜色模式、识别色域范围外的颜色、自动校正图像色彩 / 色调以及进行图像色彩的基本调整等。

本章案例导航

- 实战——国画墨荷
- 实战——冰镇樱桃
- 实战——玻璃盆栽
- 实战——海边一角
- 实战——钟爱一生
- 实战——江南水乡
- 实战——鸡尾酒杯
- 实战——七星瓢虫
- 实战——庭院春色

6.1 颜色的基本含义

颜色可以修饰图像，使图像的色彩显得更加绚丽多彩，不同的颜色能表达不同的感情和思想，正确地运用颜色能使黯淡的图像明亮，使毫无生气的图像充满活力。色彩的 3 要素为色相、饱和度和亮度，这 3 种要素以人类对颜色的感觉为基础，构成人类视觉中完整的颜色表相。

6.1.1 色相

每种颜色的固有颜色表相叫做色相（Hue，简写为 H），它是一种颜色区别于另一种颜色的最显著的特征。在通常的使用中，颜色的名称就是根据其色相来决定的，例如红色、橙色、蓝色、黄色、绿色。颜色体系中最基本的色相为赤（红）、橙、黄、绿、青、蓝、紫，将这些颜色相互混合可以产生许多色相的颜色。

颜色是按色轮关系排列的，色轮是表示最基本色相关系的颜色表。色轮上 90°以内的几种颜色称为同类色，而 90°以外的色彩称为对比色。色轮上相对位置的颜色叫补色，如红色与蓝色是补色关系，蓝色与黄色也是补色关系。

除了以颜色固有的色相来命名颜色外，还经常以植物所具有的颜色命名（如青绿）、动物所具有的颜色命名（如鸽子灰）以及颜色的深浅和明暗命名（如鹅黄），图 6-1 所示为纯黄橙与玫瑰红图像。

图 6-1 纯黄橙与玫瑰红

专家指点

色相是色彩的首要特征，是区别各种不同色彩的最准确的标准。

6.1.2 亮度

亮度（Value，简写为 V，又称为明度）是指颜色的明暗程度，通常使用从 0%~100% 的百分比来度量。通常在正常强度的光线照射下的色相，被定义为标准色相，亮度高于标准色相的，称为该色相的高光，反之称为该色相的阴影。

不同亮度的颜色给人的视觉感受各不相同,高亮度颜色给人以明亮、纯净、唯美等感觉,如图6-2所示。中亮度颜色给人以朴素、稳重、亲和的感觉。低亮度颜色则让人感觉压抑、沉重、神秘,如图6-3所示。

图6-2 高亮度图像　　　　　　　　　　　　图6-3 低亮度图像

6.1.3　饱和度

饱和度（Chroma，简写为C，又称为彩度）是指颜色的强度或纯度,它表示色相中颜色本身色素分量所占的比例,使用从0%～100%的百分比来度量。在标准色轮上,饱和度从中心到边缘逐渐递增,颜色的饱和度越高,其鲜艳程度也就越高,反之颜色则因包含其他颜色而显得陈旧或混浊。不同饱和度的颜色会给人带来不同的视觉感受,高饱和度的颜色给人以积极、冲动、活泼、有生气、喜庆的感觉,如图6-4所示。低饱和度的颜色给人以消极、无力、安静、沉稳、厚重的感觉,如图6-5所示。

图6-4 高饱和度图像　　　　　　　　　　　图6-5 低饱和度图像

6.2　图像的颜色分布

色彩与色调调整在整个图像的编辑过程中非常重要,一幅劣质图像或扫描品质很差的彩色图像如果不经过颜色调整,很难将其转换为一幅精美的图像,而且很难纠正在照片中常出现的曝光过度和光线不足的问题。在开始进行颜色校正之前,或者对图像做出编辑之后,都应分析图像的色阶状态和色阶的分布，以决定需要编辑的区域。

6.2.1 "信息"面板

"信息"面板在没有进行任何操作时，它会显示光标所处位置的颜色值、文档的状态、当前工具的使用提示等信息，如果执行了操作，面板中就会显示与当前操作有关的各种信息。单击"窗口"|"信息"命令，或按【F8】键，将弹出"信息"面板，如图 6-6 所示。

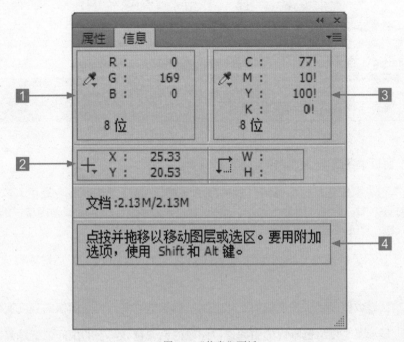

图 6-6 "信息"面板

"信息"面板中各选项的主要含义如下：

1 第一颜色信息：在该选项的下拉列表中可以设置"信息"面板中第一个吸管显示的颜色信息。选择"实际颜色"选项，可以显示图像当前颜色模式下的值；选择"校样颜色"选项可以显示图像的输出颜色空间的值；选择"灰度"、"RGB 颜色"、"CMYK 颜色"等颜色模式，可以显示相应颜色模式下的颜色值；选择"油墨总量"选项，可以显示指针当前位置的所有 CMYK 油墨的总百分比；选择"不透明度"选项，可以显示当前图层的不透明度，该选项不适用于背景。

2 鼠标坐标：用来设置鼠标光标位置的测量单位。

3 第二颜色信息：用来设置"信息"面板中第二个吸管显示的颜色信息。

4 状态信息：用来设置"信息"面板中"状态信息"处的显示内容。

6.2.2 "直方图"面板

直方图是一种统计图形，它由来已久，在图像领域的应用非常广泛。Photoshop CC 的"直方图"面板用图像方式，表示了图像的每个亮度级别的像素数量，展现了像素在图像中的分布情况。通过观察直方图，可以判断出照片的阴影、中间调和高光中包含的细节是否充足，以便对其做出正确的调整。单击"窗口"|"直方图"命令，将弹出"直方图"面板，如图 6-7 所示。

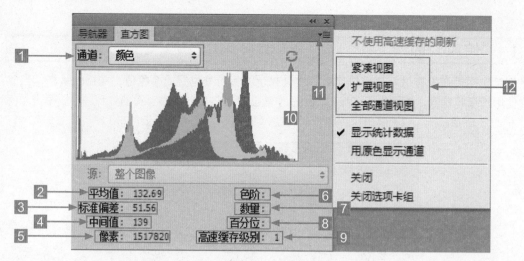

图 6-7 "直方图"面板

"直方图"面板中各选项的主要含义如下：

1 通道：在列表框中选择一个通道（包括颜色通道、Alpha 通道和专色通道）以后，面板中会显示该通道的直方图；选择"明度"选项，则可以显示复合通道的亮度或强度值；选择"颜色"选项，可以显示颜色中单个颜色通道的复合直方图。

2 平均值：显示了像素的平均亮度值（0 ～ 255 之间的平均亮度），通过观察该值，可以判断出图像的色调类型。

3 标准偏差：该数值显示了亮度值的变化范围，若该值越高，说明图像的亮度变化越剧烈。

4 中间值：显示了亮度值范围内的中间值，图像的色调越亮，它的中间值就越高。

5 像素：显示了用于计算直方图的像素总数。

6 色阶：显示了光标下面区域的亮度级别。

7 数量：显示了相当于光标下面亮度级别的像素总数。

8 百分位：显示了光标所指的级别或该级别以下的像素累计数，如果对全部色阶范围进行取样，该值为 100，对部分色阶取样时，显示的是取样部分。

9 高速缓存级别：显示了当前用于创建直方图的图像高速缓存的级别。

10 不使用高速缓存的刷新：单击该按钮可以刷新直方图，显示当前状态下最新的统计结果。

11 点按可获得不带高速缓存数据直方图：使用"直方图"面板时，Photoshop CC 会在内存中行高速缓存直方图，也就是说，最新的直方图是被 Photoshop CC 存储在内存中的，而非实时显示在"直方图"面板中。

12 面板的显示方式："直方图"面板的快捷菜单中包含切换面板显示方式的命令。"紧凑视图"是默认显示方式，它显示是不带统计数据或控件的直方图；"扩展视图"显示是带统计数据和控件的直方图；"全部通道视图"显示的是带有统计数据和控件的直方图，同时还显示每一个通道的单个直方图。

6.3 图像颜色模式的转换

Photoshop CC 可以支持多种图像颜色模式，在设计与输出作品的过程中，应当根据其用途与要求，转换图像的颜色模式。图像颜色模式主要有 RGB 模式、CMYK 模式、灰度模式、多通道模式等模式组成。本节分别对这 4 种模式进行介绍。

6.3.1 转换图像为 RGB 模式

RGB 颜色模式是目前应用最广泛的颜色模式之一，该模式由 3 个颜色通道组成，即红、绿、蓝 3 个通道。用 RGB 模式处理图像比较方便，且存储文件较小。

RGB 模式为彩色图像中每个像素的 RGB 分量指定一个介于 0（黑色）到 255（白色）之间的强度值，当 RGB 这 3 个参数值相等时，得到的颜色为中性灰色，当所有参数值均为 255 时，得到的颜色为纯白色，当参数值为 0 时，得到的颜色为纯黑色。

在 Photoshop CC 中，用户可以根据需要，转换图像为 RGB 颜色模式。单击"图像"|"模式"|"RGB 颜色"命令，如图 6-8 所示为转换图像为 RGB 颜色模式前后的对比效果。

图 6-8 图像转换为 RGB 模式前后的对比效果

6.3.2 转换图像为 CMYK 模式

CMYK 代表印刷图像时所用的印刷四色，分别是青、洋红、黄、黑，CMYK 颜色模式是打印机唯一认可的彩色模式。CMYK 模式虽然能免除色彩方便的不足，但是运算速度很慢，这是为什么 Photoshop CC 必须将 CMYK 转变成屏幕的 RGB 色彩值的原因。

素材文件	光盘 \ 素材 \ 第 6 章 \ 国画墨荷 .jpg	
效果文件	光盘 \ 效果 \ 第 6 章 \ 国画墨荷 .jpg	
视频文件	光盘 \ 视频 \ 第 6 章 \6.3.2 转换图像为 CMYK 模式 .mp4	

实战	国画墨荷

步骤 **01** 打开本书配套光盘中的"素材 \ 第 6 章 \ 国画墨荷 .jpg"文件，如图 6-9 所示。

步骤 02 单击"图像"|"模式"|"CMYK 颜色"命令，弹出信息提示框，如图 6-10 所示。

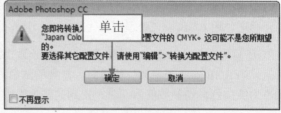

图 6-9 素材图像　　　　　　　　　　　图 6-10 信息提示框

步骤 03 单击"确定"按钮，即可将图像转换为 CMYK 模式，效果如图 6-11 所示。

图 6-11 图像转换为 CMYK 模式

 专家指点

　　一幅彩色图像不能多次在 RGB 与 CMYK 模式之间转换，因为每一次转换都会损失一次图像颜色质量。

6.3.3 转换图像为灰度模式

　　灰度模式的图像不包含颜色，灰度图像的每个像素有一个 0（黑色）～ 255（白色）之间的亮度值，"灰度模式"命令将彩色图像转换为灰度模式时，所有的颜色信息都将被删除，虽然 Photoshop CC 允许将灰度模式的图像再转换为彩色模式，但是原来已删除的颜色信息将不能再恢复。

素材文件	光盘 \ 素材 \ 第 6 章 \ 水乡 .jpg
效果文件	光盘 \ 效果 \ 第 6 章 \ 江南水乡 .jpg
视频文件	光盘 \ 视频 \ 第 6 章 \6.3.3 转换图像为灰度模式 .mp4

| 实战 | 江南水乡 |

步骤 01 打开本书配套光盘中的"素材 \ 第 6 章 \ 水乡 .jpg"文件，如图 6-12 所示。

步骤 02 单击"图像"|"模式"|"灰度"命令，如图 6-13 所示。

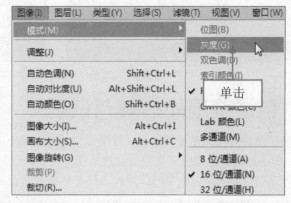

图 6-12 素材图像　　　　　　　　　　图 6-13 单击"灰度"命令

步骤 03 弹出信息提示框，如图 6-14 所示，单击"扔掉"按钮。

步骤 04 即可将图像转换为灰度模式，效果如图 6-15 所示。

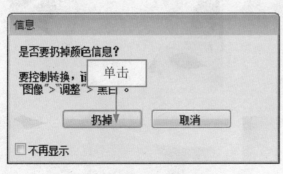

图 6-14 信息提示框　　　　　　　　　　图 6-15 图像转换为灰度模式

6.3.4 转换图像为多通道模式

双色模式通过 1 ～ 4 种自定油墨创建单色调、双色调、三色调和四色调的灰度图像，如果希望将彩色图像模式转换为双色调模式，则必须先将图像转换为灰度模式，再转换为双色调模式。

多通道模式是一种减色模式，将 RGB 图像转换为该模式后，可以得到青色、洋红和黄色通道，此外，如果删除 RGB、CMYK、Lab 模式的某个颜色通道，图像会自动转换为多通道模式。这种模式包含了多种灰阶通道，每一通道均有 256 级灰阶组成，这种模式通常用来处理特殊打印需求。

在 Photoshop CC 中，用户可以根据需要，转换图像多通道模式。单击"图像"|"模式"|"多通道"命令，如图 6-16 所示为转换图像为多通道模式前后的对比效果。

图 6-16 转换图像为多通道模式前后对比效果

6.4 色域范围外的颜色识别

获得一张好的扫描图像是所有工作的良好开端，Photoshop CC 虽然可以对有缺陷的图像进行修饰，但如果扫描的图像没有获得足够的颜色信息，那么过度的色彩调整会导致更多的细节丢失，所以尽量在扫描时获得高质量的图像，并且在扫描前的识别色域范围也是非常重要的。

6.4.1 预览 RGB 颜色模式里的 CMYK 颜色

运用"校样颜色"命令，可以不用将图像转换为 CMYK 颜色模式就可看到转换之后的效果。在 Photoshop CC 中，用户可以根据需要，预览 RGB 颜色模式里的 CMYK 颜色，单击"视图"|"校样颜色"命令，即可预览 RGB 颜色模式里的 CMYK 颜色，如图 6-17 所示。

图 6-17 预览 RGB 颜色模式里的 CMYK 颜色

6.4.2 识别图像色域外的颜色

色域范围是指颜色系统可以显示或打印的颜色范围。用户可以在将图像转换为 CMYK 模式之前，识别图像中的溢色，并手动进行校正，使用"色域警告"命令即可高亮显示溢色。

在 Photoshop CC 中，用户可以根据需要，识别图像色域外的颜色。单击"视图"|"色域警告"命令，即可识别图像色域外的颜色，如图 6-18 所示。

图 6-18 识别图像色域外的颜色

6.5 图像色彩和色调的自动校正

调整图像色彩，可以通过自动颜色、自动色调等命令来实现。本节主要介绍自动色调、自动对比度、以及自动颜色命令校正图像色彩的操作方法。

6.5.1 运用"自动色调"命令调整图像色调

使用"自动颜色"命令，可以自动识别图像中的实际阴影、中间调和高光，从而自动更正图像的颜色。"自动色调"命令根据图像整体颜色的明暗程度进行自动调整，使亮部与暗部的颜色按一定的比例分布。

下面向读者详细介绍运用"自动色调"命令调整图像色调的操作方法。

素材文件	光盘 \ 素材 \ 第 6 章 \ 冰镇樱桃 .jpg
效果文件	光盘 \ 效果 \ 第 6 章 \ 冰镇樱桃 .jpg
视频文件	光盘 \ 视频 \ 第 6 章 \6.5.1 运用"自动色调"命令调整图像色调 .mp4

实战 冰镇樱桃

步骤 01 打开本书配套光盘中的"素材 \ 第 6 章 \ 冰镇樱桃 .jpg"文件，如图 6-19 所示。

步骤 02 单击"图像"|"自动色调"命令，即可自动调整图像色调，效果如图 6-20 所示。

图 6-19 素材图像　　　　图 6-20 自动调整图像色调

专家指点

专家指点在 Photoshop CC 中，"自动色调"命令对于色调丰富的图像相当有用，而对于色调单一的图像或色彩不丰富的图像几乎不起作用，除了使用命令外，用户还可以按【Ctrl + Shift + L】组合键，自动调整图像色调。

6.5.2 运用"自动对比度"命令调整图像对比度

在 Photoshop CC 中，使用"自动对比度"命令可以自动调节图像整体的对比度和混合颜色。下面向读者详细介绍运用"自动对比度"命令自动调整图像对比度的操作方法。

素材文件	光盘 \ 素材 \ 第 6 章 \ 鸡尾酒杯 .jpg
效果文件	光盘 \ 效果 \ 第 6 章 \ 鸡尾酒杯 .jpg
视频文件	光盘 \ 视频 \ 第 6 章 \6.5.2 运用"自动对比度"命令调整图像对比度 .mp4

实战 鸡尾酒杯

步骤 01 打开本书配套光盘中的"素材 \ 第 6 章 \ 鸡尾酒杯 .jpg"文件，如图 6-21 所示。

步骤 02 单击"图像"|"自动对比度"命令，系统即可自动对图像对比度进行调整，效果如图 6-22 所示。

图 6-21 素材图像　　　　　　　　　　图 6-22 自动调整图像对比度

专家指点

"自动对比度"命令会自动将图像最深的颜色加强为黑色，最亮的部分加强为白色，以增强图像的对比度，此命令对于连续调的图像效果相当明显，而对于单色或颜色不丰富的图像几乎不产生作用。

6.5.3 运用"自动颜色"命令校正图像颜色

使用"自动颜色"命令，可以自动识别图像中的实际阴影、中间调和高光，可以让系统对图像的颜色进行自动校正，若图像有偏色与饱和度过高的现象，使用该命令则可以进行自动调整，从而自动校正图像的颜色。下面向读者详细介绍运用"自动颜色"命令自动校正图像颜色的操作方法。

素材文件	光盘 \ 素材 \ 第 6 章 \ 玻璃盆栽 .jpg
效果文件	光盘 \ 效果 \ 第 6 章 \ 玻璃盆栽 .jpg
视频文件	光盘 \ 视频 \ 第 6 章 \6.5.3 运用"自动颜色"命令校正图像颜色 .mp4

实战	玻璃盆栽

步骤 **01** 打开本书配套光盘中的"素材 \ 第 6 章 \ 玻璃盆栽 .jpg"文件，如图 6-23 所示。

步骤 **02** 单击"图像"|"自动颜色"命令，即可自动校正图像颜色，如图 6-24 所示。

图 6-23 素材图像

图 6-24 自动校正图像颜色

 专家指点

　　按【Ctrl ＋ Shift ＋ B】组合键，也可以自动地校正颜色，"自动颜色"命令可以让系统自动地对图像进行颜色校正，如果图像中有偏色或者饱和度过高的现象，均可以使用该命令进行自动调整。

6.6 调整图像的色彩

　　图像色彩的基本调整有 4 种常用方法，本节主要介绍使用"色阶"命令、"亮度 / 对比度"命令、"曲线"命令以及"曝光度"命令调整图像色彩的操作方法。

6.6.1 运用"色阶"命令调整图像的亮度范围

　　色阶是指图像中的颜色或颜色中的某一个组成部分的亮度范围。"色阶"命令通过调整图像的阴影、中间调和高光的强度级别，校正图像的色调范围和色彩平衡。单击"图像"|"调整"|"色阶"命令，弹出"色阶"对话框，如图 6-25 所示。

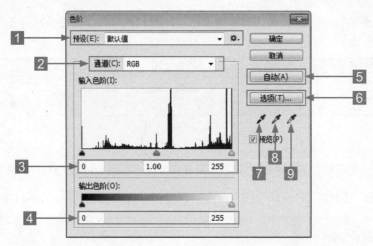

图 6-25 "色阶"对话框

"色阶"对话框中各选项的主要含义如下：

1 预设：单击"预设选项"按钮 ▤，在弹出的列表框中，选择"存储预设"选项，可以讲当前的调整参数保存为一个预设的文件。

2 通道：可以选择一个通道进行调整，调整通道会影响图像的颜色。

3 输入色阶：用来调整图像的阴影、中间掉和高光区域。

4 输出色阶：可以限制图像的亮度范围，从而降低对比度，使图像呈现褪色效果。

5 自动：单击该按钮，可以应用自动颜色校正，Photoshop CC 会以 0.5% 的比例自动调整图像色阶，使图像的亮度分布更加均匀。

6 选项：单击该按钮，可以打开"自动颜色校正选项"对话框，在该对话框中可以设置黑色像素和白色像素的比例。

7 在图像中取样以设置黑场：使用该工具在图像中单击，可以讲单击点的像素调整为黑色，原图中比该点暗的像素也变为黑色。

8 图像中取样以设置灰场：使用该工具在图像中单击，可以根据单击点像素的亮度来调整其他中间色调的平均亮度，通常用来校正色偏。

9 图像中取样以设置白场：使用该工具在图像中单击，可以将单击点的像素调整为白色，原图中比该点亮度值高的像素也都会变为白色。

在 Photoshop CC 中，用户可以根据需要，通过"色阶"命令调整图像的阴影、中间调和高光的强度级别，校正图像的色调范围和色彩平衡。下面向读者详细介绍运用"色阶"命令调整图像亮度范围的操作方法。

	素材文件	光盘 \ 素材 \ 第 6 章 \ 七星瓢虫 .jpg
	效果文件	光盘 \ 效果 \ 第 6 章 \ 七星瓢虫 .jpg
	视频文件	光盘 \ 视频 \ 第 6 章 \6.6.1 运用"色阶"命令调整图像的亮度范围 .mp4

实战	七星瓢虫

步骤 **01** 打开本书配套光盘中的"素材 \ 第 6 章 \ 七星瓢虫 .jpg"文件，如图 6-26 所示。

步骤 **02** 单击"图像" | "调整" | "色阶"命令，弹出"色阶"对话框，设置"输入色阶"的各参数值为 61、2.40、239，如图 6-27 所示。

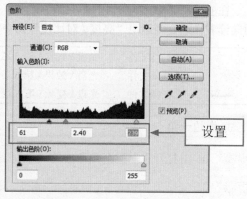

设置

图 6-26 素材图像　　　　　　　　　图 6-27 设置相应参数

步骤 03 单击"确定"按钮，即可使用"色阶"命令调整图像的亮度范围，效果如图 6-28 所示。

图 6-28 最终效果

6.6.2 运用"亮度/对比度"命令调整图像色彩亮度

使用"亮度/对比度"命令可以对图像的色彩进行简单的调整，它对图像的每个像素都进行同样的调整。"亮度/对比度"命令对单个通道不起作用，所以该调整方法不适用于高精度输出。单击"图像"|"调整"|"亮度/对比度"命令，弹出"亮度/对比度"对话框，如图 6-29 所示。

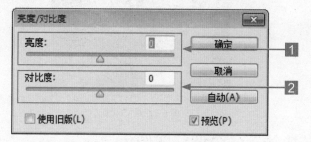

图 6-29 "亮度/对比度"对话框

"亮度/对比度"对话框中各选项的主要含义如下：

1 亮度：用于调整图像的亮度，该值为正时增加图像亮度，为负时降低亮度。

2 对比度：用于调整图像的对比度，正值时增加图像对比度，负值时降低对比度。

在 Photoshop CC 中，用户可以根据需要，通过"亮度 / 对比度"命令调整图像色彩亮度。下面向读者详细介绍运用"亮度 / 对比度"命令调整图像色彩亮度的操作方法。

	素材文件	光盘 \ 素材 \ 第 6 章 \ 海边一角 .jpg
	效果文件	光盘 \ 效果 \ 第 6 章 \ 海边一角 .jpg
	视频文件	光盘 \ 视频 \ 第 6 章 \6.6.2 运用"亮度 / 对比度"命令调整图像色彩亮度 .mp4

实战 海边一角

步骤 01 ▶ 打开本书配套光盘中的"素材 \ 第 6 章 \ 海边一角 .jpg"文件，如图 6-30 所示。

步骤 02 ▶ 单击"图像"|"调整"|"亮度 / 对比度"命令，弹出"亮度 / 对比度"对话框，设置"亮度"为 71、"对比度"为 42，如图 6-31 所示。

图 6-30 素材图像　　　　　　　　　　图 6-31 设置相应参数

步骤 03 ▶ 单击"确定"按钮，即可调整图像的色彩亮度，效果如图 6-32 所示。

图 6-32 最终效果

6.6.3 运用"曲线"命令调整图像色调

"曲线"命令是功能强大的图像校正命令，该命令可以在图像的整个色调范围内调整不同的色调，还可以对图像中的个别颜色通道进行精确的调整。在 Photoshop CC CS6 中，用户使用"曲线"命令可以只针对一种色彩通道的色调进行处理，而且不影响其他区域的色调。单击"图像"|"调整"|"曲线"命令，弹出"曲线"对话框，如图 6-33 所示。

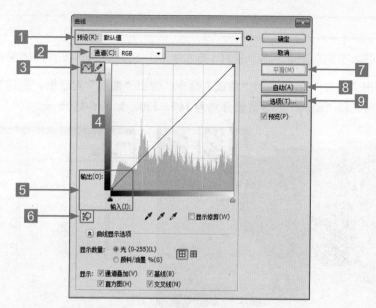

图 6-33 "曲线"对话框

"曲线"对话框中各选项的主要含义如下。

1 预设：包含了 Photoshop CC 提供的各种预设调整文件，可以用于调整图像。

2 通道：在其列表框中可以选择要调整的通道，调整通道会改变图像的颜色。

3 编辑点以修改曲线：该按钮为选中状态，此时在曲线中单击可以添加新的控制点，拖动控制点改变曲线形状即可调整图像。

4 通过绘制来修改曲线：单击该按钮后，可以绘制手绘效果的自由曲线。

5 输出 / 输入："输入"色阶显示了调整前的像素值，"输出"色阶显示了调整后的像素值。

6 在图像上单击并拖动可修改曲线：单击该按钮后，将光标放在图像上，曲线上会出现一个圆形图形，它代表光标处的色调在曲线上的位置，在画面中单击并拖动鼠标可以添加控制点并调整相应的色调。

7 平滑：使用铅笔绘制曲线后，单击该按钮，可以对曲线进行平滑处理。

8 自动：单击该按钮，可以对图像应用"自动颜色"、"自动对比度"或"自动色调"校正。具体校正内容取决于"自动颜色校正选项"对话框中的设置。

9 选项：单击该按钮，可以打开"自动颜色校正选项"对话框，自动颜色校正选项用来控制由"色阶"和"曲线"中的"自动颜色"、"自动色调"、"自动对比度"和"自动"选项应用的色调和颜色校正，它允许指定"阴影"和"高光"剪切百分比，并为阴影、中间调和高光指定颜色值。

在 Photoshop CC 中，用户可以根据需要，通过"曲线"命令调整图像色调。下面向读者详细介绍运用"曲线"命令调整图像色调的操作方法。

素材文件	光盘 \ 素材 \ 第 6 章 \ 庭院春色 .jpg	
效果文件	光盘 \ 效果 \ 第 6 章 \ 庭院春色 .jpg	
视频文件	光盘 \ 视频 \ 第 6 章 \6.6.3 运用 "曲线" 命令调整图像色调 .mp4	

实战 庭院春色

步骤 01 打开本书配套光盘中的"素材\第6章\庭院春色.jpg"文件,如图6-34所示。

步骤 02 单击"图像"|"调整"|"曲线"命令,弹出"曲线"对话框,在调节线上添加一个节点,设置"输出"和"输入"的参数值分别为187、130,如图6-35所示。

图6-34 素材图像

图6-35 设置相应参数

步骤 03 单击"确定"按钮,即可调整图像色调,效果如图6-36所示。

图6-36 最终效果

 专家指点

按【Ctrl + M】组合键,可以快速弹出"曲线"对话框。另外,若按住【Alt】键的同时,在对话框的网格中鼠标单击鼠标,网格显示将转换为10×10的网格显示比例,再次按住【Alt】键的同时单击鼠标左键,即可恢复至默认的4×4的网格显示状态。

6.6.4 运用"曝光度"命令调整图像曝光度

在照片拍摄过程中,经常会因为曝光不足或曝光过度影响了图像的欣赏效果,运用"曝光度"命令可以快速的调整图像的曝光问题。单击"图像"|"调整"|"曝光度"命令,弹出"曝光度"对话框,如图6-37所示。

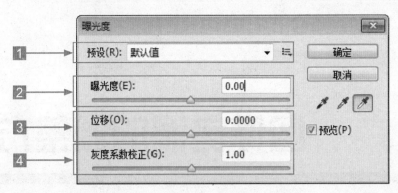

图 6-37 "曝光度"对话框

"曝光度"对话框各选项主要含义如下：

1️⃣ 预设：可以选择一个预设的曝光度调整文件。

2️⃣ 曝光度：调整色调范围的高光端，对极限阴影的影响很轻微。

3️⃣ 位移：使阴影和中间调变暗，对高光的影响很轻微。

4️⃣ 灰度系数校正：使用简单乘方函数调整图像的灰度系数，负值会被视为它们的相应正值。

在 Photoshop CC 中，运用"曝光度"命令可以快速的调整图像的曝光问题。下面向读者详细介绍运用"曝光度"命令调整图像曝光度的操作方法。

	素材文件	光盘 \ 素材 \ 第 6 章 \ 钟爱一生 .jpg
	效果文件	光盘 \ 效果 \ 第 6 章 \ 钟爱一生 .jpg
	视频文件	光盘 \ 视频 \ 第 6 章 \6.6.4 运用"曝光度"命令调整图像曝光度 .mp4

实战 钟爱一生

步骤 01 打开本书配套光盘中的"素材 \ 第 6 章 \ 钟爱一生 .jpg"文件，如图 6-38 所示。

步骤 02 单击"图像"|"调整"|"曝光度"命令，弹出"曝光度"对话框，设置"曝光度"为 0.3，"位移"为 -0.1，"灰度系数校正"为 0.9，单击"确定"按钮，即可调整图像曝光度，效果如图 6-39 所示。

图 6-38 素材图像

图 6-39 最终效果

07

图像色调的调整方法

学习提示

Photoshop CC 拥有多种强大的色调调整功能。使用"自然饱和度"、"色相／饱和度"以及"色彩平衡"等命令，可以对图像色调进行高级调整。使用"黑白"、"反相"以及"去色"等命令，可以对图像色彩色调进行特殊调整。本章主要介绍色调的高级调整和特殊调整的操作方法。

本章案例导航

- 实战——紫色雏菊
- 实战——醇香红酒
- 实战——多彩蝴蝶
- 实战——午后咖啡
- 实战——街道一角
- 实战——新鲜水果

- 实战——西式洋房
- 实战——珠宝首饰
- 实战——温馨卧室
- 实战——旅行箱包
- 实战——夏日公园
- 实战——可爱兔子

- 实战——青果饮料
- 实战——江南美景
- 实战——美丽水乡
- 实战——午后茶点
- 实战——城市夜景
- 实战——彩色人生

7.1 调整图像色调

图像色调的高级调整有"自然饱和度"、"色相/饱和度"、"色彩平衡"、"匹配颜色"、"替换颜色"、"照片滤镜"、"阴影/高光"、"通道混合器"、"可选颜色"9 种常用的方法，主要通过"色彩平衡"、"色相/饱和度"以及"匹配颜色"等命令进行操作。本节将分别介绍使用各命令进行色调调整的方法。

7.1.1 "自然饱和度"命令

单击"图像"|"调整"|"自然饱和度"命令，弹出"自然饱和度"对话框，如图 7-1 所示。

图 7-1 "自然饱和度"对话框

"自然饱和度"对话框中各选项的主要含义如下：

1 自然饱和度：在颜色接近最大饱和度时，最大限度的减少修剪，可以防止过度饱和。

2 饱和度：用于调整所有颜色，而不考虑当前的饱和度。

在 Photoshop CC 中，用户可以根据需要，通过"自然饱和度"命令调整图像饱和度。单击"图像"|"调整"|"自然饱和度"命令，弹出"自然饱和度"对话框，设置相应参数，单击"确定"按钮，即可调整图像饱和度。如图 7-2 所示，为调整图像自然饱和度前后的对比效果。

图 7-2 调整图像自然饱和度前后的对比效果

7.1.2 运用"自然饱和度"命令调整图像饱和度

　　"自然饱和度"命令可以调整整幅图像或单个颜色分量的饱和度和亮度值。下面向读者详细介绍运用"自然饱和度"命令调整图像饱和度的操作方法。

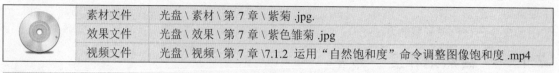

素材文件	光盘 \ 素材 \ 第 7 章 \ 紫菊 .jpg.
效果文件	光盘 \ 效果 \ 第 7 章 \ 紫色雏菊 .jpg
视频文件	光盘 \ 视频 \ 第 7 章 \7.1.2 运用"自然饱和度"命令调整图像饱和度 .mp4

实战　紫色雏菊

步骤 01　打开本书配套光盘中的"素材 \ 第 7 章 \ 紫菊 .jpg"文件，如图 7-3 所示。

步骤 02　单击"图像" | "调整" | "自然饱和度"命令，如图 7-4 所示。

图 7-3　素材图像

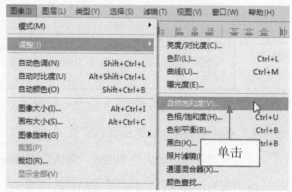

图 7-4　单击"自然饱和度"命令

步骤 03　弹出"自然饱和度"对话框，设置"自然饱和度"为 100、"饱和度"为 60，如图 7-5 所示。

步骤 04　单击"确定"按钮，即可调整图像的饱和度，效果如图 7-6 所示。

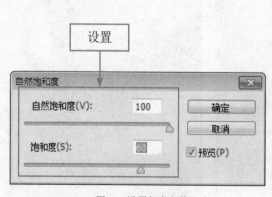

图 7-5　设置相应参数

图 7-6　最终效果

7.1.3 "色相 / 饱和度"命令

　　单击"图像" | "调整" | "色相 / 饱和度"命令，弹出"色相 / 饱和度"对话框，如图 7-7 所示。

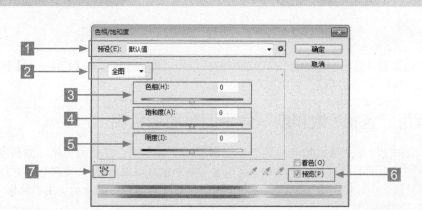

图 7-7 "色相 / 饱和度"对话框

"色相 / 饱和度"面板中各选项的主要含义如下：

1 预设：在"预设"列表框中提供了 8 种色相 / 饱和度预设。

2 通道：在"通道"列表框中可以选择全图、红色、黄色、绿色、青色、蓝色和洋红通道进行调整。

3 色相：色相是各类颜色的相貌称谓，用于改变图像的颜色。可通过在该数值框中输入数值或拖动滑块来调整。

4 饱和度：饱和度是指色彩的鲜艳程度，也称为色彩的纯度。设置数值越大，色彩越鲜艳，数值越小，就越接近黑白图像。

5 明度：明度是指图像的明暗程度，设置的数值越大，图像就越亮，数值越小，图像就越暗。

6 着色：选中该复选框后，如果前景色是黑色或白色，图像会转换为红色；如果前景色不是黑色或白色，则图像会转换为当前前景色的色相；变为单色图像以后，可以拖动"色相"滑块修改颜色，或者拖动下面的两个滑块来调整饱和度和明度。

7 在图像上单击并拖动可修改饱和度：使用该工具在图像上单击设置取样点以后，向右拖曳鼠标可以增加图像的饱和度；向左拖曳鼠标可以降低图像的饱和度。

在 Photoshop CC 中，用户可以根据需要，通过"色相 / 饱和度"命令调整图像色相。单击"图像"|"调整"|"色相 / 饱和度"命令，弹出"色相 / 饱和度"对话框，设置相应参数，单击"确定"按钮，即可调整图像色相。图 7-8 所示为调整图像色相前后的对比效果。

图 7-8 调整图像色相前后的对比效果

专家指点

除了可以使用"色相 / 饱和度"命令调整图像色彩以外，还可以按【Ctrl ＋ U】组合键，调出"色相 / 饱和度"对话框，并调整图像色相。

7.1.4 运用"色相 / 饱和度"命令调整图像色相

"色相 / 饱和度"命令可以精确地调整整幅图像，或单个颜色成分的色相、饱和度和明度，可以同步调整图像中所有的颜色。"色相 / 饱和度"命令也可以用于 CMYK 颜色模式的图像中，有利于调整图像颜色值，使之处于输出设备的范围中。下面向读者详细介绍运用"色相 / 饱和度"命令调整图像色相的操作方法。

素材文件	光盘 \ 素材 \ 第 7 章 \ 旅行箱包 .jpg
效果文件	光盘 \ 效果 \ 第 7 章 \ 旅行箱包 .jpg
视频文件	光盘 \ 视频 \ 第 7 章 \7.1.4 运用"色相 / 饱和度"命令调整图像色相 .mp4

旅行箱包

步骤 01 打开本书配套光盘中的"素材 \ 第 7 章 \ 旅行箱包 .jpg"文件，如图 7-9 所示。

步骤 02 单击"图像"|"调整"|"色相 / 饱和度"命令，如图 7-10 所示。

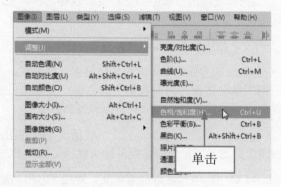

图 7-9 素材图像 　　　　　　图 7-10 单击"色相 / 饱和度"命令

步骤 03 弹出"色相 / 饱和度"对话框，设置"色相"为 -39、"饱和度"为 20，如图 7-11 所示。

步骤 04 单击"确定"按钮，即可调整图像色相，效果如图 7-12 所示。

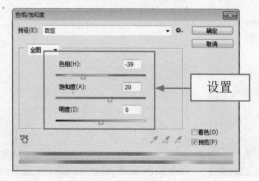

图 7-11 设置相应参数 　　　　　　图 7-12 最终效果

7.1.5 "色彩平衡"命令

单击"图像"|"调整"|"色彩平衡"命令,弹出"色彩平衡"对话框,如图 7-13 所示。

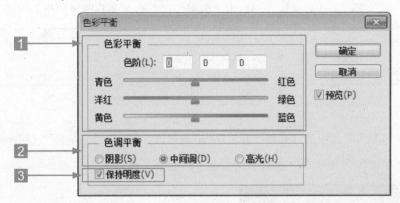

图 7-13 "色彩平衡"对话框

"色彩平衡"对话框中各选项的主要含义如下:

1 色彩平衡:分别显示了"青色与红色"、"洋红与绿色"、"黄色与蓝色"这 3 对互补的颜色,每一对颜色中间的滑块用于控制各主要色彩的增减。

2 色调平衡:分别选中该区域中的 3 个单选按钮,可以调整图像颜色的阴影、中间调和高光。

3 保持明度:选中该复选框,图像像素的亮度值不变,只有颜色值发生变化。

在 Photoshop CC 中,用户可以根据需要,通过"色彩平衡"命令调整图像偏色。单击"图像"|"调整"|"色彩平衡"命令,弹出"色彩平衡"对话框,设置相应参数,单击"确定"按钮,即可调整图像偏色。图 7-14 所示为调整图像偏色前后的对比效果。

图 7-14 调整图像偏色前后的对比效果

 专家指点

在 Photoshop CC 中,用户可以按【Ctrl + B】组合键,调出"色彩平衡"对话框,并调整图像偏色。

7.1.6　运用"色彩平衡"命令调整图像偏色

"色彩平衡"命令主要通过对处于高光、中间调及阴影区域中的指定颜色进行增加或减少，来改变图像的整体色调。下面向读者详细介绍运用"色彩平衡"命令调整图像偏色的操作方法。

素材文件	光盘 \ 素材 \ 第 7 章 \ 醇香红酒 .jpg
效果文件	光盘 \ 效果 \ 第 7 章 \ 醇香红酒 .jpg
视频文件	光盘 \ 视频 \ 第 7 章 \7.1.6 运用"色彩平衡"命令调整图像偏色 .mp4

实战　醇香红酒

步骤 01　打开本书配套光盘中的"素材 \ 第 7 章 \ 醇香红酒 .jpg"文件，如图 7-15 所示。

步骤 02　单击"图像"|"调整"|"色彩平衡"命令，如图 7-16 所示。

图 7-15　素材图像

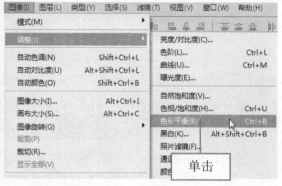

图 7-16　单击"色彩平衡"命令

步骤 03　弹出"色彩平衡"对话框，设置"色阶"为 0、100、20，如图 7-17 所示。

步骤 04　单击"确定"按钮，即可调整图像偏色，效果如图 7-18 所示。

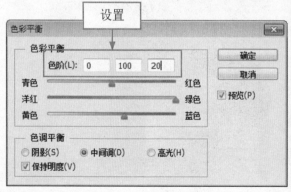

图 7-17　设置相应参数

图 7-18　最终效果

7.1.7　"匹配颜色"命令

单击"图像"|"调整"|"匹配颜色"命令，弹出"匹配颜色"对话框，如图 7-19 所示。

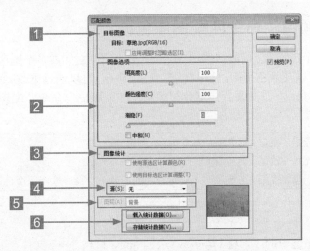

图 7-19 "匹配颜色"对话框

"匹配颜色"对话框中各选项的主要含义如下：

1 目标图像："目标图像"选项组中显示了被修改的图像的名称和颜色模式。如果当前图像中包含选区，则选中"应用调整时忽略选区"复选框，可忽略选区，将调整应用于整个图像；若取消选中该复选框，则仅影响选中的图像。

2 图像选项："明亮度"调整图像的亮度；"颜色强度"调整色彩的饱和度；"渐隐"控制应用于图像的调整量，该值越高，调整强度越弱。选中"中和"复选框，可以消除图像中出现的色偏。

3 图像统计：如果在源图像中创建了选区，选中"使用源选区计算颜色"复选框，可以使用选区中的图像匹配党情图像的颜色；取消选中，则会使用整幅图像进行匹配。如果在目标图像中创建了选区，选中"使用目标选区计算调整"复选框，可使用选区内的图像来计算调整；取消选中，则使用整个图像中的颜色来计算调整。

4 源：可选择要将颜色与目标图像中的颜色相匹配的源图像。

5 图层：用来选择要将匹配颜色的图层。

6 载入统计数据 / 存储统计数据：单击"载入统计数据"按钮，可载入已存储的设置；单击"存储统计数据"按钮，将当前的设置保存。

在 Photoshop CC 中，用户可以根据需要，通过"匹配颜色"命令匹配图像色调。单击"图像"|"调整"|"匹配颜色"命令，弹出"匹配颜色"对话框，设置相应参数，单击"确定"按钮，即可匹配图像色调。图 7-20 所示为匹配图像色调前后的对比效果。

图 7-20 匹配图像色调前后的对比效果

7.1.8 运用"匹配颜色"命令匹配图像色调

　　"匹配颜色"命令可以用于匹配一幅或多幅图像之间，多个图层之间或多个选区之间的颜色，可以调整图像的明度、饱和度以及颜色平衡。使用"匹配颜色"命令，可以通过更改亮度和色彩范围，以及中间色调来统一图像色调。下面向读者详细介绍运用"匹配颜色"命令匹配图像色调的操作方法。

素材文件	光盘 \ 素材 \ 第 7 章 \ 公园 .jpg、柳树 .jpg
效果文件	光盘 \ 效果 \ 第 7 章 \ 夏日公园 .jpg
视频文件	光盘 \ 视频 \ 第 7 章 \7.1.8 运用"匹配颜色"命令匹配图像色调 .mp4

实战 夏日公园

步骤 01 　打开本书配套光盘中的"素材\第 7 章\公园 .jpg、柳树 .jpg"文件，如图 7-21 所示。

步骤 02 　确定"公园"图像编辑窗口为当前窗口，单击"图像"|"调整"|"匹配颜色"命令，如图 7-22 所示。

图 7-21 素材图像　　　　　　　　　　　　图 7-22 单击"匹配颜色"命令

步骤 03 　弹出"匹配颜色"对话框，在"图像选项"选项区中设置"明亮度"为150、"颜色强度"为80、"渐隐"为30，单击"源"右侧的下三角按钮，在弹出的列表框中选择"柳树 .jpg"选项，如图 7-23 所示。

步骤 04 　单击"确定"按钮，即可匹配图像色调，效果如图 7-24 所示。

图 7-23 设置相应参数　　　　　　　　　　图 7-24 最终效果

7.1.9 "替换颜色"命令

单击"图像"|"调整"|"替换颜色"命令，弹出"替换颜色"对话框，如图 7-25 所示。

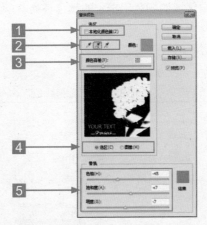

图 7-25 "替换颜色"对话框

"替换颜色"对话框中各选项的主要含义如下。

1 本地颜色簇：该复选框主要用来在图像上选择多种颜色。

2 吸管：单击"吸管工具"按钮后，在图像上单击鼠标左键可以选中单击点处的颜色，同时在"选区"缩略图中也会显示出选中的颜色区域；单击"添加到取样"按钮 后，在图像上单击鼠标左键，可以讲单击点处的颜色添加到选中的颜色中；单击"从取样中减去"按钮，在图像上单击鼠标左键，可以将单击点处的颜色从选定的颜色中减去。

3 颜色容差：该选项用来控制选中颜色的范围，数值越大，选中的颜色范围越广。

4 选区／图像：选中"选区"单选按钮，可以以蒙版方式进行显示，其中白色表示选中的颜色，黑色表示未选中的颜色，灰色表示只选中了部分颜色；选中"图像"单选按钮，则只显示图像。

5 色相／饱和度／明度：这 3 个选项与"色相／饱和度"命令中的 3 个选项相同，可以调整选定颜色的色相、饱和度和明度。

在 Photoshop CC 中，用户可以根据需要，通过"替换颜色"命令替换图像颜色。单击"图像"|"调整"|"替换颜色"命令，弹出"替换颜色"对话框，设置相应参数，单击"确定"按钮，即可替换图像颜色。图 7-26 所示为替换图像颜色前后的对比效果。

图 7-26 替换图像颜色前后的对比效果

7.1.10 运用"替换颜色"命令替换图像颜色

"替换颜色"命令能够基于特定颜色通过在图像中创建蒙版来调整色相、饱和度和明度值,"替换颜色"命令能够将整幅图像或者选定区域的颜色用指定的颜色替换。下面向读者详细介绍运用"替换颜色"命令替换图像颜色的操作方法。

素材文件	光盘\素材\第 7 章\蝴蝶 .jpg
效果文件	光盘\效果\第 7 章\多彩蝴蝶 .jpg
视频文件	光盘\视频\第 7 章\7.1.10 运用"替换颜色"命令替换图像颜色 .mp4

实战 多彩蝴蝶

步骤 01 打开本书配套光盘中的"素材\第 7 章\蝴蝶 .jpg"文件,如图 7-27 所示。

步骤 02 单击"图像"|"调整"|"替换颜色"命令,如图 7-28 所示。

图 7-27 素材图像

图 7-28 单击"替换颜色"命令

步骤 03 弹出"替换颜色"对话框,单击"吸管工具"按钮,在黑色矩形框中适当位置单击鼠标左键,单击"添加到取样"按钮,在蝴蝶图案上多次单击鼠标左键,选中蝴蝶图案,如图 7-29 所示。

步骤 04 单击"结果"色块,弹出"拾色器(结果颜色)"对话框,设置 RGB 参数值分别为 213、8、247,如图 7-30 所示。

图 7-29 选中蝴蝶图案

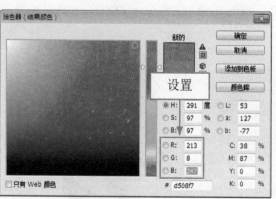

图 7-30 设置相应参数

步骤 **05** 单击"确定"按钮，返回"替换颜色"对话框，如图 7-31 所示。

步骤 **06** 单击"确定"按钮，即可替换图像颜色，效果如图 7-32 所示。

图 7-31 "替换颜色"对话框   图 7-32 最终效果

7.1.11 "照片滤镜"命令

单击"图像"|"调整"|"照片滤镜"命令，弹出"照片滤镜"对话框，如图 7-33 所示。

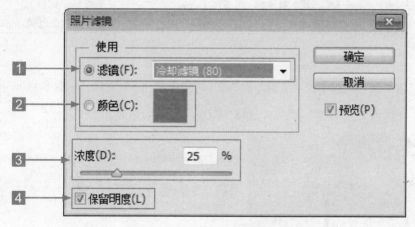

图 7-33 "照片滤镜"对话框

"照片滤镜"对话框中各选项的主要含义如下：

1 滤镜：该列表框中包含有 20 种预设选项，用户可以根据需要选择合适的选项，对图像进行调整。

2 颜色：单击该色块，在弹出的"拾色器"对话框中可以自定义一种颜色作为图像的色调。

3 浓度：用于调整应用于图像的颜色数量，该值越大，应用的颜色色调越浓。

4 保留明度：选中该复选框，在调整颜色的同时保持原图像的亮度。

在 Photoshop CC 中，用户可以根据需要，通过"照片滤镜"命令过滤图像色调。单击"图像"|"调整"|"照片滤镜"命令，弹出"照片滤镜"对话框，设置相应参数，单击"确定"按钮，即可过滤图像色调。图 7-34 所示为过滤图像色调前后的对比效果。

图 7-34 过滤图像色调前后的对比效果

7.1.12 运用"照片滤镜"命令过滤图像色调

"照片滤镜"命令可以模仿镜头前面加彩色滤镜的效果，以便调整通过镜头传输的色彩平衡和色温。该命令还允许选择预设的颜色，以便为图像应用色相调整。下面向读者详细介绍运用"照片滤镜"命令过滤图像色调的操作方法。

素材文件	光盘 \ 素材 \ 第 7 章 \ 可爱兔子 .jpg	
效果文件	光盘 \ 效果 \ 第 7 章 \ 可爱兔子 .jpg	
视频文件	光盘 \ 视频 \ 第 7 章 \7.1.12 运用"照片滤镜"命令过滤图像色调 .mp4	

实战 可爱兔子

步骤 01 打开本书配套光盘中的"素材 \ 第 7 章 \ 可爱兔子 .jpg"文件，如图 7-35 所示。

步骤 02 单击"图像"|"调整"|"照片滤镜"命令，如图 7-36 所示。

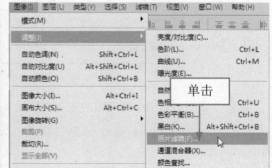

图 7-35 素材图像　　　　　　　　图 7-36 单击"照片滤镜"命令

步骤 03 弹出"照片滤镜"对话框，单击"滤镜"右侧的下拉按钮，在弹出的列表框中，选择"加温滤镜（85）"选项，设置"浓度"为 80%，如图 7-37 所示。

步骤 04 单击"确定"按钮，即可过滤图像色调，效果如图 7-38 所示。

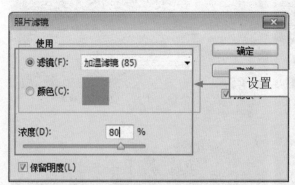

图 7-37 设置相应参数

图 7-38 最终效果

7.1.13 "阴影/高光"命令

在 Photoshop CC 中，单击"图像"|"调整"|"阴影/高光"命令，弹出"阴影/高光"对话框，如图 7-39 所示。

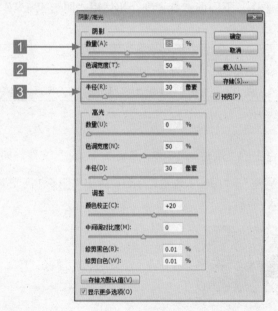

图 7-39 "阴影/高光"对话框

"阴影/高光"对话框中各选项的主要含义如下：

1 数量：用于调整图像阴影或高光区域，该值越大则调整的幅度也越大。

2 色调宽度：用于控制对图像的阴影或高光部分的修改范围，该值越大，则调整的范围越大。

3 半径：用于确定图像中哪些是阴影区域，哪些区域是高光区域，然后对已确定的区域进行调整。

在 Photoshop CC 中，用户可以根据需要，通过"阴影/高光"命令调整图像明暗。单击"图像"|"调整"|"阴影/高光"命令，弹出"阴影/高光"对话框，设置相应参数，单击"确定"

按钮，即可调整图像明暗。图 7-40 所示为调整图像明暗前后的对比效果。

图 7-40 调整图像明暗前后的对比效果

7.1.14 运用"阴影 / 高光"命令调整图像明暗

　　"阴影 / 高光"命令能快速调整图像曝光度或曝光不足区域的对比度，运用"阴影 / 高光命令同时还能保持照片色彩的整体平衡。下面向读者详细介绍运用"阴影 / 高光"命令调整图像明暗的操作方法。

素材文件	光盘 \ 素材 \ 第 7 章 \ 午后咖啡 .jpg
效果文件	光盘 \ 效果 \ 第 7 章 \ 午后咖啡 .jpg
视频文件	光盘 \ 视频 \ 第 7 章 \7.1.14 运用"阴影 / 高光"命令调整图像明暗 .mp4

实战	午后咖啡

步骤 **01** 打开本书配套光盘中的"素材 \ 第 7 章 \ 午后咖啡 .jpg"文件，如图 7-41 所示。

步骤 **02** 单击"图像"|"调整"|"阴影 / 高光"命令，弹出"阴影 / 高光"对话框，单击"显示更多选项"复选框，如图 7-42 所示。

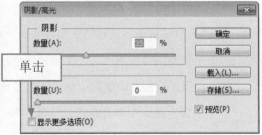

图 7-41 素材图像　　　　　　图 7-42 选中"显示更多选项"复选框

步骤 **03** 即可展开"阴影 / 高光"对话框，在"阴影"选项区中，设置"数量"为 50%、"色调宽度"为60%、"半径"为30像素；在"高光"选项区中，设置"数量"为18%、"色调宽度"为7%、"半径"为74像素；在"调整"选项区中，设置"颜色校正"为+77、"中间调对比度"为+53，如图7-43所示。

步骤 04 单击"确定"按钮，即可调整图像明暗，效果如图7-44所示。

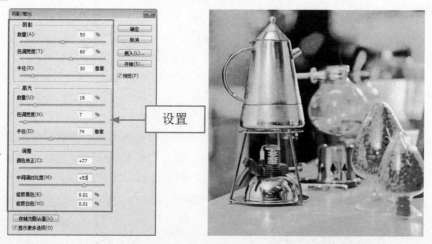

图 7-43 设置相应参数   图 7-44 最终效果

专家指点

"阴影 / 高光"命令适用于校正由强逆光而形成阴影的照片，或者校正由于太接近相机闪光灯而有些发白的焦点，在 CMYK 颜色模式下的图像是不能使用该命令的。

7.1.15 "通道混合器"命令

单击"图像"|"调整"|"通道混合器"命令，即可弹出"通道混合器"对话框，如图7-45所示。

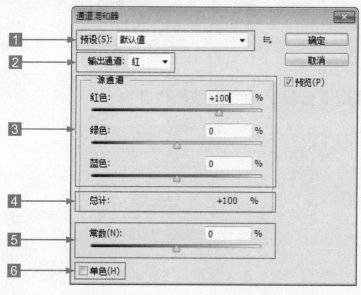

图 7-45 "通道混合器"对话框

"通道混合器"对话框中各选项的主要含义如下：

1 预设：该列表框中包含了 Photoshop 提供的预设调整设置文件，其中包括"使用红色滤镜的黑白"、"使用蓝色滤镜的黑白"、"使用绿色滤镜的黑白"、"使用橙色滤镜的黑白"、"使用红色滤镜的黑白"以及"使用黄色滤镜的黑白"，选择不同的选项会产生不同的效果。

2 输出通道：可以选择要调整的通道。

3 源通道：用来设置输出通道中源通道所占的百分比。

4 总计：显示了通道的总计值。

5 常数：用来调整输出通道的灰度值。

6 单色：选中该复选框，可以将彩色图像转换为黑白效果。

在 Photoshop CC 中，用户可以根据需要，通过"通道混合器"命令调整图像色彩。单击"图像"|"调整"|"通道混合器"命令，弹出"通道混合器"对话框，设置相应参数，单击"确定"按钮，即可调整图像色彩。图 7-46 所示为调整图像色彩前后的对比效果。

图 7-46 调整图像色彩前后的对比效果

 专家指点

运用"通道混合器"命令有以下 4 个优点：可以进行创造性的颜色调整，这是其他颜色调整工具不易做到的；创建高质量的深棕色或其他色调的图像；将图像转换到一些备选色彩空间；可以交换或复制通道。

7.1.16 运用"通道混合器"命令调整图像色彩

"通道混合器"命令可以用当前颜色通道的混合器修改颜色通道，但在使用该命令前要选择复合通道。下面向读者详细介绍运用"通道混合器"命令调整图像色彩的操作方法。

	素材文件	光盘 \ 素材 \ 第 7 章 \ 青果饮料 .jpg
	效果文件	光盘 \ 效果 \ 第 7 章 \ 青果饮料 .jpg
	视频文件	光盘 \ 视频 \ 第 7 章 \7.1.16 运用"通道混合器"命令调整图像色彩 .mp4

实战 青果饮料

步骤 **01** 打开本书配套光盘中的"素材 \ 第 7 章 \ 青果饮料 .jpg"文件，如图 7-47 所示。

步骤 **02** 单击"图像"|"调整"|"通道混合器"命令，如图 7-48 所示。

步骤 03 弹出"通道混合器"对话框，设置"红色"为73%、"绿色"为50%、"蓝色"为-6%，如图7-49所示。

步骤 04 单击"确定"按钮，即可调整图像色彩，效果如图7-50所示。

图7-47 素材图像

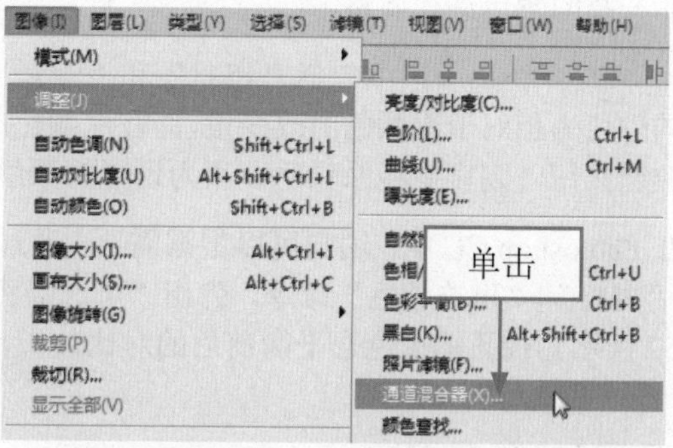

图7-48 单击"通道混合器"命令

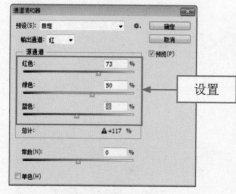

图7-49 设置相应参数

图7-50 最终效果

7.1.17 "可选颜色"命令

单击"图像"|"调整"|"可选颜色"命令，弹出"可选颜色"对话框，如图7-51所示。

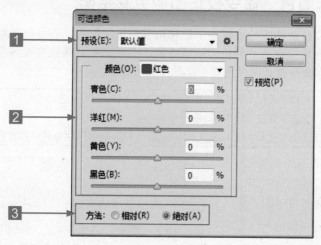

图7-51 "可选颜色"对话框

"可选颜色"对话框中各选项的主要含义如下：

1 预设：可以使用系统预设的参数对图像进行调整。

2 颜色：可以选择要改变的颜色，然后通过下方的"青色"、"洋红"、"黄色"、"黑色"滑块对选择的颜色进行调整。

3 方法：该选项区中包括"相对"和"绝对"两个单选按钮，选中"相对"单选按钮，表示设置的颜色为相对于原颜色的改变量，即在原颜色的基础上增加或减少某种印刷色的含量；选中"绝对"单选按钮，则直接将原颜色校正为设置的颜色。

在 Photoshop CC 中，用户可以根据需要，通过"可选颜色"命令校正图像色彩平衡。单击"图像"|"调整"|"可选颜色"命令，弹出"可选颜色"对话框，设置相应参数，校正图像色彩平衡。图 7-52 所示为校正图像色彩平衡前后的对比效果。

图 7-52 校正图像色彩平衡前后的对比效果

7.1.18 运用"可选颜色"命令校正图像色彩平衡

"可选颜色"命令主要校正图像的色彩不平衡和调整图像的色彩，它可以在高档扫描仪和分色程序中使用，并有选择性地修改主要颜色的印刷数量，不会影响到其他主要颜色。下面向读者详细介绍运用"可选颜色"命令校正图像色彩平衡的操作方法。

	素材文件	光盘 \ 素材 \ 第 7 章 \ 街道一角 .jpg
	效果文件	光盘 \ 效果 \ 第 7 章 \ 街道一角 .jpg
	视频文件	光盘 \ 视频 \ 第 7 章 \7.1.18 运用"可选颜色"命令校正图像色彩平衡 .mp4

实战	街道一角

步骤 **01** 打开本书配套光盘中的"素材 \ 第 7 章 \ 街道一角 .jpg"文件，如图 7-53 所示。

步骤 **02** 单击"图像"|"调整"|"可选颜色"命令，弹出"可选颜色"对话框，单击"颜色"右侧的下拉按钮，在弹出的列表框中选择"红色"选项，选中"相对"单选按钮，如图 7-54 所示。

图 7-53 素材图像

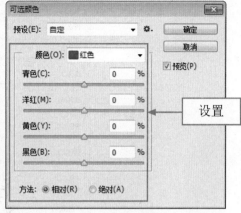

图 7-54 设置相应参数

步骤 03 单击"颜色"右侧的下拉按钮,在弹出的列表框中选择"黄色"选项,在"颜色"选项区中设置"青色"为 35%、"洋红"为 37%、"黄色"为 -18%、"黑色"为 33%,如图 7-55 所示。

步骤 04 单击"确定"按钮,即可校正图像颜色平衡,效果如图 7-56 所示。

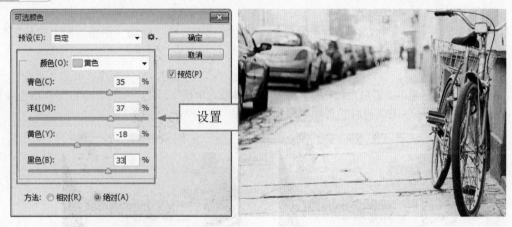

图 7-55 设置相应参数

图 7-56 最终效果

7.2 特殊调整色彩和色调

色彩和色调特殊调整有"黑白"、"反相"、"去色"、"阈值"、"变化"、"HDR 色调"、"色调均化"、"色调分离"、"渐变映射" 9 种常用的方法,可以非常轻松地将图像制作成黑白色、底片、渐变等具有艺术特色的特殊色彩效果。本节将向读者分别介绍使用各命令进行色彩和色调调整的方法。

7.2.1 "黑白"命令

单击"图像"|"调整"|"黑白"命令,弹出"黑白"对话框,如图 7-57 所示。

"黑白"对话框中各选项的主要含义如下:

1 自动:单击该按钮,可以设置基于图像的颜色值的灰度混合,并使灰度值的分布最大化。

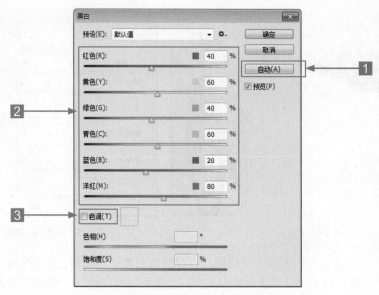

图 7-57 "黑白"对话框

2 拖动颜色滑块调整：拖动各个颜色的滑块可以调整图像中特定颜色的灰色调，向左拖动灰色调变暗，向右拖动灰色调变亮。

3 色调：选中该复选框，可以为灰度着色，创建单色调效果，拖动"色相"和"饱和度"滑块进行调整，单击颜色块，可以打开"拾色器"对话框对颜色进行调整。

在 Photoshop CC 中，用户可以根据需要，通过"黑白"命令制作单色图像。单击"图像"|"调整"|"黑白"命令，弹出"黑白"对话框，设置相应参数，单击"确定"按钮，即可制作单色图像。图 7-58 所示为制作单色图像前后的对比效果。

图 7-58 制作单色图像前后的对比效果

7.2.2 运用"黑白"命令制作单色图像

"黑白"命令可以将图像调整为具有艺术感的黑白效果图像，也可以调整出不同单色的艺术效果。下面向读者详细介绍运用"黑白"命令制作单色图像的操作方法。

	素材文件	光盘\素材\第7章\江南美景.jpg
	效果文件	光盘\效果\第7章\江南美景.jpg
	视频文件	光盘\视频\第7章\7.2.2 运用"黑白"命令制作单色图像.mp4

实战 江南美景

步骤 01 打开本书配套光盘中的"素材\第7章\江南美景.jpg"文件,如图7-59所示。

步骤 02 单击"图像"|"调整"|"黑白"命令,如图7-60所示。

图7-59 素材图像

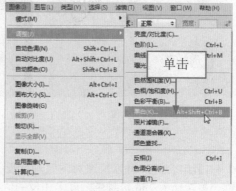

图7-60 单击"黑白"命令

步骤 03 弹出"黑白"对话框,保持默认设置,如图7-61所示。

步骤 04 单击"确定"按钮,即可制作单色图像,效果如图7-62所示。

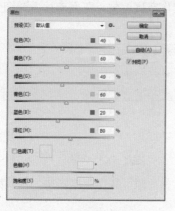

图7-61 保持默认设置

图7-62 最终效果

7.2.3 运用"反相"命令制作照片底片效果

"反相"命令用于制作类似照片底片的效果,也就是将黑色变成白色,或者从扫描的黑白阴片中得到一个阳片。在Photoshop CC中,用户可以根据需要,通过"反相"命令制作底片效果。下面向读者详细介绍运用"反相"命令制作照片底片效果的操作方法。

	素材文件	光盘\素材\第7章\新鲜水果.jpg
	效果文件	光盘\效果\第7章\新鲜水果.jpg
	视频文件	光盘\视频\第7章\7.2.3 运用"反相"命令制作照片底片效果.mp4

实战 新鲜水果

步骤 01 打开本书配套光盘中的"素材 \ 第 7 章 \ 新鲜水果 .jpg"文件，如图 7-63 所示。

步骤 02 单击"图像"|"调整"|"反相"命令，即可制作照片底片，效果如图 7-64 所示。

图 7-63 素材图像　　　　　　　　　　　图 7-64 最终效果

 专家指点

　　按【Ctrl＋I】组合键，可以快速对图像进行反相处理，将图像反相时，通道中每个像素的亮度值都会被转换为 256 级颜色刻度上相反的值。

7.2.4 运用"去色"命令制作灰度图像

　　"去色"命令可以将彩色图像转换为灰度图像，同时图像的颜色模式保持不变。在 Photoshop CC 中，用户可以根据需要，通过"去色"命令制作灰度图像。下面向读者详细介绍运用"去色"命令制作灰度图像的操作方法。

素材文件	光盘 \ 素材 \ 第 7 章 \ 美丽水乡 .jpg
效果文件	光盘 \ 效果 \ 第 7 章 \ 美丽水乡 .jpg
视频文件	光盘 \ 视频 \ 第 7 章 \7.2.4 运用"去色"命令制作灰度图像 .mp4

实战 美丽水乡

步骤 01 打开本书配套光盘中的"素材 \ 第 7 章 \ 美丽水乡 .jpg"文件，如图 7-65 所示。

步骤 02 单击"图像"|"调整"|"去色"命令，即可制作灰度图像，效果如图 7-66 所示。

图 7-65 素材图像　　　　　　　　　　　图 7-66 最终效果

专家指点

按【Shift + Ctrl + U】组合键，也可以将窗口中的图像去色，制作灰度图像。

7.2.5 "阈值"命令

单击"图像"|"调整"|"阈值"命令，弹出"阈值"对话框，如图 7-67 所示。

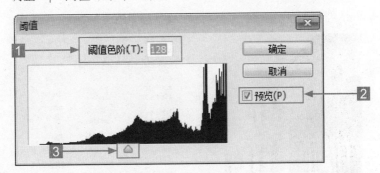

图 7-67 "阈值"对话框

"阈值"对话框中各选项的主要含义如下：

1 阈值色阶：通过调整"阈值色阶"右侧文本框中的数值大小，可以改变图像中的黑白亮度值。

2 预览：选中"预览"复选框，可以预览图像编辑窗口中，图像随之改变的效果；取消选中该复选框，图像编辑窗口中的图像效果，不会随着调整而改变。

3 滑块：用鼠标拖动滑块，可以改变"阈值色阶"右侧文本框中数值的大小，更改图像中黑白亮度值。

在 Photoshop CC 中，用户可以根据需要，通过"阈值"命令制作黑白图像。单击"图像"|"调整"|"阈值"命令，弹出"阈值"对话框，设置相应参数，单击"确定"按钮，即可制作黑白图像。图 7-68 所示为通过"阈值"命令制作黑白图像前后的对比效果。

图 7-68 制作黑白图像前后的对比效果

7.2.6 运用"阈值"命令制作黑白图像

"阈值"命令可以将灰度或彩色图像转换为高对比度的黑白图像，指定某个色阶作为阈值，所有比阈值色阶亮的像素转换为白色，反之则转换为黑色。下面向读者详细介绍运用"阈值"命令制作黑白图像的操作方法。

素材文件	光盘 \ 素材 \ 第 7 章 \ 西式洋房 .jpg
效果文件	光盘 \ 效果 \ 第 7 章 \ 西式洋房 .jpg
视频文件	光盘 \ 视频 \ 第 7 章 \7.2.6 运用 "阈值" 命令制作黑白图像 .mp4

实战 西式洋房

步骤 01 打开本书配套光盘中的 "素材 \ 第 7 章 \ 西式洋房 .jpg" 文件，如图 7-69 所示。

步骤 02 单击 "图像" | "调整" | "阈值" 命令，如图 7-70 所示。

图 7-69 素材图像

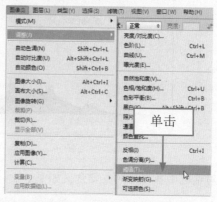

图 7-70 单击 "阈值" 命令

步骤 03 弹出 "阈值" 对话框，设置 "阈值色阶" 为 110，如图 7-71 所示。

步骤 04 单击 "确定" 按钮，即可制作黑白图像，效果如图 7-72 所示。

图 7-71 设置 "阈值色阶" 参数

图 7-72 最终效果

 专家指点

在 "阈值" 对话框中，可以对 "阈值色阶" 进行设置，设置后图像中所有的亮度值比其小的像素都会变成黑色，所有亮度值比其大的像素都将变成白色。

7.2.7 "变化" 命令

单击 "图像" | "调整" | "变化" 命令，弹出 "变化" 对话框，如图 7-73 所示。

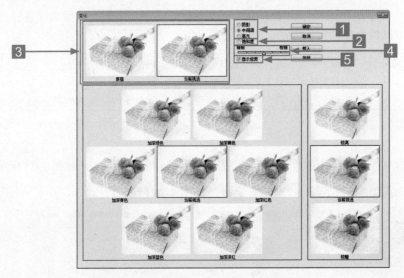

图 7-73 "变化"对话框

"变化"对话框中各选项的主要含义如下：

1 阴影/中间色调/高光：选择相应的选项，可以调整当前图像的阴影、中间调以及高光的颜色。

2 饱和度："饱和度"选项用来调整图像的颜色饱和度。

3 原稿 / 当前挑选：在对话框顶部的"原稿"缩略图中显示了原始图像，"当前挑选"缩略图中显示了图像的调整结果。

4 精细 / 粗糙：用来控制每次的调整量，每移动一格滑块，可以使调整量双倍增加。

5 显示修剪：选中该复选框，如果出现溢色，颜色就会被修剪，标识出溢色的区域。

在 Photoshop CC 中，用户可以根据需要，通过"变化"命令调整彩色图像。单击"图像"|"调整"|"变化"命令，弹出"变化"对话框，设置相应参数，单击"确定"按钮，即可调整彩色图像。图 7-74 所示为通过"变化"命令调整彩色图像前后的对比效果。

图 7-74 调整彩色图像前后的对比效果

7.2.8 运用"变化"命令调整图像色彩

"变化"命令是一个简单直观的图像调整工具，在调整图像的颜色平衡、对比度以及饱和度的同时，能看到图像调整前和调整后的缩略图，使调整更为简单、明了。下面向读者详细介绍运用"变化"命令调整图像色彩的操作方法。

素材文件	光盘 \ 素材 \ 第 7 章 \ 午后茶点 .jpg
效果文件	光盘 \ 效果 \ 第 7 章 \ 午后茶点 .jpg
视频文件	光盘 \ 视频 \ 第 7 章 \7.2.8 运用"变化"命令调整图像色彩 .mp4

实战 午后茶点

步骤 01 打开本书配套光盘中的"素材 \ 第 7 章 \ 午后茶点 .jpg"文件，如图 7-75 所示。

步骤 02 单击"图像" | "调整" | "变化"命令，如图 7-76 所示。

图 7-75 打开素材图像

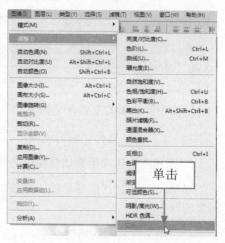

图 7-76 单击"变化"命令

步骤 03 执行上述操作后，弹出"变化"对话框，在"加深黄色"缩略图上单击鼠标左键，如图 7-77 所示。

步骤 04 单击"确定"按钮，即可使用"变化"命令调整图像色彩，效果如图 7-78 所示。

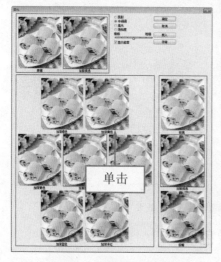

图 7-77 单击鼠标左键

图 7-78 最终效果

专家指点

　　"变化"命令对于调整色调均匀并且不需要精确调整色彩的图像非常有用，但是不能用于索引图像或 16 位通道图像。

7.2.9 "HDR 色调"命令

　　在 Photoshop CC 菜单栏中，单击"图像"|"调整"|"HDR 色调"命令，弹出"HDR 色调"对话框，如图 7-79 所示。

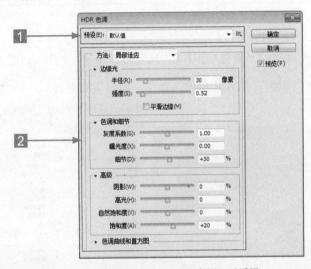

图 7-79 "HDR 色调"对话框

　　"HDR 色调"对话框中各选项的主要含义如下：

　　■ 预设：用于选择 Photoshop 的预设 HDR 色调调整选项。

　　■ 方法：用于选择 HDR 色调应用图像的方法，可以对边缘光、色调和细节、颜色等选项进行精确的细节调整。单击"色调曲线和直方图"展开按钮，在下方调整"色调曲线和直方图"选项。

　　在 Photoshop CC 中，用户可以根据需要，通过"HDR 色调"命令调整图像色调。单击"图像"|"调整"|"HDR 色调"命令，弹出"HDR 色调"对话框，设置相应参数，单击"确定"按钮，即可调整图像色调。图 7-80 所示为通过"HDR 色调"命令调整图像前后的对比效果。

图 7-80 调整图像色调前后的对比效果

7.2.10 运用"HDR 色调"命令调整图像色调

HDR 的全称是 High Dynamic Range，即高动态范围，动态范围是指信号最高和最低的对比值。"HDR 色调"命令能使亮的地方更亮，暗的地方更暗，亮部和暗部的细节都很明显。下面向读者详细介绍运用"HDR 色调"命令调整图像色调的操作方法。

素材文件	光盘 \ 素材 \ 第 7 章 \ 珠宝首饰 .jpg
效果文件	光盘 \ 效果 \ 第 7 章 \ 珠宝首饰 .jpg
视频文件	光盘 \ 视频 \ 第 7 章 \7.2.10 运用"HDR 色调"命令调整图像色调 .mp4

实战 珠宝首饰

步骤 01 打开本书配套光盘中的"素材 \ 第 7 章 \ 珠宝首饰 .jpg"文件，如图 7-81 所示。

步骤 02 单击"图像" | "调整" | "HDR 色调"命令，如图 7-82 所示。

图 7-81 素材图像

图 7-82 单击"HDR 色调"命令

步骤 03 弹出"HDR 色调"对话框，设置"半径"为 36 像素、"强度"为 0.52、"灰色系数"为 1.00、"细节"为＋ 30%、"饱和度"为＋ 20%，如图 7-83 所示。

步骤 04 单击"确定"按钮，即可调整图像色调，效果如图 7-84 所示。

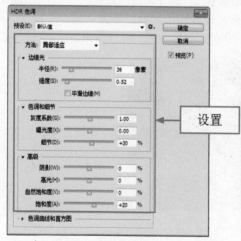

图 7-83 设置相应参数

图 7-84 最终选项

7.2.11 运用"色调均化"命令均化图像亮度值

"色调均化"命令可以重新分布像素的亮度值，将最亮的值调整为白色，最暗的值调整为黑色，中间的值分布在整个灰度范围中，使它们更均匀地呈现所有范围的亮度级别。下面向读者详细介绍运用"色调均化"命令均化图像亮度值的操作方法。

素材文件	光盘\素材\第7章\城市夜景.jpg
效果文件	光盘\效果\第7章\城市夜景.jpg
视频文件	光盘\视频\第7章\7.2.11 运用"色调均化"命令均化图像亮度值.mp4

实战 城市夜景

步骤 01 打开本书配套光盘中的"素材\第7章\城市夜景.jpg"文件，如图7-85所示。

步骤 02 单击"图像"|"调整"|"色调均化"命令，如图7-86所示。

图7-85 素材图像　　　　图7-86 单击"色调均化"命令

步骤 03 执行上述操作后，即可均化图像亮度值，效果如图7-87所示。

图7-87 最终效果

专家指点

运用"色调均化"命令，Photoshop CC 将尝试对亮度进行色调均化，也就是在整个灰度中均匀分布中间像素值。

7.2.12 运用"色调分离"命令指定色调级数

"色调分离"命令能够指定图像中，每个通道的色调级或亮度值的数目，将像素映射为最接近的匹配级别，该命令也可以定义色阶的多少，在灰色图像中可以使用该命令减少灰阶数量。下面向读者详细介绍运用"色调分离"命令指定色调级数的操作方法。

素材文件	光盘 \ 素材 \ 第 7 章 \ 温馨卧室 .jpg
效果文件	光盘 \ 效果 \ 第 7 章 \ 温馨卧室 .jpg
视频文件	光盘 \ 视频 \ 第 7 章 \7.2.12 运用"色调分离"命令指定色调级数 .mp4

实战 温馨卧室

步骤 01 打开本书配套光盘中的"素材 \ 第 7 章 \ 温馨卧室 .jpg"文件，如图 7-88 所示。

步骤 02 单击"图像"|"调整"|"色调分离"命令，如图 7-89 所示。

图 7-88 素材图像　　　　　　　　　　图 7-89 单击"色调分离"命令

步骤 03 弹出"色调分离"对话框，设置"色阶"为 10，如图 7-90 所示。

步骤 04 单击"确定"按钮，即可指定图像色调级数，效果如图 7-91 所示。

图 7-90 设置"色阶"为 10　　　　　　　　图 7-91 最终效果

专家指点

"色调分离"命令可在图像中创建特殊效果，如创建大的单色色调区域时，此命令非常有用，它也可以在彩色图像中产生一些特殊效果。

7.2.13 "渐变映射" 命令

单击 "图像" | "调整" | "渐变映射" 命令, 弹出 "渐变映射" 对话框, 如图 7-92 所示。

图 7-92 "渐变映射" 对话框

"渐变映射" 对话框中各选项的主要含义如下:

1 灰度映射所用的渐变: 单击渐变颜色条右侧的三角按钮, 可以在弹出的列表框中选择一个预设的渐变。如果要创建自定义的渐变, 则可以单击渐变颜色条, 打开 "渐变编辑器" 进行设置。

2 仿色: 选中该复选框, 可以添加随机的杂色来平滑渐变填充的外观, 减少带宽效应, 使渐变效果更加平滑。

3 反向: 选中该复选框, 可以反转渐变填充的方向。

在 Photoshop CC 中, 用户可以根据需要, 通过 "渐变映射" 命令制作彩色渐变效果。单击 "图像" | "调整" | "渐变映射" 命令, 弹出 "渐变映射" 对话框, 设置相应参数, 单击 "确定" 按钮, 即可制作彩色渐变效果。图 7-93 所示为制作彩色渐变前后的对比效果。

图 7-93 制作彩色渐变前后的对比效果

7.2.14 运用 "渐变映射" 命令制作彩色渐变效果

"渐变映射" 命令的主要功能是将图像灰度范围映射到指定的渐变填充色。下面向读者详细介绍运用 "渐变映射" 命令制作彩色渐变效果的操作方法。

	素材文件	光盘 \ 素材 \ 第 7 章 \ 彩色人生 .jpg
	效果文件	光盘 \ 效果 \ 第 7 章 \ 彩色人生 .jpg
	视频文件	光盘 \ 视频 \ 第 7 章 \7.2.14 运用 "渐变映射" 命令制作彩色渐变效果 .mp4

中文版 Photoshop CC 应用宝典

实战	彩色人生

步骤 01 打开本书配套光盘中的"素材\第 7 章\彩色人生 .jpg"文件，如图 7-94 所示。

步骤 02 单击"图像"|"调整"|"渐变映射"命令，如图 7-95 所示。

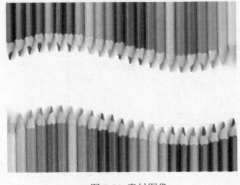

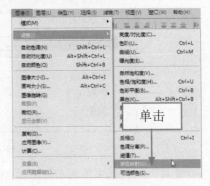

图 7-94 素材图像   图 7-95 单击"渐变映射"命令

步骤 03 弹出"渐变映射"对话框，单击"点按可打开'渐变'拾色器"按钮，展开相应的面板，选择相应颜色块，如图 7-96 所示。

步骤 04 单击"确定"按钮，即可制作不一样的彩色渐变效果，如图 7-97 所示。

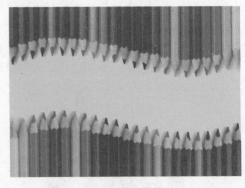

图 7-96 选择相应颜色块   图 7-97 最终效果

专家指点

在 Photoshop CC 中，如果指定双色渐变作为映射渐变，图像中暗调像素将映射到渐变填充的一个端点颜色，高光像素将映射到另一个端点颜色，中间调映射到两个端点之间的过渡颜色。

08 修饰图像的工具运用

学习提示

　　Photoshop CC 修饰图像的功能是不可小觑的，它提供了丰富多样、用来修饰图像的修补工具，正确、合理地运用各种修补工具修饰图像，才能制作出完美的图像效果。本章主要向读者介绍初识绘图、设置画笔属性、复制图像、修复图像、修补图像以及恢复图像的操作方法。

本章案例导航

- 实战——定义画笔
- 实战——彩绘金蛋
- 实战——海鲜碱面
- 实战——可爱猫咪
- 实战——新生嫩芽
- 实战——明信片
- 实战——时尚吊坠
- 实战——街道夜景
- 实战——布偶兔子
- 实战——紫色花朵
- 实战——心形礼盒
- 实战——海洋公园
- 实战——田间少女
- 实战——可爱玩偶
- 实战——夏日晴空
- 实战——南极企鹅

8.1 基础绘图

Photoshop 被人们称为图形图像处理软件，但 Photoshop 自 7.0 版本之后，就大大增强了绘画功能，从而使其成为一款优秀的图形图像处理及绘图软件。

当今时代，手工绘画已经进步到了电脑绘画，虽然在两者之间绘画的方式产生了巨大的区别，但其流程与思路还是基本相同的。

8.1.1 纸张的选择

在手工绘画中，纸的选择是多种多样的，可以在普通白纸上绘画，也可以在宣纸上绘画，还可以在各式的画布上进行绘画，从而得到风格迥异的绘画作品。在 Photoshop CC 中进行工作时，也需要一个绘画或作图区域，在通常情况下创建的文档为空白图像，如图 8-1 所示。

图 8-1 空白图像

8.1.2 画笔的选择

在手工绘画中，画笔的类型非常之多，就毛笔而言，在绘画或书写时，可以选择羊毫笔或狼毫笔，还可以选择大毫、中毫或小毫等。

在 Photoshop 中除了画笔工具外，还可以运用铅笔工具、钢笔工具来进行绘画，同时还可以通过"画笔"面板精确控制画笔的大小，绘制出粗细不同的线条，如图 8-2 所示。

 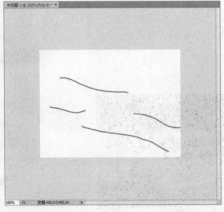

图 8-2 不同画笔大小的图像效果

8.1.3 颜色的选择

除了水墨国画使用黑墨外，大多数绘画作品都需要使用五颜六色的颜料或使用调色盘自己调配出需要的颜色，因此在这一个步骤中应该选择合适的颜料。

Photoshop 中颜色的选择不仅在手段上比较丰富，而且颜色的选择范围也广泛了很多，用户可以在电脑中调配出上百万种不同的颜色，有些颜色之间的差别甚至人眼无法分辨。图 8-3 所示为不同画笔颜色的图像效果。

图 8-3 不同画笔颜色的图像效果

8.2 画笔属性的设置

在 Photoshop CC 中，最常用的绘图工具有画笔工具、铅笔工具，使用它们可以像使用传统手绘的画笔一样，但比传统手绘更为灵活的是，可以随意修改画笔样式、大小以及颜色，使用画笔工具可以在图像中绘制以前景色填充的线条或柔边笔触。灵活地运用各种画笔及画笔的属性，对其进行相应的设置，将会制作出丰富多彩的图像效果。

8.2.1 画笔面板

单击"窗口"|"画笔"命令或按【F5】键，可弹出"画笔"面板，如图 8-4 所示。

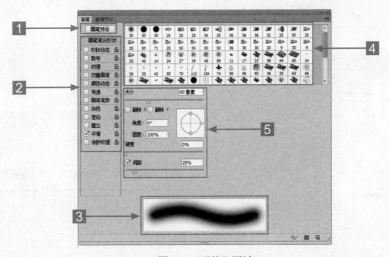

图 8-4 "画笔"面板

"画笔"面板中各选项的主要含义如下：

 "画笔预设"按钮：单击"画笔预设"按钮，可以在面板右侧的"画笔形状列表框"中选择所需要的画笔形状。

2 动态参数区：在该区域中列出了可以设置动态参数的选项，其中包含画笔笔尖形状、形状动态、散布、纹理、双重画笔、颜色动态、传递、杂色、湿边、喷枪、平滑、保护纹理 12 个选项。

3 预览区：在该区域中可以看到根据当前的画笔属性而生成的预览图。

4 画笔选择框：该区域在选择"画笔笔尖形状"选项时出现，在该区域中可以选择要用于绘图的画笔。

5 参数区：该区域中列出了与当前所选的动态参数相对应的参数，在选择不同的选项时，该区域所列的参数也不相同。

专家指点

画笔工具的各种属性主要是通过"画笔"面板来实现的，在面板中可以对画笔笔触进行更加详细的设置，从而可以获取丰富的画笔效果。

8.2.2　管理画笔

在 Photoshop CC 中，画笔工具主要是用"画笔"面板来实现的，用户熟练掌握画笔的操作，对设计将会大有好处。下面主要向读者详细介绍重置、保存、删除画笔的操作方法。

1. 复位画笔

在 Photoshop 中，"复位画笔"选项可以清除用户当前定义的所有画笔类型，并恢复到系统默认设置。选取工具箱中的画笔工具，移动鼠标至工具属性栏中，单击"点可按开画笔预设选取器"按钮，弹出"画笔预设"选取器，单击右上角的设置图标按钮 ，在弹出的快捷菜单中选择"复位画笔"选项，如图 8-5 所示，执行操作后，将弹出信息提示框，如图 8-6 所示，单击"确定"按钮，将再次弹出信息提示框，单击"否"按钮，即可重置画笔。

图 8-5 选择"复位画笔"选项

图 8-6 信息提示框

"画笔预设"选取器中的主要选项的含义如下：

1 大小：拖动滑块或者在文本框中输入数值可以调整画笔的大小。

2 硬度：用来设置画笔笔尖的硬度。

3 从此画笔创建新的预设：单击该按钮，可以弹出"画笔名称"对话框，输入画笔的名称后，单击"确定"按钮，可以将当前画笔保存为一个预设的画笔。

4 画笔形状：在 Photoshop CC 中，提供了 3 种类型的笔尖：圆形笔尖、毛刷笔尖以及图像样本笔尖。

2．保存画笔

保存画笔可以存储当前用户使用的画笔属性及参数，并以文件的方式保存在用户指定的文件夹中，以便用户在使用其他电脑时，快速载入使用。

选取工具箱中的画笔工具，移动鼠标至工具属性栏中，单击"点按可打开'画笔预设'选取器"按钮，弹出"画笔预设"选取器，单击右上角的设置图标按钮 ，在弹出的快捷菜单中选择"存储画笔"选项，如图 8-7 所示，执行操作后，弹出"存储"对话框，如图 8-8 所示，设置保存路径和文件名，单击"保存"按钮，即可保存画笔。

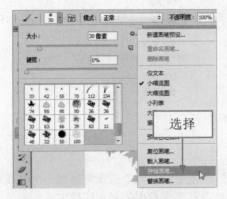 

图 8-7 选择"存储画笔"选项　　　　　　　图 8-8 "存储"对话框

3．删除画笔

用户可以根据需要对画笔进行删除操作，选取工具箱中的画笔工具，移动鼠标至工具属性栏中，单击"点按可打开'画笔预设'选取器"按钮，弹出"画笔预设"选取器，在其中选择一种画笔，单击鼠标右键，在弹出的快捷菜单中选择"删除画笔"选项，如图 8-9 所示，弹出信息提示框，如图 8-10 所示，单击"确定"按钮，即可删除画笔。

图 8-9 选择"删除画笔"选项　　　　　　图 8-10 信息提示框

4．载入画笔

如果"画笔预设"面板中没有需要的画笔，就需要进行画笔载入操作。选取工具箱中的画笔工具，单击"画笔预设"选取器中的设置图标按钮 ⚙，在弹出的快捷菜单中选择"载入画笔"选项，如图 8-11 所示，弹出"载入"对话框，选择合适的画笔选项，单击"载入"按钮，即可载入画笔。

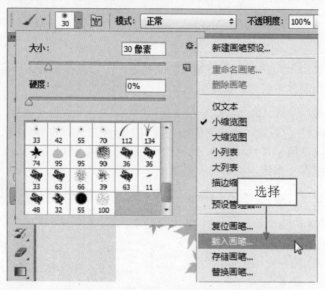

图 8-11 选择"载入画笔"选项

8.2.3 载入和自定义画笔

在使用画笔工具进行绘图时，有时在"预设"面板中没有需要的画笔笔触，这时就要自己动手将需要的图案载入或定义成画笔笔触，若只需要将打开图像中的某个图像定义为画笔，则在该图像上创建选区，再将图像定义画笔即可。下面为读者详细介绍载入和自定义画笔的操作方法。

素材文件	光盘 \ 素材 \ 第 8 章 \ 定义画笔 .jpg
效果文件	光盘 \ 效果 \ 第 8 章 \ 定义画笔 .jpg
视频文件	光盘 \ 视频 \ 第 8 章 \8.2.3 载入和自定义画笔 .mp4

实战 定义画笔

步骤 01 打开本书配套光盘中的"素材 \ 第 8 章 \ 定义画笔 .jpg"文件，如图 8-12 所示。

步骤 02 选取工具箱中的画笔工具，单击"点按可打开'画笔预设'选取器"按钮 ·，即可弹出"画笔"面板，单击面板右上角的设置按钮 ⚙，在弹出的快捷菜单中选择"特殊效果画笔"选项，如图 8-13 所示。

步骤 03 弹出信息提示框，如图 8-14 所示，单击"追加"按钮，可以将特殊效果画笔组中的画笔载入画笔预设框中。

步骤 04 设置前景色为红色（RGB 参数值分别为 248、6、20），在预设调板中选择"缤纷蝴蝶"选项，设置"大小"为 300 像素，再将鼠标指针移至图像编辑窗口中，多次单击鼠标左键，即可绘制画笔，效果如图 8-15 所示。

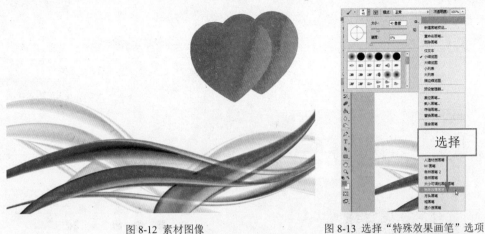

图 8-12 素材图像　　　　　　　　　　图 8-13 选择"特殊效果画笔"选项

图 8-14 信息提示框　　　　　　　　　图 8-15 绘制画笔

步骤 05　选取工具箱中的磁性套索工具，在图像编辑窗口中沿着其中一个红心创建选区，如图 8-16 所示。

步骤 06　单击"编辑"|"定义画笔预设"命令，弹出"画笔名称"对话框，设置"名称"为"红心"，如图 8-17 所示。

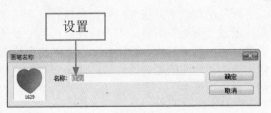

图 8-16 创建选区　　　　　　　　　　图 8-17 设置"名称"选项

步骤 07　单击"确定"按钮，即可定义图案，按【Ctrl + D】组合键取消选区，设置前景色为红色（RGB 参数值分别为 241、8、24），如图 8-18 所示。

步骤 08　选取工具箱中的画笔工具，在工具属性栏中单击"点按可打开'画笔预设'选取器"

按钮，在预设调板中，选择"红心"选项，设置"大小"为130，如图8-19所示。

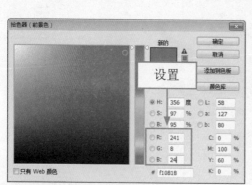

图8-18 设置相应参数

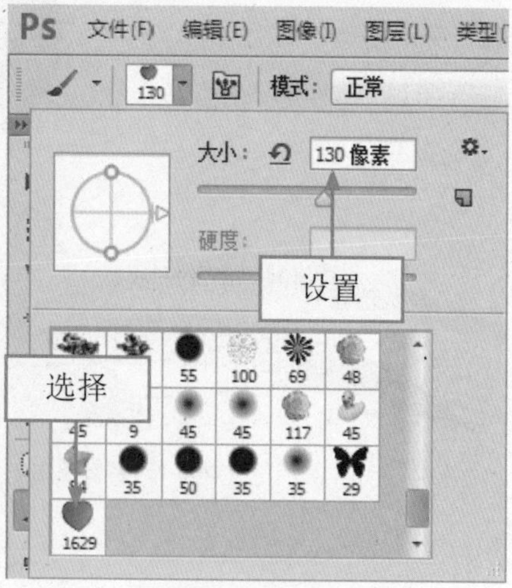

图8-19 设置相应选项

步骤 09 在图像编辑窗口中的合适位置单击鼠标左键，即可将定义的画笔应用于图像中，效果如图8-20所示。

图8-20 最终效果

 专家指点

画笔的功能十分强大，但也是较为复杂的工具，若要真正运用好画笔工具是有一定难度的，通过"画笔"面板，用户可以对画笔的属性，如笔尖形状、形状动态、散布等进行多种设置，运用好画笔的各种属性，对于制作出优秀的作品是非常重要的。另外，用户在一幅图像中应用了相应的画笔属性后，务必要还原画笔的属性，否则画笔的属性将一直存在，并应用于其他图像中。

8.3 图像的复制

复制图像的工具包括仿制图章工具和图案图章工具，运用这些工具均可将需要的图像复制出来，通过设置"仿制源"面板参数可复制变化对等的图像效果。本节主要向读者介绍使用各种复制图像工具复制图像的操作方法。

8.3.1 仿制图章工具

在 Photoshop CC 中，仿制图章工具从图像中取样后，在图像窗口中的其他区域单击鼠标左键并拖曳，即可涂抹出一模一样的样本图像。选取工具箱中的仿制图章工具后，其工具属性栏如图 8-21 所示。

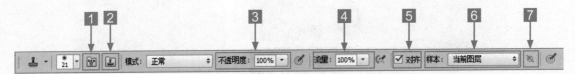

图 8-21 仿制图章工具属性栏

仿制图章工具的属性栏中各选项的主要含义如下：

1 "切换画笔面板" 按钮：单击此按钮，展开 "画笔" 面板，可对画笔属性进行更具体的设置。

2 "切换到仿制源面板" 按钮：单击此按钮，展开 "仿制源" 面板，可对仿制的源图像进行更加具体的管理和设置。

3 不透明度：用于设置应用仿制图章工具时画笔的不透明度。

4 流量：用于设置扩散速度。

5 对齐：选中该复选框，取样的图像源在应用时，若由于某些原因停止，再次仿制图像时，仍可从上次仿制结束的位置开始；若未选中该复选框，则每次仿制图像时，将是从取样点的位置开始应用。

6 样本：用于定义取样源的图层范围，主要包括 "当前图层"、"当前和下方图层"、"所有图层" 3 个选项。

7 "忽略调整图层" 按钮：当设置 "样本" 为 "当前和下方图层" 或 "所有图层" 时，才能激活该按钮，选中该按钮，在定义取样源时可以忽略图层中的调整图层。

8.3.2 运用仿制图章工具复制图像

使用仿制图章工具，可以对图像进行近似克隆的操作。下面为读者详细介绍运用仿制图章工具复制图案的操作方法。

	素材文件	光盘 \ 素材 \ 第 8 章 \ 布偶兔子 .jpg
	效果文件	光盘 \ 效果 \ 第 8 章 \ 布偶兔子 .jpg
	视频文件	光盘 \ 视频 \ 第 8 章 \8.3.2 运用仿制图章工具复制图像 .mp4

实战 布偶兔子

步骤 01 打开本书配套光盘中的 "素材 \ 第 8 章 \ 布偶兔子 .jpg" 文件，如图 8-22 所示。

步骤 02 选取工具箱中的仿制图章工具，如图 8-23 所示。

步骤 03 将鼠标指针移至图像窗口中的适当位置，按住【Alt】键的同时单击鼠标左键，进行取样，如图 8-24 所示。

图 8-22 素材图像　　　　　　　　　　图 8-23 选取仿制图章工具

步骤 04 释放【Alt】键，将鼠标指针移至图像窗口右侧，单击鼠标左键并拖曳，即可对样本对象进行复制，效果如图 8-25 所示。

图 8-24 进行取样　　　　　　　　　　图 8-25 最终效果

 专家指点

　　选取仿制图章工具后，用户可以在工具属性栏上，对仿制图章的属性，如画笔大小、模式、不透明度和流量进行相应的设置，经过相关属性的设置后，使用仿制图章工具所得到的效果也会有所不同。

8.3.3 图案图章工具

　　图案图章工具可以用定义好的图案来复制图像，它能在目标图像上连续绘制出选定区域的图像。选取工具箱中的图案图章工具后，其工具属性栏如图 8-26 所示。

图 8-26 图案图章工具属性栏

　　图案图章工具的属性栏中各选项的主要含义如下：

　　1 对齐：选中该复选框后，可以保持图案与原始起点的连续性，即使多次单击鼠标也不例外；取消选中该复选框后，则每次单击鼠标都重新应用图案。

2 印象派效果：选中该复选框，则对图像产生模糊、朦胧化的印象派效果。

8.3.4　运用图案图章工具复制图像

图案图章工具属性栏与仿制图章工具属性栏二者不同的是，图案图章工具只对当前图层起作用。下面为读者详细介绍运用图案图章工具复制图案的操作方法。

素材文件	光盘 \ 素材 \ 第 8 章 \ 金蛋 .jpg、彩绘 .jpg
效果文件	光盘 \ 效果 \ 第 8 章 \ 彩绘金蛋 .jpg
视频文件	光盘 \ 视频 \ 第 8 章 \8.3.4 运用图案图章工具复制图像 .mp4

实战　彩绘金蛋

步骤　01　打开本书配套光盘中的"素材 \ 第 8 章 \ 金蛋 .jpg、彩绘 .psd"文件，如图 8-27 所示。

步骤　02　选择"彩绘"图像编辑窗口为当前窗口，单击"编辑" | "定义图案"命令，弹出"图案名称"对话框，设置"名称"为"彩绘"，如图 8-28 所示。

图 8-27 素材图像

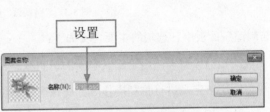

图 8-28 设置"名称"选项

步骤　03　单击"确定"按钮，即可定义图案，切换至"金蛋"图像编辑窗口，选取工具箱中的图案图章工具，在工具属性栏中，设置画笔"大小"为 100，选择"图案"为"彩绘"，如图 8-29 所示。

步骤　04　移动鼠标至图像编辑窗口中适当位置处，单击鼠标左键并拖曳，即可使用图案图章工具复制图像，效果如图 8-30 所示。

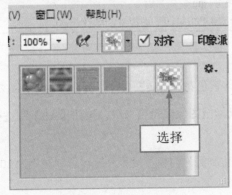

图 8-29 选择花瓣图案

图 8-30 最终效果

8.3.5 "仿制源"面板

通过设置"仿制源"面板中各选项，可以复制出大小不同，形状各异的图像。单击"窗口"|"仿制源"命令，展开"仿制源"面板，如图 8-31 所示。

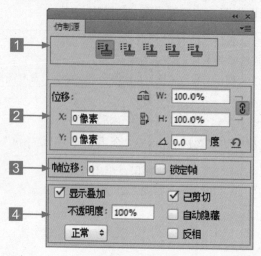

图 8-31 "仿制源"面板

"仿制源"面板中各选项的主要含义如下：

1 "仿制源"按钮组：用于定义不同的仿制源。

2 位移：用于定义进行仿制操作时，图像产生的位移、旋转角度、缩放比例等情况。

3 帧位移：用于处理仿制动画。

4 状态：用于定义进行仿制时显示的状态。

8.3.6 运用"仿制源"面板复制图像

使用"仿制源"面板可以创建多个仿制源，下面为读者详细介绍运用"仿制源"面板复制图案的操作方法。

素材文件	光盘 \ 素材 \ 第 8 章 \ 紫色花朵 .jpg
效果文件	光盘 \ 效果 \ 第 8 章 \ 紫色花朵 .jpg
视频文件	光盘 \ 视频 \ 第 8 章 \8.3.6 运用"仿制源"面板复制图像 .mp4

实战 紫色花朵

步骤 01 打开本书配套光盘中的"素材 \ 第 8 章 \ 紫色花朵 .jpg"文件，如图 8-32 所示。

步骤 02 选取工具箱中的仿制图章工具，移动鼠标至图像编辑窗口中，按住【Alt】键进行取样，如图 8-33 所示。

步骤 03 单击"窗口"|"仿制源"命令，展开"仿制源"面板，设置"旋转仿制源"为 20 度，如图 8-34 所示。

步骤 04 移动鼠标至图像编辑窗口中，单击鼠标左键并拖曳，效果如图 8-35 所示。

图 8-32 素材图像

图 8-33 进行取样

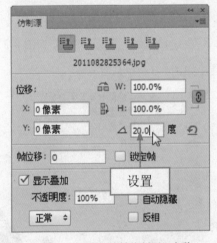

图 8-34 设置"旋转仿制源"参数

图 8-35 最终效果

8.4 图像的修复和修补

　　运用各种修饰工具,可以将图像中的污点或瑕疵处理掉,使图像的效果更加美观。本节主要向读者介绍污点修复画笔工具、修复画笔工具、修补工具以及红眼工具修复图像的操作方法。

8.4.1 污点修复画笔工具

　　污点修复画笔工具可以自动进行像素的取样,选取工具箱中的污点修复画笔工具,其工具属性栏如图 8-36 所示。

图 8-36 污点修复画笔工具属性栏

污点修复画笔工具属性栏中的各选项的主要含义如下:

1 模式：在该列表框中可以设置修复图像与目标图像之间的混合方式。

2 近似匹配：选中该单选按钮后，在修复图像时，将根据当前图像周围的像素来修复瑕疵。

3 创建纹理：选中该单选按钮后，在修复图像时，将根据当前图像周围的纹理自动创建一个相似的纹理，从而在修复瑕疵的同时保证不改变原图像的纹理。

4 内容识别：选中该单选按钮后，在修复图像时，将根据当前图像的内容识别像素并自动填充。

8.4.2 运用污点修复画笔工具修复图像

污点画笔工具只需在图像中有杂色或污渍的地方单击鼠标左键拖曳，进行涂抹即可修复图像。下面为读者详细介绍运用污点修复画笔工具修复图像的操作方法。

	素材文件	光盘\素材\第8章\海鲜碱面.jpg
	效果文件	光盘\效果\第8章\海鲜碱面.jpg
	视频文件	光盘\视频\第8章\8.4.2 运用污点修复画笔工具修复图像.mp4

实战	海鲜碱面

步骤 01 打开本书配套光盘中的"素材\第8章\海鲜碱面.jpg"文件，如图8-37所示。

步骤 02 选取工具箱中的污点修复画笔工具，如图8-38所示。

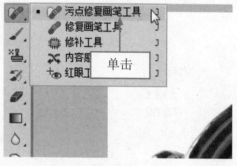

图8-37 素材图像

图8-38 选取污点修复画笔工具

步骤 03 移动鼠标至图像编辑窗口中的合适位置，单击鼠标左键并拖曳，对图像进行涂抹，鼠标涂抹过的区域呈黑色显示，如图8-39所示。

步骤 04 释放鼠标左键，即可使用污点修复画笔工具修复图像，效果如图8-40所示。

图8-39 涂抹图像

图8-40 最终效果

专家指点

　　Photoshop CC 中的污点修复画笔工具能够自动分析鼠标单击处及周围图像的不透明度、颜色与质感，从而进行采样与修复操作。

8.4.3 修复画笔工具

　　修复画笔工具在修饰小部分图像时会经常用到。选取工具箱中的修复画笔工具，其工具属性栏如图 8-41 所示。

图 8-41 修复画笔工具属性栏

修复画笔工具属性栏中的各选项的主要含义如下：

1 模式：在列表框中可以设置修复图像的混合模式。

2 源：设置用于修复像素的源。选中"取样"单选按钮，可以从图像的像素上取样；选中"图案"单选按钮，则可以在图案列表框中选择一个图案作为取样，效果类似于使用图案图章绘制图案。

3 对齐：选中该复选框，可以对像素进行连续取样，在修复过程中，取样点随修复位置的移动而变化；取消选中该复选框，则在修复过程中始终以一个取样点为起始点。

4 样本：用来设置从指定的图层中进行数据取样；如果要从当前图层及其下方的可见图层中取样，可以选择"当前和下方图层"选项；如果仅从当前图层中取样，可以选择"当前图层"选项；如果要从所有可见图层中的取样，可选择"所有图层"选项。

8.4.4 运用修复画笔工具修复图像

　　在使用"修复画笔工具"时，应先对图像进行取样，然后将取样的图像填充到要修复的目标区域，使修复的区域和周围的图像相融合，还可以将所选择的图案应用到要修复的图像区域中。下面为读者详细介绍运用修复画笔工具修复图像的操作方法。

	素材文件	光盘 \ 素材 \ 第 8 章 \ 修复画笔 .jpg
	效果文件	光盘 \ 效果 \ 第 8 章 \ 修复画笔 .jpg
	视频文件	光盘 \ 视频 \ 第 8 章 \8.4.4 运用修复画笔工具修复图像 .mp4

实战 修复画笔

步骤 01 打开本书配套光盘中的"素材 \ 第 8 章 \ 修复画笔 .jpg"文件，如图 8-42 所示。

步骤 02 选取工具箱中的修复画笔工具，如图 8-43 所示。

步骤 03 将鼠标指针移至图像窗口中小腿处，按住【Alt】键的同时单击鼠标左键进行取样，如图 8-44 所示。

步骤 04 释放鼠标左键，将鼠标指针移至小腿瑕疵处，按住鼠标左键并拖曳，至合适位置后释放鼠标，反复操作，即可修复图像，效果如图 8-45 所示。

图 8-42 素材图像

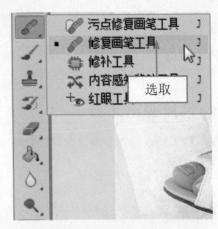

图 8-43 选取修复画笔工具

图 8-44 进行取样

图 8-45 最终效果

专家指点

运用修复画笔工具 修复图像时，先将素材图像放大，然后再进行修复，可以使操作更精确。

8.4.5 修补工具

通过修补工具可以用其他区域或图案中的像素来修复选区内的图像。选取工具箱中的修补工具，其工具属性栏如图 8-46 所示。

图 8-46 修补工具属性栏

修补工具属性栏中各选项的主要含义如下：

1 运算按钮：是针对应用创建选区的工具进行的操作，可以对选区进行添加等操作。

② 修补：用来设置修补方式，选中"源"单选按钮，当将选区拖曳至要修补的区域以后，释放鼠标左键就会用当前选区中的图像修补原来选中的内容；选中"目标"单选按钮，则会将选中的图像复制到目标区域。

③ 透明：该复选框用于设置所修复图像的透明度。

④ 使用图案：选中该复选框后，可以应用图案对所选区域进行修复。

8.4.6 运用修补工具修补图像

修补工具与修复画笔工具一样，能够将样本像素的纹理、光照和阴影与原像素进行匹配。下面为读者详细介绍运用修补工具修补图像的操作方法。

	素材文件	光盘 \ 素材 \ 第 8 章 \ 心型礼盒 .jpg
	效果文件	光盘 \ 效果 \ 第 8 章 \ 心型礼盒 .jpg
	视频文件	光盘 \ 视频 \ 第 8 章 \8.4.6 运用修补工具修补图像 .mp4

实战 心型礼盒

步骤 01 打开本书配套光盘中的"素材 \ 第 8 章 \ 心型礼盒 .jpg"文件，如图 8-47 所示。

步骤 02 选取工具箱中的修补工具，如图 8-48 所示。

图 8-47 素材图像　　　　　　　图 8-48 选取修补工具

步骤 03 移动鼠标至图像编辑窗口中，在需要修补的位置单击鼠标左键并拖曳，创建一个选区，如图 8-49 所示。

步骤 04 单击鼠标左键并拖曳选区至图像颜色相近的位置，如图 8-50 所示。

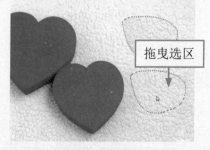

图 8-49 创建选区　　　　　　　图 8-50 拖曳选区

步骤 05 释放鼠标左键，即可完成修补操作，单击"选择"|"取消选择"命令，取消选区，效果如图 8-51 所示。

图 8-51 最终效果

8.4.7　红眼工具

　　红眼工具是一个专用于修饰数码照片的工具。选取工具箱中的红眼工具,其工具属性栏如图 8-52 所示。

图 8-52 红眼工具属性栏

红眼工具属性栏中各选项的主要含义如下:

1 瞳孔大小:可以设置红眼图像的大小。

2 变暗量:可以设置去除红眼后瞳孔变暗程度,数值越大,则去除红眼后的瞳孔越暗。

8.4.8　运用红眼工具去除红眼

　　在 Photoshop CC 中,红眼工具常用于去除人物或动物照片中的红眼。下面为读者详细介绍运用红眼工具去除红眼的操作方法。

	素材文件	光盘 \ 素材 \ 第 8 章 \ 可爱猫咪 .psd
	效果文件	光盘 \ 效果 \ 第 8 章 \ 可爱猫咪 .jpg
	视频文件	光盘 \ 视频 \ 第 8 章 \8.4.8 运用红眼工具去除红眼 .mp4

实战 可爱猫咪

步骤 01 打开本书配套光盘中的"素材\第8章\可爱猫咪.psd"文件,如图8-53所示。

步骤 02 选取工具箱中的红眼工具,如图8-54所示。

图 8-53 素材图像　　　　　　　　　　　图 8-54 选取红眼工具

步骤 03 移动鼠标至图像编辑窗口中,在猫咪的眼睛上单击鼠标左键,即可去除红眼,如图8-55所示。

步骤 04 用上述同样的方法,在另外一只眼睛部位单击鼠标左键,修复另一只眼睛,效果如图8-56所示。

图 8-55 去除红眼　　　　　　　　　　　图 8-56 最终效果

 专家指点

　　红眼工具可以说是专门为去除照片中的红眼而设立的,但需要注意的是,这并不代表该工具仅能对照片中的红眼进行处理,对于其他较为细小的东西,用户同样可以使用该工具来修改色彩。

8.5 图像的恢复

　　在 Photoshop CC 中,可以利用恢复图像工具恢复编辑过程中某一步骤,或者是某一部分。本节主要向读者介绍历史记录画笔和历史记录艺术画笔的操作方法。

8.5.1 运用历史记录画笔工具恢复图像

历史记录画笔工具可以将图像恢复到编辑过程中的某一步骤状态，或者将部分图像恢复为原样，该工具需要配合"历史记录"面板一同使用。

在 Photoshop CC 中，用户可以根据需要，利用历史记录画笔工具，还原编辑过程中某一步操作或某一部分图像。图 8-57 所示为高斯模糊后，运用历史记录画笔工具恢复部分图像。

图 8-57 运用历史记录画笔工具恢复部分图像

8.5.2 运用历史记录艺术画笔工具绘制图像

历史记录艺术画笔工具与历史记录画笔的工作方式完全相同，但它在恢复图像的同时会进行艺术化处理，创建出独具特色的艺术效果。选取工具箱中的历史记录艺术画笔工具，其工具属性栏如图 8-58 所示。

图 8-58 历史记录艺术画笔工具属性栏

历史记录艺术画笔工具属性栏中各选项的主要含义如下：

1 样式：可以选择一个选项来控制绘画描边的形状，包括"绷紧短"、"绷紧中"和"绷紧长"等。

2 区域：用来设置绘画描边所覆盖的区域，该值越高，覆盖的区域越大，描边的数量也越多。

③ 容差：容差值可以限定可应用绘画描边的区域，低容差可用于在图像中的任何地方绘制无数条描边，高容差会将绘画描边限定在与源状态或快照中的颜色明显不同的区域。

在 Photoshop CC 中，用户可以根据需要，利用历史记录艺术画笔工具，在恢复图像的同时创建出独具特色的艺术效果，如图 8-59 所示为运用历史记录艺术画笔工具绘制图像的前后对比。

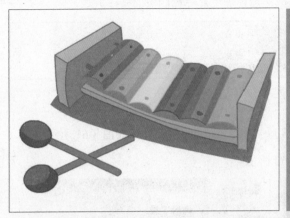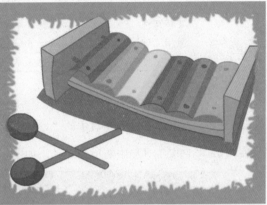

图 8-59 运用历史记录画笔工具恢复部分图像

8.6 图像的修饰

修饰图像是指通过设置画笔笔触参数，在图像上涂抹以修饰图像中的细节部分，修饰图像工具包括模糊工具、锐化工具以及涂抹工具。本节主要向读者介绍使用各种修饰图像工具修饰图像的操作方法。

8.6.1 模糊工具

模糊工具可以将突出的色彩打散。选取工具箱中的模糊工具后，其工具属性栏如图 8-60 所示。

图 8-60 模糊工具属性栏

模糊工具的工具属性栏中各选项的主要含义如下：

① "画笔预设" 选取器：在 "画笔预设" 选取器中选择一个合适的画笔，选择的画笔越大，图像被模糊的区域也越大。

② 模式：可在该列表框中选择操作时所需的混合模式选项，它的作用与图层混合模式相同。

③ 强度：可以控制模糊工具的强度。

④ 对所有图层取样：选中 "对所有图层取样" 复选框，模糊操作应用在其他图层中，否则，

操作效果只作用在当前图层中。

8.6.2 运用模糊工具模糊图像

在 Photoshop CC 中，使用模糊工具可以使得僵硬的图像边界变得柔和，颜色的过渡变得平缓、自然，模糊过于锐利的图像。下面为读者详细介绍运用模糊工具模糊图像的操作方法。

素材文件	光盘 \ 素材 \ 第 8 章 \ 海洋公园 .jpg
效果文件	光盘 \ 效果 \ 第 8 章 \ 海洋公园 .jpg
视频文件	光盘 \ 视频 \ 第 8 章 \8.6.2 运用模糊工具模糊图像 .mp4

实战 海洋公园

步骤 01 打开本书配套光盘中的"素材 \ 第 8 章 \ 海洋公园 .jpg"文件，如图 8-61 所示。

步骤 02 选取工具箱中的模糊工具，如图 8-62 所示。

图 8-61 素材图像　　　　　　　　　　　　图 8-62 选取模糊工具

步骤 03 在模糊工具属性栏中，设置"大小"为 70 像素，如图 8-63 所示。

步骤 04 将鼠标指针移至素材图像上，单击鼠标左键在图像上进行涂抹，即可模糊图像，效果如图 8-64 所示。

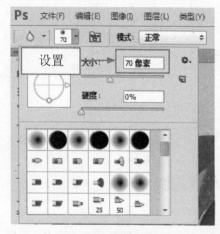 

图 8-63 设置相应参数　　　　　　　　　　图 8-64 最终效果

专家指点

许多初学者会认为使用了锐化工具后再来使用模糊工具，或者使用了模糊工具后再使用锐化工具，就可以使图像恢复到原来的状态，而事实上，即使设置相同的参数，涂抹相同的位置，也仍然无法回到原图像的效果。原因就在于，这里的任何一种操作都使图像信息都受到了一定程度的损失，因此使用相对应的方法或者工具并不能将其还原，也就是说这两种工具并不是可逆的。

8.6.3 锐化工具

锐化工具的作用与模糊工具的作用刚好相反，它用于锐化图像的部分像素，使这部分更清晰。选取工具箱中的锐化工具，其工具属性栏如图 8-65 所示。

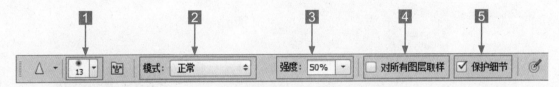

图 8-65 锐化工具属性栏

锐化工具的工具属性栏中各选项的主要含义如下：

1 "画笔预设"选取器：用于选择合适的画笔，画笔越大，被锐化的区域就越大。

2 模式：用于设置锐化图像时的混合模式。

3 强度：用于控制锐化图像时的压力值，设置的数值越大，锐化的程度就越强。

4 对所有图层取样：选中该复选框，锐化效果将对所有图层中的图像起作用，否则，只作用于当前图层。

5 保护细节：选中该复选框，可以使图像更加清晰。

8.6.4 运用锐化工具清晰图像

锐化工具用于锐化图像的部分像素，使图像更加清晰，使用锐化工具可增加相邻像素的对比度，将较软的边缘明显化，使图像聚焦。下面为读者详细介绍运用锐化工具清晰图像的操作方法。

	素材文件	光盘 \ 素材 \ 第 8 章 \ 新生嫩芽 .jpg
	效果文件	光盘 \ 效果 \ 第 8 章 \ 新生嫩芽 .jpg
	视频文件	光盘 \ 视频 \ 第 8 章 \8.6.4 运用锐化工具清晰图像 .mp4

实战 新生嫩芽

步骤 01 打开本书配套光盘中的"素材 \ 第 8 章 \ 新生嫩芽 .jpg"文件，如图 8-66 所示。

步骤 02 选取工具箱中的锐化工具，如图 8-67 所示。

步骤 03 在锐化工具属性栏中，设置"大小"为 70 像素，如图 8-68 所示。

步骤 04 将鼠标指针移至素材图像上，单击鼠标左键在图像上进行涂抹，即可锐化图像，效果如图 8-69 所示。

图 8-66 素材图像

图 8-67 选取锐化工具

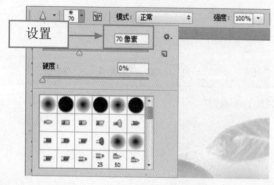

图 8-68 设置相应参数

图 8-69 最终效果

专家指点

　　锐化工具可增加相邻像素的对比度，将较软的边缘明显化，使图像聚焦。此工具不适合过渡使用，因为将会导致图像严重失真。

8.6.5 涂抹工具

　　涂抹工具可以用来混合颜色。选取工具箱中的涂抹工具后，其工具属性栏如图 8-70 所示。

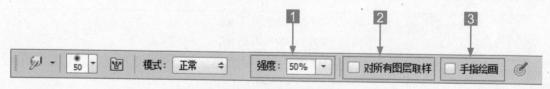

图 8-70 涂抹工具属性栏

　　涂抹工具的工具属性栏中各选项的主要含义如下：

　　1 强度：用来控制手指作用在画面上的工作力度。默认的"强度"为 50%，"强度"数值越大，手指拖出的线条就越长，反之则越短。如果"强度"设置为 100% 时，则可拖出无限长的线条来，直至松开鼠标左键。

　　2 对所有图像取样：选中该工具属性栏中的"对所有图像取样"复选框，可以对所有图层中的颜色进行涂抹，取消选择该复选框，则只对当前图层的颜色进行涂抹。

3 手绘画：选中"手指绘画"复选框，可以从起点描边处使用前景色进行涂抹，取消选择该复选框，则涂抹工具只会在起点描边处用所指定的颜色进行涂抹。

8.6.6 运用涂抹工具混合图像颜色

在 Photoshop CC 中，使用涂抹工具，可以从鼠标单击处开始，将涂抹工具与鼠标指针经过处的颜色混合。下面为读者详细介绍运用涂抹工具混合图像颜色的操作方法。

素材文件	光盘 \ 素材 \ 第 8 章 \ 田间少女 .jpg
效果文件	光盘 \ 效果 \ 第 8 章 \ 田间少女 .jpg
视频文件	光盘 \ 视频 \ 第 8 章 \8.6.6 运用涂抹工具混合图像颜色 .mp4

实战 田间少女

步骤 01 打开本书配套光盘中的"素材 \ 第 8 章 \ 田间少女 .jpg"文件，如图 8-71 所示。

步骤 02 选取工具箱中的涂抹工具，如图 8-72 所示。

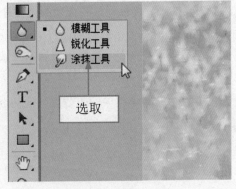

图 8-71 素材图像　　　　　　　　　　图 8-72 选取涂抹工具

步骤 03 在涂抹工具属性栏中，设置"大小"为 30 像素，如图 8-73 所示。

步骤 04 将鼠标指针移至素材图像上，单击鼠标左键在图像上进行涂抹，即可混合图像颜色，效果如图 8-74 所示。

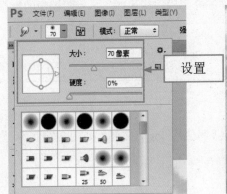

图 8-73 设置相应参数　　　　　　　　　　图 8-74 最终效果

8.7 清除图像的工具

清除图像的工具一共有 3 种，分别是橡皮擦工具、背景橡皮擦工具、魔术橡皮擦工具。橡皮擦工具和魔术橡皮擦工具可以将图像区域擦除为透明或用背景色填充；背景色橡皮擦工具可以将图层擦除为透明的图层。本节主要向读者介绍使用各种清除图像工具清除图像的操作方法。

8.7.1 橡皮擦工具

橡皮擦工具可以擦除图像。选取工具箱中的橡皮擦工具后，其工具属性栏如图 8-75 所示。

图 8-75 橡皮擦工具属性栏

橡皮擦工具的工具属性栏中各选项的主要含义如下：

1 模式：在该列表框中选择的橡皮擦类型有画笔、铅笔和块。当选择不同的橡皮擦类型时，工具属性栏也不同，选择"画笔"、"铅笔"选项时，与画笔和铅笔工具的用法相似，只是绘画和擦除的区别；选择"块"选项，就是一个方形的橡皮擦。

2 不透明度：在数值框中输入数值或拖动滑块，可以设置橡皮擦的不透明度。

3 流量：用来控制工具的涂抹速度。

4 "启用喷枪样式的建立效果"按钮：单击"启用喷枪样式的建立效果"按钮，将以喷枪工具的作图模式进行擦除。

5 抹到历史记录：选中此复选框后，将橡皮擦工具移动到图像上时则变成图案，可以将图像恢复到历史面板中任何一个状态或图像的任何一个"快照"。

8.7.2 运用橡皮擦工具擦除图像

橡皮擦工具处理"背景"图层或锁定了透明区域的图层，涂抹区域则会显示为背景色；处理其他图层时，可以擦除涂抹区域的像素。下面为读者详细介绍运用橡皮擦工具擦除图像的操作方法。

素材文件	光盘＼素材＼第 8 章＼明信片 .jpg
效果文件	光盘＼效果＼第 8 章＼明信片 .jpg
视频文件	光盘＼视频＼第 8 章＼8.7.2 运用橡皮擦工具擦除图像 .mp4

实战 明信片

步骤 **01** 打开本书配套光盘中的"素材＼第 8 章＼明信片 .jpg"文件，如图 8-76 所示。

步骤 **02** 选取工具箱中橡皮擦工具，设置背景色为白色（RGB 参数值分别为 255、255、255），如图 8-77 所示。

图 8-76 素材图像　　　　　　　　　　　图 8-77 设置背景色为白色

步骤 03 在橡皮擦工具属性栏中，设置"大小"为 50 像素，如图 8-78 所示。

步骤 04 移动鼠标至图像编辑窗口中，单击鼠标左键，将文字区域擦除，被擦除的区域以白色填充，效果如图 8-79 所示。

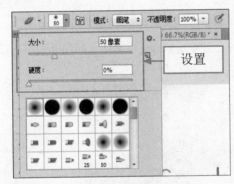

图 8-78 设置相应参数　　　　　　　　　　图 8-79 最终效果

8.7.3 背景橡皮擦工具

背景橡皮擦工具主要用于擦除图像的背景区域。选取工具箱中的背景橡皮擦工具后，其工具属性栏如图 8-80 所示。

图 8-80 背景橡皮擦工具属性栏

背景橡皮擦工具的工具属性栏中各选项的主要含义如下：

1 取样：主要用于设置清除颜色的方式，若选择"取样：连续"按钮 ，则在擦除图像时，会随着鼠标地移动进行连续的颜色取样，并进行擦除，因此，该按钮可以用于擦除连续区域中的不同颜色；若选择"取样：一次"按钮 ，则只擦除第一次单击取样的颜色区域；若选择"取样：背景色板"按钮 ，则会擦除包含背景颜色的图像区域。

2 限制：主要用于设置擦除颜色的限制方式，在该选项的列表框中，若选择"不连续"选项，则可以擦除图层中的任何一个位置的颜色；若选择"连续"选项，则可以擦除取样点与取样点相互连接的颜色；若选择"查找边缘"选项，在擦除取样点与取样点相连的颜色的同时，还可以较好的保留与擦除位置颜色反差较大的边缘轮廓。

③ 容差：主要用于控制擦除颜色的范围区域，数值越大，擦除的颜色范围就越大，反之，则越小。

④ 保护前景色：选中该复选框，在擦除图像时可以保护与前景色相同的颜色区域。

8.7.4　运用背景橡皮擦工具擦除背景

背景橡皮擦工具擦除的图像以透明效果进行显示，其擦除功能非常灵活。下面为读者详细介绍运用背景橡皮擦工具擦除背景的操作方法。

素材文件	光盘 \ 素材 \ 第 8 章 \ 可爱玩偶 .jpg
效果文件	光盘 \ 效果 \ 第 8 章 \ 可爱玩偶 .jpg
视频文件	光盘 \ 视频 \ 第 8 章 \8.7.4 运用背景橡皮擦工具擦除背景 .mp4

实战 可爱玩偶

步骤 01 打开本书配套光盘中的"素材 \ 第 8 章 \ 可爱玩偶 .jpg"文件，如图 8-81 所示。

步骤 02 选取工具箱中的背景橡皮擦工具，如图 8-82 所示。

图 8-81 素材图像　　　　　图 8-82 选取背景橡皮擦工具

步骤 03 在背景橡皮擦工具属性栏中，设置"大小"为 360 像素、"硬度"为 100%、"间距"为 1%、"圆度"为 100%，"取样"为一次，如图 8-83 所示。

步骤 04 在图像编辑窗口中，按【Alt】键的同时单击鼠标左键在白色区域取样，涂抹图像，效果如图 8-84 所示。

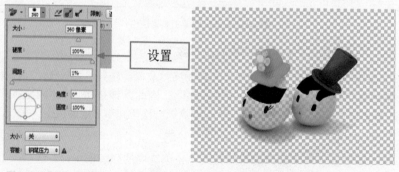

图 8-83 设置相应参数　　　　　图 8-84 最终效果

8.7.5 魔术橡皮擦工具

选取工具箱中的魔术橡皮擦工具后，其工具属性栏如图 8-85 所示。

图 8-85 魔术橡皮擦工具属性栏

魔术橡皮擦工具的工具属性栏中各选项的主要含义如下：

1 容差：该文本框中的数值越大代表可擦除范围越广。

2 消除锯齿：选中该复选框可以使擦除后图像的边缘保持平滑。

3 连续：选中该复选框后，可以一次性擦除"容差"数值范围内的相同或相邻的颜色。

4 对所有图层取样：该复选框与 Photoshop CC 中的图层有关，当选中此复选框后，所使用的工具对所有的图层都起作用，而不是只针对当前操作的图层。

5 不透明度：该数值用于指定擦除的强度，数值为 100% 则将完全抹除像素。

8.7.6 运用魔术橡皮擦工具擦除图像

使用魔术橡皮擦工具，可以自动擦除当前图层中与选区颜色相近的像素。下面为读者详细介绍运用魔术橡皮擦工具擦除图像的操作方法。

素材文件	光盘 \ 素材 \ 第 8 章 \ 时尚吊坠 .jpg	
效果文件	光盘 \ 效果 \ 第 8 章 \ 时尚吊坠 .jpg	
视频文件	光盘 \ 视频 \ 第 8 章 \8.7.6 运用魔术橡皮擦工具擦除图像 .mp4	

实战 时尚吊坠

步骤 01 打开本书配套光盘中的"素材 \ 第 8 章 \ 时尚吊坠 .jpg"文件，如图 8-86 所示。

步骤 02 选取工具箱中魔术橡皮擦工具，如图 8-87 所示。

图 8-86 素材图像

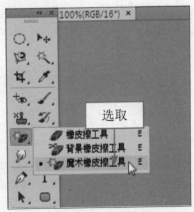

图 8-87 选取魔术橡皮擦工具

步骤 03 执行上述操作后，在图像编辑窗口中单击鼠标左键，即可擦除图像，效果如图 8-88 所示。

图 8-88 最终效果

 专家指点

运用魔术橡皮擦工具可以擦除图像中所有与鼠标单击颜色相近的像素，当在被锁定透明像素的普通图层中擦除图像时，被擦除的图像将更改为背景色；当在背景图层或普通图层中擦除图像时，被擦除的图像将显示为透明色。

8.8 图像的调色

调色工具包括减淡工具、加深工具和海绵工具 3 种，其中减淡工具和加深工具是用于调节图像特定区域的传统工具，海绵工具可以精确地更改选取图像的色彩饱和度。本节主要向读者介绍使用各种调色图像工具调色图像的操作方法。

8.8.1 减淡工具

使用减淡工具可以加亮图像的局部，通过提高图像选区的亮度来校正曝光。选取工具箱中的减淡工具，其工具属性栏如图 8-89 所示。

图 8-89 减淡工具属性栏

减淡工具的工具属性栏中各选项的主要含义如下：

1 范围：用于设置处理不同色调的图像区域，此列表框中包括"暗调"、"中间调"、"高光" 3 个选项。选择"暗调"选项，则对图像暗部区域的像素进行颜色减淡；选择"中间调"选项，则对图像的中间色调区域进行颜色减淡；选择"中间调"选项，则对图像的亮部区域的像素进行颜色减淡。

2 曝光度：在该文本框中设置值越高，减淡工具的使用效果就越明显。

3 保护色调：如果希望操作后图像的色调不发生变化，选中该复选框即可。

8.8.2 运用减淡工具加亮图像

在 Photoshop CC 中，减淡工具常用于修饰人物照片与静物照片。下面为读者详细介绍运用减淡工具加亮图像的操作方法。

素材文件	光盘 \ 素材 \ 第 8 章 \ 夏日晴空 .jpg
效果文件	光盘 \ 效果 \ 第 8 章 \ 夏日晴空 .jpg
视频文件	光盘 \ 视频 \ 第 8 章 \8.8.2 运用减淡工具加亮图像 .mp4

实战 夏日晴空

步骤 01 打开本书配套光盘中的"素材 \ 第 8 章 \ 夏日晴空 .jpg"文件，如图 8-90 所示。

步骤 02 选取工具箱中的减淡工具，在工具属性栏中，设置"画笔"为"柔边圆"、"大小"为 200 像素、"范围"为"中间调"、"曝光度"为 50%，选中"保护色调"复选框，将鼠标指针移至图像编辑窗口中，单击鼠标左键并拖曳，涂抹图像，即可提高图像的亮度，效果如图 8-91 所示。

图 8-90 素材图像

图 8-91 最终效果

8.8.3 运用加深工具调暗图像

在 Photoshop CC 中，加深工具与减淡工具恰恰相反，可使图像中被操作的区域变暗，其工具属性栏及操作方法与减淡工具相同。下面为读者详细介绍运用加深工具调暗图像的操作方法。

素材文件	光盘 \ 素材 \ 第 8 章 \ 街道夜景 .jpg
效果文件	光盘 \ 效果 \ 第 8 章 \ 街道夜景 .jpg
视频文件	光盘 \ 视频 \ 第 8 章 \8.8.3 运用加深工具调暗图像 .mp4

实战 街道夜景

步骤 01 打开本书配套光盘中的"素材 \ 第 8 章 \ 街道夜景 .jpg"文件，如图 8-92 所示。

步骤 02 选取工具箱中的加深工具，设置"曝光度"为 50%，在"范围"列表框中选择"中间调"选项，如图 8-93 所示。

图 8-92 素材图像

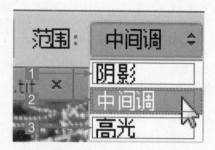

图 8-93 选择"中间调"选项

"范围"列表框中各选项的主要含义如下：

1 阴影：选择该选项表示对图像暗部区域的像素加深或减淡。

2 中间调：选择该选项表示对图像中间色调区域加深或减淡。

3 高光：选择该选项表示对图像亮度区域的像素加深或减淡。

步骤 03 在图像编辑窗口中涂抹，即可调暗图像，效果如图 8-94 所示。

图 8-94 最终效果

8.8.4 海绵工具

海绵工具为色彩饱和度调整工具。选取工具箱中的海绵工具后，其工具属性栏如图 8-95 所示。

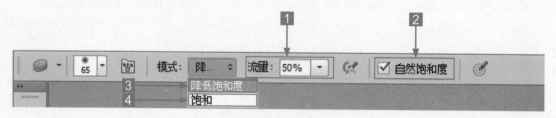

图 8-95 海绵工具属性栏

海绵工具的工具属性栏中各选项的主要含义如下：

1 流量：在数值框中输入数值或直接拖曳滑块，可以用于调整饱和度的更改速率，数值越大，效果越快越明显。

2 "自然饱和度"：选中该复选框可增加图像中的饱和度。

3 "降低饱和度"：选择该选项可减少图像中某部分的饱和度。

4 "饱和"：选择该选项可增加图像中某部分的饱和度。

8.8.5 运用海绵工具调整图像

在 Photoshop CC 中，使用海绵工具可以精确地更改选区图像的色彩饱和度。下面为读者详细介绍运用海绵工具调整图像的操作方法。

素材文件	光盘 \ 素材 \ 第 8 章 \ 南极企鹅 .jpg	
效果文件	光盘 \ 效果 \ 第 8 章 \ 南极企鹅 .jpg	
视频文件	光盘 \ 视频 \ 第 8 章 \8.8.5 运用海绵工具调整图像 .mp4	

实战 南极企鹅

步骤 01 打开本书配套光盘中的"素材 \ 第 8 章 \ 南极企鹅 .jpg"文件，如图 8-96 所示。

步骤 02 选取工具箱中的海绵工具，如图 8-97 所示。

图 8-96 素材图像　　　　　图 8-97 选取海绵工具

步骤 03 在海绵工具属性栏中，设置"流量"为 70%，如图 8-98 所示。

步骤 04 在图像编辑窗口中涂抹，即可调整图像，效果如图 8-99 所示。

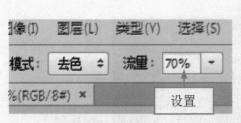

图 8-98 设置"流量"为 70%　　　　　图 8-99 最终效果

09 文字的输入与特效制作

学习提示

　　在图像设计中，文字的使用是非常广泛的，通过对文字进行编排与设计，不但能够更加有效地突出设计主题，而且可以对图像起到美化的作用。本章主要向读者讲述与文字处理相关的知识，包括点文字、段落文字和路径文字的编辑。

本章案例导航

- 实战——放飞梦想
- 实战——蓝色空间
- 实战——蔚蓝的海
- 实战——绿水青山
- 实战——幸福像花
- 实战——美味冰淇淋

- 实战——绿色生活
- 实战——假日时光
- 实战——天鹅湖
- 实战——宇宙极光
- 实战——自然风光
- 实战——乐符悠扬

- 实战——蜗牛的夏天
- 实战——碧空如洗
- 实战——潮起潮落
- 实战——蓝色水晶球
- 实战——侧耳倾听
- 实战——彩虹瀑布

9.1 文字的介绍

文字是多数设计作品尤其是商业作品中不可或缺的重要元素，有时甚至在作品中起着主导作用，Photoshop 除了提供丰富的文字属性设计及版式编排功能外，还允许对文字的形状进行编辑，以便制作出更多、更丰富的文字效果。本节将详细介绍文字的相关基础知识。

9.1.1 文字的类型

对文字进行艺术化处理是 Photoshop 的强项之一。Photoshop 中的文字是以数学方式定义的形状组成的，在将文字栅格化之前，Photoshop 会保留基于矢量的文字轮廓，可以任意缩放文字或调整文字大小而不会产生锯齿。

Photoshop 提供了 4 种文字类型，主要包括横排文字、直排文字、段落文字和选区文字。图 9-1 所示为 Photoshop 制作的艺术文字效果。

图 9-1 艺术文字效果

专家指点

伴随着科技的发展与进步，文字效果变得更加多样化，在报刊、杂志、图书、户外广告以及房地产标识等行业的应用也越来越广泛，掌握文字的制作方法是非常必要的。

9.1.2 文字工具属性栏

在输入文字之前，需要在工具属性栏或"字符"面板中设置字符的属性，包括字体、大小以及文字颜色等。选取工具箱中的文字工具，其工具属性栏如图 9-2 所示。

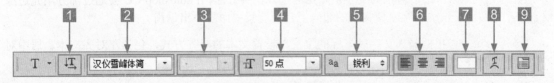

图 9-2 文字工具属性栏

文字工具的工具属性栏中各选项的主要含义如下：

1 更改文本方向：如果当前文字为横排文字，单击该按钮，即可将其转换为直排文字；如果文字为直排文字，即可将其转换为横排文字，如图 9-3 所示。

2 设置字体：在该选项列表框中，用户可以根据需要选择不同字体。

直排

又是个丰收的季节

横排

图 9-3 直排与横排的文字效果

3 字体样式：为字符设置样式，包括字距调整、Regular（规则的）、Ltalic（斜体）、Bold（粗体）和 Bold Ltalic（粗斜体），该选项只对部分英文字体有效。图 9-4 所示为设置文本字体样式后的效果。

调整前

调整后

图 9-4 设置文本字体样式

4 字体大小：可以选择字体的大小，或者直接输入数值来进行调整。

5 消除锯齿的方法：可以为文字消除锯齿选择一种方法，Photoshop CC 会通过部分填充边缘像素来产生边缘平滑的文字，使文字的边缘混合到背景中而看不出锯齿。

6 文本对齐：根据输入文字时光标的位置来设置文本的对齐方式，包括左对齐文本、居中对齐文本和右对齐文本。

7 文本颜色：单击颜色块，可以在弹出的"拾色器"对话框中设置文字的颜色。图 9-5 所示为设置文字颜色后的效果。

8 文本变形：单击该按钮，可以在打开的"变形文字"对话框中为文本添加变形样式，创建变形文字。

图 9-5 设置文字的颜色

9 显示／隐藏字符和段落面板：单击该按钮，可以显示或隐藏"字符"面板和"段落"面板。

专家指点

　　用户不仅可以在工具属性栏中设置文字的字体、字号、文字颜色以及文字样式等属性，还可以在"字符"面板中，设置文字的各种属性。

9.2 文字的输入

　　在 Photoshop CC 中，提供了 4 种文字输入工具，分别为横排文字工具、直排文字工具、横排文字蒙版工具和直排文字蒙版工具，选择不同的文字工具可以创建出不同类型的文字效果。本节主要向读者详细介绍输入文字的操作方法。

9.2.1 横排文字工具

　　横排文字是一个水平的文本行，每行文本的长度随着文字的输入而不断增加，但是不会换行。图 9-6 所示为横排文字效果。

图 9-6 横排文字效果

9.2.2 横排文字工具的运用

　　输入横排文字的方法很简单，使用工具箱中的横排文字工具或横排文字蒙版工具，即可在图像编辑窗口中输入横排文字。下面向读者详细介绍运用横排文字工具制作放飞梦想文字效果的操作方法。

素材文件	光盘 \ 素材 \ 第 9 章 \ 放飞梦想 .jpg
效果文件	光盘 \ 效果 \ 第 9 章 \ 放飞梦想 .jpg
视频文件	光盘 \ 视频 \ 第 9 章 \9.2.2 横排文字工具的运用 .mp4

实战	放飞梦想

步骤 01 打开本书配套光盘中的"素材 \ 第 9 章 \ 放飞梦想 .jpg"文件，如图 9-7 所示。

步骤 02 选取工具箱中的横排文字工具，如图 9-8 所示。

图 9-7 素材图像

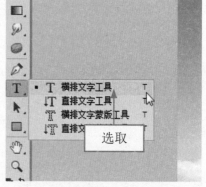

图 9-8 选取横排文字工具

步骤 03 将鼠标指针移至适当位置，在图像上单击鼠标左键，确定文字的插入点，在工具属性栏中设置"字体"为"华文行楷"、"字体大小"为 60、"颜色"为白色（RGB 参数值分别为 255、255、255），如图 9-9 所示。

步骤 04 在图像上输入相应文字，单击工具属性栏右侧的"提交所有当前编辑"按钮，即可完成横排文字的输入操作，选取工具箱中的移动工具，将文字移至合适位置，效果如图 9-10 所示。

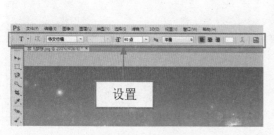

图 9-9 设置字符属性

图 9-10 最终效果

专家指点

　　在 Photoshop CC 中，在英文输入法状态下，按【T】键，也可以快速切换至横排文字工具，然后在图像编辑窗口中输入相应文本内容即可，如果输入的文字位置不能满足用户的需求，此时用户可以通过移动工具，将文字移动到相应位置即可。

9.2.3 直排工具

　　在 Photoshop CC 中，选取工具箱中的直排文字工具或直排文字蒙版工具，将鼠标指针移动到图像编辑窗口中，单击鼠标左键确定插入点，图像中出现闪烁的光标之后，即可输入文字。图 9-11 所示为直排文字效果。

图 9-11 直排文字效果

9.2.4 直排文字工具的运用

　　直排文字是一个垂直的文本行，每行文本的长度随着文字的输入而不断增加，但是不会换行。下面向读者详细介绍运用直排文字工具制作宇宙极光文字效果的操作方法。

素材文件	光盘 \ 素材 \ 第 9 章 \ 宇宙极光 .jpg
效果文件	光盘 \ 效果 \ 第 9 章 \ 宇宙极光 .jpg
视频文件	光盘 \ 视频 \ 第 9 章 \9.2.4 直排文字工具的运用 .mp4

实战 宇宙极光

步骤 01　打开本书配套光盘中的"素材 \ 第 9 章 \ 宇宙极光 .jpg"文件，如图 9-12 所示。

步骤 02　选取工具箱中的直排文字工具，如图 9-13 所示。

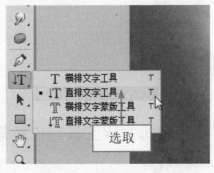

图 9-12 素材图像　　　　　　　　图 9-13 选取直排文字工具

步骤 **03** 将鼠标指针移至适当位置，在图像上单击鼠标左键，确定文字的插入点，在工具属性栏中，设置"字体"为"隶书"、"字体大小"为60点、"颜色"为蓝色（RGB 参数值分别为0、0、255），如图 9-14 所示。

步骤 **04** 在图像上输入相应文字，单击工具属性栏右侧的"提交所有当前编辑"按钮，即可完成直排文字的输入操作，选取工具箱中的移动工具，将文字移至合适位置，效果如图 9-15 所示。

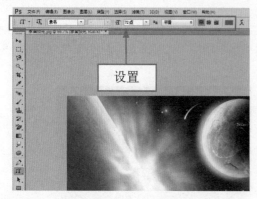 

图 9-14 设置字符属性　　　　图 9-15 最终效果

专家指点

用户不仅可以在工具属性栏中设置文字的字体，还可以在"字符"面板中设置文字的字体。

9.2.5 段落工具

段落文字是一类以段落文字定界框来确定文字的位置与换行情况的文字。图 9-16 所示为段落文字效果。

图 9-16 段落文字效果

9.2.6 运用横排文字工具制作段落文字效果

在 Photoshop CC 中，当用户改变段落文字定界框时，定界框中的文字会根据定界框的位置自动换行。下面向读者详细介绍运用横排文字工具制作段落文字效果的操作方法。

素材文件	光盘 \ 素材 \ 第 9 章 \ 蓝色空间 .jpg
效果文件	光盘 \ 效果 \ 第 9 章 \ 蓝色空间 .jpg
视频文件	光盘 \ 视频 \ 第 9 章 \9.2.6 运用横排文字工具制作段落文字效果 .mp4

实战 蓝色空间

步骤 01 打开本书配套光盘中的"素材 \ 第 9 章 \ 蓝色空间 .jpg"文件，如图 9-17 所示。

步骤 02 选取工具箱中的横排文字工具，在图像窗口中的合适位置，创建一个文本框，如图9-18 所示。

图 9-17 素材图像　　　　　　　　　　　　　图 9-18 创建文本框

步骤 03 在工具属性栏中，设置"字体"为"华文行楷"、"字体大小"为 60 点、"颜色"为蓝色（RGB 参数值分别为 2、98、250），如图 9-19 所示。

步骤 04 在图像上输入相应文字，单击工具属性栏右侧的"提交所有当前编辑"按钮，即可完成段落文字的输入操作，选取工具箱中的移动工具，将文字移至合适位置，效果如图 9-20 所示。

图 9-19 设置字符属性　　　　　　　　　　　图 9-20 最终效果

专家指点

　　段落文字是一类以段落文字文本框来确定文字位置与换行情况的文字，当用户改变段落文字的文本框时，文本框中的文本会根据文本框的位置自动换行。

9.2.7 运用文字蒙版工具创建选区文字效果

运用工具箱中的横排文字蒙版工具和直排文字蒙版工具，可以在图像编辑窗口中创建文字形状选区。图 9-21 所示为选区文字效果。

图 9-21 选区文字效果

下面向读者详细介绍运用横排文字蒙板工具制作选区文字效果的操作方法。

素材文件	光盘 \ 素材 \ 第 9 章 \ 自然风光 .jpg
效果文件	光盘 \ 效果 \ 第 9 章 \ 自然风光 .jpg
视频文件	光盘 \ 视频 \ 第 9 章 \9.2.7 运用文字蒙版工具创建选区文字效果 .mp4

实战 自然风光

步骤 01 打开本书配套光盘中的"素材 \ 第 9 章 \ 自然风光 .jpg"文件，如图 9-22 所示。

步骤 02 将鼠标光标移至工具箱，选取工具箱中的横排文字蒙版工具 T，如图 9-23 所示。

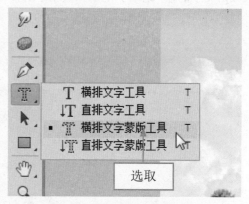

图 9-22 素材图像　　　　　　　图 9-23 选取直排文字蒙版工具

步骤 03 执行上述操作后，将鼠标指针移至图像编辑窗口中的合适位置，在图像上单击鼠标左键，确认文本输入点，此时，图像背景呈淡红色显示，如图 9-24 所示。

步骤 04 在工具属性栏中，设置"字体"为"方正舒体"、"字体大小"为 48 点，如图 9-25 所示。

图 9-24 背景呈淡红色显示

图 9-25 设置字符属性

步骤 05 输入"聆听春天的旋律",此时输入的文字呈实体显示,如图 9-26 所示。

步骤 06 按【Ctrl + Enter】组合键确认,即可创建文字选区,如图 9-27 所示。

图 9-26 输入文字

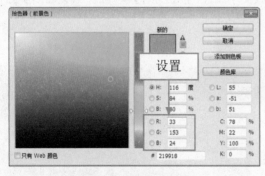

图 9-27 创建文字选区

步骤 07 新建"图层 1"图层,设置前景色为绿色(RGB 的参数值分别为 33、153、24),如图 9-28 所示。

步骤 08 按【Alt + Delete】组合键,为选区填充前景色,按【Ctrl + D】组合键,取消选区,效果如图 9-29 所示。

图 9-28 设置前景色为绿色

图 9-29 最终效果

9.3 文字属性的设置

　　文字是多数设计作品尤其是商业作品中不可或缺的重要元素,有时甚至在作品中起着主导作用,Photoshop CC 除了提供丰富的文字属性设计及版式编排功能外,还允许对文字的形状进行编辑,以便制作出更多、更丰富的文字效果。

9.3.1 设置文字属性

设置文字的属性主要是在"字符"面板中进行,在"字符"面板中可以设置字体、字体大小、字符间距以及文字倾斜等属性。下面向读者详细介绍设置文字属性的操作方法。

素材文件	光盘 \ 素材 \ 第 9 章 \ 蔚蓝的海 .psd	
效果文件	光盘 \ 效果 \ 第 9 章 \ 蔚蓝的海 .jpg	
视频文件	光盘 \ 视频 \ 第 9 章 \9.3.1 设置文字属性 .mp4	

实战 蔚蓝的海

步骤 **01** 打开本书配套光盘中的"素材 \ 第 9 章 \ 蔚蓝的海 .psd"文件,如图 9-30 所示。

步骤 **02** 在"图层"面板中,选择需要编辑的文字图层,如图 9-31 所示。

图 9-30 素材图像   图 9-31 选择文字图层

步骤 **03** 单击"窗口"|"字符"命令,展开"字符"面板,如图 9-32 所示。

步骤 **04** 设置"字符间距"为 300,即可更改文字属性,按【Enter】键确认,效果如图 9-33 所示。

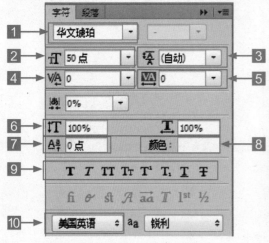

图 9-32 弹出"字符"面板   图 9-33 最终效果

"字符"属性面板的各选项主要含义如下：

1 字体：在该选项列表框中可以选择字体。

2 字体大小：可以选择字体的大小。

3 行距：行距是指文本中各个字行之间的垂直间距，同一段落的行与行之间可以设置不同的行距，但文字行中的最大行距决定了该行的行距。

4 字距微调：用来调整两个字符之间的距离。

5 字距调整：选择部分字符时，可以调整所选字符的间距。

6 水平缩放 / 垂直缩放：水平缩放用于调整字符的宽度，垂直缩放用于调整字符的高度。这两个百分比相同时，可以进行等比缩放；不相同时，则可以进行不等比缩放。

7 基线偏移：用来控制文字与基线的距离，它可以升高或降低所选文字。

8 颜色：单击颜色块，可以在打开的"拾色器"对话框，设置文字的颜色。

9 T 状按钮：T 状按钮组用来创建仿粗体、斜体等文字样式。

10 语言：可以对所选字符进行有关连字符和拼写规则的语言设置，Photoshop 使用语言词典检查连字符连接。

9.3.2 设置段落属性

设置段落的属性主要是在"段落"面板中进行，使用"段落"面板可以改变或重新定义文字的排列方式、段落缩进及段落间距等。下面向读者详细介绍设置段落属性的操作方法。

素材文件	光盘 \ 素材 \ 第 9 章 \ 乐符悠扬 .psd	
效果文件	光盘 \ 效果 \ 第 9 章 \ 乐符悠扬 .jpg	
视频文件	光盘 \ 视频 \ 第 9 章 \9.3.2 设置段落属性 .mp4	

实战 乐符悠扬

步骤 01 打开本书配套光盘中的"素材 \ 第 9 章 \ 乐符悠扬 .psd"文件，如图 9-34 所示。

步骤 02 单击"窗口"|"段落"命令，展开"段落"面板，如图 9-35 所示。

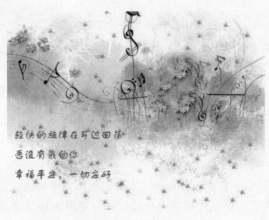

图 9-34 素材图像

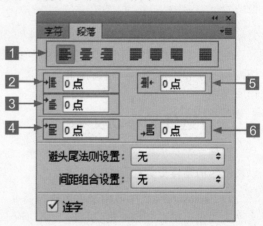

图 9-35 展开"段落"面板

"段落"对话框中各选项的主要含义如下：

1 对齐方式：对齐方式包括有左对齐文本、居中对齐文本、右对齐文本、最后一行左对齐、最后一行居中对齐、最后一行右对齐和全部对齐。

2 左缩进：设置段落的左缩进。

3 首行缩进：缩进段落中的首行文字，对于横排文字，首行缩进与左缩进有关；对于直排文字，首行缩进与顶端缩进有关，要创建首行悬挂缩进，必须输入一个负值。

4 段前添加空格：设置段落与上一行的距离，或全选文字的每一段的距离。

5 右缩进：设置段落的右缩进。

6 段后添加空格：设置每段文本后的一段距离。

步骤 03 在"段落"面板中，单击"居中对齐文本"按钮，如图 9-36 所示。

步骤 04 执行操作后，即可设置文本的段落属性，效果如图 9-37 所示。

图 9-36 单击"居中对齐文本"按钮

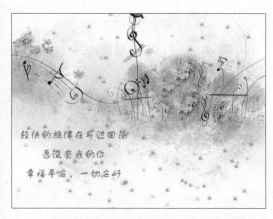

图 9-37 最终效果

9.4 文字的编辑

编辑文字是指对已经创建的文字进行编辑操作，如选择文字、移动文字、更改文字排列方向、切换点文字和段落文本、拼写检查文字以及替换文字等，用户可以根据实际情况对文字对象进行相应操作。

9.4.1 选择和移动文字

选择文字是编辑文字过程中的第一步，适当地移动文字，将文字移至图像中的合适位置，可以使图像的整体更美观。

在 Photoshop CC 中，用户可以根据需要，选取工具箱中的移动工具，将鼠标移至输入完成的文字上，单击鼠标左键并拖曳鼠标，移动输入完的文字至图像中的合适位置。如图 9-38 所示为移动文字前后的对比效果。

图 9-38 移动文字前后的对比效果

9.4.2 互换水平和垂直文字

虽然使用横排文字工具只能创建水平排列的文字，使用直排文字工具只能创建垂直排列的文字，但在需要的情况下，用户可以相互转换这两种文本的显示方向。

在 Photoshop CC 中，用户可以根据需要，单击文字工具属性栏上的"更改文本方向"按钮，将输入完成的文字在水平与垂直间互换。图 9-39 所示为互换水平和垂直文字前后的对比效果。

图 9-39 互换水平和垂直文字前后的对比效果

专家指点

除了以上方法可以将直排文字与横排文字之间相互转换外，用户还可以单击"图层"|"文字"|"水平"命令，或单击"图层"|"文字"|"垂直"命令。

9.4.3 切换点文本和段落文本

在 Photoshop CC 中，点文本和段落文本可以相互转换，转换时单击"类型"|"转换为段落文本"或单击"类型"|"转换为点文本"命令即可。下面向读者详细介绍切换点文本和段落文本的操作方法。

素材文件	光盘 \ 素材 \ 第 9 章 \ 绿水青山 .psd
效果文件	无
视频文件	光盘 \ 视频 \ 第 9 章 \9.4.3 切换点文本和段落文本 .mp4

实战 绿水青山

步骤 01 打开本书配套光盘中的"素材 \ 第 9 章 \ 绿水青山 .psd"文件，如图 9-40 所示。

步骤 02 在"图层"面板中，选择相应的文字图层，如图 9-41 所示。

图 9-40 素材图像　　　　　　　　　图 9-41 选择文字图层

步骤 03 单击"类型"|"转换为段落文本"命令，如图 9-42 所示。

步骤 04 执行上述操作后，即可将点文本转换为段落文本，选取工具箱中的直排文字工具，在文字处单击鼠标左键，即可查看段落文本状态，如图 9-43 所示。

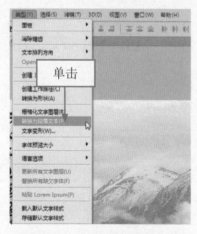

图 9-42 单击"转换为段落文本"命令　　　图 9-43 将点文本转换为段落文本

步骤 05 按【Ctrl + Enter】组合键确认，单击"类型"|"转换为点文本"命令，如图 9-44 所示。

步骤 06 执行上述操作后，即可将段落文本转换为点文本，选取工具箱中的直排文字工具，在文字处单击鼠标左键，即可查看点文本状态，如图 9-45 所示。

图 9-44 单击"转换为点文本"命令

图 9-45 将段落文本转换为点文本

 专家指点

点文字的文字行是独立的，即文字的长度随文本的增加而变长却不会自动换行，如果在输入点文字时需要换行必须按【Enter】键；输入段落文字时，文字基于文本框的尺寸将自动换行，用户可以输入多个段落，也可以进行段落调整，文本框的大小可以任意调整，以便重新排列文字。

9.4.4 拼写检查文字

通过"拼写检查"命令检查输入的拼音文字，将对词典中没有的字进行询问，如果被询问的字拼写是正确的，可以将该字添加到拼写检查词典中；如果询问的字的拼写是错误的，可以将其改正。下面向读者详细介绍拼写检查文字的操作方法。

素材文件	光盘 \ 素材 \ 第 9 章 \ 蜗牛的夏天 .psd
效果文件	光盘 \ 效果 \ 第 9 章 \ 蜗牛的夏天 .jpg
视频文件	光盘 \ 视频 \ 第 9 章 \9.4.4 拼写检查文字 .mp4

实战 蜗牛的夏天

步骤 01 打开本书配套光盘中的"素材 \ 第 9 章 \ 蜗牛的夏天 .psd"文件，如图 9-46 所示。

步骤 02 单击"编辑"|"拼写检查"命令，弹出"拼写检查"对话框，设置"更改为"为 Summer，如图 9-47 所示。

图 9-46 素材图像

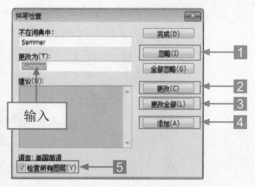

图 9-47 设置"更改为"选项

"拼写检查"选项框中各选项的主要含义如下：

1 忽略：单击此按钮继续进行拼写检查而不更改文字。

2 更改：要改正一个拼写错误，应确保"更改为"文本框中的词语拼写正确，然后单击"确定"按钮。

3 更改全部：要更改正文档中重复的拼写错误，单击此按钮。

4 添加：单击此按钮可以将无法识别的词存储在拼写检查词典中。

5 检查所有图层：选中该复选框，可以对整体图像中的不同图层的拼写进行检查。

步骤 **03** 单击"更改"按钮，弹出信息提示框，如图 9-48 所示。

步骤 **04** 单击"确定"按钮，即可将拼写错误的英文更改正确，效果如图 9-49 所示。

图 9-48 信息提示框　　　　　　　　　　　　　　图 9-49 最终效果

9.4.5 查找与替换文字

在图像中输入大量的文字后，如果出现相同错误的文字很多，可以使用"查找和替换文本"功能对文字进行批量更改，以提高工作效率。下面向读者详细介绍查找与替换文字的操作方法。

素材文件	光盘 \ 素材 \ 第 9 章 \ 幸福像花 .psd
效果文件	光盘 \ 效果 \ 第 9 章 \ 幸福像花 .jpg
视频文件	光盘 \ 视频 \ 第 9 章 \9.4.5 查找与替换文字 .mp4

实战 幸福像花

步骤 **01** 打开本书配套光盘中的"素材 \ 第 9 章 \ 幸福像花 .psd"文件，如图 9-50 所示。

步骤 **02** 选择文字图层，单击"编辑"|"查找和替换文本"命令，如图 9-51 所示。

图 9-50 素材图像　　　　　　　　　图 9-51 单击"查找和替换文本"命令

步骤 **03** 弹出"查找和替换文本"对话框，设置"查找内容"为"定放"、"更改为"为"绽放"，如图 9-52 所示。

步骤 **04** 单击"查找下一个"按钮，即可查找到相应文本，如图 9-53 所示。

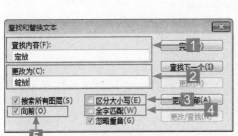

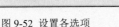

图 9-52 设置各选项　　　　　　　　　　图 9-53 查找到相应文本

"查找和替换文本"选项框中各选项的主要含义如下：

1 查找内容：在该文本框中输入需要查找的文字内容。

2 更改为：在该文本框中输入需要更改的文字内容。

3 区分大小写：对于英文字体，查找时严格区分大小写。

4 全字匹配：对于英文字体，忽略嵌入在大号字体内的搜索文本。

5 向前：选中该复选框时，只查找光标所在点前面的文字。

步骤 **05** 单击"更改全部"按钮，弹出信息提示框，如图 9-54 所示。

步骤 **06** 单击"确定"按钮，即可完成文字的替换，效果如图 9-55 所示。

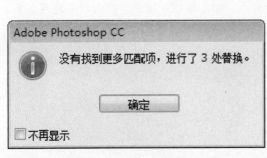

图 9-54 弹出信息提示框　　　　　　　　图 9-55 最终效果

9.5 路径文字的制作

在许多作品中，设计的文字呈连绵起伏的状态，这就是路径绕排文字的功劳，沿路径绕排文字时，可以先使用钢笔工具或形状工具创建直线或曲线路径，再进行文字的输入，本节主要向读者介绍制作路径文字的操作方法。

9.5.1 输入沿路径排列文字

沿路径输入文字时，文字将沿着锚点添加到路径方向。如果在路径上输入横排文字，文字方向将与基线垂直；当在路径上输入直排文字时，文字方向将与基线平行。下面向读者详细介绍输入沿路径排列文字的操作方法。

素材文件	光盘 \ 素材 \ 第 9 章 \ 碧空如洗 .jpg
效果文件	光盘 \ 效果 \ 第 9 章 \ 碧空如洗 .jpg
视频文件	光盘 \ 视频 \ 第 9 章 \9.5.1 输入沿路径排列文字 .mp4

实战 碧空如洗

步骤 01 打开本书配套光盘中的 "素材 \ 第 9 章 \ 碧空如洗 .jpg" 文件，如图 9-56 所示。

步骤 02 选取钢笔工具，在图像编辑窗口中创建一条曲线路径，如图 9-57 所示。

图 9-56 素材图像　　　　图 9-57 创建路径

步骤 03 选取工具箱中的横排文字工具，在工具属性栏中设置 "字体" 为 "华文仿宋"、"字体大小" 为 12 点、"颜色" 为蓝色，如图 9-58 所示。

步骤 04 移动鼠标至图像编辑窗口中曲线路径上，单击鼠标左键确定插入点并输入文字，按【Ctrl ＋ Enter】组合键确认，并隐藏路径，效果如图 9-59 所示。

图 9-58 设置字符选项　　　　图 9-59 最终效果

9.5.2　调整文字排列的位置

　　选取工具箱中的路径选择工具，移动鼠标指针至输入的文字上，拖动鼠标即可调整文字在路径上的起始位置。下面向读者详细介绍调整文字排列位置的操作方法。

素材文件	光盘 \ 素材 \ 第 9 章 \ 美味冰淇淋 .psd
效果文件	光盘 \ 效果 \ 第 9 章 \ 美味冰淇淋 .jpg
视频文件	光盘 \ 视频 \ 第 9 章 \9.5.2 调整文字排列的位置 .mp4

实战 美味冰淇淋

步骤 01 打开本书配套光盘中的"素材 \ 第 9 章 \ 美味冰淇淋 .psd"文件，如图 9-60 所示。

步骤 02 选择文字图层，展开"路径"面板，在"路径"面板中，选择文字路径，如图 9-61 所示。

图 9-60　素材图像　　　　　　　　　　　　图 9-61　选择文字路径

步骤 03 选取工具箱中的路径选择工具，如图 9-62 所示。

步骤 04 移动鼠标指针至图像窗口的文字路径上，按住鼠标左键并拖曳，即可调整文字排列的位置，并隐藏路径，效果如图 9-63 所示。

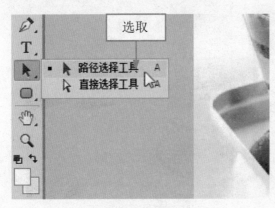

图 9-62　选取路径选择工具　　　　　　　　图 9-63　最终效果

9.5.3 调整文字路径形状

选取工具箱中的直接选择工具，移动鼠标指针至文字路径上，单击鼠标左键并拖曳路径上的节点或控制柄，即可调整文字路径的形状。下面向读者详细介绍调整文字路径形状的操作方法。

素材文件	光盘 \ 素材 \ 第 9 章 \ 潮起潮落 .psd
效果文件	光盘 \ 效果 \ 第 9 章 \ 潮起潮落 .jpg
视频文件	光盘 \ 视频 \ 第 9 章 \9.5.3 调整文字路径形状 .mp4

实战 潮起潮落

步骤 01 打开本书配套光盘中的"素材 \ 第 9 章 \ 潮起潮落 .psd"文件，如图 9-64 所示。

步骤 02 展开"路径"面板，在"路径"面板中，选择相应文字路径，如图 9-65 所示。

图 9-64 素材图像

图 9-65 选择文字路径

步骤 03 选取工具箱中的直接选择工具，如图 9-66 所示。

步骤 04 拖动鼠标指针至图像编辑窗口中的文字路径上，单击鼠标左键并拖曳节点或控制柄，即可调整文字路径的形状，并隐藏路径，效果如图 9-67 所示。

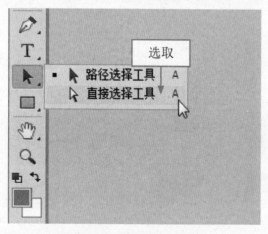

图 9-66 选取直接选择工具

图 9-67 最终效果

9.5.4 调整文字与路径距离

调整路径文字的基线偏移距离，可以在不编辑路径的情况下轻松调整文字的距离，下面向读者详细介绍调整文字与路径距离的操作方法。

素材文件	光盘 \ 素材 \ 第 9 章 \ 绿色生活 .psd
效果文件	光盘 \ 效果 \ 第 9 章 \ 绿色生活 .jpg
视频文件	光盘 \ 视频 \ 第 9 章 \9.5.4 调整文字与路径距离 .mp4

实战 绿色生活

步骤 01 打开本书配套光盘中的"素材 \ 第 9 章 \ 绿色生活 .psd"文件，如图 9-68 所示。

步骤 02 展开"路径"面板，选择"工作路径"路径，如图 9-69 所示。

图 9-68 素材图像　　　　　　　　图 9-69 选择"工作路径"路径

步骤 03 选取工具箱中的移动工具，移动鼠标指针至图像编辑窗口中的文字上，如图 9-70 所示。

步骤 04 单击鼠标左键并拖曳，即可调整文字与路径间的距离，如图 9-71 所示。

图 9-70 移动鼠标　　　　　　　　图 9-71 调整文字与路径间的距离

步骤 05 执行上述操作后，在"路径"面板灰色底板处，单击鼠标左键，即可隐藏工作路径，效果如图 9-72 所示。

图 9-72 最终效果

9.6 变形文字的制作

在 Photoshop CC 中，系统自带了多种变形文字样式，用户可以通过"变形文字"对话框，对选定的文字进行多种变形操作，使文字更加富有灵动感。本节主要向读者介绍创建与编辑变形文字样式的操作方法。

9.6.1 变形文字样式

平时看到的文字广告，很多都采用了变形文字方式来改变文字的显示效果。单击"类型"|"变形文字"命令，弹出"变形文字"对话框，如图 9-73 所示。

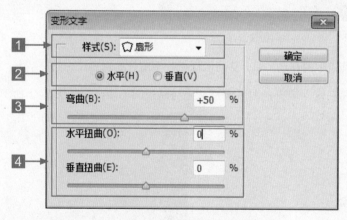

图 9-73 "变形文字"对话框

"变形文字"对话框中各选项的主要含义如下：

1 样式：在该选项的下拉列表中可以选择 15 种变形样式。

2 水平 / 垂直：文本的扭曲方向为水平方向或垂直方向。

3 弯曲：设置文本的弯曲程度。

4 水平扭曲 / 垂直扭曲：拖动滑标，调整水平扭曲和垂直扭曲的参数值，可以对文本应用透视效果。

9.6.2 创建变形文字样式

在 Photoshop CC 中，变形文字包括"扇形"、"上弧"、"下弧"、"拱形"、"凸起"以及"贝壳"等样式，通过更改变形文字样式，是文字显得更美观、引人注目。下面向读者详细介绍创建变形文字样式的操作方法。

素材文件	光盘 \ 素材 \ 第 9 章 \ 蓝色水晶球 .psd	
效果文件	光盘 \ 效果 \ 第 9 章 \ 蓝色水晶球 .jpg	
视频文件	光盘 \ 视频 \ 第 9 章 \9.6.2 创建变形文字样式 .mp4	

实战 蓝色水晶球

步骤 01 打开本书配套光盘中的"素材 \ 第 9 章 \ 蓝色水晶球 .psd"文件，如图 9-74 所示。

步骤 02 在"图层"面板中，选择文字图层，如图 9-75 所示。

图 9-74 素材图像

图 9-75 选择文字图层

步骤 03 单击"类型"|"文字变形"命令，弹出"变形文字"对话框，在"样式"列表框中选择"扇形"选项，如图 9-76 所示。

步骤 04 单击"确定"按钮，即可变形文字，选取工具箱中的移动工具，将文字移至合适位置，效果如图 9-77 所示。

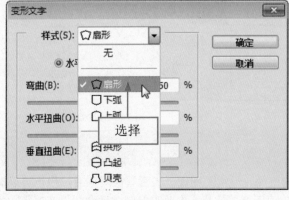

图 9-76 选择"扇形"选项

图 9-77 最终效果

9.6.3 变形文字效果

在 Photoshop CC 中，用户可以对文字进行变形扭曲操作，以得到更好的视觉效果。下面向读者详细介绍编辑变形文字效果的操作方法。

素材文件	光盘 \ 素材 \ 第 9 章 \ 假日时光 .psd
效果文件	光盘 \ 效果 \ 第 9 章 \ 假日时光 .jpg
视频文件	光盘 \ 视频 \ 第 9 章 \9.6.3 变形文字效果 .mp4

实战 假日时光

步骤 **01** 打开本书配套光盘中的"素材 \ 第 9 章 \ 假日时光 .psd"文件，如图 9-78 所示。

步骤 **02** 在"图层"面板中，选择文字图层，如图 9-79 所示。

图 9-78 素材图像   图 9-79 选择文字图层

步骤 **03** 单击"类型"|"文字变形"命令，弹出"变形文字"对话框，设置"样式"为"波浪"、"弯曲"为 + 25%、"水平扭曲"为 50%，选中"垂直"单选按钮，如图 9-80 所示。

步骤 **04** 单击"确定"按钮，即可编辑变形文字效果，效果如图 9-81 所示。

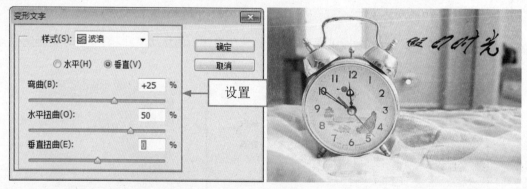

图 9-80 设置相应选项   图 9-81 最终效果

9.7 文字转换

在 Photoshop CC 中，将文字转换为路径、形状、图像、矢量智能对象后，用户可以调整文字的形状、添加描边、使用滤镜、叠加颜色或图案等操作。本节主要向读者介绍将文字转换为路径、将文字转换为形状以及将文字转换为图像的操作。

9.7.1 将文字转换为路径

在 Photoshop CC 中，可以直接将文字转换为路径，从而可以直接通过此路径进行描边、填充等操作，制作出特殊的文字效果。下面向读者详细介绍将文字转换为路径的操作方法。

素材文件	光盘 \ 素材 \ 第 9 章 \ 侧耳倾听 .psd
效果文件	光盘 \ 效果 \ 第 9 章 \ 侧耳倾听 .jpg
视频文件	光盘 \ 视频 \ 第 9 章 \9.7.1 将文字转换为路径 .mp4

实战 侧耳倾听

步骤 01 打开本书配套光盘中的"素材 \ 第 9 章 \ 侧耳倾听 .psd"文件，如图 9-82 所示。

步骤 02 选择文字图层，单击"类型"|"创建工作路径"命令，如图 9-83 所示。

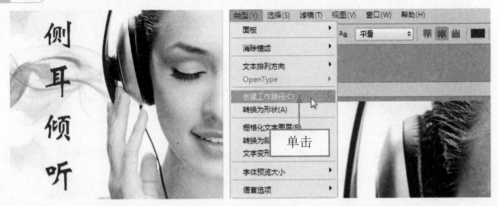

图 9-82 素材图像　　　　　　　图 9-83 单击"创建工作路径"命令

步骤 03 执行上述操作后，即可将文字转换为路径，隐藏文字图层，效果如图 9-84 所示。

图 9-84 最终效果

9.7.2 将文字转换为形状

选择文字图层，单击"文字"|"转换为形状"命令，即可将文字转换为有矢量蒙版的形状。将文字转换为形状后，原文字图层已经不存在，取而代之的是一个形状图层，此时只能够使用钢

笔工具、添加锚点工具等路径编辑工具对其进行调整，而无法再为其设置文字属性。下面向读者详细介绍将文字转换为形状的操作方法。

素材文件	光盘 \ 素材 \ 第 9 章 \ 天鹅湖 .psd
效果文件	光盘 \ 效果 \ 第 9 章 \ 天鹅湖 .jpg
视频文件	光盘 \ 视频 \ 第 9 章 \9.7.2 将文字转换为形状 .mp4

实战 天鹅湖

步骤 **01** 打开本书配套光盘中的"素材 \ 第 9 章 \ 天鹅湖 .psd"文件，如图 9-85 所示。

步骤 **02** 选择文字图层，单击"类型"|"转换为形状"命令，如图 9-86 所示。

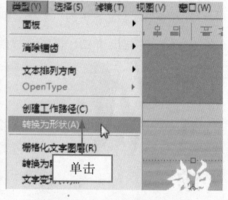

图 9-85 素材图像　　　　　　　　图 9-86 单击"转换为形状"命令

步骤 **03** 执行上述操作后，即可将文字转换为形状，如图 9-87 所示。

步骤 **04** 将文字转换为形状后，原文字图层已经不存在，取而代之的是一个形状图层，如图 9-88 所示。

图 9-87 将文字转换为形状　　　　　　　　图 9-88 转换为形状图层

9.7.3 将文字转换为图像

　　文字图层具有不可编辑的特性，如果需要在文本图层中进行绘画、颜色调整或滤镜等操作，首先需要将文字图层转换为普通图层，以方便文字图像的编辑和处理。下面向读者详细介绍将文字转换为图像的操作方法。

素材文件	光盘 \ 素材 \ 第 9 章 \ 彩虹瀑布 .psd
效果文件	光盘 \ 效果 \ 第 9 章 \ 彩虹瀑布 .jpg
视频文件	光盘 \ 视频 \ 第 9 章 \9.7.3 将文字转换为图像 .mp4

实战 彩虹瀑布

步骤 01 打开本书配套光盘中的"素材 \ 第 9 章 \ 彩虹瀑布 .psd"文件,如图 9-89 所示。

步骤 02 选择文字图层,单击"类型"|"栅格化文字图层"命令,如图 9-90 所示。

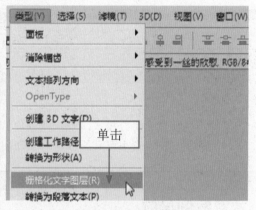

图 9-89 素材图像　　　　　　　　　　图 9-90 单击"栅格化文字图层"命令

步骤 03 执行操作后,即可将文字转换为图像,如图 9-91 所示。

步骤 04 在"图层"面板中,文字图层将被转换为普通图层,如图 9-92 所示。

图 9-91 将文字转换为图像　　　　　　　图 9-92 将文字图层转换为普通图层

10

图层样式的创建与管理

学习提示

　　图层作为 Photoshop 的核心功能，其功能的强大自然不言而喻。管理图层时，可更改图层的不透明度、混合模式以及快速创建特殊效果的图层样式等，为图像的编辑操作带来了极大的便利。本章主要介绍创建与管理图层的各种操作方法。

本章案例导航

- 实战——精美卧室
- 实战——甜蜜咖啡
- 实战——如鱼得水
- 实战——户外风光
- 实战——阳光沙滩
- 实战——豌豆荚

- 实战——水花飞溅
- 实战——修复魔方
- 实战——绿叶白花
- 实战——创意空间
- 实战——麦克风

10.1 认识图层

在 Photoshop CC 中，图像都是基于图层来进行处理的，图层就是图像的层次，可以将一幅作品分解成多个元素，即每一个元素都以图层的方式进行管理。本节主要向读者介绍图层的基本概念以及"图层"面板的基础知识。

10.1.1 图层的基本含义

图层可以看作是一张独立的透明胶片，其中每张胶片上都绘有图像，将所有的胶片按"图层"面板中的排列次序，自上而下进行叠加，最上层的图像遮住下层同一位置的图像，而在其透明区域则可以看到下层的图像，最终通过叠加得到完整的图像，如图 10-1 所示。

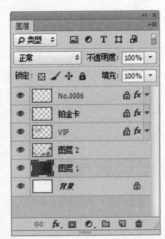

图 10-1 图像与图层的效果

10.1.2 "图层"面板介绍

"图层"面板是进行图层编辑操作时必不可少的工具。"图层"面板显示了当前图像的图层信息，从中可以调节图层叠放顺序、透明度以及混合模式等参数。单击"窗口"|"图层"命令，即可调出"图层"面板，如图 10-2 所示。

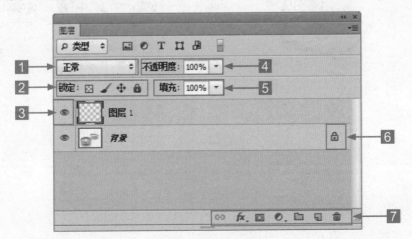

图 10-2 "图层"面板

"图层"面板中各选项的主要含义如下：

1 混合模式：在该列表框中设置当前图层的混合模式。

2 锁定：该选项区主要包括锁定透明像素、锁定图像像素、锁定位置以及锁定全部 4 个按钮，单击各个按钮，即可进行相应的锁定设置。

3 "指示图层可见性"图标：用来控制图层中图像的显示与隐藏状态。

4 不透明度：通过在该数值框中输入相应的数值，可以控制当前图层的透明属性。其中数值越小，当前的图层越透明。

5 填充：通过在数值框中输入相应的数值，可以控制当前图层中非图层样式部分的透明度。

6 "锁定"标志：显示该图标时，表示图层处于锁定状态。

7 快捷按钮：图层操作的常用快捷按钮，主要包括链接图层、添加图层样式、创建新图层以及删除图层等按钮。

10.2 图层和图层组的创建

在 Photoshop CC 中，在对图像进行编辑时，用户可根据需要创建不同的图层。本节主要向读者详细介绍创建普通图层、文本图层、形状图层、调整图层、填充图层以及图层组的操作方法。

10.2.1 普通图层

普通图层是 Photoshop 中最基本的图层，也是最常用到的图层之一，在创建和编辑图像时，创建的图层都是普通图层，在普通图层上可以设置图层混合模式、调节不透明度和填充，从而改变图层的显示效果。单击"图层"面板底部的"创建新图层"按钮 ，即可创建普通图层，如图 10-3 所示。

图 10-3 创建普通图层

专家指点

创建图层的方法一共有 7 种，分别如下：

＊ 命令：单击"图层"|"新建"|"图层"命令，弹出"新建图层"对话框，单击"确定"按钮，即可创建新图层。

　　＊ 面板菜单：单击"图层"面板右上角的三角形按钮，在弹出的快捷菜单中选择"新建图层"选项。

　　＊ 快捷键＋按钮1：按住【Alt】键的同时，单击"图层"面板底部的"创建新图层"按钮。

　　＊ 快捷键＋按钮2：按住【Ctrl】键的同时，单击"图层"面板底部的"创建新图层"按钮，可在当前图层中的下方新建一个图层。

　　＊ 快捷键1：按【Shift ＋ Ctrl ＋ N】组合键，即可创建新图层。

　　＊ 快捷键2：按【Alt ＋ Shift ＋ Ctrl ＋ N】组合键，可以在当前图层对象的上方添加一个图层。

　　＊ 按钮：单击"图层"面板底部的"创建新图层"按钮，即可在当前图层上方创建一个新的图层。

10.2.2　文本图层

　　使用工具箱中的文字工具，在图像编辑窗口中确认插入点，然后输入相应文本内容，此时系统将会自动生成一个新的文字图层，如图 10-4 所示。

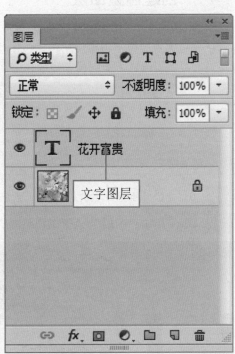

图 10-4 创建文字图层

10.2.3　形状图层

　　形状图层是 Photoshop CC 中的一种图层，该图层中包含了位图、矢量图的两种元素，因此使得 Photoshop 软件在进行绘画的时候，可以以某种矢量形式保存图像。在 Photoshop CC 中，选取工具箱中的形状工具，在图像编辑窗口中创建图像后，"图层"面板中会自动创建一个新的形状图层，如图 10-5 所示。

图 10-5 创建形状图层

10.2.4 创建调整图层

在 Photoshop 中，用户可以对图像进行颜色填充和色调调整，而不会永久地修改图像中的像素，即颜色和色调更改位于调整图层内，该图层像一层透明的膜一样，下层图像及其调整后的效果可以透过它显示出来。下面向读者详细介绍创建调整图层的操作方法。

素材文件	光盘 \ 素材 \ 第 10 章 \ 精美卧室 .jpg
效果文件	光盘 \ 效果 \ 第 10 章 \ 精美卧室 .jpg
视频文件	光盘 \ 视频 \ 第 10 章 \10.2.4 创建调整图层 .mp4

实战 精美卧室

步骤 01 打开本书配套光盘中的"素材 \ 第 10 章 \ 精美卧室 .jpg"文件，如图 10-6 所示。

步骤 02 单击"图层"|"新建调整图层"|"亮度 / 对比度"命令，如图 10-7 所示。

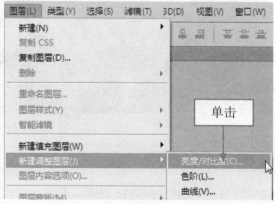

图 10-6 素材图像

图 10-7 单击"亮度 / 对比度"命令

步骤 `03` 执行上述操作后，弹出"新建图层"对话框，如图 10-8 所示。

步骤 `04` 单击"确定"按钮，即可创建调整图层，如图 10-9 所示。

图 10-8 "新建图层"对话框　　　　图 10-9 创建调整图层

步骤 `05` 展开"亮度 / 对比度"属性面板，在其中设置"亮度"为 40、"对比度"为 -8，如图 10-10 所示。

步骤 `06` 执行上述操作后，图像效果随之改变，效果如图 10-11 所示。

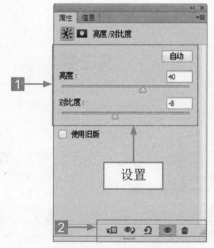

图 10-10 设置各选项　　　　图 10-11 最终效果

"亮度 / 对比度"属性面板中各选项的主要含义如下：

1 参数设置区：用于设置调整图层中的亮度 / 对比度参数。

2 功能按钮区：列出了 Photoshop CC 提供的全部调整图层，单击各个按钮，即可对调整图层进行相应操作。

 专家指点

用户可以利用调整图层对图像进行颜色填充和色调的调整，而不会修改图像中的像素，即颜色和色调等的更改位于调整图层内，调整图层会影响此图层下面的所有图层，调整图层分为很多种，用户可以根据需要，对其进行相应调整。

10.2.5 创建填充图层

填充图层是指在原有图层的基础上新建一个图层，并在该图层上填充相应的颜色。用户可以根据需要为新图层填充纯色、渐变色或图案，通过调整图层的混合模式和不透明度使其与底层图层叠加，以产生特殊的效果。下面向读者详细介绍填充图层的操作方法。

素材文件	光盘 \ 素材 \ 第 10 章 \ 水花飞溅 .jpg
效果文件	光盘 \ 效果 \ 第 10 章 \ 水花飞溅 .jpg
视频文件	光盘 \ 视频 \ 第 10 章 \10.2.5 创建填充图层 .mp4

实战 水花飞溅

步骤 01 打开本书配套光盘中的"素材 \ 第 10 章 \ 水花飞溅 .jpg"文件，如图 10-12 所示。

步骤 02 单击"图层"|"新建填充图层"|"纯色"命令，弹出"新建图层"对话框，设置"模式"为"滤色"，如图 10-13 所示。

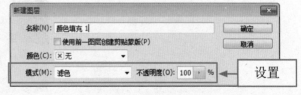

图 10-12 素材图像　　　　　　　　图 10-13 保持默认设置

专家指点

　　除了运用上述方法可以创建填充图层外，单击"图层"面板底部的"创建新的填充或调整图层"按钮，也可以创建填充图层。填充图层也是图层的一类，因此可以通过改变图层的混合模式、不透明度，为图层增加蒙版或将其应用与剪贴蒙版的操作，以此来获得不同的图像效果。

步骤 03 单击"确定"按钮，弹出"拾色器（纯色）"对话框，设置 RGB 参数分别为 14、86、233，如图 10-14 所示。

步骤 **04** 单击"确定"按钮，即可创建填充图层，如图 10-15 所示。

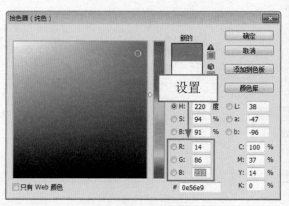

图 10-14 设置相应参数　　　　　　　图 10-15 创建填充图层

步骤 **05** 执行上述操作后，图像效果也随之改变，效果如图 10-16 所示。

图 10-16 最终效果

10.2.6 图层组

图层组就类似于文件夹，用户可以将图层按照类别放在不同的组内，当关闭图层组后，在"图层"面板中就只显示图层组的名称，单击"图层"|"新建"|"组"命令，弹出"新建组"对话框，如图 10-17 所示，单击"确定"按钮，即可创建新图层组，如图 10-18 所示。

图 10-17 "新建组"对话框　　　　　　　　图 10-18 创建新图层组

10.3　图层的基础操作

图层的基础操作是最常用的操作之一，例如选择图层、显示与隐藏图层、复制图层、删除与重命名图层以及调整图层顺序等。本节主要向读者介绍图层的基础操作方法。

10.3.1　选择图层

单击"图层"面板中的图层名称，即可选择该图层，它会成为当前图层，该方法是最基本的选择方法。

专家指点

除了上述方法外，另外还有 4 种选择图层的方法：

＊ 选择多个图层：如果要选择多个相邻的图层，可以单击第一个图层，按住【Shift】键的同时单击最后一个图层；如果要选择多个不相邻的图层，可以在按【Ctrl】键同时单击相应图层。

＊ 选择所有图层：单击"选择"|"所有图层"命令，即可选择"图层"面板中的所有图层。

＊ 选择相似图层：单击"选择"|"选择相似图层"命令，即可选择类型相似的图层。

＊ 选择链接图层：选择一个链接图层，单击"图层"|"选择链接图层"命令，可以选择与之链接的所有图层。

10.3.2　显示 / 隐藏图层

图层缩览图前面的"指示图层可见性"图标 可以用来控制图层的可见性。有该图标的图层为可见图层，无该图标的图层为隐藏图层。单击图层前面的"指示图层可见性"图标 ，便可以隐藏该图层。如果要显示图层，在原图标处单击鼠标左键即可，如图 10-19 所示。

图 10-19 "隐藏图层"前后效果对比

10.3.3 复制图层

在 Photoshop CC 中，展开"图层"面板，移动鼠标至"图层 1"图层上，单击鼠标左键并拖曳至面板右下方的"创建新图层"按钮 🗔 上，即可复制图层，并生成"图层 1 拷贝"图层，如图 10-20 所示。

图 10-20 复制图层

10.3.4 删除图层

在 Photoshop CC 中，对于多余的图层，应该及时将其从图像中删除，以减小图像文件的大小。展开"图层"面板，单击鼠标左键并拖曳要删除的图层至面板底部的"删除图层"按钮 🗑 上，释放鼠标左键，即可删除图层，如图 10-21 所示。

图 10-21 删除图层

专家指点

删除图层的方法还有两种，分别如下：

* 命令：单击"图层"|"删除"|"图层"命令。

* 快捷键：在选取移动工具并且当前图像中不存在选区的情况下，按【Delete】键，删除图层。

10.3.5 重命名图层

在"图层"面板中，每个图层都有默认的名称，用户可以根据需要，自定义图层的名称，以利于操作。选择要重命名的图层，双击鼠标左键激活文本框，输入新名称，按【Enter】键，即可重命名图层，如图 10-22 所示。

图 10-22 重命名图层

10.3.6 调整图层顺序

在 Photoshop CC 的图像编辑窗口中，位于上方的图像会将下方的同一位置的图像遮掩，此时，用户可以通过调整各图像的顺序，改变整幅图像的显示效果，如图 10-23 所示。

图 10-23　调整图层顺序

10.4　管理图层

在 Photoshop CC 中，对于图层的管理，包括设置图层不透明度、设置填充图层参数、链接和合并图层、锁定图层、对齐 / 分布图层、栅格化图层以及更改调整图层的参数等。本节主要向读者介绍图层管理的操作方法。

10.4.1　设置图层不透明度

在 Photoshop CC 中，不透明度用于控制图层中所有对象的透明属性。通过设置图层的不透明度，能够使图像主体突出。下面向读者详细介绍设置图层不透明度的操作方法。

素材文件	光盘 \ 素材 \ 第 10 章 \ 甜蜜咖啡 .psd
效果文件	光盘 \ 效果 \ 第 10 章 \ 甜蜜咖啡 .jpg
视频文件	光盘 \ 视频 \ 第 10 章 \10.4.1 设置图层不透明度 .mp4

实战　甜蜜咖啡

步骤 01　打开本书配套光盘中的"素材 \ 第 10 章 \ 甜蜜咖啡 .psd"文件，如图 10-24 所示。

步骤 02　在"图层"面板中，选择"图层 1"图层，如图 10-25 所示。

图 10-24　素材图像

图 10-25　选择"图层 1"图层

步骤 03 在"图层"面板的右上方设置"不透明度"为 50%，即可调整图层的不透明度，效果如图 10-26 所示。

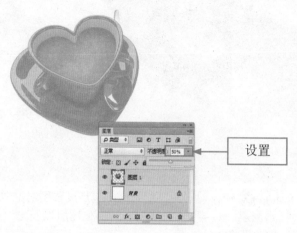

图 10-26 最终效果

10.4.2 设置图层的填充参数

图层填充参数的设置与不透明度参数的设置一致，两者在一定程度上来讲，都是针对透明度进行调整，数值为 100 时，完全不透明；数值为 50 时，为半透明；数值为 0 时，完全透明，如图 10-27 所示。

图 10-27 设置图层的填充参数

专家指点

"不透明度"与"填充"的区别在于，"不透明度"选项控制着整个图层的透明属性，包括图层中的形状、像素以及图层样式，而"填充"选项只影响图层中绘制的像素和形状的不透明度。

10.4.3 链接和合并图层

如果要同时处理多个图层中的内容（如移动、应用变化或创建剪贴蒙版），可以将这些图层链接在一起。选择两个或多个图层，然后单击"图层"|"链接图层"命令或单击"图层"面板底部的"链接图层"按钮 ⊖，可以将选择的图层链接起来。如果要取消链接，可以选择其中一个链接图层，然后单击"链接图层"按钮 ⊖，即可取消链接。

在编辑图像文件时，为了减少磁盘空间的利用，对于没必要分开的图层，可以将它们合并，有助于减少图像文件对磁盘空间的占用，同时也可以提高系统的处理速度。下面向读者详细介绍链接和合并图层的操作方法。

素材文件	光盘 \ 素材 \ 第 10 章 \ 修复魔方 .psd
效果文件	光盘 \ 效果 \ 第 10 章 \ 修复魔方 .jpg
视频文件	光盘 \ 视频 \ 第 10 章 \10.4.3 链接和合并图层 .mp4

实战 修复魔方

步骤 01 打开本书配套光盘中的"素材 \ 第 10 章 \ 修复魔方 .psd"文件，如图 10-28 所示。

步骤 02 同时选择"图层 1"图层和"图层 2"图层，如图 10-29 所示。

图 10-28 素材图像

图 10-29 选择图层

 专家指点

合并图层的操作方法还有以下 4 种。

* 按【Ctrl + E】组合键，可以向下合并一个图层或合并所选择的图层。
* 按【Shift + Ctrl + E】组合键，可以合并所有图层。
* 在所选择的图层上，单击鼠标右键，在弹出的快捷菜单中，选择"合并图层"选项，即可合并所选择的图层。
* 在所选择的图层上，单击鼠标右键，在弹出的快捷菜单中，选择"合并可见图层"选项，即可合并所有图层。

步骤 03 单击"图层"面板下方的"链接图层"按钮，将所选择的图层链接起来，如图 10-30 所示。

步骤 04 选取工具箱中的移动工具，移动鼠标至图像编辑窗口中的图像上，单击鼠标左键，拖曳图像至合适位置，如图 10-31 所示。

图 10-30 链接图层　　　　　　　　　　　　图 10-31 拖曳图像

步骤 05 再一次单击"图层"面板下方的"链接图层"按钮，即可取消图层链接，如图 10-32 所示。

步骤 06 单击"图层" | "合并图层"命令，执行操作后，即可合并所选图层，如图 10-33 所示。

图 10-32 取消图层链接　　　　　　　　　　图 10-33 合并图层

10.4.4 锁定图层

图层被锁定后，将限制图层编辑的内容和范围，在编辑图层时，被锁定的内容将不再受到其他操作的影响。下面向读者详细介绍锁定图层的操作方法。

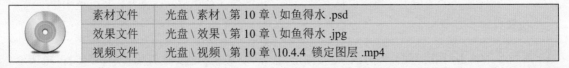

	素材文件	光盘 \ 素材 \ 第 10 章 \ 如鱼得水 .psd
	效果文件	光盘 \ 效果 \ 第 10 章 \ 如鱼得水 .jpg
	视频文件	光盘 \ 视频 \ 第 10 章 \10.4.4 锁定图层 .mp4

实战 | 如鱼得水

步骤 01 打开本书配套光盘中的"素材\第10章\如鱼得水.psd"文件,如图10-34所示。

步骤 02 在"图层"面板中,选择"图层1"图层,如图10-35所示。

图10-34 素材图像　　　　　　图10-35 选择"图层1"图层

步骤 03 单击"锁定透明像素"按钮,如图10-36所示。

步骤 04 执行操作后,即可锁定图层对象,如图10-37所示。

图10-36 单击"锁定透明像素"按钮　　图10-37 锁定图层对象

10.4.5 对齐/分布图层

在Photoshop CC中,对齐图层是将图像文件中包含的图层按照指定的方式(沿水平或垂直方向)对齐;分布图层是将图像文件中的几个图层中的内容按照指定的方式(沿水平或垂直方向)平均分布,将当前选择的多个图层或链接图层进行对齐和分布两种等距排列,可以改变图像效果。

1. 对齐图层

如果要将多个图层中的图像内容对齐,可以在"图层"面板中选择图层对象,单击"图层"|"对齐"命令,在弹出的子菜单中选择相应的对齐命令,对齐图层对象。

在Photoshop CC中,提供的对齐方式有以下6种:

* 顶边:所选图层对象将以位于最上方的对象为基准,进行顶部对齐。

❋ 垂直居中：所选图层对象将以位置居中的对象为基准，进行垂直居中对齐。

❋ 底边：所选图层对象将以位于最下方的对象为基准，进行底部对齐。

❋ 左边：所选图层对象将以位于最左侧的对象为基准，进行左对齐。

❋ 水平居中：所选图层对象将以位于中间的对象为基准，进行水平居中对齐。

❋ 右边：所选图层对象将以位于最右侧的对象为基准，进行右对齐。

2．分布图层

如果要让3个或者更多的图层采用一定的规律均匀分布，可以选择这些图层，单击"图层"|"分布"命令，在弹出的子菜单中选择相应的分布命令，分布图层对象。

在 Photoshop CC 中，提供的分布方式有以下 6 种：

❋ 顶边：可以均匀分布各链接图层或所选择的多个图层的位置，使它们最上方的图像间相隔同样的距离。

❋ 垂直居中：可将所选图层对象间垂直方向的图像相隔同样的距离。

❋ 底边：可将所选图层对象间最下方的图像相隔同样的距离。

❋ 左边：可以将所选图层对象间最左侧的图像相隔同样的距离。

❋ 水平居中：可将所选图层对象间水平方向的图像相隔同样的距离。

❋ 右边：可将所选图层对象间最右侧的图像相隔同样的距离。

10.4.6 栅格化图层

如果要使用绘图工具和滤镜编辑文字图层、形状图层、矢量蒙版或智能对象等包含矢量数据的图层，需要先将其栅格化，使图层中的内容转换为栅格图像，然后才能够进行相应的操作。选择需要栅格化的图层，单击"图层"|"栅格化"命令，在弹出的子菜单中，单击相应的命令即可栅格化图层中的内容。图 10-38 所示为栅格化文字图层的"图层"效果。

图 10-38 栅格化文字图层

 专家指点

除了运用上述方法可以栅格化图层外，用户还可以在选择的图层对象上，单击鼠标右键，在弹出的快捷菜单中，选择"栅格化图层"选项即可。

10.4.7 更改调整图层参数

在创建了调整图层后，如果对当前的调整效果不满意，则可以对其进行修改，直至满意为止，这也是调整图层的优点之一。

要重新设置调整图层中的参数，可以直接选择并双击该调整图层的缩览图，或者单击"图层"|"图层内容选项"命令，即可调整出与调整图层相对应的对话框进行参数设置。下面向读者详细介绍更改调整图层参数的操作方法。

素材文件	光盘 \ 素材 \ 第 10 章 \ 绿叶白花 .psd
效果文件	光盘 \ 效果 \ 第 10 章 \ 绿叶白花 .jpg
视频文件	光盘 \ 视频 \ 第 10 章 \10.4.7 更改调整图层参数 .mp4

实战 绿叶白花

步骤 01 打开本书配套光盘中的"素材 \ 第 10 章 \ 绿叶白花 .psd"文件，如图 10-39 所示。

步骤 02 将鼠标指针移至"图层"面板上，双击调整图层的缩览图，弹出"亮度 / 对比度"属性面板，如图 10-40 所示。

图 10-39 素材图像

图 10-40 "属性"面板

步骤 03 设置"亮度"为 85、"对比度"为 20，如图 10-41 所示。

步骤 04 执行上述操作后，图像编辑窗口中的图像效果也随之改变，效果如图 10-42 所示。

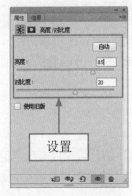

图 10-41 设置各选项

图 10-42 最终效果

10.5 常用图像混合模式的设置

图像混合模式用于控制图层之间像素颜色相互融合的效果，不同的混合模式会得到不同的效果。由于混合模式用于控制上下两个图层在叠加时所显示的总体效果，通常为上方的图层选择合适的混合模式。

10.5.1 设置"正片叠底"模式

"正片叠底"模式是将图像的原有颜色与混合色复合，任何颜色与黑色复合产生黑色，与白色复合保持不变。在 Photoshop CC 中，用户可以根据需要，通过"正片叠底"模式调整图像特效。在"图层"面板中，选择相应图层，单击"正常"右侧的下拉按钮，在弹出的列表框中，选择"正片叠底"选项，执行操作后，图像呈"正片叠底"模式显示，效果如图 10-43 所示。

图 10-43 添加"正片叠底"模式前后对比效果

专家指点

选择"正片叠底"模式后，Photoshop CC 将上、下两图层的颜色相乘再除以 255，最终得到的颜色比上、下两个图层的颜色都要暗一点。"正片叠底"模式可以用于添加阴影和细节，而不完全消除下方的图层阴影区域的颜色。

10.5.2 设置"滤色"模式

"滤色"模式将混合色的互补色与基色进行正片叠底，结果颜色将比原有颜色更淡。应用"滤色"模式除了能得到更加亮的图像合成效果外，还可以获得使用其他调整命令无法得到的调整效果。下面向读者详细介绍设置"滤色"模式的操作方法。

素材文件	光盘\素材\第10章\户外风光.psd
效果文件	光盘\效果\第10章\户外风光.jpg
视频文件	光盘\视频\第10章\10.5.2 设置"滤色"模式.mp4

实战 户外风光

步骤 01 打开本书配套光盘中的"素材\第10章\户外风光.psd"文件，如图10-44所示。

步骤 02 在"图层"面板中，选择"图层1"图层，如图10-45所示。

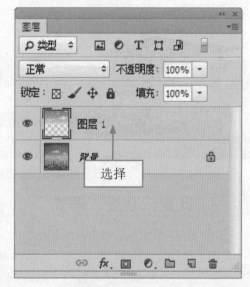

图10-44 素材图像 　　　　　图10-45 选择"图层1"图层

步骤 03 单击"正常"右侧的下拉按钮，在弹出的列表框中，选择"滤色"选项，如图10-46所示。

步骤 04 执行操作后，图像呈"滤色"模式显示，效果如图10-47所示。

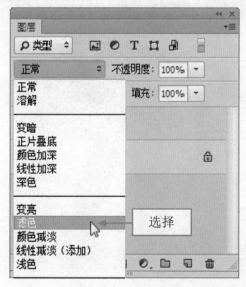

图10-46 选择"滤色"选项 　　　　　图10-47 最终效果

10.5.3 设置"强光"模式

"强光"模式产生的效果与耀眼的聚光灯照在图像上的效果相似，若当前图层中，比 50% 灰色亮的像素会使图像变亮；比 50% 灰色暗的像素会使图像变暗。在 Photoshop CC 中，用户可以根据需要，在"图层"面板中，选择相应图层，单击"正常"右侧的下拉按钮，在弹出的列表框中，选择"强光"选项，执行操作后，图像呈"强光"模式显示，效果如图 10-48 所示。

图 10-48 添加"强光"模式前后对比效果

10.5.4 设置"明度"模式

使用"明度"模式可以将当前图层的亮度应用于底层图像的颜色中，可以改变底层图像的亮度，但不会对其色相与饱和度产生影响。在 Photoshop CC 中，用户可以根据需要，在"图层"面板中，选择相应图层，单击"正常"右侧的下拉按钮，在弹出的列表框中，选择"明度"选项，执行操作后，图像呈"明度"模式显示，效果如图 10-49 所示。

图 10-49 添加"明度"模式前后对比效果

应用混合模式抠图

抠图通常不是一个命令或工具就可以完成的，需要多个命令的辅助，用户可以结合图层

混合模式与其他各抠图工具，进行综合使用，以得到需要的抠图效果。下面向读者详细介绍
应用混合选项抠图的操作方法。

素材文件	光盘 \ 素材 \ 第 10 章 \ 创意空间 .jpg
效果文件	光盘 \ 效果 \ 第 10 章 \ 创意空间 .jpg
视频文件	光盘 \ 视频 \ 第 10 章 \10.5.5 应用混合模式抠图 .mp4

实战 创意空间

步骤 01 打开本书配套光盘中的"素材 \ 第 10 章 \ 创意空间 .jpg"文件，如图 10-50 所示。

步骤 02 连续按两次【Ctrl ＋ J】组合键，复制两个图层，如图 10-51 所示。

图 10-50 素材图像

图 10-51 复制两个图层

步骤 03 选择"背景"图层，选取渐变工具，单击工具属性栏中的"点按可编辑渐变"按钮，
弹出"渐变编辑器"对话框，设置渐变从深紫色（RGB 参数值分别为 41、10、89）到墨绿色（RGB
参数值分别为 1、59、19），如图 10-52 所示。

步骤 04 在"图层 1"图层中，从上至下拖动鼠标填充渐变色，并隐藏"图层 1 拷贝"图层，
如图 10-53 所示。

图 10-52 设置渐变色

图 10-53 隐藏"图层 1 副本"图层

步骤 05 显示并选择"图层1拷贝"图层,按【Shift＋Ctrl＋U】组合键,对图像进行去色处理,如图 10-54 所示。

步骤 06 按【Ctrl＋I】组合键,反相图像,如图 10-55 所示。

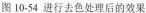

图 10-54 进行去色处理后的效果

图 10-55 反相图像后的效果

步骤 07 在"图层"面板中,单击"正常"右侧的下拉按钮,在弹出的列表框中,选择"滤色"选项,设置图层"混合模式"为"滤色",效果如图 10-56 所示。

步骤 08 按【Ctrl＋J】组合键,再次对"图层1拷贝"图层进行复制,并设置该图层的"不透明度"为 50%,效果如图 10-57 所示。

图 10-56 设置图层混合模式为"滤色"后的效果

图 10-57 最终效果

专家指点

在"图层"面板中,应用"颜色加深"模式可以降低上方图层中除黑色外的其他区域的对比度,使合成图像整体对比度下降,产生下方图层透过上方图层的投影效果。

10.6 经典图层样式的应用

"图层样式"可以为当前图层添加特殊效果,如投影、内阴影、外发光以及浮雕等样式,在不同的图层中应用不同的图层样式,可以使整幅图像更加富有真实感和突出性。本节主要向读者介绍各图层样式功能的基础知识。

10.6.1 投影样式

在 Photoshop 中，应用"投影"图层样式，会为图层中的对象下方制造一种阴影效果，阴影的"不透明度"、"角度"、"距离"、"扩展"、"大小"以及"等高线"等，都可以在"图层样式"对话框中进行设置。单击"图层"|"图层样式"|"投影"命令，弹出"图层样式"对话框，如图 10-58 所示。

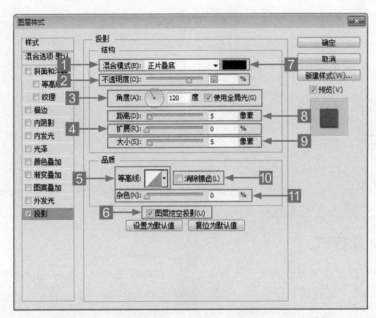

图 10-58 "图层样式"对话框

"图层样式"对话框各选项的主要含义如下：

1 混合模式：用来设置投影与下面图层的混合方式，默认为"正片叠底"模式，用户可以根据需要进行更改。

2 不透明度：设置图层效果的不透明度，不透明度值越大，图像效果就越明显。可以直接在后面的数值框中输入数值进行精确调节，或拖动滑块进行调节。

3 角度：设置光照角度，可以确定投下阴影的方向与角度。当选中后面的"使用全局光"复选框时，可以将所有图层对象的阴影角度都统一。

4 扩展：设置模糊的边界，"扩展"值越大，模糊的部分越少。

5 等高线：设置阴影的明暗部分，单击右侧的下拉按钮，可以选择预设效果，也可以单击预设效果，弹出"等高线编辑器"对话框重新进行编辑。

6 图层挖空投影：该复选框用来控制半透明图层中投影的可见性。

7 投影颜色：在"混合模式"右侧的颜色框中，单击鼠标左键，弹出"拾色器"对话框，可以设定阴影的颜色。

8 距离：设置阴影偏移的幅度，距离越大，层次感越强；距离越小，层次感越强，用户可以根据需要进行更改。

9 大小：设置模糊的边界，"大小"值越大，模糊的部分就越大。

10 消除锯齿：混合等高线边缘的像素，使投影更加平滑。

11 杂色：为阴影增加杂点效果，"杂色"值越大，杂点越明显。

在 Photoshop CC 中，用户可以根据需要，在"图层"面板中，选择相应图层，单击"图层"|"图层样式"|"投影"命令，在"投影"选项区中，设置各选项，单击确定按钮，即可应用"投影"样式，效果如图 10-59 所示。

图 10-59 应用文字"投影"样式前后对比效果

10.6.2 内发光样式

使用"内发光"图层样式可以为所选图层中的图像增加发光效果，单击"图层"|"图层样式"|"内发光"命令，弹出"图层样式"对话框，如图 10-60 所示。

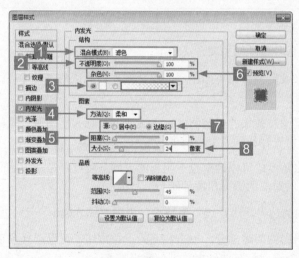

图 10-60 "内发光"选项卡

"内发光"选项卡中各选项的主要含义如下：

1 混合模式：用来设置发光效果与下面图层的混合方式。

2 不透明度：用来设置发光效果的不透明度，该值越低，发光效果越弱。

3 发光颜色："杂色"选项区下方的颜色和颜色条用来设置发光颜色。

4 方法：用来设置发光的方法，以控制发光的准确度。

5 阻塞：用来在模糊之前收缩内发光的杂边边界。

6 杂色：可以在发光效果中添加随机的杂色，使光晕呈现颗粒感。

7 源：用来控制发光源的位置。选中"居中"单选按钮，表示应用从图层内容的中心发出的光；选中"边缘"单选按钮，表示应用从图层内容的内部边缘发出的光。

8 大小：用来设置光晕范围的大小。

在 Photoshop CC 中，用户可以根据需要，在"图层"面板中，选择相应图层，单击"图层"|"图层样式"|"内发光"命令，在"内发光"选项区中，设置各选项，单击确定按钮，即可应用"内发光"样式，效果如图 10-61 所示。

图 10-61 应用"内发光"样式前后效果对比

10.6.3 斜面和浮雕样式

单击"图层"|"图层样式"|"斜面和浮雕"命令，弹出"图层样式"对话框，如图 10-62 所示。

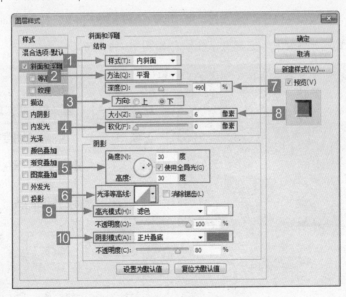

图 10-62 "斜面和浮雕"选项卡

"斜面和浮雕"选项卡中各选项的主要含义如下：

1 样式：在该选项下拉列表中可以选择斜面和浮雕的样式。

2 方法：用来选择一种创建浮雕的方法。

3 方向：定位光源角度后，可以通过该选项设置高光和阴影的位置。

4 软化：用来设置斜面和浮雕的柔和程度，该值越高，效果越柔和。

5 角度 / 高度："角度"选项用来设置光源的照射角度；"高度"选项用来设置光源高度。

6 光泽等高线：可以选择一个等高线样式，为斜面和浮雕表面添加光泽，创建具有光泽感的金属外观浮雕效果。

7 深度：用来设置浮雕斜面的应用深度，该值越高，浮雕的立体感越强。

8 大小：用来设置斜面和浮雕中阴影面积的大小。

9 高光模式：用来设置高光的混合模式、颜色和不透明度。

10 阴影模式：用来设置阴影的混合模式、颜色和不透明度。

10.6.4 运用斜面和浮雕样式制作文字效果

在 Photoshop CC 中，"斜面和浮雕"图层样式可以制作出各种凹陷和凸出的图像或文字，从而使图像具有一定的立体效果。下面向读者详细介绍运用斜面和浮雕样式制作文字效果的操作方法。

素材文件	光盘 \ 素材 \ 第 10 章 \ 阳光沙滩 .psd
效果文件	光盘 \ 效果 \ 第 10 章 \ 阳光沙滩 .jpg
视频文件	光盘 \ 视频 \ 第 10 章 \10.6.5 运用斜面和浮雕样式制作文字效果 .mp4

实战 阳光沙滩

步骤 01 打开本书配套光盘中的"素材 \ 第 10 章 \ 阳光沙滩 .psd"文件，如图 10-63 所示。

步骤 02 在"图层"面板中，选择文字图层，如图 10-64 所示。

图 10-63 素材图像

图 10-64 选择文字图层

步骤 03 单击"图层"|"图层样式"|"斜面和浮雕"命令,弹出"图层样式"对话框,设置"样式"为"内斜面"、"方法"为"平滑"、"深度"为490%、"大小"为6像素、"角度"为30度、"高度"为30度、"高光模式"为"滤色"、"不透明度"为100%、"阴影模式"为"正片叠底"、"不透明度"为80%,如图10-65所示。

步骤 04 执行上述操作后,单击"确定"按钮,即可应用"斜面和浮雕"样式,效果如图10-66所示。

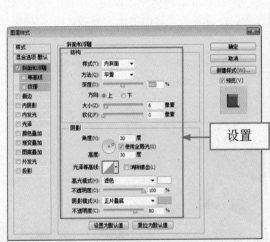

图 10-65 设置各选项

图 10-66 最终效果

10.6.5 渐变叠加样式

使用"渐变叠加"图层样式可以为图层叠加渐变效果,单击"图层"|"图层样式"|"渐变叠加"命令,弹出"图层样式"对话框,如图10-67所示。

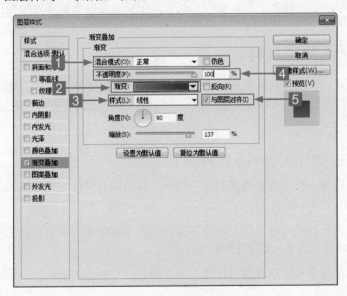

图 10-67 "渐变叠加"选项卡

"渐变叠加"选项卡中各选项的主要含义如下:

1 混合模式: 用于设置使用渐变叠加时色彩混合的模式。

2 渐变: 用于设置使用的渐变色。

3 样式: 包括"线性"、"径向"以及"角度"等5种渐变类型。

4 不透明度: 用于设置对图像进行渐变叠加时彩色的不透明程度。

5 与图层对齐: 选中该复选框,如果从上到下绘制渐变,则渐变以图层对齐。

在 Photoshop CC 中,用户可以根据需要,在"图层"面板中,选择相应图层,单击"图层"|"图层样式"|"渐变叠加"命令,在"渐变叠加"选项区中,设置各选项,单击确定按钮,即可应用"渐变叠加"样式。效果如图 10-68 所示。

图 10-68 应用"渐变叠加"样式前后效果对比

10.7 图层样式的管理

正确地对图层样式进行操作,可以使用户在工作中更方便的查看和管理图层样式,本节主要向读者介绍管理各图层样式的基本操作。

10.7.1 隐藏 / 清除图层样式

隐藏图层样式后,可以暂时将图层样式进行清除,也可以重新显示,而删除图层样式,则是将图层中的图层样式进行彻底清除,无法还原。下面向读者介绍隐藏与清除图层样式的方法。

1. 隐藏图层样式

隐藏图层样式可以执行以下3种操作方法:

＊ 在"图层"面板中单击图层样式名称"切换所有图层效果可见性"图标,可将显示的图层样式进行隐藏,如图 10-69 所示。

＊ 在任意一个图层样式名称上单击鼠标右键,在弹出的菜单列表中选择"隐藏所有效果"选项即可隐藏当前图层样式效果,如图 10-70 所示。

＊ 在"图层"面板中单击所有图层样式上方"效果"左侧的眼睛图标,即可隐藏所有图层样式效果。

图 10-69 单击"切换所有图层效果可见性"图标　　图 10-70 选择"隐藏所有效果"选项

2．清除图层样式

＊ 用户需要清除某一图层样式，至需要在"图层"面板中将其拖曳至"图层"面板删除图层按钮上，如图 10-71 所示。

＊ 如果要一次性删除应用于图层上的所有图层样式，则可以在"图层"面板中拖曳图层名称下的"效果"至删除图层按钮上。

＊ 在任意一个图层样式上单击鼠标右键，在弹出的快捷菜单中选择"清除图层样式"选项，也可以删除当前图层中所有的图层样式，如图 10-72 所示。

图 10-71 拖曳至"删除图层"按钮上　　　　图 10-72 选择"清除图层样式"选项

10.7.2　复制／粘贴图层样式

通过复制与粘贴图层样式操作，可以减少重复操作。在操作时，首先选择包含要复制的图层样式的源图层，在该图层的图层名称上单击鼠标右键，在弹出的快捷菜单中选择"拷贝图层样式"选项，如图 10-73 所示。

选择要粘贴图层样式的目标图层，它可以是单个图层也可以是多个图层，在图层名称上单击鼠标右键，在弹出的菜单列表框中选择"粘贴图层样式"选项即可，如图 10-74 所示。

图 10-73 选择"拷贝图层样式"选项　　　图 10-74 选择"粘贴图层样式"选项

 专家指点

当用户只需要复制原图像中的某个图层样式时，可以在"图层"面板中按住【Alt】键的同时，单击鼠标左键并拖曳这个图层样式至目标图层中即可。

10.7.3　移动 / 缩放图层样式

拖曳普通图层中的"指示图层效果"图标 *fx*，可以将图层样式移动到另一图层。使用"缩放效果"命令可以缩放图层样式中所有的效果，但对图像没有影响。下面向读者详细介绍移动 / 缩放图层样式的操作方法。

素材文件	光盘 \ 素材 \ 第 10 章 \ 麦克风 .psd	
效果文件	光盘 \ 效果 \ 第 10 章 \ 麦克风 .jpg	
视频文件	光盘 \ 视频 \ 第 10 章 \10.7.3 移动 / 缩放图层样式 .mp4	

实战　麦克风

步骤 01　打开本书配套光盘中的"素材 \ 第 10 章 \ 麦克风 .psd"文件，如图 10-75 所示。

步骤 02　在"图层"面板中，选择"图层 1"图层，如图 10-76 所示。

图 10-75　素材图像　　　　　　　　　　图 10-76　选择"图层 1"图层

步骤 03 单击"指示图层效果"图标 *fx*，并拖曳至"图层 2"图层上，如图 10-77 所示。

步骤 04 释放鼠标左键，即可移动图层样式，效果如图 10-78 所示。

图 10-77 拖曳图标　　　　　　　　图 10-78 移动图层样式

步骤 05 选择"图层 2"图层，单击"图层"|"图层样式"|"缩放效果"命令，弹出"缩放图层效果"对话框，设置"缩放"为 50%，如图 10-79 所示。

步骤 06 单击"确定"按钮，即可缩放图层样式，效果如图 10-80 所示。

图 10-79 设置"缩放"值　　　　　　　图 10-80 最终效果

10.7.4 将图层样式转换为普通图层

创建图层样式后，可以将其转换为普通图层，并且不会影响图像整体效果。下面向读者介绍将图层样式转换为图层的操作方法。

素材文件	光盘 \ 素材 \ 第 10 章 \ 豌豆荚 .psd
效果文件	光盘 \ 效果 \ 第 10 章 \ 豌豆荚 .jpg
视频文件	光盘 \ 视频 \ 第 10 章 \10.7.4 将图层样式转换为普通图层 .mp4

实战 豌豆荚

步骤 01 打开本书配套光盘中的"素材\第 10 章\豌豆荚 .psd"文件，如图 10-81 所示。

步骤 02 在"图层"面板中，选择"图层 1"图层，如图 10-82 所示。

图 10-81 素材图像　　　　　　　　　图 10-82 选择"图层 1"图层

 专家指点

单击"图层"|"图层样式"|"创建图层"命令，同样可以将图层样式转换为图层。

步骤 03 在"外发光"效果图层上单击鼠标右键，在弹出的快捷菜单中，选择"创建图层"选项，如图 10-83 所示。

步骤 04 弹出信息提示框，单击"确定"按钮，即可将图层样式转换为普通图层，如图 10-84 所示。

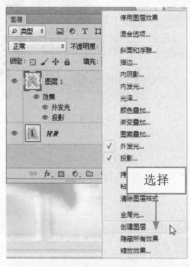

图 10-83 选择"创建图层"选项　　　　　图 10-84 转换为普通图层

多种路径的编辑与绘制

学习提示

　　Photoshop CC 是一个以位图设计为主的软件，但它也包含了较强的矢量绘图功能。系统本身提供了非常丰富的线条形状绘制工具，如钢笔工具、矩形工具、圆角矩形工具以及多边形工具等。本章主要向读者介绍利用这些工具绘制与编辑路径的基本操作。

本章案例导航

- 实战——蓝色短靴
- 实战——精美礼盒
- 实战——手工饰品
- 实战——炫酷汽车
- 实战——可口水果

- 实战——可爱兔子
- 实战——日式料理
- 实战——蓝色空间
- 实战——路径绘制
- 实战——春暖花开

- 实战——迷幻空间
- 实战——精致信封
- 实战——健康生活
- 实战——锚点操作
- 实战——彩色风车

11.1 初识路径

在使用矢量工具创建路径时，必须了解什么是路径，路径由什么组成。本节主要向读者介绍路径的基本概念及"路径"控制面板。

11.1.1 路径的基本含义

路径是 Photoshop CC 中的各项强大功能之一，它是基于"贝塞尔"曲线建立的矢量图形，所有使用矢量绘图软件或矢量绘图制作的线条，原则上都可以称为路径。路径是通过钢笔工具或形状工具创建出的直线和曲线，因此，无论路径缩小或放大都不会影响其分辨率，并保持原样。图 11-1 所示为路径示意图。

图 11-1 路径示意图

11.1.2 "路径"控制面板

单击"窗口"|"路径"命令，展开"路径"面板，当创建路径后，在"路径"面板上就会自动生成一个新的工作路径，如图 11-2 所示。

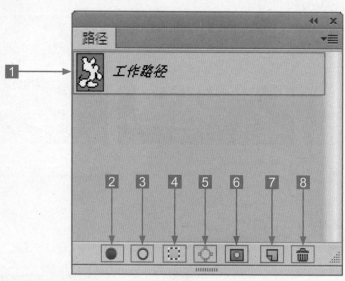

图 11-2 "路径"面板

"路径"面板各选项的主要含义如下：

1 工作路径：显示了当前文件中包含的路径、临时路径和矢量蒙版。

2 用前景色填充路径：可以用当前设置的前景色，填充被路径包围的区域。

3 用画笔描边路径：可以按当前选择的绘画工具和前景色沿路径进行描边。

4 将路径作为选区载入：可以将创建的路径作为选区载入。

5 从选区生成工作路径：可以将当前创建的选区生成为工作路径。

6 添加图层蒙版：可以为当前图层创建一个图层蒙版。

7 创建新路径：可以创建一个新路径层。

8 删除当前路径：可以删除当前选择的工作路径。

11.2 线性路径的绘制

Photoshop CC 提供了多种绘制路径的操作方法，可以运用钢笔工具、自由钢笔工具、"路径"面板以及将选区转换为路径等方法来绘制路径。本节通过运用钢笔工具和自由钢笔工具，来介绍绘制路径的操作方法。

11.2.1 运用钢笔工具绘制直线 / 曲线路径

钢笔工具 是最常用的路径绘制工具，可以创建直线和平滑流畅的曲线，形状的轮廓称为路径，通过编辑路径的锚点，可以很方便地改变路径的形状。选取工具箱中的钢笔工具后，其工具属性栏如图 11-3 所示。

图 11-3 钢笔工具属性栏

钢笔工具的工具属性栏中各选项的主要含义如下：

1 路径：该列表框中包括图形、路径和像素 3 个选项。

2 建立：该选项区中包括有"选择"、"蒙板"和"图形"3 个按钮，单击相应的按钮可以创建选区、蒙板和图形。

3 "路径操作"按钮：单击该按钮，在弹出的列表框中，有"新建图层"、"合并形状"、"减去顶层形状"、"排除重叠形状"以及"合并形状组建 6 种路径操作选项，可以选择相应的选项，对路径进行操作。

4 "路径对齐方式"按钮：单击该按钮，在弹出的列表框中，有"左边"、"水平居中"、"右边"、"顶边"、"垂直居中"、"底边"、"按宽度均匀分布"、"按高度均匀分布"、"对齐到选区"以及"对齐到画布"10 种路径对齐方式，可以选择相应的选项对齐路径。

5 "路径排列方式"按钮：单击该按钮，在弹出的列表框中，有"将形状置为顶层"、"将形状前移一层"、"将形状后移一层"以及"将形状置为底层"4 种排列方式，可以选择相应的选项排列路径。

6 自动添加 / 删除：选中该复选框后，可以增加和删除锚点。

下面向读者详细介绍运用钢笔工具绘制直线、曲线路径的操作方法。

素材文件	光盘 \ 素材 \ 第 11 章 \ 蓝色短靴 .jpg
效果文件	光盘 \ 效果 \ 第 11 章 \ 蓝色短靴 .psd
视频文件	光盘 \ 视频 \ 第 11 章 \11.2.1 运用钢笔工具绘制直线 / 曲线路径 .mp4

实战 蓝色短靴

步骤 01 打开本书配套光盘中的"素材 \ 第 11 章 \ 蓝色短靴 .jpg"文件，如图 11-4 所示。

步骤 02 选取工具箱中的钢笔工具 ✐ ，如图 11-5 所示。

图 11-4 素材图像　　　　　　　图 11-5 选取钢笔工具

步骤 03 将鼠标指针移至图像编辑窗口的合适位置，单击鼠标左键，绘制路径的第 1 个点，如图 11-6 所示。

步骤 04 鼠标移至另一位置，单击鼠标左键并拖曳，至适当位置后释放鼠标，绘制路径的第 2 个点，如图 11-7 所示。

图 11-6 绘制路径的第 1 点　　　　　图 11-7 绘制路径第 2 点

步骤 05 按住【Alt】键，单击第 2 个描点，再次将鼠标移至合适位置，单击鼠标左键并拖曳至合适位置，释放鼠标左键，绘制路径的第 3 个点，如图 11-8 所示。

步骤 06 用与上同样的方法，依次单击鼠标左键，创建路径，效果如图 11-9 所示。

图 11-8　绘制路径的第 3 点　　　　　　　　　　　图 11-9　最终效果

11.2.2　运用钢笔工具绘制开放路径

使用钢笔工具 ✐ 不仅可以绘制闭合路径，还可以绘制开放的直线或曲线路径，下面向读者详细介绍运用钢笔工具绘制开放路径的操作方法。

素材文件	无
效果文件	光盘 \ 效果 \ 第 11 章 \ 路径绘制 .psd
视频文件	光盘 \ 视频 \ 第 11 章 \11.2.2 运用钢笔工具绘制开放路径 .mp4

实战　路径绘制

步骤　01　在 Photoshop CC 中新建一个默认大小的空白文件，选取工具箱中的钢笔工具，移动鼠标至空白画布左侧，单击鼠标左键并拖曳，然后释放鼠标左键，如图 11-10 所示。

步骤　02　再次拖曳鼠标至右侧，单击鼠标左键并拖曳，绘制出一条开放曲线路径，如图 11-11 所示。

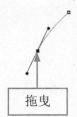

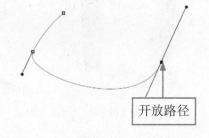

图 11-10　释放鼠标左键　　　　　　　　　　　图 11-11　绘制开放曲线路径

11.2.3　运用自由钢笔工具绘制曲线路径

使用自由钢笔工具 ✐ 可以随意绘图，不需要像使用钢笔工具那样通过锚点来创建路径。自由钢笔工具属性栏与钢笔工具属性栏基本一致，只是将"自动添加 / 删除"变为"磁性的"复选框，如图 11-12 所示。

图 11-12 自由钢笔工具属性栏

自由钢笔工具的工具属性栏中各选项的主要含义如下：

1 设置图标按钮：单击该按钮，在弹出的列表框中，可以设置"曲线拟合"的像素大小，"磁性的"宽度、对比以及频率。

2 磁性的：选中该复选框，在创建路径时，可以仿照磁性套索工具的用法设置平滑的路径曲线，对创建具有轮廓的图像的路径很有帮助。

下面向读者详细介绍运用自由钢笔工具绘制曲线路径的操作方法。

素材文件	光盘 \ 素材 \ 第 11 章 \ 精美礼盒 .jpg
效果文件	光盘 \ 效果 \ 第 11 章 \ 精美礼盒 .jpg
视频文件	光盘 \ 视频 \ 第 11 章 \11.2.3 运用自由钢笔工具绘制曲线路径 .mp4

实战 精美礼盒

步骤 01 打开本书配套光盘中的"素材 \ 第 11 章 \ 精美礼盒 .jpg"文件，如图 11-13 所示。

步骤 02 选取工具箱中的自由钢笔工具，在工具属性栏中选中"磁性的"复选框，如图 11-14 所示。

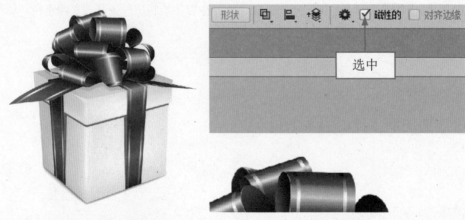

图 11-13 素材图像　　　　　　图 11-14 选中"磁性的"复选框

步骤 03 移动鼠标至图像编辑窗口中，单击鼠标左键，确定起始位置，如图 11-15 所示。

步骤 04 沿边缘拖曳鼠标，至起始点处，单击鼠标左键，创建闭合路径，如图 11-16 所示。

步骤 05 按【Ctrl + Enter】组合键，将路径转换为选区，如图 11-17 所示。

步骤 06 单击"图像" | "调整" | "色相 / 饱和度"命令，如图 11-18 所示。

图 11-15 确认起始位置　　　　　　　　图 11-16 创建闭合路径

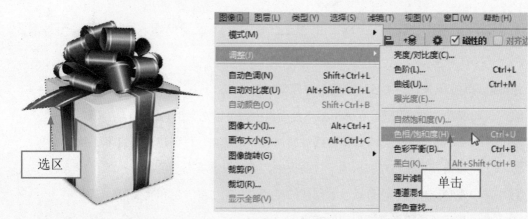

图 11-17 将路径转换为选区　　　　图 11-18 单击"色相/饱和度"命令

步骤 07 弹出"色相/饱和度"对话框，设置"色相"为 180、"饱和度"为 15，如图 11-19 所示。

步骤 08 单击"确定"按钮，即可调整选区中的颜色，并取消选区，效果如图 11-20 所示。

图 11-19 设置各选项　　　　　　图 11-20 最终效果

11.3 形状路径的绘制

Photoshop CC 中的形状工具包括矩形工具、圆角矩形工具、椭圆工具、多边形工具、直线工具和自定形状工具 6 种。在使用工具绘制路径时，首先需要在工具属性栏中选择一种绘图方式。本节将向读者详细介绍绘制形状路径的操作方法。

11.3.1 矩形路径形状

矩形工具 主要用于创建矩形或正方形图形，用户还可以在工具属性栏上进行相应选项的设置，也可以设置矩形的尺寸、固定宽高比例等。选取工具箱中的矩形工具后，其工具属性栏如图 11-21 所示。

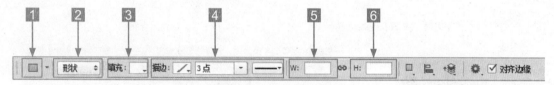

图 11-21 矩形工具属性栏

矩形工具的工具属性栏中各选项的主要含义如下：

1 模式：单击该按钮 ，在弹出的下拉面板中，可以定义工具预设。

2 形状：该列表框中包含有图形、路径和像素 3 个选项，可创建不同的路径形状。

3 填充：单击该按钮，在弹出的下拉面板中，可以设置填充颜色。

4 描边：在该选项区中，可以设置创建的路径形状的边缘颜色和宽度等。

5 宽度：用于设置矩形路径形状的宽度。

6 高度：用于设置矩形路径形状的高度。

在 Photoshop CC 中，用户可以根据需要，选取工具箱中的矩形工具，在工具属性栏中，单击"选择工具模式"按钮，在弹出的列表框中，选择"形状"选项，在图像编辑窗口的适当位置处，单击鼠标左键并拖曳，即可创建矩形形状路径。如图 11-22 所示为运用矩形工具绘制路径形状的前后对比效果。

图 11-22 运用矩形工具绘制路径形状的前后对比效果

11.3.2 运用圆角矩形工具绘制路径形状

圆角矩形工具 □ 用来绘制圆角矩形，选取工具箱中的圆角矩形工具，在工具属性栏的"半径"文本框中可以设置圆角半径。下面向读者详细介绍运用圆角矩形工具绘制路径形状的操作方法。

	素材文件	光盘 \ 素材 \ 第 11 章 \ 春暖花开 .psd
	效果文件	光盘 \ 效果 \ 第 11 章 \ 春暖花开 .jpg
	视频文件	光盘 \ 视频 \ 第 11 章 \11.3.2 运用圆角矩形工具绘制路径形状 .mp4

实战 春暖花开

步骤 01 打开本书配套光盘中的"素材 \ 第 11 章 \ 春暖花开 .psd"文件，如图 11-23 所示。

步骤 02 选取工具箱中的圆角矩形工具 □，如图 11-24 所示。

图 11-23 素材图像　　　　　　　　　　图 11-24 选取圆角矩形工具

步骤 03 在工具属性栏中，单击"选择工具模式"按钮，在弹出的列表框中，选择"路径"选项，设置"半径"为 50 像素，如图 11-25 所示。

步骤 04 在图像编辑窗口中的适当位置处，单击鼠标左键并拖曳，创建圆角矩形路径，如图 11-26 所示。

图 11-25 设置"半径"为 50　　　　　　图 11-26 创建圆角矩形路径

步骤 05 展开"路径"面板，单击"路径"面板底部的"将路径作为选区载入"按钮，将路径转换为选区，如图 11-27 所示。

步骤 06 执行上述操作后，按住【Delete】键删除选区内的图像，并取消选区，效果如图 11-28 所示。

图 11-27 将路径转换为选区

图 11-28 最终效果

专家指点

在运用圆角矩形工具绘制路径时，按住【Shift】键的同时，在窗口中单击鼠标左键并拖曳，可绘制一个正圆角矩形；如果按住【Alt】键的同时，在窗口中单击鼠标左键并拖曳，可绘制以起点为中心的圆角矩形。

11.3.3 运用椭圆工具绘制路径形状

椭圆工具 ⬭ 可以绘制椭圆或圆形形状的图形，其使用方法与矩形工具的操作方法相同，只是绘制的形状不同。下面向读者详细介绍运用椭圆工具绘制路径形状的操作方法。

素材文件	光盘 \ 素材 \ 第 11 章 \ 手工饰品 .psd
效果文件	光盘 \ 效果 \ 第 11 章 \ 手工饰品 .jpg
视频文件	光盘 \ 视频 \ 第 11 章 \11.3.3 运用椭圆工具绘制路径形状 .mp4

实战 手工饰品

步骤 01 打开本书配套光盘中的"素材 \ 第 11 章 \ 手工饰品 .psd"文件，如图 11-29 所示。

步骤 02 选取工具箱中的椭圆工具 ⬭，如图 11-30 所示。

图 11-29 素材图像

图 11-30 选取椭圆工具

步骤 03 在图像编辑窗口中的适当位置处，单击鼠标左键并拖曳，创建椭圆路径，如图 11-31 所示。

步骤 04 【Ctrl + Enter】组合键，将路径转换为选区，按【Delete】键删除选区内的图像，并取消选区，效果如图 11-32 所示。

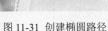

图 11-31 创建椭圆路径

图 11-32 最终效果

11.3.4 运用多边形工具绘制路径形状

在 Photoshop CC 中，使用多边形工具可以创建等边多边形，如等边三角形、五角星以及星形等。下面向读者详细介绍运用多边形工具绘制路径形状的操作方法。

素材文件	光盘 \ 素材 \ 第 11 章 \ 迷幻空间 .jpg
效果文件	光盘 \ 效果 \ 第 11 章 \ 迷幻空间 .jpg
视频文件	光盘 \ 视频 \ 第 11 章 \11.3.4 运用多边形工具绘制路径形状 .mp4

实战 迷幻空间

步骤 01 打开本书配套光盘中的"素材 \ 第 11 章 \ 迷幻空间 .jpg"文件，如图 11-33 所示。

步骤 02 选取工具箱中的多边形工具，如图 11-34 所示。

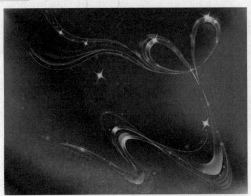

图 11-33 素材图像

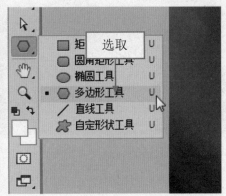

图 11-34 选取多边形工具

步骤 03 在工具属性栏中，单击"选择工具模式"按钮，在弹出的列表框中，选择"路径"选项，单击设置图标🔅，在弹出的选项面板中，选中"星形"复选框，如图 11-35 所示。

步骤 04 将鼠标指针移至图像编辑窗口中，单击鼠标左键并拖曳，创建一个星形路径，如图 11-36 所示。

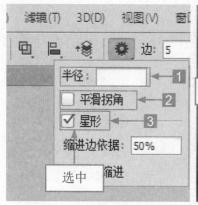

图 11-35 选中"星形"复选框　　　　图 11-36 创建星形路径

形状复选框中各选项的主要含义如下：

1 半径：该文本框用于设置多边形或星形的半径长度，然后单击并拖曳鼠标时将创建指定半径值的多边形或星形。

2 平滑拐角：选中该复选框，可以创建具有平滑拐角的多边形或星形。

3 星形：选中该复选框，可以创建星形。在"缩进边依据"选项中可以设置星形边缘向中心缩进的数量，该值越高，缩进量越大。选中"平滑缩进"复选框，可以使星形的边平滑地向中心缩进。

步骤 05 用与上同样的方法，在图像编辑窗口中绘制多个星形路径，如图 11-37 所示。

步骤 06 按【Ctrl＋Enter】组合键，将路径转换为选区，如图 11-38 所示。

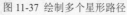
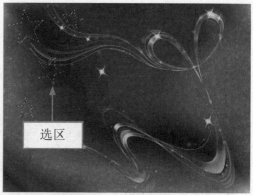

图 11-37 绘制多个星形路径　　　　图 11-38 将路径转换为选区

步骤 07 设置前景色为黄色（RGB 参数值分别为 255、252、0），对话框如图 11-39 所示。

步骤 08 按【Alt＋Delete】组合键，填充前景色，并取消选区，效果如图 11-40 所示。

图 11-39 设置前景色为黄色

图 11-40 最终效果

 专家指点

使用多边形工具绘制路径形状时，始终会以鼠标单击的位置为中心点进行创建。

11.3.5 运用直线工具绘制路径形状

在 Photoshop CC 中，使用直线工具☑可以创建直线和带有箭头的线段，在使用直线工具☑创建直线时，首先需要在工具属性栏中的"粗细"选项区中设置线的宽度。下面向读者详细介绍运用直线工具绘制路径形状的操作方法。

	素材文件	光盘 \ 素材 \ 第 11 章 \ 炫酷汽车 .jpg
	效果文件	光盘 \ 效果 \ 第 11 章 \ 炫酷汽车 .jpg
	视频文件	光盘 \ 视频 \ 第 11 章 \11.3.5 运用直线工具绘制路径形状 .mp4

实战 炫酷汽车

步骤 01 打开本书配套光盘中的"素材 \ 第 11 章 \ 炫酷汽车 .jpg"文件，如图 11-41 所示。

步骤 02 选取工具箱中的直线工具☑，如图 11-42 所示。

图 11-41 素材图像

图 11-42 选取直线工具

中文版 *Photoshop CC* 应用宝典

步骤 03 在工具属性栏中，单击"选择工具模式"按钮，在弹出的列表框中选择"形状"选项，设置"粗细"为30像素，单击设置图标按钮，展开"箭头"面板，在其中设置"宽度"为500%、"长度"为1000%，选中"终点"复选框，如图 11-43 所示。

步骤 04 单击"填充"右侧的"设置形状填充类型"按钮，在弹出的颜色面板中，选择合适的颜色，如图 11-44 所示。

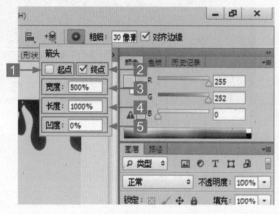

图 11-43 设置各选项

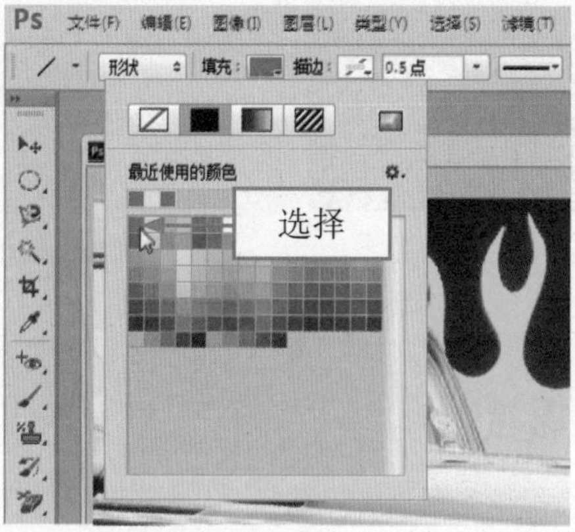

图 11-44 选择合适的颜色

"形状"选项框中各选项的主要含义如下：

1 起点：选中该复选框，可以在直线的起点添加箭头。

2 终点：选中该复选框，可以在直线的终点添加箭头。

3 宽度：用来设置箭头宽度与直线宽度的百分比，范围为 10% ～ 1000%。

4 长度：用来设置箭头长度与直线宽度的百分比，范围为 10% ～ 1000%。

5 凹度：用来设置箭头的凹陷程度，范围为 -50% ～ 50%。该值为 0 时，箭头尾部平齐；大于 0 时，向内凹陷；小于 0 时，向外凸出。

步骤 05 将鼠标移至图像编辑窗口的右下方，单击鼠标左键并拖曳，至合适位置后释放鼠标，即可绘制一个箭头图标，效果如图 11-45 所示。

图 11-45 最终效果

11.3.6 运用自定形状工具绘制路径形状

在 Photoshop CC 中，使用自定形状工具 可以通过设置不同的形状来绘制形状路径或图形，在"自定形状"拾色器中有大量的特殊形状可供选择。下面向读者详细介绍运用自定形状工具绘制路径形状的操作方法。

素材文件	光盘 \ 素材 \ 第 11 章 \ 精致信封 .jpg
效果文件	光盘 \ 效果 \ 第 11 章 \ 精致信封 .jpg
视频文件	光盘 \ 视频 \ 第 11 章 \11.3.6 运用自定形状工具绘制路径形状 .mp4

实战 精致信封

步骤 01 打开本书配套光盘中的"素材 \ 第 11 章 \ 精致信封 .jpg"文件，如图 11-46 所示。

步骤 02 选取工具箱中的自定形状工具，如图 11-47 所示。

图 11-46 素材图像   图 11-47 选取自定形状工具

步骤 03 在工具属性栏中，单击"选择工具模式"按钮，在弹出的列表框中，选择"路径"选项，单击"形状"右侧的下拉按钮，在"自定形状"拾色器中，选择"十角星边框"形状，如图 11-48 所示。

步骤 04 拖曳鼠标至图像编辑窗口中，按住【Shift】键的同时，单击鼠标左键并拖曳，绘制一个十角星边框路径，如图 11-49 所示。

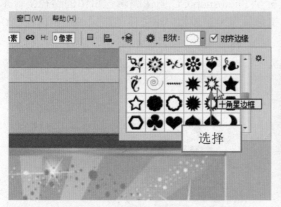

图 11-48 选择"十角星边框"形状   图 11-49 绘制十角星边框路径

步骤 05 用与上同样的方法，在图像编辑窗口中绘制多个星形路径，按【Ctrl + Enter】组合键，将路径转换为选区，如图 11-50 所示。

步骤 06 设置前景色为白色，按【Alt + Delete】组合键，填充前景色，并取消选区，效果如图 11-51 所示。

图 11-50 将路径转换为选区

图 11-51 最终效果

专家指点

在 Photoshop CC 中，如果所需要的形状未显示在"形状"面板中，则可单击其右上角的设置图标按钮，在弹出的面板菜单中选择"载入形状"选项，在弹出的"载入"对话框中选择所需要载入的形状，单击"载入"按钮，即可载入所需要的形状。

11.4 路径的管理

在初步绘制路径时，需要对路径进行再一次编辑和调整。本节主要向读者介绍选择和移动路径、复制和变换路径、显示和隐藏路径以及存储和删除路径的操作方法。

11.4.1 选择和移动路径

在 Photoshop CC 中，选取路径选择工具 和直接选择工具 ，可以对路径进行选择和移动的操作。

选取工具箱中的路径选择工具 ，移动鼠标至 Photoshop CC 图像编辑窗口中的路径上，单击鼠标左键，即可选择路径，如图 11-52 所示。拖曳鼠标至合适位置，即可移动路径，如图 11-53 所示。

图 11-52 选择路径　　　　图 11-53 移动路径

专家指点

在 Photoshop CC 中提供了两种用于选择路径的工具，如果在编辑过程中要选择整条路径，则可以使用路径选择工具 ▶；如果只需要选择路径只需要选择路径中的某一个锚点，则可以使用直接选择工具 ▶。

11.4.2 复制和变换路径

在 Photoshop CC 中，用户绘制路径后，若需要绘制同样的路径，可以选择需要复制的路径后对其进行复制操作，用户绘制路径后，若需要对已绘制的路径进行调整，则可以通过变换路径改变路径。

选取工具箱中的路径选择工具，移动鼠标至图像编辑窗口中，选择相应路径，如图 11-54 所示。按住【Ctrl + Alt】组合键的同时单击鼠标左键并向右拖曳至合适位置，释放鼠标左键，即可复制路径，如图 11-55 所示。

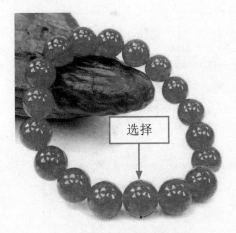

图 11-54 选择路径　　　　　　　　　　　图 11-55 复制路径

选取工具箱中的路径选择工具，移动鼠标至图像编辑窗口中，选择相应路径，按住【Ctrl + T】组合键调出变换控制框，如图 11-56 所示，单击鼠标左键并拖曳控制柄，按【Enter】键确认，即可变换路径，如图 11-57 所示。

图 11-56 调出变换控制框　　　　　　　　　图 11-57 变换路径

专家指点

选取工具箱中的直接选择工具,按住【Alt】键的同时单击路径的任意一段或任意一点拖曳,也可以复制路径。单击"编辑"|"变换路径"命令,在弹出的子菜单中选择变换选项,也可以调出变换控制框,通过调整变换路径。

11.4.3 显示和隐藏路径

一般情况下,创建的路径以黑色线显示于当前图像上,用户可以根据需要对其进行显示和隐藏操作。下面向读者详细介绍显示和隐藏路径的操作方法。

素材文件	光盘 \ 素材 \ 第 11 章 \ 可口水果 .jpg
效果文件	无
视频文件	光盘 \ 视频 \ 第 11 章 \11.4.3 显示和隐藏路径 .mp4

实战 可口水果

步骤 01 打开本书配套光盘中的"素材 \ 第 11 章 \ 可口水果 .jpg"文件,如图 11-58 所示。

步骤 02 单击"窗口"|"路径"命令,展开"路径"面板,如图 11-59 所示。

图 11-58 素材图像

图 11-59 展开"路径"面板

步骤 03 选择"工作路径"路径,如图 11-60 所示。

步骤 04 执行上述操作后,即可显示路径,此时图像编辑窗口中图像显示如图 11-61 所示。

图 11-60 选择"工作路径"路径

图 11-61 显示路径

步骤 05　在"路径"面板灰色底板处单击鼠标左键，如图 11-62 所示。

步骤 06　执行操作后，即可隐藏路径，效果如图 11-63 所示。

图 11-62 在灰色底板处单击鼠标左键　　　　图 11-63 最终效果

　　在使用路径绘制工具绘制路径时，若没有在"路径"面板中选择任何一条路径，将自动创建一个"工作路径"。在没有进行保存的情况下，绘制的新路径会替换原路径。

11.4.4　存储和删除路径

　　工作路径是一种临时性路径，其临时性体现在创建新的工作路径时，现有的工作路径将被删除，而且系统不会做任何提示，用户在以后的设计中还需要用到当前工作路径时，就应该将其保存。若"路径"面板中存在有不需要的路径，用户可以将其进行删除，以减小文件大小。下面向读者详细介绍存储和删除路径的操作方法。

素材文件	光盘 \ 素材 \ 第 11 章 \ 健康生活 .jpg
效果文件	无
视频文件	光盘 \ 视频 \ 第 11 章 \11.4.4 存储和删除路径 .mp4

实战　健康生活

步骤 01　打开本书配套光盘中的"素材\第 11 章\健康生活 .jpg"文件，如图 11-64 所示。

步骤 02　单击"窗口"|"路径"命令，展开"路径"面板，选择"工作路径"路径，如图 11-65 所示。

图 11-64 素材图像　　　　　　图 11-65 选择"工作路径"路径

步骤 03 单击面板右侧上方的下三角形按钮 ≡，在弹出的面板菜单中，选择"存储路径"选项，如图 11-66 所示。

步骤 04 弹出"存储路径"对话框，设置"名称"为"茶杯"，如图 11-67 所示。

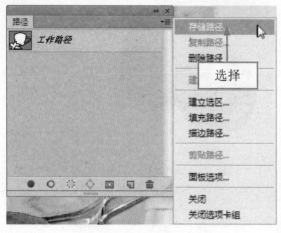

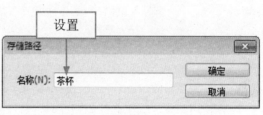

图 11-66 选择"存储路径"选项　　　　　　　　图 11-67 设置"名称"选项

步骤 05 单击"确定"按钮，即可存储路径，如图 11-68 所示。

步骤 06 单击"路径"面板右上方的下三角形按钮 ≡，在弹出的面板菜单中选择"删除路径"选项，即可删除路径，如图 11-69 所示。

图 11-68 存储路径　　　　　　　　　图 11-69 删除路径

 专家指点

在"路径"面板中选择需要删除的路径，再单击"编辑"|"清除"命令，也可以删除路径。

11.5 路径的编辑

编辑路径可以运用添加/删除锚点、平滑和锚点、以及连接和断开路径，合理的运用这些工具，能得到更完整的路径。

11.5.1 添加和删除锚点

在路径被选中的情况下，运用添加锚点工具 直接单击要增加锚点的位置，即可增加一个锚点，运用删除锚点工具 ，选择需要删除的锚点，单击鼠标左键即可删除此锚点。下面向读者详细介绍添加和删除描点的操作方法。

	素材文件	光盘 \ 素材 \ 第 11 章 \ 可爱兔子 .jpg
	效果文件	光盘 \ 效果 \ 第 11 章 \ 可爱兔子 .jpg
	视频文件	光盘 \ 视频 \ 第 11 章 \11.5.1 添加和删除锚点 .mp4

实战 可爱兔子

步骤 01 打开本书配套光盘中的"素材 \ 第 11 章 \ 可爱兔子 .jpg"文件，如图 11-70 所示。

步骤 02 单击"窗口"|"路径"命令，展开"路径"面板，选择"路径 1"路径，如图 11-71 所示。

图 11-70 素材图像

图 11-71 选择"路径 1"路径

专家指点

在路径被选中的状态下，使用添加锚点工具直接单击要增加锚点的位置，即可增加一个锚点。使用钢笔工具 时，若移动鼠标至路径上的非锚点位置，则鼠标指针呈添加锚点形状 ；若移动鼠标至路径锚点上，则鼠标指针呈删除锚点形状 。

步骤 03 选取工具箱中的添加锚点工具 ，如图 11-72 所示。

步骤 04 移动鼠标至图像编辑窗口中的路径上,单击鼠标左键,即可添加锚点,如图 11-73 所示。

步骤 05 选取工具箱中的删除锚点工具 ，如图 11-74 所示。

步骤 06 移动鼠标至图像编辑窗口中路径上左侧的锚点上，单击鼠标左键，即可删除该锚点，如图 11-75 所示。

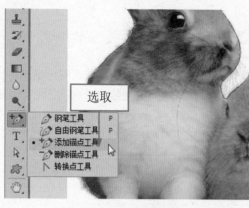

图 11-72 选取添加锚点工具

图 11-73 添加锚点

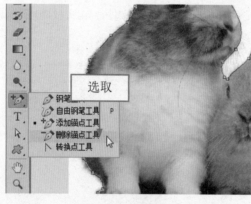

图 11-74 选取删除锚点工具

图 11-75 删除锚点

11.5.2 平滑和尖突锚点

用户在对锚点进行编辑时，经常需要将一个两侧没有控制柄的直线型锚点转换为两侧具有控制柄的圆滑型锚点的操作，则可以平滑和尖突锚点，下面向读者详细介绍平滑和尖突描点的操作方法。

素材文件	光盘 \ 素材 \ 第 11 章 \ 锚点操作 .jpg
效果文件	光盘 \ 效果 \ 第 11 章 \ 锚点操作 .jpg
视频文件	光盘 \ 视频 \ 第 11 章 \11.5.2 平滑和尖突锚点 .mp4

实战 锚点操作

步骤 01 打开本书配套光盘中的"素材 \ 第 11 章 \ 锚点操作 .jpg"文件，如图 11-76 所示。

步骤 02 单击"窗口"|"路径"命令，展开"路径"面板，选择"工作路径"路径，显示路径，如图 11-77 所示。

步骤 03 选取工具箱中的转换点工具，移动鼠标至图像编辑窗口中的路径上的锚点处，单击鼠标左键在路径上显示锚点，单击鼠标左键并拖曳，即可平滑锚点，如图 11-78 所示。

步骤 04 拖曳鼠标至路径的另一位置，按住【Ctrl】键的同时在锚点上单击鼠标左键并向下方拖曳，移动控制柄，即可尖突锚点，如图 11-79 所示。

图 11-76 素材图像　　　　　　　　　　　　图 11-77 显示路径

图 11-78 平滑锚点　　　　　　　　　　　　图 11-79 尖突锚点

11.5.3 连接和断开路径

　　在路径被选中的情况下，选择单个或多组锚点，按【Delete】键，可将选中的锚点清除，将路径断开，运用钢笔工具，可以将断开的路径重新闭合。下面向读者详细介绍连接和断开路径的操作方法。

素材文件	光盘 \ 素材 \ 第 11 章 \ 日式料理 .jpg
效果文件	光盘 \ 效果 \ 第 11 章 \ 日式料理 .jpg
视频文件	光盘 \ 视频 \ 第 11 章 \11.5.3 连接和断开路径 .mp4

实战 日式料理

步骤 01　打开本书配套光盘中的"素材 \ 第 11 章 \ 日式料理 .jpg"文件，如图 11-80 所示。

步骤 02　单击"窗口"|"路径"命令，展开"路径"面板，选择"工作路径"路径，显示路径，如图 11-81 所示。

步骤 03　选取工具箱中的直接选择工具，如图 11-82 所示。

步骤 04　拖曳鼠标至需要断开的路径锚点上，单击鼠标左键，即可选中该锚点，如图 11-83 所示。

图 11-80 素材图像　　　　　　　　　　图 11-81 显示路径

图 11-82 选取直接选择工具　　　　　　图 11-83 选中锚点

步骤 05 按【Delete】键，即可断开路径，如图 11-84 所示，选取工具箱中的钢笔工具，拖曳鼠标至断开路径的左开口上。

步骤 06 单击鼠标左键，拖曳鼠标至右侧开口上，单击鼠标左键，即可连接路径，如图 11-85 所示。

图 11-84 断开路径　　　　　　　　　　图 11-85 连接路径

11.6　路径的应用

　　路径的应用主要是指一条路径绘制完成后，将其转换成选区并应用，或者直接对其进行填充操作，以制作一些特殊效果。本节主要介绍填充路径、描边路径、布尔运算形状路径的操作方法。

11.6.1 填充路径

填充路径的操作方法和填充选区一样，可以路径范围内填充颜色或图案。在 Photoshop CC 中，用户可以根据需要，填充路径，单击"窗口"|"路径"命令，展开"路径"面板，选择"工作路径"路径，显示路径，单击面板右上方的下三角形按钮 ，在弹出的面板菜单中，选择"填充路径"选项，弹出"填充路径"对话框，单击"确定"按钮，即可填充路径。如图 11-86 所示为填充路径前后的对比效果。

图 11-86 "填充路径"前后对比效果

 专家指点

除了可以运用以上方法填充路径外，还有以下两种方法：

＊ 按钮：在图像编辑窗口中选择需要填充的路径，单击"路径"面板底部的"用前景色填充路径"按钮 。

＊ 对话框：选择需要填充的路径，按住【Alt】键的同时，单击"路径"面板底部的"用前景色填充路径"按钮 ，在弹出的"填充路径"对话框中设置相应的选项，单击"确定"按钮，即可完成填充。

11.6.2 描边路径

绘制路径后，可以为选取的路径添加单一的描边，也可以结合画笔工具制作出一些特殊效果，下面向读者详细介绍描边路径的操作方法。

素材文件	光盘 \ 素材 \ 第 11 章 \ 彩色风车 .jpg
效果文件	光盘 \ 效果 \ 第 11 章 \ 彩色风车 .jpg
视频文件	光盘 \ 视频 \ 第 11 章 \11.6.2 描边路径 .mp4

实战 彩色风车

步骤 01 打开本书配套光盘中的"素材 \ 第 11 章 \ 彩色风车 .jpg"文件，如图 11-87 所示。

步骤 02 单击"窗口"|"路径"命令，展开"路径"面板，选择"工作路径"路径，显示路径，如图 11-88 所示。

图 11-87 素材图像　　　　　图 11-88 显示路径

步骤 03 选取工具箱中的画笔工具 ，展开"画笔"面板，设置"大小"为 50 像素、"圆度"为 100%、"间距"为 200%，如图 11-89 所示。

步骤 04 选中"形状动态"复选框，并设置"大小抖动"为 57%、"最小直径"为 1%、"角度抖动"为 100%，如图 11-90 所示。

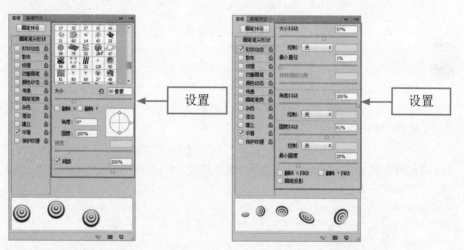

图 11-89 设置各选项　　　　　图 11-90 设置各选项

 专家指点

选取工具箱中的路径选择 或直接选择工具 ，在图像编辑窗口中单击鼠标右键，从弹出的快捷菜单中选择"描边路径"选项，在弹出的"描边路径"对话框的工具列表框中选择一种需要的工具，单击"确定"按钮，即可使用所选择的工具对路径进行描边。

步骤 05 单击前景色色块，设置前景色为红色（RGB 参数值分别为 250、52、49），在"路径"面板中，单击"路径"面板右上方的三角形按钮，在弹出面板菜单中，选择"描边路径"选项，弹出"描边路径"对话框，在其中设置"工具"为"画笔"，如图 11-91 所示。

步骤 06 单击"确定"按钮，即可描边路径，并隐藏路径，效果如图 11-92 所示。

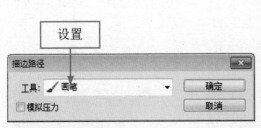

图 11-91 设置"工具"参数　　　图 11-92 最终效果

11.6.3 布尔运算形状路径

　　在绘制路径的过程中，用户除了需要掌握绘制各类路径的方法外，还应该了解如何运用工具属性栏上的 4 种运算选项在路径间进行运算，4 种运算选项分别为"合并形状"、"减去顶层形状"、"与形状区域相交"以及"排除重叠形状"。下面向读者详细介绍布尔运算形状路径的操作方法。

素材文件	光盘 \ 素材 \ 第 11 章 \ 蓝色空间 .jpg
效果文件	光盘 \ 效果 \ 第 11 章 \ 蓝色空间 .jpg
视频文件	光盘 \ 视频 \ 第 11 章 \11.6.3 布尔运算形状路径 .mp4

`实战` 蓝色空间

`步骤` `01` 打开本书配套光盘中的"素材 \ 第 11 章 \ 蓝色空间 .jpg"文件，如图 11-93 所示。

`步骤` `02` 选取工具箱中的自定形状工具 ，在工具属性栏中，单击"选择工具模式"按钮，在弹出的列表框中，选择"形状"选项，单击"形状"右侧的下三角形按钮，在"形状"列表框中选择"蝴蝶"选项，如图 11-94 所示。

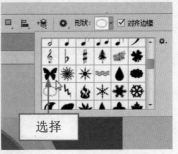

图 11-93 素材图像　　　图 11-94 选择"蝴蝶"选项

 专家指点

　　路径工具属性栏中各种运算按钮的含义如下：

　　＊ "合并形状"按钮：在原路径区域的基础上合并新的路径区域。

　　＊ "减去顶层形状"按钮：在原路径区域的基础上减去新的路径区域。

　　＊ "与形状区域相交"按钮：新路径区域与原路径区域交叉区域为最终路径区域。

* "排除重叠形状"按钮：原路径区域与新路径区域不相交的区域成为最终的路径区域。

步骤 03 设置前景色为蓝色（RGB 参数值分别为 0、142、224），移动鼠标至图像中合适位置，单击鼠标左键并拖曳，即可创建形状，如图 11-95 所示。

步骤 04 单击工具属性栏中的"合并形状"按钮，在图像适当位置单击鼠标左键并拖曳，绘制第 2 个形状，即可添加形状区域，如图 11-96 所示。

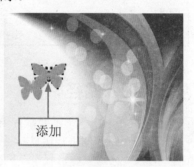

图 11-95 创建形状　　　　　　　图 11-96 添加形状区域

步骤 05 单击工具属性栏中的"减去顶层形状"按钮，在图像适当位置单击鼠标左键并拖曳，绘制第 3 个形状，即可减去形状区域，如图 11-97 所示。

步骤 06 单击工具属性栏中的"与形状区域相交"按钮，在图像适当位置单击鼠标左键并拖曳，绘制第 4 个形状，即可交叉形状区域，如图 11-98 所示。

图 11-97 减去形状区域　　　　　　图 11-98 交叉形状区域

步骤 07 单击工具属性栏中的"排除重叠形状"按钮，在图像适当位置单击鼠标左键并拖曳，绘制第 5 个形状，即可重叠形状区域除外，如图 11-99 所示。

图 11-99 重叠形状区域

通道的运用与管理

学习提示

在 Photoshop 中，通道就是选区的一个载体，它将选区转换成为可见的黑白图像，从而更易于用户对其进行编辑，从而得到多种多样的选区状态，为用户能创建更多的丰富效果提供了可能，更加有利于图像的编辑。本章主要介绍创建与应用通道的方法。

本章案例导航

- 实战——雪山风景
- 实战——紫色花瓣
- 实战——青色柠檬
- 实战——海底世界
- 实战——野外骏马

- 实战——植物花纹
- 实战——主题海报
- 实战——云海城堡
- 实战——美味水果

12.1 通道的含义

在 Photoshop 中，通道被用来存放图像的颜色信息及自定义的选区，不仅可以使用通道得到非常特殊的选区，还可以通过改变通道中存放的颜色信息来调整图像的色调。无论是新建文件、打开文件或扫描文件，当一个图像文件调入 Photoshop 后，Photoshop 就将为其创建图像文件固有的通道即颜色通道或称原色通道，原色通道的数目取决于图像的颜色模式。

12.1.1 通道的作用

通道是一种很重要的图像处理方法，它主要用来存储图像的色彩信息和图层中的选择信息。使用通道可以复原扫描失真严重的图像，从而创作出一些意想不到的效果。

由于不同的原色通道所保存着图像的不同颜色信息，且这些信息包含着像素的存在和像素颜色的深浅度。正是由于原色通道的存在，所以当原色通道合成在一起时，形成了具有丰富色彩效果的图像，若缺少了其中某一原色通道，则图像将出现偏色现象。

12.1.2 "通道"面板

"通道"面板是存储、创建和编辑通道的主要场所，在默认情况下，"通道"面板显示的均为原色通道。当图像的色彩模式为 CMYK 模式时，面板中将有 4 个原色通道，即"青"通道、"洋红"通道、"黄"通道和"黑"通道，每个通道都包含着对应的颜色信息。当图像的色彩模式为 RGB 色彩模式时，面板中将有 3 个原色通道，即"红"通道、"绿"通道、"蓝"通道和一个合成通道，即 RGB 通道。

在 Photoshop CC 界面中，单击"窗口"|"通道"命令，弹出如图 12-1 所示的"通道"面板，在此面板中列出了图像所有的通道。

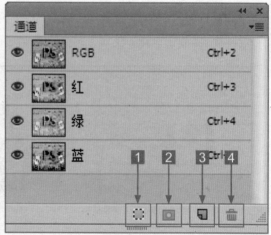

图 12-1 "通道"面板

"通道"面板中各选项的主要含义如下：

1 将通道作为选区载入 ：单击该按钮，可以调出当前通道所保存的选区。

2 将选区存储为通道 ：单击该按钮，可以将当前选区保存为 Alpha 通道。

3 创建新通道 ：单击该按钮，可以创建一个新的 Alpha 通道。

4 删除当前通道 🗑：单击该按钮，可以删除当前选择的通道。

12.2 了解通道的类型

在 Photoshop 中，通道是一种灰度图像，每一种图像包括了一些基于颜色模式的颜色信息通道，一共包括了 3 种类型的通道，即颜色通道、专色通道和 Alpha 通道。

12.2.1 颜色通道

颜色通道又称为原色通道，它主要用于存储图像的颜色数据，RGB 图像有 3 个颜色通道，如图 12-2 所示；CMYK 图像有 4 个颜色通道，如图 12-3 所示。

图 12-2 RGB 颜色通道   图 12-3 CMYK 颜色通道

12.2.2 专色通道

专色通道设置只是用来在屏幕上显示模拟效果的，对实际打印输出并无影响。此外，如果新建专色通道之前制作了选区，则新建通道后，将在选区内填充专色通道颜色。专色通道是需要用户自行创建的通道，在进行专色印刷或进行 UV、烫金、烫银等特殊印刷工艺时将用到此类通道，以便单独输出。图 12-4 所示为创建一个专色通道。

图 12-4 专色通道

12.2.3 Alpha 通道

在 Photoshop CC 中，通道除了可以保存颜色信息外，还可以保存选区的信息，此类通道被称为 Alpha 通道。Alpha 通道主要用于创建和存储选区，创建并保存选区后，将以一个灰度图像保存在 Alpha 通道中，在需要的时候可以载入选区。

专家指点

创建 Alpha 通道的操作方法有以下两种：

＊ 按钮：单击"通道"底部的"创建新通道"按钮，可创建空白通道。

＊ 快捷键：按住【Alt】键的同时单击"通道"面板底部的"创建新通道"按钮，即可创建 Alpha 通道。

12.3 通道的创建

"通道"面板用于创建和管理通道，通道的许多操作都是"通道"面板中进行的。本节主要向读者介绍创建 Alpha 通道、复合通道、单色通道以及专色通道的操作方法。

12.3.1 创建 Alpha 通道

Photoshop 提供了很多种用于创建 Alpha 通道的操作方法，用户可以在设计工程中，根据实际需要选择一种合适的方法。下面向读者详细介绍创建 Alpha 通道的操作方法。

素材文件	光盘 \ 素材 \ 第 12 章 \ 雪山风景 .jpg	
效果文件	光盘 \ 效果 \ 第 12 章 \ 雪山风景 .psd	
视频文件	光盘 \ 视频 \ 第 12 章 \12.3.1 创建 Alpha 通道 .mp4	

实战 雪山风景

步骤 01 打开本书配套光盘中的"素材 \ 第 12 章 \ 雪山风景 .jpg"文件，如图 12-5 所示。

步骤 02 单击"窗口"|"通道"命令，展开"通道"面板，如图 12-6 所示。

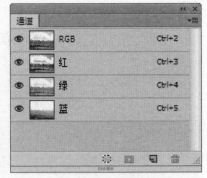

图 12-5 素材图像　　　　图 12-6 展开"通道"面板

步骤 03 单击面板右上角的三角形按钮，在弹出的面板菜单中，选择"新建通道"选项，如图 12-7 所示。

步骤 04 弹出"新建通道"对话框，如图 12-8 所示。

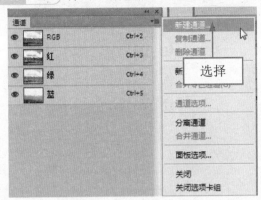
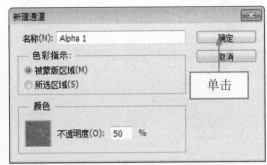

图 12-7 选择"新建通道"选项　　　　　　图 12-8 "新建通道"对话框

步骤 05 单击"确定"按钮，即可创建一个新的 Alpha 通道，单击"通道"面板中 Alpha 1 通道左侧的"指示通道可见性"图标，如图 12-9 所示。

步骤 06 执行操作后，即可显示 Alpha 1 通道，此时图像编辑窗口中的图像效果也随之改变，效果如图 12-10 所示。

图 12-9 单击"指示通道可见性"图标　　　　图 12-10 最终效果

12.3.2 创建复合通道

　　复合通道始终是以彩色显示图像的，是用于预览和编辑整体图像颜色通道的一个快捷方式，分别单击"通道"面板中任意一个通道前的"指示通道可见性"图标，即可复合基本显示的通道，得到不同的颜色显示。下面向读者详细介绍创建复合通道的操作方法。

素材文件	光盘 \ 素材 \ 第 12 章 \ 植物花纹 .jpg
效果文件	光盘 \ 效果 \ 第 12 章 \ 植物花纹 .psd
视频文件	光盘 \ 视频 \ 第 12 章 \12.3.2 创建复合通道 .mp4

实战 植物花纹

步骤 01 打开本书配套光盘中的"素材 \ 第 12 章 \ 植物花纹 .jpg"文件，如图 12-11 所示。

步骤 02 单击"窗口"|"通道"命令，展开"通道"面板，如图 12-12 所示。

图 12-11 素材图像　　　　　　　　　　图 12-12 展开"通道"面板

步骤　03　单击"通道"面板中"绿"通道左侧的"指示通道可见性"图标，隐藏"绿"通道，如图 12-13 所示。

步骤　04　执行上述操作后，即可创建复合通道，此时图像编辑窗口中的图像效果也随之改变，效果如图 12 -14 所示。

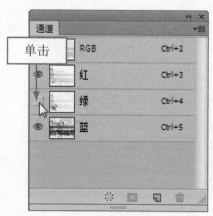

图 12-13 隐藏"绿"通道　　　　　　　　图 12-14 最终效果

12.3.3　创建单色通道

　　如果将某一种颜色通道删除，则混合通道及该颜色通道都将被删除，而图像将自动转换为单色通道模式。下面向读者详细介绍创建单色通道的操作方法。

素材文件	光盘 \ 素材 \ 第 12 章 \ 紫色花瓣 .jpg	
效果文件	光盘 \ 效果 \ 第 12 章 \ 紫色花瓣 .psd	
视频文件	光盘 \ 视频 \ 第 12 章 \12.3.3 创建单色通道 .mp4	

实战　紫色花瓣

步骤　01　打开本书配套光盘中的"素材 \ 第 12 章 \ 紫色花瓣 .jpg"文件，如图 12-15 所示。

步骤　02　单击"窗口" | "通道"命令，展开"通道"面板，如图 12-16 所示。

图 12-15 素材图像　　　　　　　　图 12-16 展开"通道"面板

步骤 03 选择"红"通道，单击鼠标右键，在弹出快捷菜单中，选择"删除通道"选项，如图 12-17 所示。

步骤 04 执行操作后，即可创建单色通道，此时图像编辑窗口中的图像效果也随之改变，效果如图 12-18 所示。

图 12-17 选择"删除通道"选项　　　　图 12-18 最终效果

12.3.4 创建专色通道

专色通道用于印刷，在印刷时每种专色油墨都要求专用的印版，以便单独输出，下面向读者详细介绍创建专色通道的操作方法。

素材文件	光盘 \ 素材 \ 第 12 章 \ 主题海报 .jpg
效果文件	光盘 \ 效果 \ 第 12 章 \ 主题海报 .jpg
视频文件	光盘 \ 视频 \ 第 12 章 \12.3.4 创建专色通道 .mp4

实战 主题海报

步骤 01 打开本书配套光盘中的"素材 \ 第 12 章 \ 主题海报 .jpg"文件，如图 12-19 所示。

步骤 02 选取工具箱中的魔棒工具，创建一个选区，如图 12-20 所示。

图 12-19 素材图像

图 12-20 创建选区

步骤 03 执行上述操作后，单击"窗口"|"通道"命令，展开"通道"面板，如图 12-21 所示。

步骤 04 单击面板右上角的三角形按钮，在弹出的面板菜单中，选择"新建专色通道"选项，如图 12-22 所示。

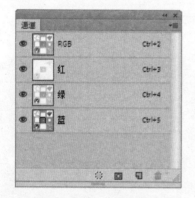

图 12-21 展开"通道"面板

图 12-22 选择"新建专色通道"选项

步骤 05 弹出"新建专色通道"对话框，设置"颜色"为柠檬黄色（RGB 参数分别为 255、255、0），如图 12-23 所示。

步骤 06 单击"确定"按钮，即可创建专色通道，在"通道"面板中自动生成一个专色通道，此时图像编辑窗口中的图像效果也随之改变，效果如图 12-24 所示。

图 12-23 设置"颜色"为淡黄色

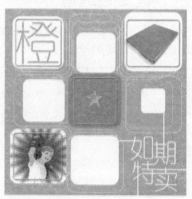

图 12-24 最终效果

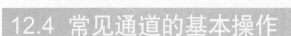

12.4 常见通道的基本操作

在 Photoshop 中，通道的基本操作主要包括新建通道、保存选区至通道、复制和删除通道以及分离和合并通道。本节主要向读者介绍通道的基本操作。

12.4.1 保存选区至通道

在编辑图像时，将新建的选区保存到通道中，可方便用户对图像进行多次编辑和修改，下面向读者详细介绍保存选区至通道的操作方法。

素材文件	光盘 \ 素材 \ 第 12 章 \ 青色柠檬 .jpg
效果文件	光盘 \ 效果 \ 第 12 章 \ 青色柠檬 .jpg
视频文件	光盘 \ 视频 \ 第 12 章 \12.4.1 保存选区至通道 .mp4

实战 青色柠檬

步骤 01 打开本书配套光盘中的"素材 \ 第 12 章 \ 青色柠檬 .jpg"文件，如图 12-25 所示。

步骤 02 选取工具箱中的磁性套索工具，创建一个选区，如图 12-26 所示。

图 12-25 素材图像　　　　　　　　　　图 12-26 创建选区

步骤 03 单击"窗口"|"通道"命令，展开"通道"面板，单击面板底部的"将选区存储为通道"按钮，如图 12-27 所示。

步骤 04 执行操作后，即可保存选区到通道，单击 Alpha 1 通道左侧的"指示通道可见性"图标，显示 Alpha 1 通道，如图 12-28 所示。

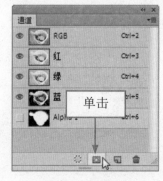

图 12-27 素材图像　　　　　　　　　　图 12-28 显示 Alpha 1 通道

专家指点

在图像编辑窗口中创建好选区后，单击"选择"|"存储选区"命令，在弹出的"存储选区"对话框中设置相应的选项，单击"确定"按钮，也可将创建的选区存储为通道。

12.4.2 复制与删除通道

复制和删除通道的操作与复制和删除图层的操作非常相似，通过复制和删除通道操作，可以制作不同的图像效果。下面向读者详细介绍复制与删除通道的操作方法。

素材文件	光盘 \ 素材 \ 第 12 章 \ 云海城堡 .jpg
效果文件	光盘 \ 效果 \ 第 12 章 \ 云海城堡 .psd
视频文件	光盘 \ 视频 \ 第 12 章 \12.4.2 复制与删除通道 .mp4

实战 云海城堡

步骤 01 打开本书配套光盘中的"素材 \ 第 12 章 \ 云海城堡 .jpg"文件，如图 12-29 所示。

步骤 02 单击"窗口"|"通道"命令，展开"通道"面板，选择"蓝"通道，如图 12-30 所示。

图 12-29 素材图像   图 12-30 选择"蓝"通道

步骤 03 单击鼠标右键，在弹出的快捷菜单中选择"复制通道"选项，弹出"复制通道"对话框，如图 12-31 所示，单击"确定"按钮，即可复制"蓝"通道。

步骤 04 单击"蓝 拷贝"通道和 RGB 通道左侧的"指示通道可见性"图标，显示所有通道，此时图像编辑窗口中的图像效果也随之改变，效果如图 12-32 所示。

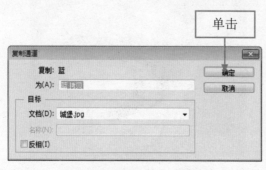

图 12-31 "复制通道"对话框   图 12-32 图像效果

步骤 **05** 选择"蓝 拷贝"通道，单击鼠标左键并将其拖曳至面板底部的"删除当前通道"按钮上，如图 12-33 所示。

步骤 **06** 释放鼠标左键，即可删除选择的通道，此时图像编辑窗口中的图像效果也随之改变，效果如图 12-34 所示。

图 12-33 单击鼠标拖曳　　　　　　　图 12-34 最终效果

专家指点

选择需要复制的通道，单击"通道"面板右上角的三角形按钮，弹出面板菜单，选择"复制通道"选项，也可以复制通道。

12.4.3 分离和合并通道

在 Photoshop CC 中，通过分离通道操作，可以将拼合图像的通道分离为单独的图像，分离后原文件被关闭，每一个通道均以灰度颜色模式成为一个独立的图像文件。下面向读者详细介绍分离和合并通道的操作方法。

素材文件	光盘 \ 素材 \ 第 12 章 \ 海底世界 .jpg
效果文件	光盘 \ 效果 \ 第 12 章 \ 海底世界 .psd
视频文件	光盘 \ 视频 \ 第 12 章 \12.4.3 分离和合并通道 .mp4

实战 海底世界

步骤 **01** 打开本书配套光盘中的"素材 \ 第 12 章 \ 海底世界 .jpg"文件，如图 12-35 所示。

步骤 **02** 单击"窗口"|"通道"命令，展开"通道"面板，单击"通道"面板右上角的三角形按钮，在弹出的面板菜单中选择"分离通道"选项，如图 12-36 所示。

图 12-35 素材图像　　　　　　　图 12-36 选择"分离通道"选项

步骤 03　执行操作后，即可将RGB模式图像的通道分离为3幅灰色图像，效果如图12-37所示。

步骤 04　单击面板右上角的三角形按钮，在弹出的面板菜单中选择"合并通道"选项，如图12-38所示。

图12-37 分离为3幅灰色图像　　　　　　图12-38 选择"合并通道"选项

步骤 05　弹出"合并通道"对话框，保持默认设置，如图12-39所示，单击"确定"按钮，弹出"合并多通道"对话框，保存默认值，依次单击两次"下一步"按钮。

步骤 06　单击"确定"按钮，即可完成通道的合并，显示全部通道，此时图像编辑窗口中的图像效果也随之改变，效果如图12-40所示。

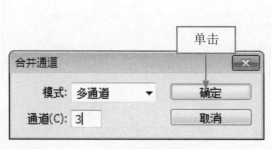

图12-39 保持默认设置　　　　　　图12-40 最终效果

专家指点

　　用户可以将一幅图像中的各个通道分离出来，使其各自作为一个单独的文件存在。分离后源文件被关闭，每一个通道均以灰度颜色模式成为一个独立的图像文件。合并通道时必须注意这些图像的大小和分辨率必须是相同的，否则无法合并。

12.5 通道的合成

　　在两幅或两幅以上的素材图像具有相同的尺寸（宽度、高度、分辨率），用户可运用"应用图像"、"计算"命令将图像进行合成。

12.5.1 运用"应用图像"命令合成图像

运用"应用图像"命令可以将所选图像中的一个或多个图层、通道，与其他具有相同尺寸大小图像的图层和通道进行合成，以产生特殊的合成效果。

在 Photoshop CC 中，由于"应用图像"命令是基于像素对像素的方式来处理通道的，所以只有图像的长和宽（以像素为单位）都分别相等时才能执行"应用图像"命令。

在 Photoshop CC 中，使用"应用图像"命令可以对一个通道中的像素值与另一个通道中相应的像素值进行相加、减去和相乘等操作。下面向读者详细介绍分运用"应用图像"命令合成图像的操作方法。

素材文件	光盘 \ 素材 \ 第 12 章 \ 背景 .jpg、水果 .jpg
效果文件	光盘 \ 效果 \ 第 12 章 \ 美味水果 .jpg
视频文件	光盘 \ 视频 \ 第 12 章 \12.5.1 运用"应用图像"命令合成图像 .mp4

实战 美味水果

步骤 01 在 Photoshop CC 中，打开本书配套光盘中的"素材 \ 第 12 章 \ 背景 .jpg、水果 .jpg"文件，如图 12-41 所示。

步骤 02 确认"水果"图像编辑窗口为当前窗口，单击"图像"|"应用图像"命令，如图 12-42 所示。

图 12-41 素材图像　　　　　　图 12-42 单击"应用图像"命令

步骤 03 弹出"应用图像"对话框，设置"源"为"背景 .jpg"、"图层"为"背景"、"通道"为 RGB、"混合"为滤色、"不透明度"为 100%，如图 12-43 所示。

步骤 04 单击"确定"按钮，即可合成图像，效果如图 12-44 所示。

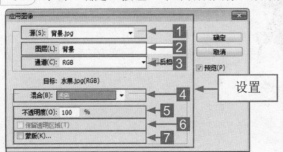

图 12-43 设置各选项　　　　　　图 12-44 最终效果

"应用图像"对话框中各选项主要含义如下：

1 源：从中选择一幅源图像与当前活动图像相混合，其下拉列表框中将列出 Photoshop CC 当前打开的图像，该项的默认设置为当前的活动图像。

2 图层：选择源图像中的图层参与计算。

3 通道：选择源图像中的通道参与计算，选中"反相"复选框，则表示源图像反相后进行计算。

4 混合：该下拉列表框中包含用于设置图像的混合模式。

5 不透明度：用于设置合成图像时的不透明度。

6 保留透明区域：该复选框用于设置保留透明区域，选中后只对非透明区域合并，若在当前活动图像中选择了背景图层，则该选项不可用。

7 蒙版：选中该复选框，其下方的 3 个列表框和"反相"复选框为可用状态，从中可以选择一个"通道"或"图层"作为蒙版来混合图像。

12.5.2 运用 "计算" 命令合成图像

"计算"命令的工作原理与"应用图像"命令相同，它可以混合两个来自一个或多个源图像的单个通道，使用该命令可以创建新的通道和选区，也可以生成新的黑白图像。下面向读者详细介绍分运用"计算"命令合成图像的操作方法。

	素材文件	光盘 \ 素材 \ 第 12 章 \ 骏马 .jpg、野外 .jpg
	效果文件	光盘 \ 效果 \ 第 12 章 \ 野外骏马 .psd
	视频文件	光盘 \ 视频 \ 第 12 章 \12.5.2 运用 "计算" 命令合成图像 .mp4

实战 野外骏马

步骤 01 打开本书配套光盘中"素材 \ 第 12 章 \ 骏马 .jpg、野外 .jpg"文件，如图 12-45 所示。

步骤 02 移动鼠标指针至"骏马"图像编辑窗口的标题栏上，单击鼠标左键，切换至"骏马"图像编辑窗口，单击"图像"|"计算"命令，如图 12-46 所示。

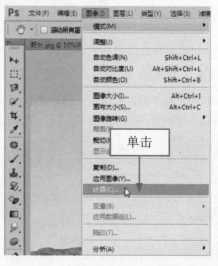

图 12-45 素材图像   图 12-46 单击 "计算" 命令

步骤 03 弹出"计算"对话框,设置"源 1"为"野外.jpg"、"图层"为"背景"、"通道"为"红"、"源 2"为"骏马.jpg"、"图层"为"背景"、"通道"为"红"、"混合"为"正片叠底"、"不透明度"为 80%,如图 12-47 所示。

步骤 04 执行上述操作后,单击"确定"按钮,即可使用"计算"命令合成图像,效果如图 12-48 所示。

图 12-47 设置各选项　　　　　　　　　　　图 12-48 最终效果

"计算"对话框中各选项主要含义如下:

1 源 1:用于选择要计算的第 1 个源图像。

2 图层:用于选择使用图像的图层。

3 通道:用于选择进行计算的通道名称。

4 源 2:用于选择计算的第 2 个源图像。

5 混合:用于选择两个通道进行计算所运用的混合模式,并设置"不透明度"值。

6 蒙版:选中该复选框,可以通过蒙版应用混合效果。

7 结果:用于选择计算后通道的显示方式。若选择"新文档"选项,将生成一个仅有一个通道的多通道模式图像;若选择"新建通道"选项,将在当前图像文件中生成一个新通道;若选择"选区"选项,则生成一个选区。

创建与管理蒙版

学习提示

在 Photoshop 中，使用图层蒙版可以很好地控制图层区域的显示或隐藏，可以在不破坏图像的情况下反复编辑图像，直至得到所需要的效果，使修改图像和创建复杂选区变得更加方便，因此图层蒙版是进行图像合成最常用的方法。本章主要向读者介绍创建与应用蒙版的操作方法。

本章案例导航

- 实战——塞外风光
- 实战——品味美食
- 实战——时尚手表
- 实战——面向阳光

- 实战——儿童水彩
- 实战——绿水青山
- 实战——立体耳机
- 实战——个性相框

13.1 蒙版的含义

在 Photoshop 中，"蒙版"面板提供了用于图层蒙版以及矢量蒙版的多种控制选项，"蒙版"面板不仅可以轻松更改图像不透明度和边缘化程度，还可以方便地增加或删减蒙版、设置反相蒙版以及调整蒙版边缘。有些初学者容易将选区与蒙版混淆，认为两者都起到了限制的作用，但实际上两者之间有本质的区别。选区是用于限制操作者的操作范围，使操作仅发生在选择区域的内部。蒙版是相反的，不处于蒙版的位置也可以进行编辑与处理。

13.1.1 蒙版的类型

在 Photoshop 中有以下 4 种类型的蒙版，下面将分别进行介绍。

1. 剪贴蒙版

这是一类通过图层与图层之间的关系，控制图层中图像显示区域与显示效果的蒙版，能够实现一对一或一对多的屏蔽效果。

2. 快速蒙版

快速蒙版出现的意义是制作选择区域，而其制作方法则是通过屏蔽图像的某一个部分，显示另一个部分来达到制作精确选区的目的。

3. 图层蒙版

图层蒙版是使用最为频繁的一类蒙版，绝大多数图像合成作品都需要使用图层蒙版。

4. 矢量蒙版

矢量蒙版是图层蒙版的另一种类型，但两者可以共存，用于以矢量图像的形式屏蔽图像。

13.1.2 蒙版的作用

蒙版其突出的作用就是屏蔽，无论是什么样的蒙版，都需要对图像的某些区域起到屏蔽作用，这是蒙版存在的终极意义。

1. 剪贴蒙版

对于剪贴蒙版而言，基层图层中的像素分布将影响剪贴蒙版的整体效果，基层中的像素不透明度越高分布范围越大，则整个剪贴蒙版产生的效果也越不明显，反之则越明显。

2. 快速蒙版

快速蒙版通过不同的颜色对图像产生屏蔽作用，效果非常明显。

3. 图层蒙版

图层蒙版依靠蒙版中像素的亮度，使图层显示出被屏蔽的效果，亮度越高，图层蒙版的屏蔽作用越小，反之，图层蒙版中像素的亮度越低，则屏蔽效果越明显。

4. 适量蒙版

矢量蒙版依靠蒙版中的矢量路径的形状与位置，使图像产生被屏蔽的效果。

13.2 蒙版的创建与编辑

图层蒙版可以很好地控制图层区域的显示或隐藏,可以在不破坏图像的情况下反复编辑图像,直至得到所需要的效果,使修改图像和创建复杂选区变得更加方便。

图层蒙版是通道的另一种表现形式,可用于为图像添加遮盖效果,灵活运用蒙版与选区,可以制作出丰富多彩的图像效果。

13.2.1 创建图层蒙版

在 Photoshop 中,通过使用剪贴蒙版,可以用一个图层中包含有像素的区域来限制它上一个图层的图像显示范围。剪贴蒙版的最大优点是可以通过一个图层来控制多个图层的可见内容,而图层蒙版和矢量蒙版都只能控制一个图层。下面向读者详细介绍创建图层蒙版的操作方法。

素材文件	光盘 \ 素材 \ 第 13 章 \ 骆驼 .jpg、风景 .jpg
效果文件	光盘 \ 效果 \ 第 13 章 \ 塞外风光 .jpg
视频文件	光盘 \ 视频 \ 第 13 章 \13.2.1 创建图层蒙版 .mp4

实战 塞外风光

步骤 01 打开本书配套光盘中的"素材 \ 第 13 章 \ 骆驼 .jpg、风景 .jpg"文件,如图 13-1 所示。

步骤 02 确认"骆驼"图像编辑窗口为当前窗口,按【Ctrl + A】组合键,全选图像,如图 13-2 所示。

图 13-1 素材图像

全选图像

图 13-2 全选图像

步骤 03 按【Ctrl + C】组合键,复制图像,切换至"风景"图像编辑窗口,按【Ctrl + V】组合键,粘贴图像,如图 13-3 所示。

步骤 04 执行上述操作后,按【Ctrl + T】组合键,调出变换控制框,将鼠标指针移至控制柄上,单击鼠标左键并拖曳,将图像缩放至合适大小,按【Enter】键,确认缩放,如图 13-4 所示。

13 创建与管理蒙版

粘贴

图 13-3 粘贴图像

缩放

图 13-4 缩放图像

步骤 05　在"图层"面板中，选择"图层 1"图层，单击"图层"面板底部的"添加图层蒙版"按钮，为该图层添加蒙版，如图 13-5 所示。

步骤 06　设置前景色为黑色，选取工具箱中的画笔工具，在工具属性栏中，设置"模式"为正常、"大小"为 50 像素、"不透明度"为 90%，如图 13-6 所示。

添加图层蒙版

图 13-5 添加图层蒙版

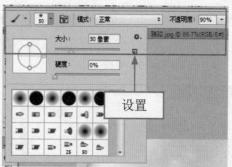

设置

图 13-6 设置各选项

步骤 07　在图像编辑窗口中的图像上涂抹，隐藏部分图像，如图 13-7 所示。

步骤 08　用与上同样的方法，涂抹图像中的其他部位，隐藏部分图像，效果如图 13-8 所示。

涂抹

图 13-7 隐藏部分图像

图 13-8 最终效果

专家指点

　　单击"图层"|"图层蒙版"|"显示全部"命令，即可显示创建一个显示图层内容的白色蒙版；单击"图层"|"图层蒙版"|"隐藏全部"命令，即可创建一个隐藏图层内容的黑色蒙版。

中文版 *Photoshop CC* 应用宝典

13.2.2 创建剪贴蒙版

剪贴蒙版可以用一个图层中包含像素的区域来限制它上层图像的显示范围。它的最大优点是可以通过一个图层来控制多个图层的可见内容，而图层蒙版和矢量蒙版都只能控制一个图层。下面向读者详细介绍创建剪贴蒙版的操作方法。

素材文件	光盘 \ 素材 \ 第 13 章 \ 绿色草地 .psd、礼物 .jpg
效果文件	光盘 \ 效果 \ 第 13 章 \ 儿童水彩 .jpg
视频文件	光盘 \ 视频 \ 第 13 章 \13.2.2 创建剪贴蒙版 .mp4

实战 儿童水彩

步骤 01 打开本书配套光盘中的"素材\第13章\绿色草地.psd、礼物.psd"文件，如图13-9所示。

步骤 02 移动鼠标指针至"礼物"图像编辑窗口的标题栏上，单击鼠标左键，切换至"礼物"图像编辑窗口，在"图层"面板中，选择"图层 1"图层，按【Ctrl ＋ A】组合键，全选图像，如图 13-10 所示。

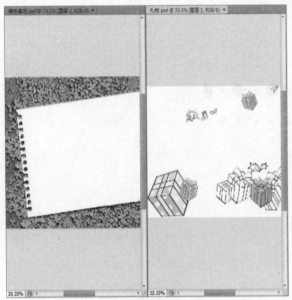

图 13-9 素材图像

图 13-10 全选图像

专家指点

单击"图层"|"释放剪贴蒙版"命令，即可从剪贴蒙版中释放出该图层，如果该图层上面还有其他内容图层，则这些图层也会一同释放。

步骤 03 按【Ctrl ＋ C】组合键，复制图像，切换至"绿色草地"图像编辑窗口，按【Ctrl ＋ V】组合键，粘贴图像，如图 13-11 所示。

步骤 04 单击"图层"|"创建剪贴蒙版"命令，效果如图 13-12 所示。

步骤 05 执行上述操作后，即可创建剪贴蒙版，效果如图 13-13 所示。

图 13-11 粘贴图像

图 13-12 单击"创建剪贴蒙版"命令

图 13-13 最终效果

13.2.3 创建快速蒙版

快速蒙版是一种手动间接创建选区的方法，其特点是与绘图工具结合起来创建选区，比较适合用于对选择要求不很高的情况。下面向读者详细介绍创建快速蒙版的操作方法。

	素材文件	光盘 \ 素材 \ 第 13 章 \ 品味美食 .jpg
	效果文件	光盘 \ 效果 \ 第 13 章 \ 品味美食 jpg
	视频文件	光盘 \ 视频 \ 第 13 章 \13.2.3 创建快速蒙版 .mp4

实战 品味美食

步骤 01 打开本书配套光盘中的"素材 \ 第 13 章 \ 品味美食 .jpg"文件，如图 13-14 所示。

步骤 02 选取工具箱中的磁性套索工具，创建选区，设置"羽化"为 10 像素，如图 13-15 所示。

图 13-14 素材图像

图 13-15 创建选区

步骤 03 单击工具箱底部的"以快速蒙版模式编辑"按钮，如图 13-16 所示。

步骤 04 执行上述操作后，即可在图像编辑窗口中创建快速蒙版，效果如图 13-17 所示。

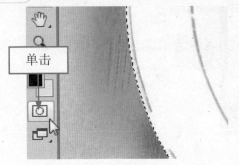

图 13-16 单击"以快速蒙版模式编辑"按钮　　　　　　图 13-17 最终效果

13.2.4 创建矢量蒙版

　　矢量蒙版是由钢笔、自定形状等矢量工具创建的蒙版（图层蒙版和剪贴蒙版都基于像素的蒙版），矢量蒙版与分辨率无关，常用来制作 Logo、按钮或其他 Web 设计元素。无论图像自身的分辨率是多少，只要使用了该蒙版，都可以得到平滑的轮廓。下面向读者详细介绍创建矢量蒙版的操作方法。

素材文件	光盘 \ 素材 \ 第 13 章 \ 绿水青山 .psd
效果文件	光盘 \ 效果 \ 第 13 章 \ 绿水青山 .jpg
视频文件	光盘 \ 视频 \ 第 13 章 \13.2.4 创建矢量蒙版 .mp4

实战 绿水青山

步骤 01 打开本书配套光盘中的"素材 \ 第 13 章 \ 绿水青山 .psd"文件，如图 13-18 所示。

步骤 02 选取工具箱中的自定形状工具，如图 13-19 所示。

图 13-18 素材图像　　　　　　图 13-19 选取自定形状工具

步骤 03 在工具属性栏中，单击"选择工具模式"按钮，在弹出的列表框中，选择"路径"选项，设置"形状"为"网格"，在图像编辑窗口中的合适位置绘制一个网格路径，如图 13-20 所示。

步骤 04 单击"图层"|"矢量蒙版"|"当前路径"命令，如图 13-21 所示。

图 13-20 绘制网格路径

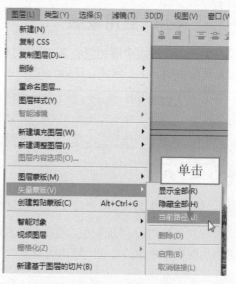

图 13-21 单击"当前路径"命令

专家指点

　　与图层蒙版非常相似，矢量蒙版也是一种控制图层中图像显示与隐藏的方法，不同的是，矢量蒙版是依靠路径来限制图像的显示与隐藏的，因此它创建的都是具有规则边缘的蒙版。

步骤 05 　执行上述操作后，即可创建矢量蒙版，并隐藏路径，效果如图 13-22 所示。

步骤 06 　在"图层"面板中，即可查看到基于当前路径创建的矢量蒙版，如图 13-23 所示。

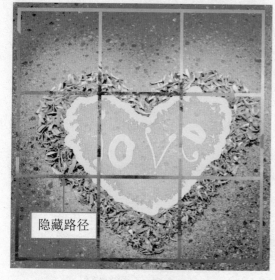

图 13-22 隐藏路径

图 13-23 创建的矢量蒙版

13.3 蒙版的管理

　　为了节省存储空间和提高图像处理速度，用户可运用停用 / 启用图层蒙版、删除图层蒙版、应用图层蒙版以及设置蒙版混合模式等操作来管理蒙版。

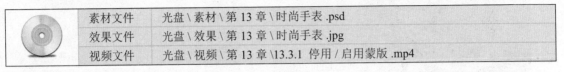

13.3.1 停用 / 启用蒙版

在图像编辑窗口中添加蒙版后，如果后面的操作不再需要蒙版，用户可以将蒙版关闭以节省系统资源的占用。下面向读者详细介绍停用 / 启用蒙版的操作方法。

	素材文件	光盘 \ 素材 \ 第 13 章 \ 时尚手表 .psd
	效果文件	光盘 \ 效果 \ 第 13 章 \ 时尚手表 .jpg
	视频文件	光盘 \ 视频 \ 第 13 章 \13.3.1 停用 / 启用蒙版 .mp4

实战 时尚手表

步骤 01 打开本书配套光盘中的"素材 \ 第 13 章 \ 时尚手表 .psd"文件，如图 13-24 所示。

步骤 02 在"图层"面板中，选择"图层 1"图层，在该图层的矢量蒙版缩览图上单击鼠标右键，在弹出的快捷菜单中，选择"停用矢量蒙版"选项。如图 13-25 所示。

图 13-24 素材图像

图 13-25 选择"停用矢量蒙版"选项

步骤 03 执行上述操作后，即可停用矢量蒙版，且矢量蒙版缩览图上显示了一个红色的叉形标记，如图 13-26 所示。

步骤 04 在"图层 1"矢量蒙版的缩览图上单击鼠标右键，在弹出的快捷菜单中选择"启用矢量蒙版"选项，如图 13-27 所示。

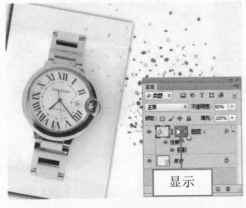

图 13-26 显示红色的叉形标记

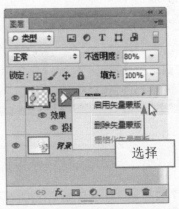

图 13-27 选择"启用矢量蒙版"选项

步骤 05 执行上述操作后，即可取消红色叉形标记，启用矢量蒙版，如图 13-28 所示。

步骤 06 此时，图像编辑窗口中的图像效果也随之改变，效果如图 13-29 所示。

图 13-28 启用矢量蒙版　　　　　　　图 13-29 最终效果

 专家指点

除了运用上述方法停用 / 启用蒙版外，还有以下 3 种方法：

＊ 单击"图层"|"图层蒙版"|"停用"或"启用"命令。

＊ 按住【Shift】键的同时，在图层蒙版缩览图上单击鼠标左键，即可停用图层蒙版。

＊ 当停用图层蒙版后，直接在图层蒙版缩览图上单击鼠标左键，即可启用图层蒙版。

13.3.2 删除图层蒙版

为图像创建图层蒙版后，如果不再需要，用户可以将创建的蒙版删除，图像即可还原为设置蒙版之前的效果。下面向读者详细介绍删除图层蒙版的操作方法。

素材文件	光盘 \ 素材 \ 第 13 章 \ 立体耳机 .psd
效果文件	光盘 \ 效果 \ 第 13 章 \ 立体耳机 .jpg
视频文件	光盘 \ 视频 \ 第 13 章 \13.3.2 删除图层蒙版 .mp4

实战 立体耳机

步骤 01 打开本书配套光盘中的"素材 \ 第 13 章 \ 立体耳机 .psd"文件，如图 13-30 所示。

步骤 02 在该"图层"面板中，选择"图层 1"图层，如图 13-31 所示。

 专家指点

除了运用以上方法可以删除蒙版外，还有以下两种方法：

＊ 命令：单击"图层"|"图层蒙版"|"删除"命令。

＊ 按钮：选中要删除的蒙版，将其拖曳至"图层"面板底部的"删除图层按钮"上，在弹出的信息提示对话框中单击"删除"按钮。

图 13-30 素材图像　　　　　　　　图 13-31 选择"图层 1"图层

步骤 03 在该"图层 1"图层的蒙版缩览图上，单击鼠标右键，在弹出的快捷菜单中选择"删除图层蒙版"选项，如图 13-32 所示。

步骤 04 执行操作后，即可删除图层蒙版，效果如图 13-33 所示。

图 13-32 选择"删除图层蒙版"选项　　　　　　　图 13-33 最终效果

13.3.3 应用图层蒙版

　　正如前面所讲，图层蒙版仅是起到显示及隐藏图像的作用，并非正在删除图像，因此，如果某些图层蒙版效果已无需再进行改动，可以应用图层蒙版，删除被隐藏的图像，从而减小图像文件大小。下面向读者详细介绍应用图层蒙版的操作方法。

	素材文件	光盘 \ 素材 \ 第 13 章 \ 面向阳光 .psd
	效果文件	光盘 \ 效果 \ 第 13 章 \ 面向阳光 .jpg
	视频文件	光盘 \ 视频 \ 第 13 章 \13.3.3 应用图层蒙版 .mp4

实战 面向阳光

步骤 01 打开本书配套光盘中的"素材 \ 第 13 章 \ 面向阳光 .psd"文件，如图 13-34 所示。

步骤 02 在"图层"面板中,选择"图层 1"图层,如图 13-35 所示。

图 13-34 素材图像

选择

图 13-35 选择"图层 1"图层

步骤 03 在"图层 1"图层的蒙版缩览图上,单击鼠标右键,在弹出的快捷菜单中选择"应用图层蒙版"选项,如图 13-36 所示。

步骤 04 执行上述操作后,即可应用图层蒙版,效果如图 13-37 所示。

图 13-36 选择"应用图层蒙版"选项

图 13-37 最终效果

专家指点

在 Photoshop CC 中应用图层蒙版效果后,图层蒙版中的白色区域对应的图层图像被保留,而蒙版中黑色区域对应的图层图像被删除,灰色过度区域所对应的图层图像部分像素被删除。

13.3.4 设置蒙版混合模式

图层蒙版与普通图层一样也可以设置其混合模式及不透明度,下面向读者详细介绍设置蒙版混合模式的操作方法。

素材文件	光盘 \ 素材 \ 第 13 章 \ 个性相框 .psd
效果文件	光盘 \ 效果 \ 第 13 章 \ 个性相框 .jpg
视频文件	光盘 \ 视频 \ 第 13 章 \13.3.4 设置蒙版混合模式 .mp4

实战 个性相框

步骤 01 打开本书配套光盘中的"素材 \ 第 13 章 \ 个性相框 .psd"文件,如图 13-38 所示。

步骤 02 在"图层"面板中，选择"图层1"图层，如图13-39所示。

图13-38 素材图像

图13-39 选择"图层1"图层

步骤 03 设置"图层1"图层的"混合模式"为"溶解"，如图13-40所示。

步骤 04 执行上述操作后，即可设置蒙版混合模式，效果如图13-41所示。

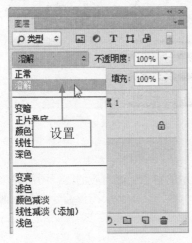

图13-40 设置混合模式选项

图13-41 最终效果

14

图像滤镜特效的应用

学习提示

滤镜是一种插件模块，能够对图像中的像素进行操作，也可以模拟一些特殊的光照效果或带有装饰性的纹理效果。Photoshop CC 提供了多种滤镜，使用这些滤镜，用户无需耗费大量的时间和精力就可以快速地制作出云彩、马赛克、模糊、素描、光照以及各种扭曲效果。

本章案例导航

- 实战——水波荡漾
- 实战——春天美景
- 实战——可爱奶牛
- 实战——品味生活
- 实战——笔记本

14.1 滤镜的含义

滤镜是 Photoshop 的重要组成部分，它就像是一个魔术师，很难想象如果没有滤镜，Photoshop 就不会成为图像处理领域的领先软件，因此滤镜对于每一个使用 Photoshop 的用户而言，都具有很重要的意义。滤镜可能是作品的润色剂，也可能是作品的腐蚀剂，到底扮演的是什么角色，取决于操作者如何正确使用滤镜。

14.1.1 滤镜的种类

在 Photoshop 中滤镜被划分为以下两类：

1. 特殊滤镜

此类滤镜由于功能强大、使用频繁，加上在"滤镜"菜单中位置特殊，因此被称为特殊滤镜，其中包括"液化"、"镜头校正"、"消失点"和"滤镜库"4 个命令。

2. 内置滤镜

此类滤镜是自 Photoshop 4.0 发布以来直至 CC 版本始终都存在的一类滤镜，其数量有上百个之多，被广泛应用于纹理制作、图像效果的修整、文字效果制作、图像处理等各个方面。

14.1.2 滤镜的作用

虽然许多读者知道滤镜使用方便，灵活使用滤镜能够创造出精美的图像效果，但这种认识还是相当模糊的，为了使读者对滤镜的作用有更加清晰的认识，下面将向读者介绍几项滤镜的实际用途：

1. 创建边缘效果

在 Photoshop 中，用户可以使用多种方法处理图像，从而得到艺术化的图像效果。图 14-1 所示为渲染滤镜效果。

图 14-1 渲染滤镜效果

2. 将滤镜应用于单个通道

将滤镜应用于单个通道，对每个颜色通道可以应用不同的效果或具有不同设置的同一滤镜，从而创建特殊的图像效果。

3. 创建绘画效果

综合使用滤镜能够将图像处理成为具有油画、素描效果的图像，如图 14-2 所示。

图 14-2 水彩画纸效果

4. 创建背景

将滤镜应用于有纯色或灰度的图层可以得到各种背景和纹理，虽然有些滤镜在应用于纯色时效果不明显，但有些滤镜却可以产生奇特的效果。图 14-3 所示为使用滤镜直接得到的染色玻璃纹理效果。

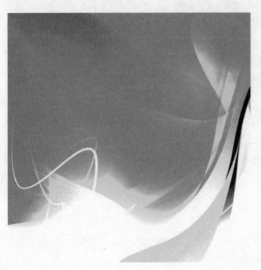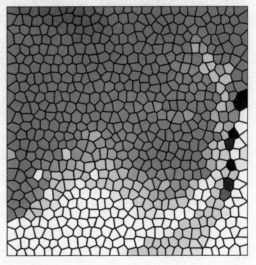

图 14-3 染色玻璃纹理效果

5. 修饰图像

Photoshop CC 为用户提供了几种用于修饰数码相片的滤镜，使用这些滤镜能够去除图像的杂点，例如，"去除杂色"命令、"去斑"命令等，或者为使图像更加清晰可以使用"智能锐化"命令。

14.1.3 内置滤镜的共性

内置滤镜命令是 Photoshop 中使用最多的滤镜命令,因此掌握这些滤镜在使用时的共性,有助于更加准确有效地运用这些滤镜。滤镜的处理效果是以像素为单位的,因此,滤镜的处理与图像的分辨率有关。正因如此,使用相同的滤镜参数处理不同分辨率的图像,得到的效果也不相同。因此,当读者在学习这本书及其他与 Photoshop 有关的书本时,应注意文件的尺寸是否与书中所讲述的尺寸一致。

14.1.4 认识滤镜库

Photoshop CC 中的滤镜库是功能最为强大的一个命令,此功能允许用户重叠或重复使用某几种或某一种滤镜,从而使滤镜的应用变换更加繁多,所获得的效果也更加复杂。

单击菜单栏中的"滤镜"|"滤镜库"命令,弹出"滤镜库"对话框,如图 14-4 所示。在"滤镜库"对话框中包括"风格化"、"画笔描边"、"扭曲"、"素描"、"纹理"和"艺术效果"6类滤镜效果。该对话框的左侧是预览区,中间是 6 类滤镜,右侧是参数设置区。

图 14-4 "滤镜库"对话框

"滤镜库"对话框中各选项的主要含义如下:

1 预览区:用来预览滤镜效果。

2 缩放区:单击 **+** 按钮,可放大预览区图像的显示比例;单击 **−** 按钮,则缩小显示比例。单击文本框右侧的下拉按钮 ▾,即可在打开的下拉菜单中选择显示比例。

3 显示 / 隐藏滤镜缩览图:单击该按钮,可以隐藏滤镜组,将窗口空间留给图像预览区,再次单击则显示滤镜组。

4 弹出样式菜单:单击 ▾ 按钮,可在打开的下拉菜单中选择一个滤镜。

5 参数设置区:"滤镜库"中共包含 6 组滤镜,单击滤镜组前的 ▶ 按钮,可以展开该滤镜组;

单击滤镜组中的滤镜可运用该滤镜效果，与此同时，右侧的参数设置内会显示该滤镜的参数选项。

6 效果图层：显示当前使用的滤镜列表。单击"眼睛"图标 ● 可以隐藏或显示滤镜。

7 当前使用的滤镜：显示当前使用的滤镜。

14.2 智能滤镜的运用

智能滤镜是 Photoshop 中一个强大功能，在使用 Photoshop 时，如果要对智能对象图层应用滤镜，就必须将该智能对象图层栅格化，然后才可以应用智能滤镜效果，但如果用户要修改智能对象中的内容，则需要重新应用滤镜，这样就在无形中增加了操作的复杂程度，而智能滤镜功能就是为了解决这一难题而产生的，同时，使用智能滤镜，还可以对所添加的滤镜进行反复的修改。

14.2.1 创建智能滤镜

智能对象图层主要是由智能蒙版和智能滤镜列表构成的，其中，智能蒙版主要是用于隐藏智能滤镜对图像的处理效果，而智能滤镜列表则显示了当前智能滤镜图层中所应用的滤镜名称。下面向读者详细介绍创建智能滤镜的操作方法。

素材文件	光盘 \ 素材 \ 第 14 章 \ 水波荡漾 .psd	
效果文件	光盘 \ 效果 \ 第 14 章 \ 水波荡漾 .jpg	
视频文件	光盘 \ 视频 \ 第 14 章 \14.2.1 创建智能滤镜 .mp4	

实战 水波荡漾

步骤 01 打开本书配套光盘中的"素材 \ 第 14 章 \ 水波荡漾 .psd"文件，如图 14-5 所示。

步骤 02 选择"图层 1"图层，单击鼠标右键，在弹出的快捷菜单中，选择"转换为智能对象"选项，将图像转换为智能对象，如图 14-6 所示。

图 14-5 素材图像

图 14-6 转换为智能对象

步骤 **03** 单击"滤镜"|"扭曲"|"水波"命令，弹出"水波"对话框，设置"数量"为31、"起伏"为18，如图14-7所示。

步骤 **04** 单击"确定"按钮，生成一个对应的智能滤镜图层，图像编辑窗口中的图像效果也随之改变，效果如图14-8所示。

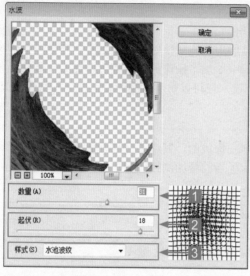

图 14-7 设置各选项

图 14-8 最终效果

"水波"对话框中各选项的主要含义如下：

1 数量：用来调整水波化的缩放数值。

2 起伏：设置水波方向从选区的中心到其边缘的反转次数。

3 样式：可设置围绕中心、从中心向外和水池波纹 3 个样式。

 专家指点

如果用户选择的是没有参数的滤镜（例如查找边缘、云彩等），则可以直接对智能对象图层中的图像进行处理，并创建相应的智能滤镜。

14.2.2 编辑智能滤镜

使用智能蒙版，可以隐藏滤镜处理图像后的图像效果，其操作原理与图层蒙版的原理是完全相同的，使用黑色隐藏图像，白色显示图像，而灰色则产生一定的透明效果。

在 Photoshop CC 中，用户可以根据需要，通过"智能滤镜"命令调整图像特效。单击"图层"面板上"球面化"智能滤镜，弹出"球面化"对话框，设置相应参数，单击"确定"按钮，即可添加"球面化"智能滤镜，如图14-9所示。

专家指点

在添加了多个智能滤镜的情况下，用户编辑先添加的智能滤镜，将会弹出信息提示框，提示用户需要在修改参数后才能看到这些滤镜叠加在一起应用的效果。

图 14-9 编辑智能滤镜

14.2.3 停用 / 启用智能滤镜

停用 / 启用智能滤镜可分为两种操作，即对所有的智能滤镜操作和对单独某个智能滤镜操作。在 Photoshop CC 中，用户可以根据需要，通过"智能滤镜"命令调整图像特效。单击"图层"面板上"镜头光晕"智能滤镜左侧的"切换单个智能滤镜可见性"图标，即可启用该智能滤镜。图14-10 所示为启用智能滤镜前后效果对比。

图 14-10 启用智能滤镜前后效果对比

专家指点

要停用所有智能滤镜，可以在所属的智能对象图层最右侧的"指示滤镜效果"按钮上单击右键，在弹出的快捷菜单中选择"停用智能滤镜"选项，即可隐藏所有智能滤镜生成的图像效果，再次在该位置上单击右键，在弹出的快捷菜单上选择"启用智能滤镜"选项，显示所有智能滤镜。

14.2.4 删除智能滤镜

如果要删除一个智能滤镜，可直接在该滤镜名称上单击右键，在弹出的菜单中选择"删除智能滤镜"命令，如图 14-11 所示；或者直接将要删除的滤镜拖至"图层"面板底部的删除图层按钮上即可。

中文版 *Photoshop CC* 应用宝典

图 14-11 清除智能滤镜前后的对比效果

专家指点

需要清除所有的智能滤镜，有以下两种方法：

* 快捷菜单：在智能滤镜图层上单击鼠标右键，在弹出的快捷菜单上选择"清除智能滤镜"选项。

* 命令：单击"图层"|"智能滤镜"|"清除智能滤镜"命令。

14.3 特殊滤镜

特殊滤镜是相对众多滤镜组中的滤镜而言的，其相对独立，且功能强大，使用频率也非常高。本节主要向读者介绍"液化"、"消失点"、"滤镜库"以及"镜头校正"的操作方法。

14.3.1 液化滤镜

单击"滤镜"|"液化"命令，弹出"液化"对话框，选中"高级模式"复选框，展开各选项区，如图 14-12 所示。

图 14-12 "液化"对话框

"液化"对话框中各选项的主要含义如下：

1 向前变形工具 ：可向前推动像素。

2 重建工具 ：用来恢复图像，在变形的区域中单击或拖动涂抹，可以使变形区域的图像恢复为原来的效果。

3 顺时针旋转扭曲工具 ：在图像中单击或拖动鼠标可顺时针旋转像素，按住【Alt】键的同时单击或拖动鼠标则逆时针旋转扭曲像素。

4 褶皱工具 ：运用该工具可以使像素向画笔区域的中心移动，使图像产生向内收缩效果。

5 膨胀工具 ：可以使像素向画笔区域中心以外的方向移动，使图像产生向外膨胀的效果。

6 左推工具 ：垂直向上拖动鼠标时，像素向左移动；垂直向下拖动鼠标，像素向右移动；按住【Alt】键的同时向上拖动时，像素向右移动；按住【Alt】键的同时向下拖动时，像素向左移动。

7 冻结蒙版工具 ：如果要对一些区域进行处理，而又不希望影响其他区域，可以使用该工具在图像上绘制出冻结区域，即要保护的区域。

8 解冻蒙版工具 ：涂抹冻结区域可以解除冻结。

9 抓手工具 ：用于移动图像，放大图像后方便查看图像的各部分区域。

10 缩放工具 ：用于放大、缩小图像。

11 "工具选项"区：该选项区中有"画笔大小"、"画笔密度"、"画笔压力"、"画笔速率"、"湍流抖动"、"重建模式"、"光笔压力"等选项。

12 "重建选项"区：在该选项区中，单击"重建"按钮 重建(W) ，可以应用重建效果；单击"恢复全部"按钮 恢复全部(A) ，可以取消所有扭曲效果，即当前图像中有被冻结的区域也不例外。

13 "蒙版选项"区：在该选项区中，有"替换选区 "、"添加到选区 "、"从选区中减去 "、"在选区交叉 "以及"反相选区 "等图标；单击"无"按钮 无 ，可以解冻所有区域；单击"全部蒙住"按钮 全部蒙住 ，可以使图像全部冻结；单击"全部反相"按钮 全部反相 ，可以使冻结和解冻区域反相。

14 "视图选项"区：在该选项区中，有"显示图像 显示图像(I) "、"显示网格 显示网格(E) "、"显示蒙版 显示蒙版(K) "、"显示背景 显示背景(P) "等复选框。

14.3.2 运用液化滤镜制作图像效果

"液化"滤镜可以用于推、拉、旋转、反射、折叠和膨胀图像的任意区域，但是该滤镜不能在索引模式、位图模式和多通道色彩模式的图像中使用。下面向读者详细介绍运用液化滤镜制作图像效果的操作方法。

	素材文件	光盘 \ 素材 \ 第 14 章 \ 品味生活 .jpg
	效果文件	光盘 \ 效果 \ 第 14 章 \ 品味生活 .jpg
	视频文件	光盘 \ 视频 \ 第 14 章 \14.3.2 运用液化滤镜制作图像效果 .mp4

实战 品味生活

步骤 01 打开本书配套光盘中的"素材 \ 第 14 章 \ 品味生活 .jpg"文件,如图 14-13 所示。

步骤 02 单击"滤镜"|"液化"命令,弹出"液化"对话框,如图 14-14 所示。

图 14-13 素材图像

图 14-14 "液化"对话框

步骤 03 选取向前变形工具,将鼠标指针移至图像预览框的合适位置,单击鼠标左键并拖曳,对图像进行涂抹,使图像变形,如图 14-15 所示。

步骤 04 单击"确定"按钮,即可将预览窗口中的液化变形应用到图像编辑窗口的图像上,效果如图 14-16 所示。

图 14-15 图像液化变形后的效果

图 14-16 最终效果

14.3.3 消失点滤镜

在 Photoshop 中,"消失点"滤镜可以自定义透视参考框,从而将图像复制、转换或移动到透视结构上。用户可以根据需要,在图像中指定编辑位置,并进行绘画、仿制、拷贝、粘贴以及变换等编辑操作。单击"滤镜"|"消失点"命令,弹出"消失点"对话框,如图 14-17 所示。

图 14-17 "消失点"对话框

"消失点"对话框中常用工具的主要功能如下：

1 编辑平面工具：用来选择、编辑、移动平面的节点以及调整平面的大小。

2 创建平面工具：用来定义透视平面的 4 个角节点，创建了 4 个角节点后，可以移动、缩放平面或重新确定其形状；按住【Ctrl】键拖动平面的边节点可以拉出一个垂直平面，再定义透视平面。在定义透视平面的节点时，如果节点的位置不正确，可按下【Backspace】键将该节点删除。

3 选框工具：在平面上单击并拖动鼠标可以选择平面上的图像。选择图像后，将光标放在选区内，按住【Alt】键拖动可以复制图像；按住【Ctrl】键拖动选区，则可以用源图像填充该区域。

4 图章工具：使用该工具时，按住【Alt】键的同时在图像中单击可以为仿制设置取样点；在其他区域拖动鼠标可复制图像；按住【Shift】键的同时单击可以将描边扩展到上一次单击处。

5 画笔工具：可在图像上绘制选定的颜色。

6 变换工具：使用该工具时，可以通过移动定界框的控制柄来缩放、旋转和移动选区，相当于在矩形选区上使用"自由变换"命令。

7 吸管工具：可拾取图像中的颜色作为画笔工具的绘画颜色。

8 测量工具：可在透视平面中测量项目的距离和角度。

在 Photoshop CC 中，用户可以根据需要，单击"滤镜"|"消失点"命令，弹出"消失点"对话框，可以自定义透视参考框从而将图像复制、转换或移动到透视结构上。图 14-18 所示为运用"消失点"滤镜前后效果对比。

专家指点

　　使用"消失点"滤镜，用户可以自定义透视参考线，从而将图像复制、转换或移动到透视结构图上，图像进行透视校正编辑后，将通过消失点在图像中指定的平面，然后可应用绘制、仿制、拷贝、粘贴及变换等编辑操作。

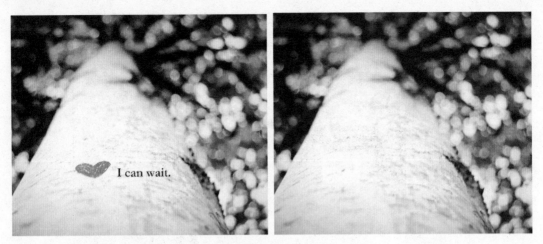

图 14-18 运用"消失点"滤镜制造的效果对比

14.3.4 运用滤镜库制作图像效果

滤镜库是 Photoshop 滤镜的一个集合体，在此对话框中包括了绝大部分的内置滤镜。下面向读者详细介绍运用滤镜库滤镜制作图像效果的操作方法。

素材文件	光盘 \ 素材 \ 第 14 章 \ 春天美景 .jpg
效果文件	光盘 \ 效果 \ 第 14 章 \ 春天美景 .jpg
视频文件	光盘 \ 视频 \ 第 14 章 \14.3.4 运用滤镜库制作图像效果 .mp4

实战 春天美景

步骤 01 打开本书配套光盘中的"素材 \ 第 14 章 \ 春天美景 .jpg"文件，如图 14-19 所示。

步骤 02 单击"滤镜"|"滤镜库"命令，在弹出的对话框中单击"扭曲"按钮，在弹出的列表框中，选择"玻璃"选项，设置"扭曲度"为5、"平滑度"为3、"纹理"为"块状"、"缩放"为100％，单击"确定"按钮，如图 14-20 所示。

图 14-19 素材图像   图 14-20 设置各选项

步骤 03 单击"编辑"|"渐隐滤镜库"命令，弹出"渐隐"对话框，设置"不透明度"为

60%、"模式"为"滤色",如图 14-21 所示,单击"确定"按钮。

步骤 04 执行上述操作后,即可制作出玻璃混合渐隐滤镜图像效果,效果如图 14-22 所示。

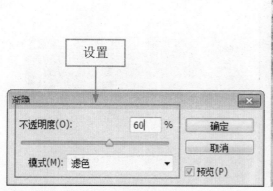

图 14-21 设置各选项

图 14-22 最终效果

14.4 常用滤镜的应用

在 Photoshop 中有很多常用的滤镜,如"风格化"滤镜、"模糊"滤镜、"杂色"滤镜等。本节将向读者介绍常用滤镜效果的应用。

14.4.1 "风格化"滤镜

应用"风格化"滤镜可以将选区中的图像像素进行移动,并提高像素的对比度,从而产生印象派等特殊风格的图像效果。下面向读者详细介绍运用"风格化"滤镜制作图像效果的操作方法。

素材文件	光盘 \ 素材 \ 第 14 章 \ 笔记本 .jpg
效果文件	光盘 \ 效果 \ 第 14 章 \ 笔记本 .jpg
视频文件	光盘 \ 视频 \ 第 14 章 \14.4.1 "风格化"滤镜 .mp4

实战 笔记本

步骤 01 打开本书配套光盘中的"素材 \ 第 14 章 \ 笔记本 .jpg"文件,如图 14-23 所示。

步骤 02 单击"滤镜"|"风格化"|"拼贴"命令,如图 14-24 所示。

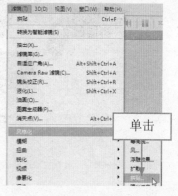

图 14-23 素材图像

图 14-24 单击"拼贴"命令

步骤 **03** 执行上述操作后，弹出"拼贴"对话框，保持默认参数，如图 14-25 所示。

步骤 **04** 单击"确定"按钮，图像效果也随之改变，效果如图 14-26 所示。

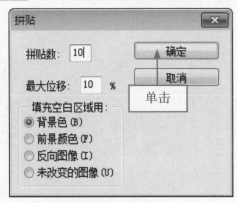

图 14-25 保持默认参数

图 14-26 最终效果

14.4.2 "模糊"滤镜

应用"模糊"滤镜，可以使图像中清晰或对比度较强烈的区域，产生模糊的效果。下面向读者详细介绍运用"模糊"滤镜制作图像效果的操作方法。

	素材文件	光盘 \ 素材 \ 第 14 章 \ 可爱奶牛 .jpg
	效果文件	光盘 \ 效果 \ 第 14 章 \ 可爱奶牛 .jpg
	视频文件	光盘 \ 视频 \ 第 14 章 \14.4.2 "模糊"滤镜 .mp4

实战 可爱奶牛

步骤 **01** 打开本书配套光盘中的"素材 \ 第 14 章 \ 可爱奶牛 .jpg"文件，如图 14-27 所示。

步骤 **02** 选取工具箱中的磁性套索工具，创建选区并羽化 10 像素，单击"选择"|"反向"命令，反选选区，如图 14-28 所示。

图 14-27 素材图像

图 14-28 反选选区

步骤 **03** 单击"滤镜"|"模糊"|"径向模糊"命令，弹出"径向模糊"对话框，设置"数量"为 50、"模糊方法"为"缩放"、"品质"为"最好"，如图 14-29 所示。

步骤 04 单击"确定"按钮，并取消选区，效果如图 14-30 所示。

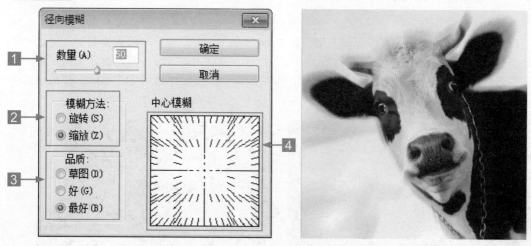

图 14-29 设置各选项　　　　　　　　图 14-30 最终效果

"径向模糊"对话框中各选项的主要含义如下：

1 数量：用来设置模糊的强度，该值越高，模糊效果越强烈。

2 模糊方法：选中"旋转"单选按钮，则沿同心圆环进行模糊；选中"缩放"单选按钮，则沿径向线进行模糊，类似于放大或缩小图像的效果。

3 品质：用来设置应用模糊效果后图像的显示品质。选择"草图"单选按钮，处理的速度最快，但会产生颗粒状效果；选择"好"和"最好"单选按钮都可以产生较为平滑的效果，但除非在较大的图像上，否则看不出这两种品质的区别。

4 中心模糊：拖动"中心模糊"框中的图案，可以指定模糊的原点。

14.4.3 "扭曲"滤镜

应用"扭曲"滤镜可以将图像进行几何扭曲，以创建波纹、球面化、波浪等三维或整形效果，适用于制作水面波纹或破坏图像形状。在 Photoshop CC 中，单击"滤镜"|"扭曲"|"水波"命令，弹出"水波"对话框，设置相应选项，即可应用"扭曲"滤镜组中的"水波"滤镜，效果如图 14-31 所示。

图 14-31 应用"扭曲"滤镜制作的效果对比

14.4.4 "素描"滤镜

　　"素描"滤镜组中除了"水彩画纸"滤镜是以色彩为标准外，其他滤镜都是用黑、白、灰来替换图像中的色彩，从而产生多种绘画效果。在 Photoshop CC 中，用户可以根据需要，通过"素描"滤镜调整图像特效。单击"滤镜"|"滤镜库"命令，弹出"滤镜库"对话框，单击"素描"按钮，在弹出的列表框中，选择"影印"选项，即可应用"素描"滤镜组中"影印"滤镜，效果如图 14-32 所示。

图 14-32 应用"素描"滤镜制作的效果对比

14.4.5 "纹理"滤镜

　　应用"纹理"滤镜可以为图像添加各式各样的纹理图案，通过设置各个选项的参数值，制作出深度或材质不同的纹理效果。在 Photoshop CC 中，用户可以根据需要，通过"纹理"滤镜调整图像特效。在图像中创建选区后，单击"滤镜"|"滤镜库"命令，弹出"滤镜库"对话框，单击"纹理"按钮，在弹出的列表框中，选择"龟裂缝"选项，即可应用"纹理"滤镜组中"龟裂缝"滤镜，效果如图 14-33 所示。

图 14-33 应用"纹理"滤镜制作的效果对比

专家指点

　　龟裂缝滤镜将图像绘制在一个高凸现的石膏表面上，以循着图像等高线生成精细的网状裂缝，使用此滤镜可以对包含多种颜色值或灰度值的图像创建浮雕效果。

14.4.6 "像素化"滤镜

　　"像素化"滤镜主要用来为图像平均分配色度，通过使单元格中颜色相近的像素结合成块来清晰地定义一个选区，从而使图像产生点状、马赛克及碎片等效果。在 Photoshop CC 中，用户可以根据需要，通过"像素化"滤镜调整图像特效。选择相应图层后，单击"滤镜"|"像素化"|"彩色半调"命令，弹出"彩色半调"对话框，在其中可以为图像制作"彩色半调"滤镜效果，如图 14-34 所示。

图 14-34 应用"像素化"滤镜制作的效果对比

专家指点

　　"像素化"滤镜主要用来为图像平均分配色度，通过使单元格中颜色相近的像素结合成块来清晰的定义一个选区，从而使图像产生点状、马赛克及碎片等效果。

14.4.7 "渲染"滤镜

　　"渲染"滤镜可以在图像中产生照明效果，常用于创建 3D 形状、云彩图案和折射图案等，它还可以模拟光的效果，同时产生不同的光源效果和夜景效果等。单击"滤镜"|"渲染"|"镜头光晕"命令，弹出"镜头光晕"对话框，即可为图像添加光晕效果，如图 14-35 所示。

图 14-35 应用"渲染"滤镜制作的效果对比

14.4.8 "艺术效果"滤镜

应用"艺术效果"滤镜通过模拟彩色铅笔、蜡笔画、油画以及木刻作品的特殊效果，为商业项目制作绘画效果，使图像产生不同风格的艺术效果。在 Photoshop CC 中，用户可以根据需要，通过"艺术效果"滤镜调整图像特效。选择图层，单击"滤镜"|"滤镜库"命令，弹出"滤镜库"对话框，单击"艺术效果"按钮，在弹出的列表框中，选择"绘画涂抹"选项，即可为图像应用"艺术效果"滤镜组中"绘画涂抹"滤镜，效果如图 14-36 所示。

图 14-36 应用"艺术效果"滤镜制作的效果对比

14.4.9 "杂色"滤镜

"杂色"滤镜组下的命令可以添加或移去图像中的杂色及带有随机分布色阶的像素，适用于去除图像中的杂点和划痕等操作。在 Photoshop CC 中，用户可以根据需要，通过"杂色"滤镜调整图像特效。单击"滤镜"|"杂色"|"添加杂色"命令，弹出"添加杂色"对话框，设置相应选项，单击"确定"按钮，即可应用杂色滤镜，效果如图 14-37 所示。

图 14-37 应用"杂色"滤镜制造的效果对比

14.4.10 "画笔描边"滤镜

"画笔描边"滤镜中的各命令，均用于模拟绘画时各种笔触技法的运用，以不同的画笔和颜料生成不同精美的绘画艺术效果。在 Photoshop CC 中，用户可以根据需要，通过"画笔描边"滤镜调整图像特效。单击"滤镜"|"滤镜库"命令，弹出"滤镜库"对话框，单击"画笔描边"按钮，在弹出的列表框中，选择"喷溅"选项，单击"确定"按钮，即可应用"画笔描边"滤镜组中"喷溅"滤镜，效果如图 14-38 所示。

图 14-38 应用"画笔描边"滤镜制作的效果对比

3D图像的制作与渲染

学习提示

    Photoshop CC 添加了用于创建和编辑 3D 以及基于动画内容的突破性工具。用户可以直接创建，也可以从外部导入 3D 模型数据，还可以将 3D 图像与 2D 图像互换。本章主要包括初识 3D、3D 面板的基础知识以及制作 3D 模型和渲染 3D 图像等内容。

本章案例导航

- 实战——烛台
- 实战——兔子
- 实战——国际象棋
- 实战——莲花
- 实战——绿色生命

- 实战——手帕
- 实战——猫
- 实战——挂表
- 实战——酒瓶
- 实战——台灯

15.1 初识 3D

Photoshop CC 可以打开并使用由 3D Studio、Collada、Flash 3D、Google Earth4、U 3D 等格式的 3D 文件。

15.1.1 3D 的基本概念

3D 也叫三维，图形内容除了有水平的 X 轴向与垂直的 Y 轴向外，还有进深的 Z 轴向，区别在于三维图形可以包含 360 度的信息，能从各个角度去表现。理论上看三维图形的立体感、光影效果要比二维平面图形要好得多，因为三维图形的立体、光线、阴影都是真实存在的。图 15-1 所示为 Photoshop 处理后的三维图形。

图 15-1 三维图像

15.1.2 3D 的作用

3D 技术是推进工业化与信息化"两化"融合的发动机，是促进产业升级和自主创新的推动力，是工业界与文化创意产业广泛应用的基础性、战略性技术，嵌入到了现代工业与文化创意产业的整个流程，包括工业设计、工程设计、模具设计、数控编程、仿真分析、虚拟现实、展览展示、影视动漫以及教育训练等，是各国争夺行业制高点的竞争焦点。

经过多年的快速发展与广泛应用，近年 3D 技术逐渐的变得成熟与普遍。一个以 3D 取代 2D、"立体"取代"平面"、"虚拟"模拟"现实"的 3D 浪朝正在各个领域迅猛掀起。

15.1.3 3D 的特征

人眼有一个特性就是近大远小，就会形成立体感。计算机屏幕是平面二维的，我们之所以能欣赏到真如实物般的三维图像，是因为显示在计算机屏幕上时色彩灰度的不同而使人眼产生视觉上的错觉，而将二维的计算机屏幕，感知为三维图像。基于色彩学的有关知识，三维物体边缘的凸出部分一般显高亮度色，而凹下去的部分由于受光线的遮挡而显暗色，这一认识被广泛应用于网页或其他应用中对按钮、3D 线条的绘制。比如要绘制的 3D 文字，即在原始位置显示高亮度颜色，而在左下或右上等位置用低亮度颜色勾勒出其轮廓，这样在视觉上便会产生 3D 文字的效果。具体实现时，可用完全一样的字体在不同的位置分别绘制两个不同颜色的 2D 文字，只要是两个文字的坐标合适，就完全可以在视觉上产生出不同的 3D 文字效果。

15.1.4 3D 工具

选择 3D 图层时，3D 工具会变成使用中，使用 3D 对象工具可以变更 3D 模型的位置或缩放大小。图 15-2 所示为 3D 对象工具属性栏。

图 15-2 3D 对象工具属性栏

"3D 对象工具属性栏"各选项主要含义如下：

1 3D 对象旋转工具：单击鼠标左键并上下拖曳可将模型绕着其 X 轴旋转，单击鼠标左键左右拖曳则可将模型绕着 Y 轴旋转。

2 3D 对象滚动工具：单击鼠标左键左右拖曳可以将模型绕着 Z 轴旋转。

3 3D 对象平移工具：单击并左右拖曳鼠标，可以水平移动模型，单击并上下拖曳鼠标，则可垂直移动模型。

4 3D 对象滑动工具：单击鼠标左键左右拖曳可以水平移动模型，单击鼠标左键上下拖曳则可拉远或拉近模型。

5 3D 对象缩放工具：单击鼠标左键上下拖曳可以放大或缩小模型。

值得一提的是，Photoshop CC 全新添加的 3D 功能有所增强，是该功能自 Photoshop CC 引入以来，变动幅度最大的一次，共有以下两处：

＊ 颜料桶工具组中新增 3D 材质拖放工具（3D Material Drop），如图 15-3 所示。

＊ 吸管工具组增加 3D 材质吸管工具（3D Material Eyedropper Tool），如图 15-4 所示。

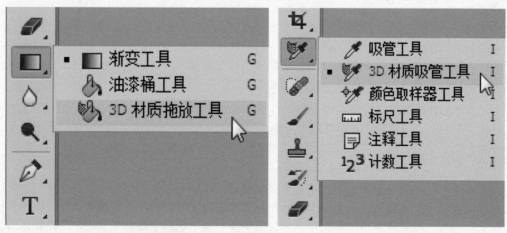

图 15-3 3D 材质拖放工具　　　　　　　图 15-4 3D 材质吸管工具

15.2 3D 面板介绍

选择 3D 图层时，3D 面板会显示其关联 3D 文件的组件。面板的顶端部位会列出档案中的网格、材质和光源。面板的底部会显示顶部所选取 3D 组件的设定和选项。

15.2.1 3D 场景

"3D 场景"面板，可更改演算模式、选取要绘图的纹理或建立横截面。若要存取场景设定，单击 3D 面板中的"整个场景"按钮，再选择面板中的场景项目，即可选择该场景，如 15-5 所示。

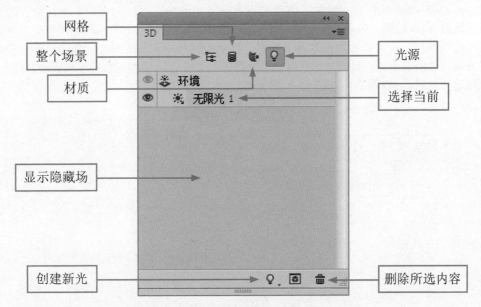

图 15-5 "3D 场景"面板

在图像编辑窗口中的相应图层上单击鼠标右键，即可弹出该图层的"背景"面板，如图 15-6 所示。

图 15-6 "背景"面板

353

"背景"对话框中各选项的主要含义如下：

1 视图：在菜单中可以选择图像中要查看的 3D 图形。

2 视角：用于设置确定物体投影到屏幕的方式，即是透视投影还是正交投影。

3 景深：景深是指在摄影机镜头或其它成像器前沿着能够取得清晰图像的成像景深相机器轴线所测定的物体距离范围。

15.2.2 3D 网格

网格可提供 3D 模型的底层结构。网格的可视化外观通常是线框，由数以千计的多边形所建立的骨干结构。3D 模型一般都至少含有一个网格，而且可能会组合数个网格，用户可以在各种演算模式中检视网格，也可以独立操作各个网格。虽然在网格中无法更改实际的多边形，但是可以更改其方向，并沿着不同的轴缩放，让多边形变形。也可以使用预先提供的形状或转换现有的 2D 图层，以建立自己的 3D 网格，如图 15-7 所示。

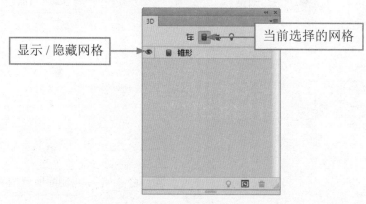

图 15-7 "3D 网格"面板

15.2.3 3D 材质

3D 素材可以有一或多个与其关联的材质，用以控制所有或部分网格的外观。每个材质接着会依赖称为纹理对应的子组件，而这些子组件的累计效果会建立材质的外观。纹理对应本身是 2D 影像文件，可建立各种质量，例如颜色、图样、反光或凹凸。Photoshop 材质可以使用多达 9 种不同的纹理对应类型，来定义其整体外观，如图 15-8 所示。

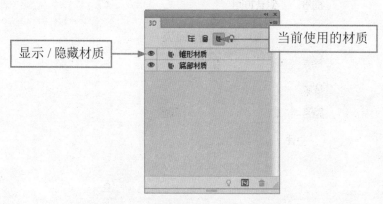

图 15-8 "3D 材质"面板

15.2.4 3D 光源

光源类型包括"无限光"、"聚光灯"以及"点光"。用户可以移动和调整现有光源的颜色与强度，也可以为 3D 场景增加新光源。在 Photoshop 中打开的 3D 文件会保持其纹理、演算和光源信息，如图 15-9 所示。

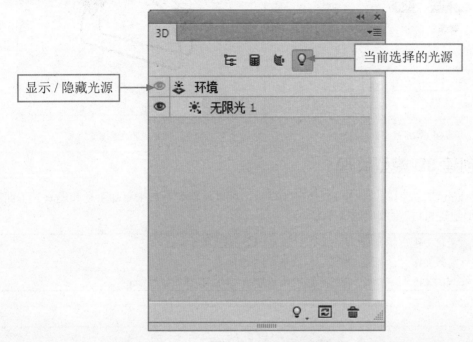

图 15-9 "3D 光源"面板

15.3 3D 模型的制作

使用3D图层功能，用户可以很轻松地将三维立体模型引入到当前操作的Photoshop CC图像中，从而为平面图像增加三维元素。

15.3.1 导入 3D 模型

在 Photoshop CC 中可以通过"打开"命令，直接将三维模型引入至当前操作的 Photoshop CC 图像编辑窗口中。下面详细向读者介绍导入 3D 模型的操作方法。

	素材文件	光盘\素材\第 15 章\烛台 .3ds
	效果文件	光盘\效果\第 15 章\烛台 .psd
	视频文件	光盘\视频\第 15 章\15.3.1 导入 3D 模型 .mp4

实战 烛台

步骤 01 按【Ctrl ＋ O】组合键，弹出"打开"对话框，打开本书配套光盘中的"素材\第15章\烛台 .3ds"文件，如图 15-10 所示。

步骤 02 执行操作后，即可导入三维模型，单击"视图" |"显示额外内容"命令，取消显示额外内容，显示效果如图 15-11 所示。

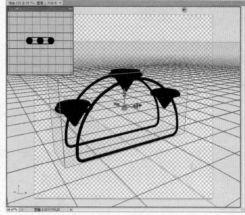

图 15-10 选择素材模型　　　　　　　　　　图 15-11 导入三维模型

15.3.2 创建 3D 模型纹理

在 Photoshop CC 中为图像创建 3D 模型纹理后，可以使模型看起来更加生动和逼真。下面向读者详细介绍创建 3D 模型纹理的操作方法。

素材文件	光盘 \ 素材 \ 第 15 章 \ 手帕 .psd、花纹 .jpg
效果文件	光盘 \ 效果 \ 第 15 章 \ 手帕 .jpg
视频文件	光盘 \ 视频 \ 第 15 章 \15.3.2 创建 3D 模型纹理 .mp4

实战 手帕

步骤 01 单击"文件"｜"打开"命令，弹出"打开"对话框，打开本书配套光盘中的"素材\第 15 章\手帕 .psd"文件，单击"视图"｜"显示额外内容"命令，取消显示额外内容，如图 15-12 所示。

步骤 02 打开本书配套光盘中的"素材\第 15 章\花纹 .jpg"文件，单击"选择"|"全部"命令，创建选区，按【Ctrl＋C】组合键，复制图像，如图 15-13 所示。

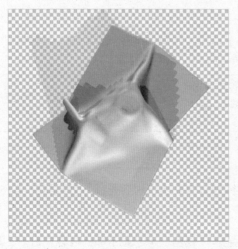

图 15-12 素材模型　　　　　　　　　　图 15-13 复制图像

步骤 03 切换至"手帕"模型编辑窗口，在"图层"面板中，双击"图层 1"下方的"N01
__ Default 纹理默认"文字，如图 15-14 所示。

步骤 04 执行操作后，弹出"N01 __ Default 纹理默认"窗口，按【Ctrl ＋ V】组合键，粘贴图像，
如图 15-15 所示。

图 15-14 鼠标双击

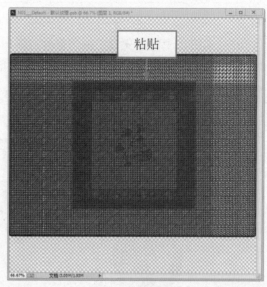

图 15-15 粘贴图像

步骤 05 按【Ctrl ＋ T】组合键，调整图像的大小，按【Enter】键，确认操作，如图 15-16 所示。

步骤 06 切换至"手帕"编辑窗口中，手帕的图像也随之改变，效果如图 15-17 所示。

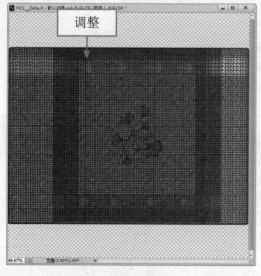

图 15-16 调整图像大小

图 15-17 最终效果

15.3.3 填充 3D 模型

在 Photoshop CC 中，用户可以为 3D 模型填充相应的颜色，使创建的 3D 模型更加具有艺术效果。

下面向读者详细介绍填充 3D 模型的操作方法。

	素材文件	光盘 \ 素材 \ 第 15 章 \ 兔子 .3ds
	效果文件	光盘 \ 效果 \ 第 15 章 \ 兔子 .jpg
	视频文件	光盘 \ 视频 \ 第 15 章 \15.3.3 填充 3D 模型 .mp4

实战 兔子

步骤 01 打开本书配套光盘中的"素材 \ 第 15 章 \ 兔子 .3ds"文件，单击"视图"｜"显示额外内容"命令，取消显示额外内容，如图 15-18 所示。

步骤 02 在"图层"面板中，选择"图层 1"图层，选取工具箱中的画笔工具，如图 15-19 所示。

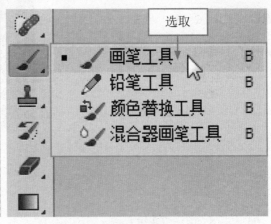

图 15-18 素材模型 　　　　　　　　　　　图 15-19 选取画笔工具

步骤 03 单击工具箱下方的前景色色块，弹出"拾色器（前景色）"对话框，设置颜色为白色（RGB 参数值分别为 255、255、255），如图 15-20 所示。

步骤 04 单击"确定"按钮，移动鼠标指针至图像编辑窗口中，单击鼠标左键，对图像进行涂抹，即可填充 3D 模型，效果如图 15-21 所示。

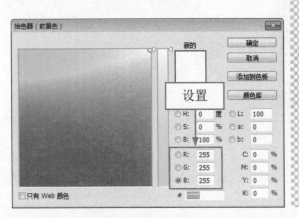

图 15-20 设置相应参数 　　　　　　　　　　图 15-21 最终效果

15.3.4 调整 3D 模型视角

在 Photoshop 中不能对三维模型进行修改，但可以对模型进行旋转、缩放、改变光照效果以及材质等调整，从而使其更符合当前工作的需要。

素材文件	光盘 \ 素材 \ 第 15 章 \ 猫 .psd
效果文件	光盘 \ 效果 \ 第 15 章 \ 猫 .psd
视频文件	光盘 \ 视频 \ 第 15 章 \15.3.4 调整 3D 模型视角 .mp4

实战 猫

步骤 01 打开本书配套光盘中的"素材 \ 第 15 章 \ 猫 .psd"文件，单击"视图"｜"显示额外内容"命令，取消显示额外内容，如图 15-22 所示。

步骤 02 选取工具箱中的 3D 对象旋转工具，将鼠标拖曳至图像编辑窗口中，单击鼠标左键并上下拖曳，即可使模型围绕其 X 轴旋转，如图 15-23 所示。

图 15-22 素材模型　　　　　图 15-23 绕 X 轴旋转

步骤 03 选取工具箱中的 3D 对象滚动工具，在两侧拖曳鼠标即可将模型围绕其 Z 轴旋转，如图 15-24 所示。

步骤 04 选取工具箱中的 3D 对象平移工具，在两侧拖曳鼠标即可将模型沿水平方向移动，如图 15-25 所示。

图 15-24 绕 Z 轴旋转　　　　　图 15-25 水平方向移动对象

步骤 05 选取工具箱中的 3D 对象滑动工具 ![icon]，在两侧拖曳鼠标即可将模型沿水平方向滑动，如图 15-26 所示。

步骤 06 选取工具箱中的 3D 对象比例工具 ![icon]，上下拖曳鼠标即可放大或缩小模型，效果如图 15-27 所示。

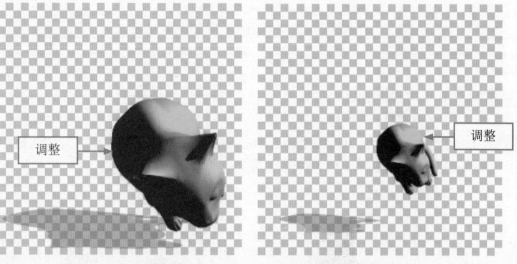

图 15-26 水平方向滑动对象　　　　　　　　图 15-27 缩小对象

 专家指点

　　按住【Shift】键的同时拖曳鼠标，即可将旋转、拖曳、滑动或缩放比例工具限制为沿单一方向运动。

15.3.5 改变模型光照

　　塑造对象光照除了利用所导入的三维模型自带的光照系统进行照明控制外，Photoshop 中还可以利用其内置的若干种光照选项，用来改变当前三维模型的光照效果。

素材文件	光盘 \ 素材 \ 第 15 章 \ 棋子 .3ds
效果文件	光盘 \ 效果 \ 第 15 章 \ 国际象棋 .jpg
视频文件	光盘 \ 视频 \ 第 15 章 \15.3.5 改变模型光照 .mp4

实战 国际象棋

步骤 01 打开本书配套光盘中的"素材 \ 第 15 章 \ 棋子 .3ds"的文件，效果如图像 15-28 所显示。

步骤 02 展开"3D{ 光源 }"属性面板，设置"预设"为"晨曦"，效果如图 15-29 所示，即可更改 3D 图层的光照效果。

步骤 03 单击"颜色"色块，弹出"拾色器（光照颜色）"对话框，设置"颜色"为暗黄色（RGB参数值分别为 137、135、76），效果如图 15-30 所示。

步骤 04 单击"确定"按钮，即可更改 3D 图层的光照效果，效果如图 15-31 所示。

图 15-28 素材模型

图 15-29 设置"预设"选项

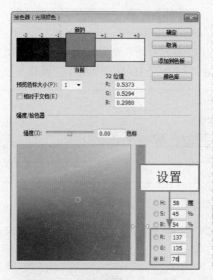

图 15-30 设置"颜色"为暗黄色

图 15-31 更改光照效果

15.4 3D 图像的渲染与管理

借助 Adobe Repousse 技术，从任何文本图层、选区、路径或图层蒙版都可创建 3D 徽标和图稿，通过扭转、旋转、凸出、倾斜和膨胀等操作可更加完善 3D 效果。

15.4.1 渲染图像

Photoshop CC 中提供了多种模型的渲染效果设置选项，用来帮助用户渲染出不同效果的三维模型。下面向读者详细介绍渲染图像的操作方法。

素材文件	光盘 \ 素材 \ 第 15 章 \ 挂表 .3ds
效果文件	无
视频文件	光盘 \ 视频 \ 第 15 章 \15.4.1 渲染图像 .mp4

步骤 01 打开本书配套光盘中的"素材\第 15 章\挂表 .3ds"文件,单击"视图"|"显示额外内容"命令,取消显示额外内容,如图 15-32 所示。

步骤 02 单击 3D |"渲染"命令,开始渲染图像,如图 15-33 所示,待渲染完成即可。

图 15-32 素材模型   图 15-33 渲染图像

15.4.2 3D 转换为 2D

在 Photoshop 中 3D 图层不能进行直接操作,当 3D 模型的材质、光照设置完成后,用户可将 3D 图层转换为 2D 图层,再对其进行操作。下面向读者详细介绍 3D 转换为 2D 的操作方法。

素材文件	光盘\素材\第 15 章\莲花 .psd
效果文件	光盘\效果\第 15 章\莲花 .jpg
视频文件	光盘\视频\第 15 章\15.4.2 3D 转换 2D.mp4

步骤 01 打开本书配套光盘中的"素材\第 15 章\莲花 .psd"文件,如图 15-34 所示。

步骤 02 单击"图层"|"栅格化" | 3D 命令,即可栅格化 3D 图层,如图 15-35 所示。

图 15-34 素材图像   图 15-35 输入文字

专家指点

　　栅格化的图像会保留 3D 场景的外观，但格式为平面化的 2D 格式。除了运用上述方法可以栅格化 3D 图层外，用户还可以直接在"图层"面板的 3D 图层上单击鼠标右键，在弹出的快捷菜单中选择"栅格化"选项。

15.4.3　编辑 3D 贴图

　　贴图是指在一个表面上贴上图像或文字，3D 贴图则是在立体的表面上贴上图像或文字。在 Photoshop 中不仅可在 3D 模型的基础上处理贴图的颜色等效果，对暗淡的贴图还可以调整其光照效果。下面向读者详细介绍编辑 3D 贴图的操作方法。

素材文件	光盘 \ 素材 \ 第 15 章 \ 贴图 .jpg
效果文件	光盘 \ 效果 \ 第 15 章 \ 酒瓶 .jpg
视频文件	光盘 \ 视频 \ 第 15 章 \15.4.3 编辑 3D 贴图 .mp4

实战 酒瓶

步骤 01　单击"文件"|"新建"命令，弹出"新建"对话框，设置"名称"为"酒瓶"、"宽度"为 600 像素、"高度"为 600 像素、"分辨率"为 300 像素 / 英寸，如图 15-36 所示，单击"确定"按钮，即可新建一个空白文档。

步骤 02　在菜单栏中，单击 3D |"从图层新建网格"|"网格预设"|"酒瓶"命令，如图 15-37 所示。

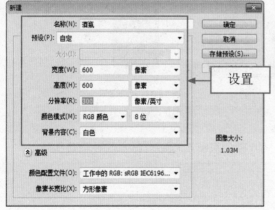

图 15-36 设置各选项

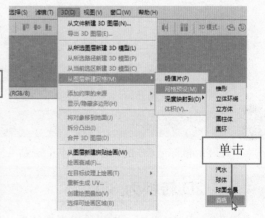

图 15-37 单击"酒瓶"命令

步骤 03　执行操作后，即可新建 3D 形状，在 3D 面板中，选择"标签材质"选项，如图 15-38 所示。

步骤 04　在"属性"面板中，单击"编辑漫射纹理"按钮，在弹出的快捷菜单中，选择"替换纹理"选项，如图 15-39 所示。

步骤 05　弹出"打开"对话框，选择需要打开的素材文件，如图 15-40 所示，单击"打开"按钮。

步骤 06　执行操作后，即可载入纹理，单击"视图"|"显示额外内容"命令，取消显示额外内容，

此时图像编辑窗口中的图像效果也随之改变，如图 15-41 所示。

图 15-38 选择"标签材质"选项

图 15-39 选择"替换纹理"选项

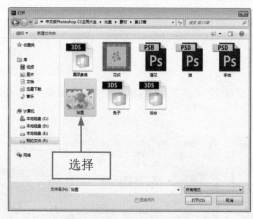

图 15-40 选择素材文件

图 15-41 最终效果

 专家指点

在 Photoshop CC 的图层面板中单击贴入图片前的眼睛图标即可显示或者隐藏图片。

15.4.4　2D 转换为 3D

在 Photoshop CC 中，用户可以根据需要，将 2D 图像转换为 3D 效果。下面向读者详细介绍 2D 转换为 3D 的操作方法。

	素材文件	光盘 \ 素材 \ 第 15 章 \ 生命 .jpg
	效果文件	光盘 \ 效果 \ 第 15 章 \ 绿色生命 .jpg
	视频文件	光盘 \ 视频 \ 第 15 章 \15.4.4　3D 转换为 2D.mp4

实战 绿色生命

步骤 01 打开本书配套光盘中的"素材 \ 第 15 章 \ 生命 .jpg"文件，如图 15-42 所示。

步骤 02 选取工具箱中的直排文字工具，在图像编辑窗口中输入文字，并栅格化图层，如图 15-43 所示。

输入

图 15-42 素材模型　　　　图 15-43 栅格化图像

步骤 03 单击 3D ｜ "从所选图层新建 3D 模型" 命令，即可将文字产生立体效果，如图 15-44 所示。

步骤 04 选取工具箱中的移动工具，单击工具属性栏上的 "旋转 3D 对象" 按钮，旋转图像，单击 "视图" ｜ "显示额外内容" 命令，取消显示额外内容，效果如图 15-45 所示。

设置

图 15-44 素材模型　　　　图 15-45 栅格化图像

15.4.5 导出 3D

在 Photoshop CC 中，编辑 3D 图层后，可通过 "导出 3D 图层" 命令，将 3D 对象导出。下面向读者详细介绍导出 3D 的操作方法。

	素材文件	光盘 \ 素材 \ 第 15 章 \ 台灯 .3ds
	效果文件	光盘 \ 效果 \ 第 15 章 \ 台灯拷贝 .dae
	视频文件	光盘 \ 视频 \ 第 15 章 \15.4.5 导出 3D.mp4

实战 台灯

步骤 01 打开本书配套光盘中的"素材\第 15 章\台灯 .3ds"文件,单击"视图" | "显示额外内容"命令,取消显示额外内容,如图 15-46 所示。

步骤 02 单击 3D | "导出 3D 图层"命令,如图 15-47 所示。

图 15-46 素材模型　　　　　　　　图 15-47 单击"导出 3D 图层"命令

步骤 03 弹出"另存为"对话框,设置存储路径和文件名,如图 15-48 所示。

步骤 04 单击"保存"按钮,弹出"3D 导出选项"对话框,如图 15-49 所示,单击"确定"按钮,即可导出图层。

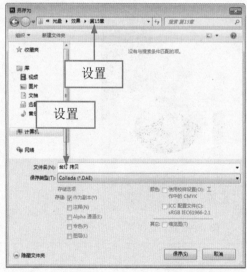

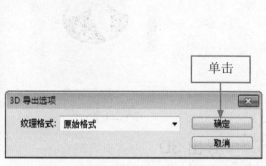

图 15-48 设置存储路径和文件名　　　　　图 15-49 弹出"3D 导出选项"对话框

网页动画特效的制作

学习提示

　　随着网络技术的飞速发展与普及，网页动画特效制作已经成为图像软件的一个重要应用领域，Photoshop CC 向用户提供了非常强大的图像制作功能，可以直接对网页图像进行优化操作。本章主要向读者介绍创建动画切片特效的操作方法。

本章案例导航

- 实战——秋高气爽
- 实战——大漠景观（2）
- 实战——浪漫爱情
- 实战——欢乐圣诞
- 实战——网页模板
- 实战——鲜花网页
- 实战——花卉网页
- 实战——大漠景观
- 实战——水晶球
- 实战——宠物之家
- 实战——农业专家
- 实战——科学环保
- 实战——环保网页
- 实战——水果网页

16.1 网络图像的优化

优化是微调图像显示品质和文件大小的过程，在压缩图像文件大小的同时又能优化在线显示的图像品质。Web 上应用的文件格式主要有 GIF、JPEG 两种。

16.1.1 优化 GIF 格式图像

GIF 格式主要通过减少图像的颜色数目来优化图像，最多支持 256 色。将图像保存为 GIF 格式时，将丢失许多的颜色，因此将颜色和色调丰富的图像保存为 GIF 格式，会使图像严重失真，所以 GIF 格式只适合保存色调单一的图像，而不适合颜色丰富的图像。单击"文件"｜"存储为 Web 所用格式"命令，弹出"存储为 Web 所用格式"对话框，如图 16-1 所示，在其中选择优化图像的选项以及预览优化的图像。

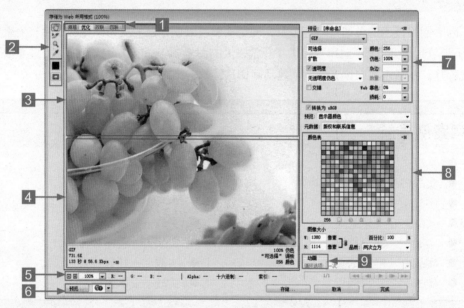

图 16-1 "存储为 Web 所用格式"对话框

"存储为 Web 所用格式"对话框中各选项的主要含义如下：

1 显示选项：在"存储为 Web 所用格式"对话框中各选项卡的含义，原稿：显示没有优化的图像；优化：显示应用了当前优化设置的图像；双联：并排显示图像的两个版本；四联：并排显示图像的 4 个版本。

2 工具箱：如果在"存储为 Web 和设备所用格式"对话框中无法看到整个图稿，用户可以使用抓手工具来查看其他区域，可以使用缩放工具来放大或缩小视图。

3 原稿图像：优化前的图像，原稿图像的注释显示文件名和文件大小。

4 优化的图像：优化后的图像，优化图像的注释显示当前优化选项、优化文件的大小以及使用选中的调制解调器速度时的估计下载时间。

5 "缩放"文本框：可以设置图像预览窗口的显示比例。

6 "在浏览器中预览"菜单：单击"预览"按钮可以打开浏览器窗口，预览 Web 网页中的图片效果。

7 **7** "优化"菜单：用于设置图像的优化格式及相应选项，可以在"预览"菜单中选取一个调制解调器速度。

8 "颜色表"菜单：用于设置 Web 安全颜色。

9 动画控件：用于控制动画的播放。

16.1.2 优化 JPEG 格式图像

JPEG 是用于压缩连续色调图像的标准格式。将图像优化为 JPEG 格式的过程依赖于有损压缩，它会有选择地扔掉数据。在"存储为 Web 所用格式"对话框右侧的"预设"列表框中选择"JPEG 高"选项，即可显示它的优化选项，如图 16-2 所示。

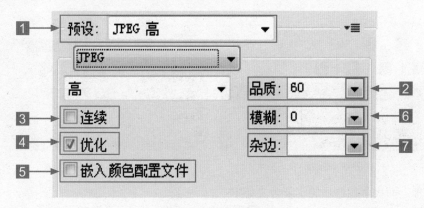

图 16-2 显示优化选项

"优化"选项框中各选项的主要含义如下：

1 预设：在预设列表框中，可以选择相应的图片预设格式。

2 "品质"选项：确定压缩程度，"品质"设置越高，压缩算法保留的细节越多。但是，使用高"品质"设置比使用低"品质"设置生成的文件大。

3 "连续"复选框：在 Web 浏览器中以渐进方式显示图像，图像将显示为叠加图形，从而使浏览者能够在图像完全下载前查看它的低分辨率版本。

4 "优化"复选框：创建文件稍小的增强 JPEG，要最大限度地压缩文件，建议使用优化的 JPEG 格式（某些旧版浏览器不支持此功能）。

5 "嵌入颜色配置文件"复选框：在优化文件中保存颜色配置文件，某些浏览器使用颜色配置文件进行颜色校正。

6 "模糊"选项：指定应用于图像的模糊量，"模糊"选项应用与"高斯模糊"滤镜相同的效果，并允许进一步压缩文件以获得更小的文件大小。

7 "杂边"选项：为在原始图像中透明的像素指定一个填充颜色，单击"杂边"色板，在拾色器中选择一种颜色，或者从"杂边"菜单中选择一个选项，"吸管"（使用吸管样本框中的颜色）、"前景色"、"背景色"、"白色"、"黑色"以及"其他"（使用拾色器）。

16.2 动态图像的制作

在 Photoshop CC 中，动画是在一段时间内显示的一系列图像或帧，在每一帧中的图像动态都有轻微的变化，连续、快速地显示这些帧，就会产生运动或其它动态的视觉效果。

16.2.1 "动画" 面板

动画是在一段时间内显示的一系列图像或帧。每一帧较前一帧都有轻微的变化，当连续、快速地显示这些帧时就会产生运动或其他变化的视觉效果。

在 Photoshop CC 中，"时间轴"面板以帧模式出现，显示动画中的每个帧的缩览图。使用面板底部的工具可浏览各个帧，设置循环选项，添加或删除帧以及预览动画。

展开"时间轴"面板，如果面板为帧模式，如图 16-3 所示，可单击左下角"转换为视频时间轴"按钮 ，将其切换为时间轴模式，如图 16-4 所示。

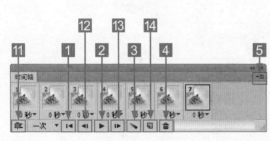

图 16-3 帧模式

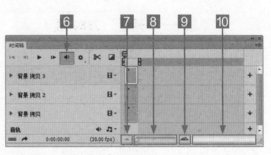

图 16-4 时间轴模式

"时间轴"面板中各选项的主要含义如下：

1 选择第一个帧：可选择序列中的第一个帧作为当前帧。

2 播放动画：可在窗口中播放动画，再次单击则停止播放。

3 过渡动画帧：用于在两个现有帧之间添加一系列，让新帧之间的图层属性均匀化。

4 删除选定的帧：可删除选择的帧。

5 "动画"面板菜单：包含影响关键帧、图层、面板外观以及文档设置的功能。

6 音轨：可启用音频播放。

7 缩小：可缩小时间帧预览图。

8 缩放滑块：可缩小或放大时间帧预览图。

9 放大：可放大时间帧预览图。

10 水平滚动条：拖曳水平滚动条可以直接查看时间轴里面的内容。

11 转换为时间轴：将其切换为时间轴模式。

12 选择上一帧：可选择当前帧的前一帧。

13 选择下一帧：可选择当前帧的下一帧。

14 复制选定的帧：可向面板中添加帧。

16.2.2 创建动态图像

动画的工作原理与电影放映十分相似，都是将一些静止的、表现连续动作的画面以较快的速度播放出来，利用图像在人眼中具有暂存的原理产生连续的播放效果。下面向读者详细介绍创建动态图像的操作方法。

素材文件	光盘 \ 素材 \ 第 16 章 \ 秋高气爽 .psd
效果文件	光盘 \ 效果 \ 第 16 章 \ 秋高气爽 .psd
视频文件	光盘 \ 视频 \ 第 16 章 \16.2.2 创建动态图像 .mp4

实战 秋高气爽

步骤 01 打开本书配套光盘中的"素材 \ 第 16 章 \ 秋高气爽 .psd"文件，如图 16-5 所示。

步骤 02 单击"窗口" | "时间轴"命令，展开"时间轴"面板，如图 16-6 所示。

图 16-5 素材图像　　　　　　图 16-6 展开"时间轴"面板

步骤 03 在"图层"面板中，选择"图层 1"图层，在"时间轴"面板中，单击"创建帧动画"按钮，在"时间轴"面板中得到 1 个动画帧，如图 16-7 所示。

步骤 04 连续单击"复制所选帧"按钮 两次，即可在"时间轴"面板中得到 3 个动画帧，如图 16-8 所示。

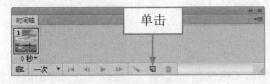

图 16-7 得到 1 个动画帧　　　　　图 16-8 得到 3 个动画帧

16.2.3 制作动态图像

在浏览网页时，会看到各式各样的动态图像，它为网页增添了动感和趣味性。下面向读者详细介绍制作动态图像的操作方法。

素材文件	光盘 \ 素材 \ 第 16 章 \ 大漠景观 .psd
效果文件	光盘 \ 效果 \ 第 16 章 \ 大漠景观 .psd
视频文件	光盘 \ 视频 \ 第 16 章 \16.2.3 制作动态图像 .mp4

实战 大漠景观

步骤 01 打开本书配套光盘中的"素材\第16章\大漠景观.psd"文件，如图16-9所示。

步骤 02 单击"窗口"|"时间轴"命令，展开"时间轴"面板，选择"帧2"选项，如图16-10所示。

图16-9 素材图像

图16-10 选择"帧2"选项

步骤 03 选取工具箱中的移动工具，在图像编辑窗口中，调整"帧2"图像的位置，如图16-11所示。

步骤 04 选择"帧3"选项，用与上述相同的方法，调整"帧3"图像的位置，如图16-12所示。

图16-11 调整"帧2"图像的位置

图16-12 调整"帧3"图像的位置

步骤 05 确认"帧3"选项为选中状态，按住【Ctrl】键的同时，分别选择"帧1"和"帧2"选项，同时选择3个动画帧，单击"选择帧延迟时间"下拉按钮，在弹出的时间列表中选择0.5秒，如图16-13所示。

步骤 06 在时间轴面板中，单击"一次"右侧的"选择循环选项"下拉按钮，在弹出的列表框中选择"永远"选项，如图16-14所示。

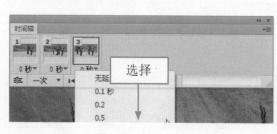

图16-13 选择0.5秒

图16-14 选择"永远"选项

步骤 07 单击"播放动画"按钮▶，即可浏览动态图像效果，如图16-15所示。

图 16-15 浏览图像动态效果

16.2.4 保存动态效果

在 Photoshop CC 中,动画制作完毕后,可将动画输出为 GIF 格式。下面向读者详细介绍保存动态效果的操作方法。

素材文件	光盘 \ 效果 \ 第 16 章 \ 大漠景观 .psd	
效果文件	光盘 \ 效果 \ 第 16 章 \ 大漠景观 2.html	
视频文件	光盘 \ 视频 \ 第 16 章 \16.2.4 保存动态效果 .mp4	

实战 大漠景观 2

步骤 **01** 打开上一例的效果文件,如图 16-16 所示。

步骤 **02** 单击"文件"|"存储为 Web 所用格式"命令,弹出"存储为 Web 所用格式"对话框,在"优化的文件格式"列表框中选择 GIF 选项,如图 16-17 所示,单击"存储"按钮。

 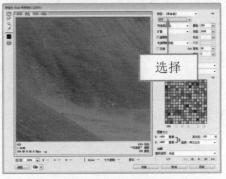

图 16-16 素材图像   图 16-17 选择"GIF"选项

步骤 **03** 执行上述操作后,弹出"将优化结果存储为"对话框,设置保存路径和名称,如图 16-18 所示,单击"保存"按钮。

步骤 **04** 执行操作后,弹出信息提示框,如图 16-19 所示,单击"确定"按钮,即可将动画输出为 GIF 动画。

 专家指点

根据格式的不同,网页中的动画大致可分为两大类,一类是 GIF 格式,另一类便是

FLASH 动画：

* FLASH 动画为矢量动画，因而可以任意放大缩小而不失真，同时文件较小，可袋有同步音频，具有良好的交互特性，可用于制作教学课件、MTV 及动画片。

* GIF 动画为像素动画，动画的每一帧都是一张位图图片。

图 16-18 设置保存路径和名称　　　　　　　图 16-19 信息提示框

16.2.5　创建过渡动画

在 Photoshop CC 中，除了可以逐帧地修改图像以创建动画外，也可以使用"过渡"命令让系统自动在两帧之间产生位置、不透明度或图层效果的变化效果。下面向读者详细介绍创建过渡动画的操作方法。

素材文件	光盘 \ 素材 \ 第 16 章 \ 水晶球 .psd
效果文件	光盘 \ 效果 \ 第 16 章 \ 水晶球 .psd
视频文件	光盘 \ 视频 \ 第 16 章 \16.2.5 创建过渡动画 .mp4

实战 水晶球

步骤 01　打开本书配套光盘中的"素材 \ 第 16 章 \ 水晶球 .psd"文件，如图 16-20 所示。

步骤 02　单击"窗口"｜"时间轴"命令，展开"时间轴"面板，如图 16-21 所示。

图 16-20 素材图像　　　　　　　图 16-21 展开"时间轴"面板

步骤 03　按住【Ctrl】键的同时，选择"帧 1"和"帧 2"选项，单击"时间轴"面板底部的"过渡动画帧"按钮，如图 16-22 所示。

步骤 04 弹出"过渡"对话框，在其中设置"要添加的帧数"为 3，如图 16-23 所示。

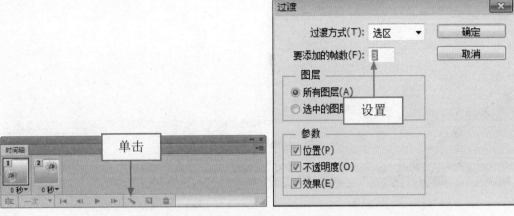

图 16-22 单击"过渡动画帧"按钮　　　　图 16-23 设置"要添加的帧数"

步骤 05 单击"确定"按钮，设置所有的帧延迟时间为 0.2 秒，如图 16-24 所示。

步骤 06 单击"播放"按钮，即可浏览过渡动画效果，效果如图 16-25 所示。

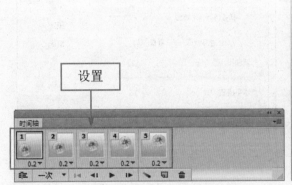

图 16-24 设置所有的帧延迟时间　　　　图 16-25 过渡动画效果

16.2.6 创建文字变形动画

在浏览网页时，会看到各式各样的图像动画，如摇摆的 Q 版人物、滚动的画面以及旋转的小球等，动画为网页添加了很多动感和趣味。下面向读者详细介绍创建文字变形动画的操作方法。

素材文件	光盘 \ 素材 \ 第 16 章 \ 浪漫爱情 .psd
效果文件	光盘 \ 效果 \ 第 16 章 \ 浪漫爱情 psd
视频文件	光盘 \ 视频 \ 第 16 章 \16.2.6 创建文字变形动画 .mp4

实战 浪漫爱情

步骤 01 打开本书配套光盘中的"素材 \ 第 16 章 \ 浪漫爱情 .psd"文件，如图 16-26 所示。

375

步骤 02 单击"窗口"|"时间轴"的命令，展开其中"时间轴"面板选项，如图 16-27 所示。

图 16-26 素材图像

图 16-27 展开"时间轴"面板

步骤 03 选择"帧 2"选项，单击"类型"|"文字变形"命令，弹出"变形文字"对话框，设置"样式"为"旗帜"、"弯曲"为 43%，选中"水平"单选按钮，如图 16-28 所示。

步骤 04 单击"确定"按钮，选择"帧 3"选项，单击"类型"|"文字变形"命令，弹出"变形文字"对话框，设置"样式"为"增加"、"弯曲"为 -12%、"水平扭曲"为 16%、"垂直扭曲"为 -10%、选中"水平"单选按钮，如图 16-29 所示，单击"确定"按钮。

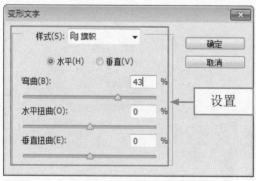

图 16-28 设置各选项

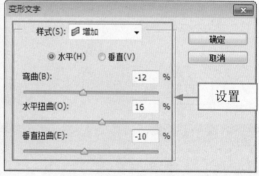

图 16-29 设置各选项

步骤 05 按住【Ctrl】键的同时，选择"帧 1"和"帧 2"选项，单击"时间轴"面板底部的"过渡动画帧"按钮，添加 1 个过渡帧，用与上同样方法，为"帧 3"和"帧 4"之间添加 1 个过渡帧，如图 16-30 所示。

步骤 06 设置所有的帧延迟时间为 0.2，如图 16-31 所示。

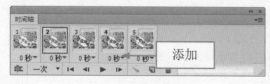

图 16-30 添加过渡帧

图 16-31 设置所有的帧延迟时间

步骤 07 单击"播放"按钮，即可浏览文字变形动画效果，效果如图 16-32 所示。

图 16-32 文字变形动画效果

16.3 切片图像的编辑

切片主要用于定义一幅图像的指定区域，用户一旦定义好切片后，这些图像区域可以用于模拟动画和其它的图像效果。本节主要向读者介绍了解切片对象种类、创建切片和创建自动切片的操作方法。

16.3.1 了解切片对象种类

在 Image Ready 中，切片被分为 3 种类型，即用户切片、自动切片和子切片，如图 16-33 所示。

图 16-33 了解切片

"切片"对象种类的划分主要含义如下：

1 用户切片：表示用户使用切片工具创建的切片。

2 自动切片：当使用切片工具创建用户切片区域，在用户切片区域之外的区域将生成自动切片，每次添加或编辑用户切片时，都重新生成自动切片。

3 子切片：它是自动切片的一种类型。当用户切片发生重叠时，重叠部分会生成新的切片，这种切片称为子切片，子切片不能在脱离切片存在的情况下独立选择或编辑。

16.3.2 创建用户切片

从图层中创建切片时，切片区域将包含图层中的所有像素数据，如果移动该图像或编辑其内容，切片区域将自动调整以包含改变后图层的新像素。下面向读者详细介绍创建用户切片的操作方法。

素材文件	光盘 \ 素材 \ 第 16 章 \ 宠物之家 .jpg
效果文件	光盘 \ 效果 \ 第 16 章 \ 宠物之家 .jpg
视频文件	光盘 \ 视频 \ 第 16 章 \16.3.2 创建用户切片 .mp4

实战 宠物之家

步骤 01 打开本书配套光盘中的"素材 \ 第 16 章 \ 宠物之家 .jpg"文件，如图 16-34 所示。

步骤 02 选取工具箱中的切片工具，拖曳鼠标至图像编辑窗口中的左下方，单击鼠标左键并向右下方拖曳，创建一个用户切片，如图 16-35 所示。

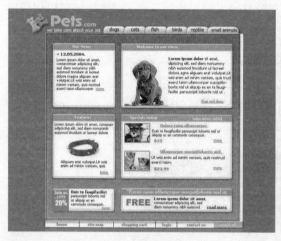

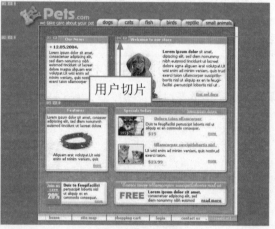

图 16-34 素材图像   图 16-35 创建用户切片

专家指点

在 Photoshop 和 Ready 中都可以使用切片工具定义切片或将图层转换为切片，也可以通过参考线来创建切片。此外，Image Ready 还可以将选区转化为定义精确的切片。在要创建切片的区域上按住【Shift】键并拖曳鼠标，可以将切片限制为正方形。

16.3.3 创建自动切片

通过 Photoshop 中的切片工具创建用户切片后，将自动生成自动切片。下面向读者详细介绍创建自动切片的操作方法。

素材文件	光盘 \ 素材 \ 第 16 章 \ 欢乐圣诞 .jpg
效果文件	光盘 \ 效果 \ 第 16 章 \ 欢乐圣诞 .jpg
视频文件	光盘 \ 视频 \ 第 16 章 \16.3.3 创建自动切片 .mp4

实战 欢乐圣诞

步骤 01 打开本书配套光盘中的"素材\第 16 章\欢乐圣诞.jpg"文件,如图 16-36 所示。

步骤 02 在 Photoshop CC 中,选取工具箱中的切片工具,拖曳鼠标至图像编辑窗口中的中间位置,单击鼠标左键并向右下方拖曳,创建一个用户切片,同时自动生成自动切片,如图 16-37 所示。

图 16-36 素材图像

图 16-37 自动生成自动切片

专家指点

当使用切片工具创建用户切片区域时,在用户切片区域之外的区域将生成自动切片,每次添加或编辑用户切片时都将重新生成自动切片,自动切片是由点线定义的。可以将两个或多个切片组合为一个单独的切片,Photoshop CC 利用通过连接组合切片的外边缘创建的矩形来确定所生成切片的尺寸和位置,如果组合切片不相邻,或者比例或对齐方式不同,则新组合的切片可能会与其他切片重叠。

16.4 切片的管理

在 Photoshop CC 中,用户可以对创建的切片进行管理。本节主要向读者介绍移动切片、调整切片、转换切片、锁定切片、隐藏切片、显示切片以及清除切片的操作方法。

16.4.1 移动切片

在 Photoshop CC 中,创建切片后,用户可运用切片选择工具移动切片。下面向读者详细介绍移动切片的操作方法。

	素材文件	光盘\素材\第 16 章\农业专家.jpg
	效果文件	光盘\效果\第 16 章\农业专家.jpg
	视频文件	光盘\视频\第 16 章\16.4.1 移动切片.mp4

实战 农业专家

步骤 01 打开本书配套光盘中的"素材\第 16 章\农业专家.jpg"文件,如图 16-38 所示。

步骤 02 选取工具箱中的切片工具,在图像上创建用户切片,如图 16-39 所示。

图 16-38 素材图像 图 16-39 创建用户切片

步骤 03 选取工具箱中的切片选择工具，如图 16-40 所示。

步骤 04 在控制框内单击鼠标左键并向下拖曳，即可移动切片，效果如图 16-41 所示。

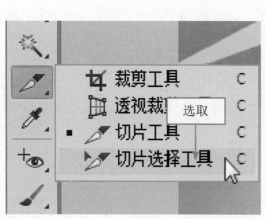 

图 16-40 选取切片选择工具 图 16-41 移动切片

16.4.2 调整切片

在 Photoshop CC 中，使用切片选择工具，选定要调整的切片，此时切片的周围会出现 8 个控制柄，可以对这 8 个控制柄进行拖移，来调整切片的位置和大小。下面向读者详细介绍调整切片的操作方法。

素材文件	光盘 \ 素材 \ 第 16 章 \ 网页模板 .jpg
效果文件	光盘 \ 效果 \ 第 16 章 \ 网页模板 .jpg
视频文件	光盘 \ 视频 \ 第 16 章 \16.4.2 调整切片 .mp4

16 网页动画特效的制作

实战 网页模板

步骤 01 打开本书配套光盘中的"素材\第16章\网页模板.jpg"文件,如图 16-42 所示。

步骤 02 选取工具箱中的切片选择工具,如图 16-43 所示。

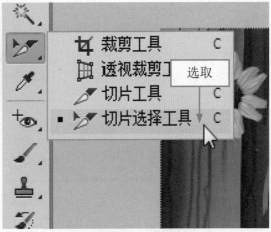

图 16-42 素材图像 　　　　　　　　　　　图 16-43 选取切片选择工具

步骤 03 将鼠标移至图像编辑窗口中的切片内,单击鼠标左键,调出变换控制框,如图 16-44 所示。

步骤 04 将鼠标移至变换控制框下方的控制柄上,此时鼠标指针呈双向箭头形状,单击鼠标左键并向下方拖曳,即可调整切片大小,如图 16-45 所示。

图 16-44 调出变换控制框 　　　　　　　　　图 16-45 最终效果

16.4.3 转换切片

在 Photoshop CC 中,创建用户切片后,用户切片与自动切片之间可以相互进行转换。使用切片选择工具,选定要转换的自动切片,单击工具属性栏上的"提升"按钮,可以转换切片。下面向读者详细介绍转换切片的操作方法。

素材文件	光盘 \ 素材 \ 第 16 章 \ 科学环保 .jpg
效果文件	光盘 \ 效果 \ 第 16 章 \ 科学环保 .jpg
视频文件	光盘 \ 视频 \ 第 16 章 \16.4.3 转换切片 .mp4

实战 科学环保

步骤 01 打开本书配套光盘中的"素材 \ 第 16 章 \ 科学环保 .jpg"文件，如图 16-46 所示。

步骤 02 选取工具箱中的切片工具，移动鼠标至图像编辑窗口中合适位置，单击鼠标左键并拖曳，创建切片，如图 16-47 所示。

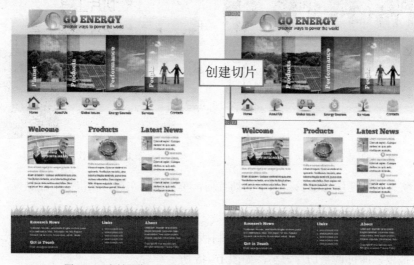

图 16-46 素材图像   图 16-47 创建切片

步骤 03 选取工具箱中的切片选择工具，将鼠标移至图像编辑窗口中下侧的自动切片内，单击鼠标右键，在弹出的快捷菜单中，选择"提升到用户切片"选项，如图 16-48 所示。

步骤 04 执行操作后，即可转换切片，效果如图 16-49 所示。

图 16-48 选择"提升到用户切片"选项   图 16-49 转换切片

专家指点

用户将自动切片转换为用户切片，可以防止自动切片在重新生成时更改，自动切片的划分、组合、链接和设置选项会自动转换为用户切片的各个选项。

16.4.4 锁定切片

在 Photoshop CC 中，运用锁定切片可以阻止在编辑操作中重新调整切片的尺寸、移动切片、甚至变更切片。下面向读者详细介绍锁定切片的操作方法。

素材文件	光盘 \ 素材 \ 第 16 章 \ 鲜花网页 .jpg
效果文件	光盘 \ 效果 \ 第 16 章 \ 鲜花网页 .jpg
视频文件	光盘 \ 视频 \ 第 16 章 \16.4.4 锁定切片 .mp4

实战 鲜花网页

步骤 01 打开本书配套光盘中的"素材 \ 第 16 章 \ 鲜花网页 .jpg"文件，显示切片，如图 16-50 所示。

步骤 02 单击"视图"|"锁定切片"命令，如图 16-51 所示，即可锁定切片。

图 16-50 素材图像　　　　　图 16-51 单击"锁定切片"命令

16.4.5 隐藏切片

在 Photoshop CC 中，运用"隐藏切片"命令，隐藏当前图像的所有切片。下面向读者详细介绍隐藏切片的操作的方法。

素材文件	光盘 \ 素材 \ 第 16 章 \ 环保网页 .jpg
效果文件	光盘 \ 效果 \ 第 16 章 \ 环保网页 .jpg
视频文件	光盘 \ 视频 \ 第 16 章 \16.4.5 隐藏切片 .mp4

实战 环保网页

步骤 01 打开本书配套光盘中的"素材 \ 第 16 章 \ 环保网页 .jpg"文件，如图 16-52 所示。

步骤 02 选取工具箱中的切片工具，移动鼠标至图像编辑口中合适位置，单击鼠标左键并拖曳，即可创建切片，如图 16-53 所示。

图 16-52　素材图像　　　　　　　　　　　　图 16-53　创建切片

步骤 **03**　单击"视图"｜"显示"｜"切片"命令，如图 16-54 所示，隐藏"切片"命令前的对勾符号。

步骤 **04**　执行上述操作后，即可隐藏切片，效果如图 16-55 所示。

图 16-54　单击"贴片"命令　　　　　　　　　图 16-55　隐藏切片

16.4.6　显示切片

在 Photoshop CC 中，运用"显示"切片命令，即可显示当前图像的所有切片。下面向读者详细介绍显示切片的操作方法。

	素材文件	光盘＼素材＼第 16 章＼花卉网页 .jpg
	效果文件	无
	视频文件	光盘＼视频＼第 16 章＼16.4.6 显示切片 .mp4

实战　花卉网页

步骤 **01**　打开本书配套光盘中的"素材＼第 16 章＼花卉网页 .jpg"文件，如图 16-56 所示。

步骤 **02**　单击"视图"｜"显示"｜"切片"命令，显示出"切片"命令前的对勾符号，即可显示切片，效果如图 16-57 所示。

图 16-56 素材图像　　　　　　　　　　　图 16-57 显示切片

16.4.7 清除切片

在 Photoshop CC 中，运用"清除切片"命令，可以清除当前图像编辑窗口中的所有切片。下面向读者介绍清除切片的操作方法。

素材文件	光盘 \ 素材 \ 第 16 章 \ 水果网页 .jpg	
效果文件	光盘 \ 效果 \ 第 16 章 \ 水果网页 .jpg	
视频文件	光盘 \ 视频 \ 第 16 章 \16.4.7 清除切片 .mp4	

实战 水果网页

步骤 01 打开本书配套光盘中的"素材 \ 第 16 章 \ 水果网页 .jpg"文件，如图 16-58 所示。

步骤 02 单击"视图" | "清除切片"命令，即可清除切片，效果如图 16-59 所示。

图 16-58 素材图像　　　　　　　　　　　图 16-59 清除切片

17 自动处理图像

学习提示

　　用户在使用 Photoshop CC 处理图像的过程中，有时需要对许多图像进行相同的效果处理，若是重复操作，将会浪费大量的时间，为了提高操作效率，用户可以通过 Photoshop CC 提供的自动化功能，将编辑图像的许多步骤简化为一个动作，极大地提高设计师们的工作效率。

本章案例导航

- 实战——胜利女神
- 实战——鸟语花香
- 实战——批处理
- 实战——袋鼠
- 实战——PDF 演示文稿

- 实战——风筝
- 实战——南极企鹅
- 实战——快捷批处理
- 实战——万里长城

17.1 动作的基本概念

在 Photoshop 中，设计师们不断追求更高的工作效率，动作的出现完全实现了这一要求，极大地提高了设计师们的操作效率。使用动作可以减少许多操作，大大降低了工作的重复度。例如，在转换百张图像的格式时，用户无需一一进行操作，只需对这些图像文件应用一个已设置好的动作，即可一次性完成对所有图像文件的相同操作。

17.1.1 动作的基本概括

Photoshop 提供了许多现成的动作以提高用户的工作效率，但在大多数情况下，用户仍然需要自己录制大量新的动作，以适应不同的工作情况。

1．将常用操作录制成为动作

用户根据自己的习惯将常用操作的动作记录下来，使设计工作变得更加方便快捷。

2．与"批处理"结合使用

单独使用动作不足以充分显示动作的优点，如果将动作与"批处理"命令结合起来，则能够成倍放大动作的作用。

17.1.2 动作与自动化命令的关系

在 Photoshop 中，单击"文件" | "自动"命令，可以展开"自动"命令的子菜单。自动化命令包括"批处理"、"创建快捷批处理"、"裁剪并修齐图像"、"Photomerge"、"合并到HDR Pro"、"镜头校正"、"条件模式更改"以及"限制图像"命令。

17.1.3 "动作"控制面板

"动作"面板是建立、编辑和执行动作的主要场所，在该面板中用户可以记录、播放、编辑或删除单个动作，也可以存储和载入动作文件。

"动作"面板以标准模式和按钮模式存在，如图 17-1 和图 17-2 所示。

"动作"面板标准模式中各选项的主要含义如下：

1 "切换对话开 / 关"图标▣：当动作前出现这个图标时，在执行该动作的过程中，执行到该步骤时将暂停。

2 "切换项目开 / 关"图标✔：可设置允许 / 禁止执行动作组中的动作、选定的部分动作或动作中的命令。

3 "播放选定的动作"按钮▶：单击该按钮，可以播放当前选择的动作。

4 "开始记录"按钮●：单击该按钮，可以开始录制动作。

5 "停止播放 / 记录"按钮■：该按钮只有在记录动作或播放动作时才可以使用，单击该按钮，可以停止当前的记录或播放操作。

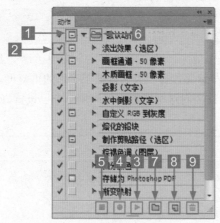

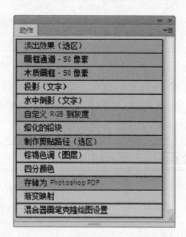

图 17-1 标准模式　　　　　　　图 17-2 按钮模式

6 "展开/折叠"图标 ▼：在该图标上单击鼠标左键，即可以展开/折叠动作组，以便存放新的动作。

7 "创建新组"按钮 ▢：单击该按钮，可以创建一个新的动作组。

8 "创建新动作"按钮 ▢：单击该按钮，可以创建一个新的动作。

9 "删除"按钮 ▩：删除所选动作。

17.2 创建与编辑动作

使用"动作"面板可以对动作进行记录，在记录完成之后，还可以执行插入等编辑操作，本节主要向读者介绍创建动作、录制动作、播放动作、重新排列命令顺序、新增动作组、插入停止以及插入菜单选项等操作方法。

17.2.1 创建动作

在 Photoshop 中，用户在使用动作之前，先需要对动作进行创建。用户可以根据需要，单击"窗口"｜"动作"命令，弹出"动作"面板，单击"动作"面板底部的"创建新动作"按钮 ▢，如图 17-3 所示。执行操作后，弹出"新建动作"对话框，如图 17-4 所示，单击"确定"按钮，即可创建新的动作。

图 17-3 单击"创建新动作"按钮　　　　　图 17-4 "新建动作"对话框

"新建动作"对话框中主要选项的含义如下：

1 功能键：在该列表框中可以选择一个功能键，在播放动作时，可直接按该功能键播放动作。

2 颜色：在该列表框中可选择一个颜色，作为命令按钮显示模式下新动作的颜色。

17.2.2 录制动作

在创建动作之后，需要对动作进行录制。下面向读者详细介绍录制动作的操作方法。

素材文件	光盘 \ 素材 \ 第 17 章 \ 胜利女神 .psd
效果文件	光盘 \ 效果 \ 第 17 章 \ 胜利女神 .jpg
视频文件	光盘 \ 视频 \ 第 17 章 \17.2.2 录制动作 .mp4

实战 胜利女神

步骤 01 打开本书配套光盘中的"素材\第 17 章\胜利女神 .psd"文件，如图 17-5 所示。

步骤 02 在"图层"面板中，选择"背景"图层，如图 17-6 所示。

选择

图 17-5 素材图像　　　　　　　　图 17-6 选择"背景"图层

步骤 03 单击"窗口"|"动作"命令，弹出"动作"面板，单击"动作"面板底部的"创建新动作"按钮，弹出"新建动作"对话框，如图 17-7 所示，单击"记录"按钮，即可开始录制动作。

步骤 04 单击"滤镜"|"模糊"|"径向模糊"命令，弹出"径向模糊"对话框，在其中设置"数量"为 15，选中"旋转"和"最好"单选按钮，如图 17-8 所示，再单击"确定"按钮。

步骤 05 执行上述操作后，即可径向模糊图像，此时图像编辑窗口中的图像效果也随之改变，效果如图 17-9 所示。

步骤 06 单击"动作"面板底部的"停止播放 / 记录"按钮，如图 17-10 所示，即可完成新动作的录制。

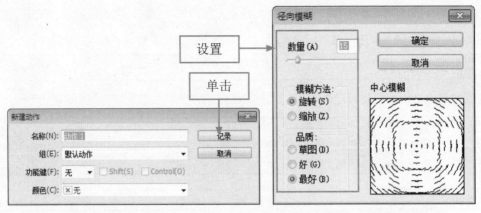

图 17-7 弹出"新建动作"对话框　　　　　图 17-8 设置各选项

图 17-9 图像效果　　　　　图 17-10 单击"停止播放／记录"按钮

专家指点

　　在录制状态中应该尽量避免执行无用操作，例如，在执行某个命令后虽然可按【Ctrl ＋ Z】组合键，撤销此命令，但在"动作"面板中仍然记录此命令。

17.2.3　播放动作

　　在 Photoshop 中，预设了一系列的动作，用户可以选择任意一种动作，进行播放。用户可以根据需要，单击"窗口"｜"动作"命令，展开"动作"面板，选择"渐变映射"动作，单击面板底部的"播放选定的动作"按钮，即可播放动作。图 17-11 所示为播放"渐变映射"动作的前后对比效果。

专家指点

　　由于动作是一系列命令，因此单击"编辑"｜"还原"命令只能还原动作中的最后一个命令，若要还原整个动作系列，可在播放动作前在"历史记录"面板中创建新快照，即可还原整个动作系列。

图 17-11 播放"渐变映射"动作的前后对比效果

17.2.4 重新排列命令顺序

在 Photoshop 中，排列命令顺序与调整图层顺序相同，要改变动作中的命令顺序，只需要拖曳此命令至新位置，当出现高光时释放鼠标，即可改变动作中的命令顺序。

在"动作"面板中选择"投影（文字）"动作，单击鼠标左键并向下拖曳，如图 17-12 所示，拖曳至合适位置后，释放鼠标左键，即可改变"投影（文字）"动作命令的顺序，如图 17-13 所示。

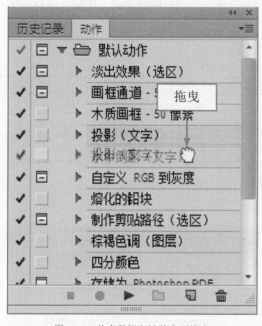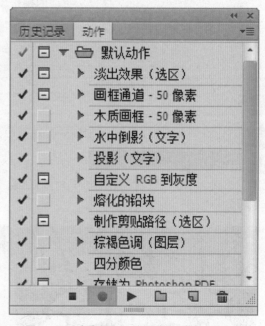

图 17-12 单击鼠标左键并向下拖曳   图 17-13 改变"投影（文字）"动作命令的顺序

17.2.5 新增动作组

"动作"面板在默认状态下只显示"默认动作"组，单击面板右上角的面板菜单按钮，在弹出的面板菜单中选择"载入动作"选项，可载入 Photoshop 中预设的或其他用户录制的动作组。

单击"窗口"｜"动作"命令，在展开的"动作"面板中单击右上方的下三角形按钮，在弹出的面板菜单中选择"图像效果"选项，如图 17-14 所示。执行操作后，即可新增"图像效果"动作组，如图 17-15 所示。

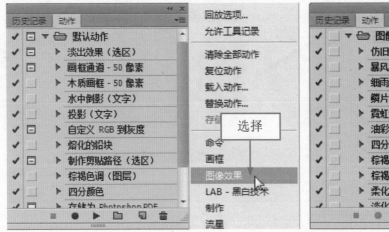

图 17-14 选择"图像效果"选项　　　　图 17-15 新增"图像效果"动作组

17.2.6 插入停止

在动作的录制过程中，并不是可以将所有操作进行记录，若某些操作无法被录制且需要执行时，可以插入一个"停止"提示，以提示手动的操作步骤。下面向读者详细介绍插入停止的操作方法。

素材文件	光盘 \ 素材 \ 第 17 章 \ 风筝 .jpg
效果文件	光盘 \ 效果 \ 第 17 章 \ 风筝 .jpg
视频文件	光盘 \ 视频 \ 第 17 章 \17.2.6 插入停止 .mp4

实战	风筝

步骤 01　打开本书配套光盘中的"素材 \ 第 17 章 \ 风筝 .jpg"文件，如图 17-16 所示。

步骤 02　单击"窗口"｜"动作"命令，展开"动作"面板，在"动作"面板中选择"木制画框 -50 像素"选项，单击面板右上方的下三角按钮，在弹出的面板菜单中选择"插入停止"选项，如图 17-17 所示。

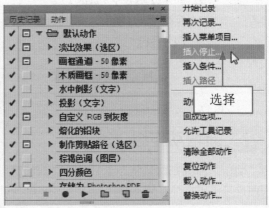

图 17-16 素材图像　　　　　　　图 17-17 选择"插入停止"选项

步骤 03 执行操作后，弹出"记录停止"对话框，选中"允许继续"复选框，如图 17-18 所示，单击"确定"按钮。

步骤 04 执行操作后，即可在"动作"面板的"设置选区"动作下方插入"停止"动作，如图 17-19 所示。

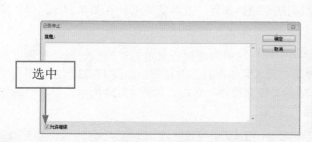

图 17-18 选中"允许继续"复选框   图 17-19 插入"停止"命令

步骤 05 在"动作"面板中选择"木质画框-50 像素"动作，单击面板底部的"播放选定的动作"按钮 ▶，弹出信息提示框，如图 17-20 所示，单击"继续"按钮。

步骤 06 执行操作后，继续播放动作，再一次弹出信息提示框，如图 17-21 所示，单击"继续"按钮。

图 17-20 信息提示框   图 17-21 信息提示框

步骤 07 执行操作后，继续播放动作，此时图像编辑窗口中图像效果也随之改变，效果如图 17-22 所示。

图 17-22 最终效果

专家指点

选中"允许继续"复选框，表示在以后执行"插入停止"命令时，所显示的信息提示框中显示"继续"按钮，单击该按钮可以继续执行动作中的操作，执行"插入停止"命令后，便不必对该动作进行修改了。

17.2.7 插入菜单项目

在 Photoshop 中，由于动作并不能记录所有的命令操作，例如在执行径向模糊操作时，如果通过在工具属性栏中进行调整，则动作就无法记录该操作，此时就需要插入菜单命令，以在播放动作时正确地执行径向模糊操作。

在"动作"面板中选择"投影（文字）"动作，单击面板右上角的控制按钮，在弹出的面板菜单中选择"插入菜单项目"选项，弹出"插入菜单项目"对话框，如图 17-23 所示。单击"滤镜"|"模糊"|"径向模糊"命令，即可插入"径向模糊"选项，如图 17-24 所示，单击"确定"按钮，即可在面板中显示插入"径向模糊"选项。

图 17-23 "插入菜单项目"对话框

图 17-24 插入"径向模糊"选项

17.2.8 复制、删除、保存动作

进行动作操作时，有些动作是相同的，可以将其复制，提高工作效率，在编辑动作时，用户可以删除不需要的动作，也可以将新的动作保存。

单击"窗口"|"动作"命令，展开"动作"面板，在"动作"面板中，选择"投影（文字）"动作，单击面板右上方的下三角按钮，在弹出的面板菜单中选择"复制"选项，即可复制动作，如图 17-25 所示。

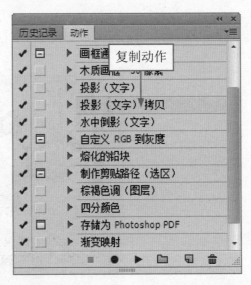

图 17-25 复制动作

复制动作也可按住【Alt】键，将要复制的命令或动作拖曳至"动作"面板中的新位置，或者将动作拖曳至"动作"面板底部的"创建新动作"按钮上即可。

在"动作"面板中，选择"四分颜色"动作，单击"动作"面板右上方的下三角按钮，在弹出的面板菜单中，选择"删除"选项，弹出信息提示框，单击"确定"按钮，即可删除动作，如图 17-26 所示。

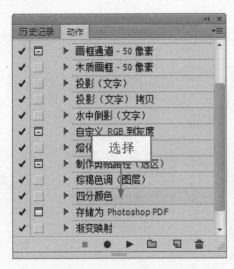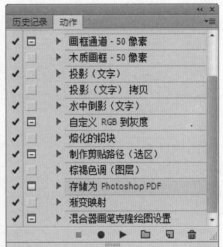

图 17-26 删除动作

在"动作"面板中，选择"图像效果"动作组，单击面板右上方的下三角按钮，在弹出的面板菜单中，选择"存储动作"选项，如图 17-27 所示。弹出"另存为"对话框，如图 17-28 所示，单击"保存"按钮，即可存储动作。

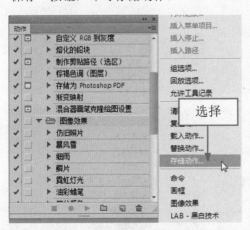

图 17-27 选择"存储动作"选项　　　　图 17-28 "存储"对话框

"存储动作"选项只能存储动作组，而不能存储单个的动作，而载入动作可将在网上下载的或者磁盘中所存储的动作文件添加到当前的动作列表中。

17.2.9 加载\替换\复位动作

在 Photoshop 中，"加载动作"可将在网上下载的或者磁盘中所存储的动作文件添加到当前的动作列表中，"替换动作"可以将当前所有动作替换为从硬盘中装载的动作文件，"复位动作"将使用安装时的默认动作代替当前"动作"面板中的所有动作。

在"动作"面板中，单击面板右上方的三角形按钮，在弹出的面板菜单中选择"载入动作"选项，弹出"载入"对话框，如图 17-29 所示，选择需要载入的动作选项，单击"载入"按钮，即可在"动作"面板中载入"图像效果"动作组，如图 17-30 所示。

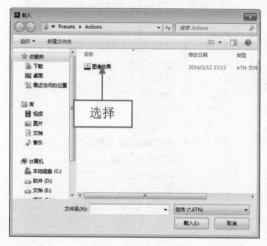

图 17-29 "载入"对话框　　　　　　　　图 17-30 载入"图像效果"动作组

在"动作"面板中，选择"默认动作"动作组，单击面板右上方的三角形按钮，在弹出的面板菜单中，选择"替换动作"选项，如图 17-31 所示，弹出"载入"对话框，选择"图像效果"选项，单击"载入"按钮，即可在"动作"面板中用"图像效果"动作组替换"默认动作"动作组，如图 17-32 所示。

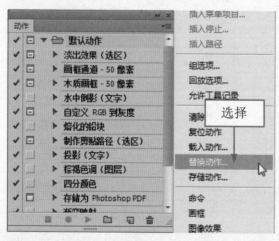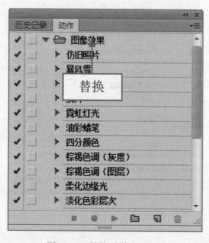

图 17-31 选择"替换动作"选项　　　　　　图 17-32 替换动作组

在"动作"面板中，单击面板右上方的三角形按钮，在弹出的面板菜单中选择"复位动作"选项，弹出信息提示框，如图 17-33 所示，单击"确定"按钮，即可复位动作，如图 17-34 所示。

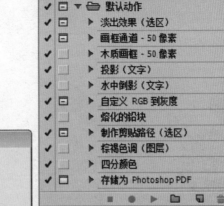

图 17-33 信息提示框　　　　　　　　　图 17-34 复位动作

17.3 运用动作制作特效

Photoshop CC 提供了大量预设动作，利用这些动作可以快速得到各种字体、纹理、边框等效果，本节主要向用户介绍快速制作木质相框、快速制作暴风雪的操作方法。

17.3.1 快速制作木质相框

在 Photoshop CC 中，用户可以应用动作快速制作木质相框，下面向读者详细介绍快速制作木质相框的操作方法。

素材文件	光盘＼素材＼第 17 章＼鸟语花香 .jpg
效果文件	光盘＼效果＼第 17 章＼鸟语花香 .jpg
视频文件	光盘＼视频＼第 17 章＼17.3.1 快速制作木质相框 .mp4

实战 鸟语花香

步骤 01 打开本书配套光盘中的"素材＼第 17 章＼鸟语花香 .jpg"文件，如图 17-35 所示。

步骤 02 单击"窗口"｜"动作"命令，展开"动作"面板，在展开的"动作"面板中单击右上方的下三角形按钮，在弹出的面板菜单中选择"画框"选项，即可新增"画框"动作组，如图 17-36 所示。

步骤 03 在"画框"动作组中选择"木质画框-50 像素"选项，单击面板底部的"播放选定的动作"按钮，弹出信息提示框，如图 17-37 所示。

步骤 04 单击"继续"按钮，即可制作出木质相框，效果如图 17-38 所示。

专家指点

在播放动作时，可以有选择地跳过某个命令，从而使一个动作能够产生多个不同的效果，要跳过动作中某个命令，可以单击该命令名称左侧的"切换项目开/关"图标，以取消命令。

图 17-35 素材图像

图 17-36 新增"画框"动作组

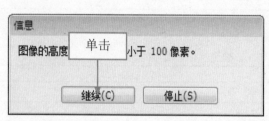

图 17-37 信息提示框

图 17-38 最终效果

17.3.2 快速制作暴风雪

在 Photoshop CC 中，用户可以根据需要应用动作快速制作暴风雪效果。下面向读者详细介绍快速制作暴风雪的操作方法。

	素材文件	光盘 \ 素材 \ 第 17 章 \ 南极企鹅 .jpg
	效果文件	光盘 \ 效果 \ 第 17 章 \ 南极企鹅 .jpg
	视频文件	光盘 \ 视频 \ 第 17 章 \17.3.2 快速制作暴风雪 .mp4

实战 南极企鹅

步骤 01 打开本书配套光盘中的"素材 \ 第 17 章 \ 南极企鹅 .jpg"文件，如图 17-39 所示。

步骤 02 单击"窗口" | "动作"命令，在展开的"动作"面板中单击右上方的下三角形按钮，

在弹出的面板菜单中选择"图像效果"选项,即可新增"图像效果"动作组,如图 17-40 所示。

图 17-39 素材图像　　　　　　　　　　图 17-40 新增"图像效果"动作组

步骤 03 在"图像效果"动作组中选择"暴风雪"选项,单击面板底部的"播放选定的动作"按钮 ▶,如图 17-41 所示。

步骤 04 动作播放完成后,即可制作出暴风雪效果,效果如图 17-42 所示。

图 17-41 单击"播放选定的动作"按钮

图 17-42 最终效果

17.4 图像的批处理

在进行图像编辑过程中,经常会用到批处理命令,用户应熟练掌握其操作方法。

17.4.1 批处理图像

批处理就是将一个指定的动作，应用于某文件夹下的所有图像或当前打开的多个图像。

在使用批处理命令时，需要进行批处理操作的图像必须保存于同一个文件夹中或全部打开，执行的动作也需要提前载入至"动作"面板。下面向读者详细介绍批处理图像的操作方法。

素材文件	光盘 \ 素材 \ 第 17 章 \ 批处理 .jpg
效果文件	光盘 \ 效果 \ 第 17 章 \ 批处理 .psd
视频文件	光盘 \ 视频 \ 第 17 章 \17.4.1 批处理图像 .mp4

实战 批处理

步骤 01 单击"文件"|"自动"|"批处理"命令，弹出"批处理"对话框，单击"选择"按钮，选择本书配套光盘中的"素材 \ 第 17 章 \ 批处理"文件夹，并设置"动作"为"淡出效果（选区）"，如图 17-43 所示。

步骤 02 单击"确定"按钮，即可批处理同文件夹内的图像，单击"窗口"|"排列"|"平铺"命令，查看图像处理效果，如图 17-44 所示。

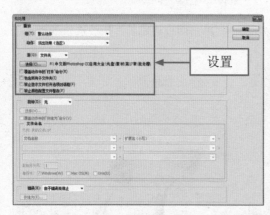

设置

图 17-43 设置各选项　　　　　　　　　　图 17-44 批处理图像效果

专家指点

"批处理"命令是以一个动作为依据，对指定位置的图像进行处理的智能化命令，使用"批处理"命令，用户可以对多个图像执行相同的动作，从而实现图像处理的自动化。不过，在执行自动化之前应先确定要处理的图像文件。

17.4.2 创建快捷批处理

快捷批处理可以看作用来批处理动作的一个快捷方式，动作是创建快捷批处理的基础，在创建快捷批处理之前，必须在"动作"面板中创建所需要的动作。下面向读者详细介绍创建快捷批处理的操作方法。

素材文件	光盘 \ 素材 \ 第 17 章 \ 快捷批处理 .jpg
效果文件	光盘 \ 效果 \ 第 17 章 \ 快捷批处理 .exe
视频文件	光盘 \ 视频 \ 第 17 章 \17.4.2 创建快捷批处理 .mp4

步骤 01 单击"文件"|"自动"|"创建快捷批处理"命令,即可弹出"创建快捷批处理"对话框,如图 17-45 所示。

步骤 02 单击"选择"按钮,弹出"另存为"对话框,保持默认设置即可,如图 17-46 所示,单击"保存"按钮,单击"确定"按钮,即可保存快捷批处理。

单击

单击

图 17-45 "创建快捷批处理"对话框　　　　图 17-46 设置各选项

17.4.3 裁剪并修齐图片

在扫描图片时,如果同时扫描了多个图像,可以通过"裁剪并修齐"命令将扫描的图片从大的图像中分割出来,并生成单独的图像文件。下面向读者详细介绍裁剪并修齐图片的操作方法。

素材文件	光盘 \ 素材 \ 第 17 章 \ 袋鼠 .jpg
效果文件	光盘 \ 效果 \ 第 17 章 \ 袋鼠 .jpg
视频文件	光盘 \ 视频 \ 第 17 章 \17.4.3 裁剪并修齐图片 .mp4

步骤 01 打开本书配套光盘中的"素材 \ 第 17 章 \ 袋鼠 .jpg"文件,如图 17-47 所示。

步骤 02 单击"文件"|"自动"|"裁剪并修齐照片"命令,即可自动裁剪并修齐图像,效果如图 17-48 所示。

图 17-47 素材图像　　　　　　　图 17-48 最终效果

专家指点

使用"裁剪并修齐照片"命令可以将一次扫描的多个图像分成多个单独的图像文件,但

> 应该注意，扫描的多个图像之间应该保持 1/8 英寸的间距，并且背景应该是均匀的单色。

17.4.4 条件模式更改

利用"条件模式更改"命令可根据图像原来的模式，将图像的颜色模式更改为用户指定的模式。下面向读者详细介绍条件模式更改的操作方法。

素材文件	光盘 \ 素材 \ 第 17 章 \ 万里长城 .jpg
效果文件	光盘 \ 效果 \ 第 17 章 \ 万里长城 .jpg
视频文件	光盘 \ 视频 \ 第 17 章 \17.4.4 条件模式更改 .mp4

实战 万里长城

步骤 01 打开本书配套光盘中的"素材 \ 第 17 章 \ 万里长城 .jpg"文件，如图 17-49 所示。

步骤 02 单击"文件"|"自动"|"条件模式更改"命令，弹出"条件模式更改"对话框，设置"模式"为"灰度"，如图 17-50 所示。

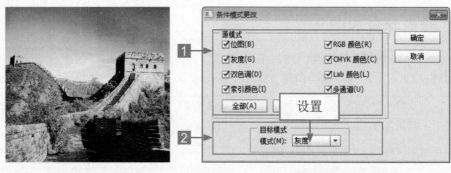

图 17-49 素材图像   图 17-50 设置"模式"选项

"条件模式更改"选项框中各选项的主要含义如下：

1 源模式：用来选择源文件的颜色模式，只有与选择的颜色模式相同的文件才可以被更改。单击"全部"按钮，可选择所有可能的模式

2 目标模式：用来设置图像转换后的颜色模式。

步骤 03 执行操作后，单击"确定"按钮，弹出"信息提示框"，如图 17-51 所示。

步骤 04 单击"扔掉"按钮，即可更改图像的条件模式，效果如图 17-52 所示。

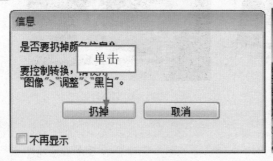

图 17-51 信息提示框   图 17-52 最终效果

17.4.5 HDR Pro 合并图像

HDR 图像是通过合成多幅以不同曝光度拍摄的同一场景、或同一人物的照片而创建的高动态范围图片，主要用于影片、特殊效果、3D 作品及某些高端图片。

单击"文件"｜"自动"｜"合并到 HDR Pro"命令，弹出"合并到 HDR Pro"对话框，单击"浏览"按钮，选择要合并的图片，并手动设置曝光值，返回"合并到 HDR Pro"对话框，如图 17-53 所示。设置相应的"模式"参数后，单击"确定"按钮，即可将 4 幅曝光不同的图像合成，效果如图 17-54 所示。

图 17-53 "合并到 HDR Pro"对话框

图 17-54 图像合成效果

17.4.6 合并生成全景

Photoshop 提供了一系列可以自动处理照片的命令，通过这些命令可以合并全景照片、裁剪照片、限制图像的尺寸、自动对齐图层等。

单击"文件"｜"自动"｜"Photomerge"命令，弹出"Photomerge"对话框，如图 17-55 所示，单击"浏览"按钮，打开要合并的图像，在"Photomerge"对话框中，选中"调整位置"单选按钮，单击"确定"按钮，合并全景图像，效果如图 17-56 所示。

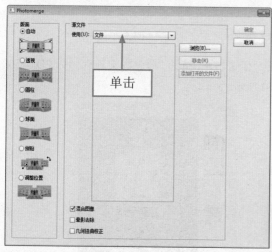

图 17-55 Photomerge 对话框

图 17-56 合并全景图像效果

专家指点

　　用于合成全景图的各张全景图的各张照片都要有一定的重叠内容，Photoshop 需要识别这些重叠的地方才能拼接照片，一般来说，重叠处应该占照片的 10% ～ 15%。

17.4.7　创建 PDF 演示文稿

　　PDF 格式是一种跨平台的文件格式，Adobe Illustrator 和 Adobe Photoshop 都可以直接将文件存储为 PDF 格式。下面向读者详细介绍创建 PDF 演示文稿的操作方法。

素材文件	光盘 \ 素材 \ 第 17 章 \PDF 演示文稿 .jpg	
效果文件	光盘 \ 效果 \ 第 17 章 \PDF 演示文稿 .pdf	
视频文件	光盘 \ 视频 \ 第 17 章 \17.4.7 创建 PDF 演示文稿 .mp4	

实战 PDF 演示文稿

步骤 01　单击"文件"|"自动"|"PDF 演示文稿"命令，弹出"PDF 演示文稿"对话框，如图 17-57 所示。

步骤 02　单击"浏览"按钮，弹出"打开"对话框，选择相应文件，如图 17-58 所示。

图 17-57　"PDF 演示文稿"对话框　　　　图 17-58　选择相应文件

步骤 03　单击"打开"按钮，在"源文件"列表框中添加相应文件，单击"存储"按钮，弹出"另存为"对话框，设置相应的保存路径和名称，如图 17-59 所示，单击"保存"按钮。

步骤 04　弹出"存储 Adobe PDF"对话框，单击"存储 PDF"按钮，即可将文件存储为 PDF 格式，在相应的软件中可以查看该 PDF 文件，如图 17-60 所示。

图 17-59　设置保存路径和名称　　　　　图 17-60　查看 PDF 文件

18 创建与编辑视频

学习提示

　　视频泛指将一系列静态影像以电信号方式加以捕捉、纪录、处理、储存、传送以及重现的各种技术。连续的图像变化每秒超过 24 帧画面以上时，看上去平滑连续的画面叫做视频。本章主要向读者介绍了解与编辑视频图层、创建与导入视频以及编辑视频文件的方法。

本章案例导航

- 实战——新建视频
- 实战——浪漫
- 实战——美丽蝶影

- 实战——导入视频帧
- 实战——风景如画
- 实战——星光

18.1 视频图层的概述

Photoshop 可以编辑视频的各个帧和图像序列文件。除了使用工具箱中任意工具在视频上进行编辑和绘制之外，还可以应用滤镜、蒙版、变换、图层样式和混合模式。

18.1.1 视频图层的含义

在 Photoshop 中，打开视频文件或图像序列，帧将包含在视频图层中。在"图层"面板中，视频图层以胶片图标进行标识。视频图层可使用画笔工具和图章工具在各个帧上进行绘制和仿制，与使用常规图层类似，可以创建选区或应用蒙版以限定对帧的特定区域进行编辑。

18.1.2 认识视频图层

在 Photoshop 中，打开一个视频或图像序列文件，如图 18-1 所示，Photoshop 会自动创建视频图层，视频图层缩览图右下角带有█图标。

对于视频图层，可以像编辑普通图层一样使用画笔、仿制图章等工具在各个帧上绘制和修饰。也可以在视频图层上创建选区并应用蒙版，如图 18-2 所示。

图 18-1 视频文件　　　　　　　　　　　　　图 18-2 为视频图层应用蒙版

18.1.3 编辑视频图层

通过调整混合模式、不透明度、位置以及图层样式，可以像使用常规图层一样编辑视频图层，也可以在"图层"面板中对视频图层进行编组。通过调整图层，可将颜色和色调调整应用于视频图层中，而不会对视频造成任何破坏。如果单独对图层上的帧进行编辑，可以创建空白视频图层，空白视频图层可以创建手绘动画，因此对视频图层进行编辑不会改变原始视频或图像序列文件。

18.2 视频的创建与导入

在 Photoshop CC 中，可以打开 QuickTime 支持的多种视频格式的文件，包括 MPEG-1、MPEG-4、MOV 和 AVI。如果计算机上已安装 MPEG-2 编码器，则支持 MPEG-2 格式，打开视频后，即可对视频进行编辑。

18.2.1 创建视频

Photoshop CC 可以创建具有各种长宽比的图像，以便能在输出设备上正常显示。在"新建"对话框中，可以选择特定的视频选项，以便对将最终图像合并到视频中时进行的缩放提供补偿。下面向读者详细介绍创建视频的操作方法。

素材文件	无
效果文件	光盘 \ 效果 \ 第 18 章 \ 新建视频 .psd
视频文件	光盘 \ 视频 \ 第 18 章 \18.2.1 创建视频 .mp4

实战 新建视频

步骤 01 单击"文件"｜"新建"命令，如图 18-3 所示。

步骤 02 弹出"新建"对话框，设置"预设"为"胶片和视频"，如图 18-4 所示。

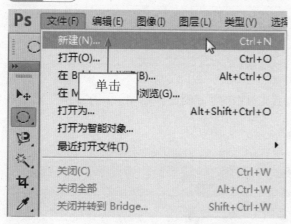

图 18-3 单击"新建"命令

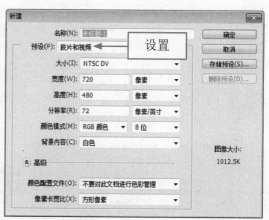

图 18-4 设置相应选项

步骤 03 执行上述操作后，单击"确定"按钮，弹出信息提示框，如图 18-5 所示。

步骤 04 单击"确定"按钮，即可创建一个新的视频图像，效果如图 18-6 所示。

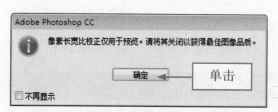

图 18-5 信息提示框

图 18-6 新的视频图像

专家指点

　　默认情况下，在打开非方形像素文档时，"像素长宽比校正"处于启用状态，此设置会自动对图像进行缩放，就如同图像是在非方形像素输出设备上显示一样。

18.2.2 导入视频帧

　　当导入包含序列图像文件的文件夹时，每个图像都会变成视频图层中的帧，应确保图像文件位于一个文件夹中并按顺序命名，此文件夹应只包含要用作帧的图像。如果所有文件具有相同的像素尺寸，则可成功地创建动画。下面向读者详细介绍导入视频帧的操作方法。

素材文件	光盘 \ 素材 \ 第 18 章 \ 新建视频 .psd、卡通 .mp4
效果文件	无
视频文件	光盘 \ 视频 \ 第 18 章 \18.2.2 导入视频帧 .mp4

实战 导入视频帧

步骤 01 以上一例的效果文件为素材，单击"文件" | "导入" | "视频帧到图层"命令，如图 18-7 所示。

步骤 02 弹出"打开"对话框，选择本书配套光盘中的"素材 \ 第 18 章 \ 卡通 .mp4"导入视频文件，如图 18-8 所示。

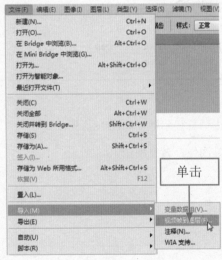

图 18-7 单击"视频帧到图层"命令

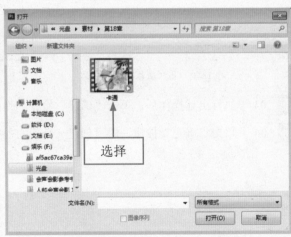

图 18-8 选择需要导入的视频文件

步骤 03 单击"打开"按钮，弹出"将视频导入图层"对话框，如图 18-9 所示。

步骤 04 执行上述操作后，单击"确定"按钮，即可将视频导入到图层，效果如图 18-10 所示。

专家指点

　　也可以从 Bridge 直接打开视频：选择视频文件并单击鼠标右键，在弹出的快捷菜单中选择"打开方式" |Adobe Photoshop 选项。

图 18-9 "将视频导入图层"对话框　　　　　　　图 18-10 将视频导入到图层

18.3 视频文件的编辑

　　视频是在一段时间内显示的一系列图像或帧,当每一帧相对于前一帧都有轻微的变化时,连续、快速地显示这些帧就会产生运动或其他变化的视觉效果。本节主要向读者介绍设置视频的不透明度、解释素材、在图层中替换素材等操作方法。

18.3.1 插入、复制和删除视频空白帧

　　创建空白视频图层以后,可在"时间轴"面板中,新建空白视频图层,将当前时间指示器拖到所需帧处,单击"图层"｜"视频图层"｜"插入空白帧"命令,如图 18-11 所示。即可在当前的时间处插入空白视频帧,如图 18-12 所示;单击"图层"｜"视频图层"｜"复制帧"命令,可以添加一个处于当前的时间的视频帧副本;单击"图层"｜"视频图层"｜"删除帧"命令,即可删除当前时间处的视频帧。

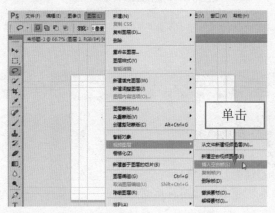

图 18-11 单击"插入空白帧"命令

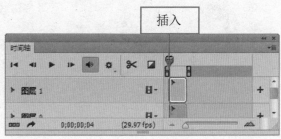

图 18-12 插入空白视频帧

18.3.2 像素长宽比的调整

　　像素长宽比用于描述帧中的单一像素的宽度与高度的比例,不同的视频标准使用不同的像素长宽比。计算机上的图像是由方形像素组成的,而视频编码设备则为非方形像素组成的,这就导致在两者之间交换图像时会由于像素的不一致而造成图像的扭曲。例如,圆形会扭曲成椭圆。不过,

当在广播显示器上显示图像时，这些图像会按照正确的比例出现，因为广播显示器使用的是矩形像素。单击"视图"|"像素长宽比校正"命令，即可校正图像在计算机显示器（方形像素）上的显示。图 18-13 所示为调整像素长宽比后的前后对比效果。

图 18-13 调整像素长宽比后的前后对比效果

18.3.3 设置视频的不透明度

视频图层同普通图层一样可以设置其不透明度，可以使视频的效果更加丰富和富有变化。下面向读者详细介绍设置视频不透明度的操作方法。

素材文件	光盘 \ 素材 \ 第 18 章 \ 浪漫 .mp4
效果文件	光盘 \ 效果 \ 第 18 章 \ 浪漫 .psd
视频文件	光盘 \ 视频 \ 第 18 章 \18.3.3 设置视频的不透明度 .mp4

实战 浪漫

步骤 01 打开本书配套光盘中的"素材 \ 第 18 章 \ 浪漫 .mp4"文件，如图 18-14 所示。

步骤 02 在"时间轴"面板中，展开"视频组 1"后，如图 18-15 所示。

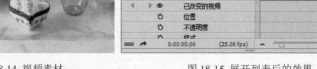

图 18-14 视频素材　　　　图 18-15 展开列表后的效果

步骤 03 在"视频组 1"列表中，单击"不透明度"前面的"时间 - 变化秒表"按钮，添加一个关键帧，如图 18-16 所示。

步骤 04 将当前的指示器拖到 15f 的位置，如图 18-17 所示。

步骤 05 在"图层"面板中，选择"图层 1"图层，设置"不透明度"为 50%，如图 18-18 所示。

步骤 06 在"时间轴"面板中，将自动添加了一个关键帧，如图 18-19 所示。

图 18-16 添加一个关键帧

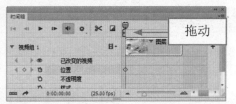

图 18-17 拖到 15f 的位置

图 18-18 设置"不透明度"为 50%

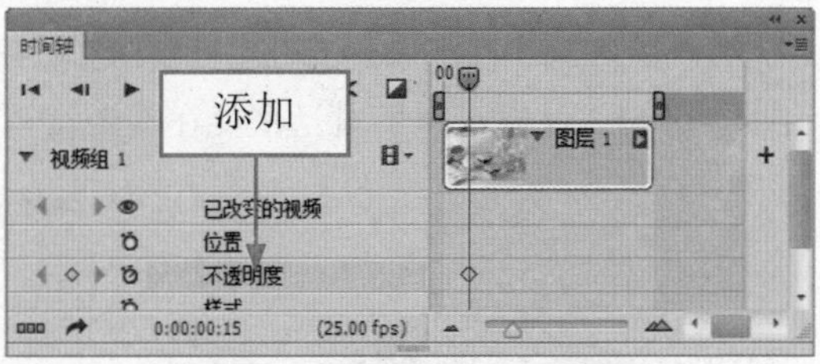

图 18-19 自动添加了一个关键帧

步骤 07 将指示器拖到 1f 的位置，如图 18-20 所示。

步骤 08 在"图层"面板中，选择"图层 1"图层，设置"不透明度"为 100%，在"时间轴"面板中，自动添加了一个关键帧，如图 18-21 所示。

图 18-20 拖到 1s 位置

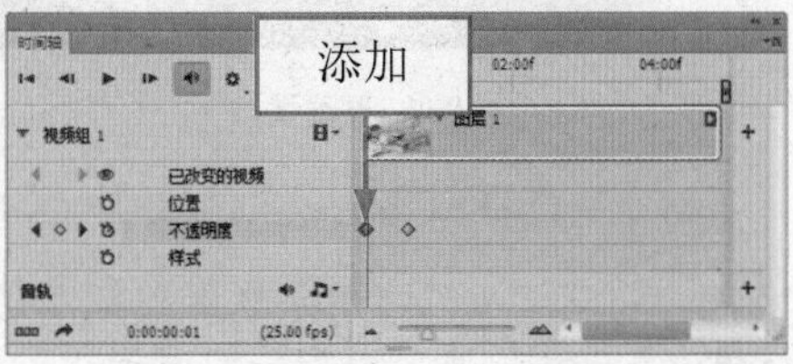

图 18-21 自动添加了一个关键帧

步骤 09 单击"转到第一帧"按钮，切换到视频的起始点，单击"播放"按钮，即可播放视频，效果如图 18-22 所示。

图 18-22 播放视频

18.3.4 解释素材

在 Photoshop CC 中，可以指定 Photoshop 如何解释已打开或导入的视频的 Alpha 通道和帧速率。下面向读者详细介绍解释素材的操作方法。

	素材文件	光盘 \ 素材 \ 第 18 章 \ 风景如画 .mp4
	效果文件	无
	视频文件	光盘 \ 视频 \ 第 18 章 \18.3.4 解释素材 .mp4

实战 风景如画

步骤 01 打开本书配套光盘中的"素材 \ 第 18 章 \ 风景如画 .mp4"文件，如图 18-23 所示。

步骤 02 在"时间轴"面板中，选择"图层 1"视频图层，单击"图层"|"视频图层"|"解释素材"命令，弹出"解释素材"对话框，在其中查看素材相关信息，如图 18-24 所示。

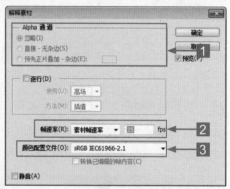

图 18-23 视频素材　　　　　图 18-24 查看素材相关信息

"解释素材"属性框中各选项的主要含义如下：

1 "Alpha 通道"选项：指定解释视频图层中的 Alpha 通道的方式，素材如果已选择"预先正片叠加 - 杂边"选项，则可以指定对通道进行预先正片叠底所使用的杂边颜色。

2 帧速率：用于指定每秒播放的视频帧数。

3 颜色配置文件：对视频图层中的帧或图像进行色彩管理。

18.3.5 在视频中替换素材

在 Photoshop 中，用户可以随意选择一个图层替换其中的素材。下面向读者详细介绍在视频图层中替换素材的操作方法。

	素材文件	光盘 \ 素材 \ 第 18 章 \ 美丽蝶影 .mp4
	效果文件	无
	视频文件	光盘 \ 视频 \ 第 18 章 \18.3.5 在视频中替换素材 .mp4

实战 美丽蝶影

步骤 01 打开本书配套光盘中的"素材 \ 第 18 章 \ 蝴蝶 .mp4"文件，如图 18-25 所示。

步骤 02 在"时间轴"面板中,选择"图层 1"图层,单击"图层"|"视频图层"|"替换素材"命令,如图 18-26 所示。

图 18-25 视频素材

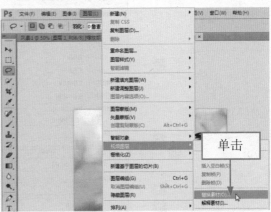

图 18-26 单击"替换素材"命令

步骤 03 执行上述操作后,弹出"替换素材"对话框,选择相应的素材文件,如图 18-27 所示。

步骤 04 单击"打开"按钮,即可替换素材,效果如图 18-28 所示。

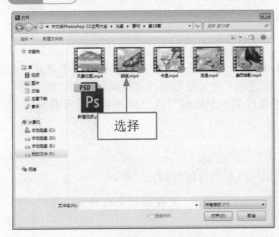

图 18-27 选择相应素材文件

图 18-28 替换素材

专家指点

"替换素材"命令可以将由于某种原因导致视频图层和源文件之间的链接断开,重新链接到源文件或替换内容的视频图层,还可以将图像序列帧替换为不同的视频或图像序列源文件中的帧。

18.3.6 渲染和保存视频

在 Photoshop 中,可以将动画存储为 GIF 文件以便在 Web 上观看,可以将视频和动画存储为 QuickTime 影片或 PSD 文件,如果没有渲染视频,则最好将文件存储为 PSD,因为它将保留所做的编辑,并用 Adobe 数字视频应用程序和许多电影编辑应用程序支持的格式存储文件。单击"文件"|"导出"|"渲染视频"命令,弹出"渲染视频"对话框,如图 18-29 所示。

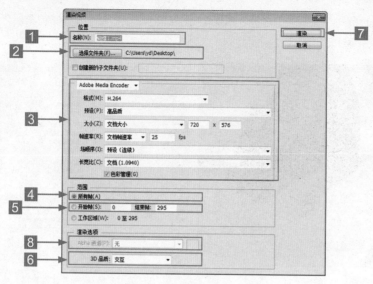

图 18-29 "渲染视频"对话框

"渲染视频"对话框中各选项的主要含义如下:

1 "名称"文本框:输入视频或图像序列的名称。

2 选择文件夹:单击"选择文件夹"按钮,并浏览到用于导出文件的位置。要创建一个文件夹以包含导出的文件,可选中"创建新子文件夹"复选框并输入该子文件夹的名称。

3 Adobe Media Encoder 选项区:在"Adobe Media Encoder"下,可以设置渲染文件的格式(包含 DPX、H.264 或 QuickTime),预设相应的品质,帧速率(确定要为每秒视频或动画创建的帧数;"文档帧速率"选项反应 Photoshop 中的速率,设置图像序列的起始编号以及导出文件的像素大小),场顺序以及长宽比。

4 所有帧:渲染 Photoshop 文档中的所有帧。

5 开始帧/结束帧:渲染"动画"面板中的工作区域栏的开始帧到结束帧。

6 3D 品质:在下拉列表框中可以选择交互、光线跟着草图、光线跟踪最终效果,用户可以根据需要在其中选择相应的选项。

7 "渲染"按钮:单击"渲染"按钮即可导出视频文件。

8 Alpha 通道:指定 Alpha 通道的渲染方式。(此选项仅适用于支持 Alpha 通道的格式,如 PSD 或 TIFF。)

下面向读者详细介绍渲染和保存视频的操作方法。

	素材文件	光盘\素材\第 18 章\星光 .mp4
	效果文件	光盘\效果\第 18 章\星光 .jpg
	视频文件	光盘\视频\第 18 章\18.3.6 渲染和保存视频 .mp4

实战 星光

步骤 01 打开本书配套光盘中的"素材\第 18 章\星光 .mp4",单击"文件"|"导出"|"渲染视频"命令,如图 18-30 所示。

步骤 02 执行操作后，弹出"渲染视频"对话框，保持默认设置，如图 18-31 所示。

步骤 03 单击"渲染"按钮，弹出"进程"提示框，显示渲染进程，如图 18-32 所示。

图 18-30 单击"渲染视频"命令

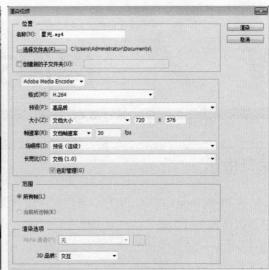

图 18-31 设置各选项

图 18-32 显示渲染进程

专家指点

对视频文件进行了编辑之后，可将视频存储为 QuickTime 影片，如果还没有对视频进行渲染更新，则可以将文件存储为 PSD 格式，因为该格式可以保留所做的编辑，并且该文件可以在类似于 Premiere Pro 和 After Effects 之类的 Adobe 应用程序中播放，在其他应用程序中为静态文件。

19 图像文件的打印输出

学习提示

　　在 Photoshop CC 中，用户在制作好图像效果后，有时需要以印刷品的形式输出图像，这就需要将其打印输出。在对图像进行打印输出之前，用户可以根据需要设置不同的打印选项参数，以更加合适的方式打印输出图像。本章主要向读者介绍优化图像选项以及图像印前处理准备工作等。

本章案例导航

- 实战——锡器工艺
- 实战——添加打印机
- 实战——魅力都市
- 实战——斜塔
- 实战——安装打印机驱动
- 实战——设置打印机页面
- 实战——红玫瑰
- 实战——书桌

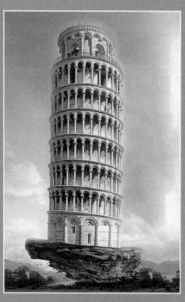

19.1 图像选项的优化

在针对 Web 和其他联机介质准备输出图像时，通常需要在图像显示品质和图像文件大小之间加以折中，所以就需要优化图像。本节主要向读者介绍如何优化图像。

19.1.1 优化 GIF 和 PNG-8 格式

GIF 是用于压缩具有单调颜色和清晰细节的图像（如艺术线条、徽标或带文字的插图）的标准格式。与 GIF 格式一样，PNG-8 格式可有效地压缩纯色区域，同时保留清晰的细节。

在"存储为 Web 和设备所用格式"对话框右侧的列表框中选择 GIF 选项或 PNG-8 选项，即可显示它们的优化选项，分别如图 19-1 和图 19-2 所示。

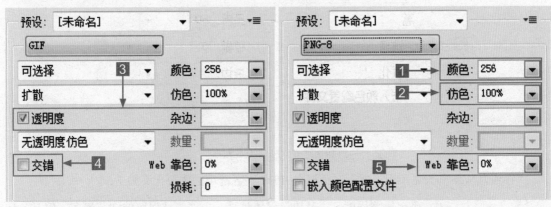

图 19-1 GIF 优化选项　　　　　　　　图 19-2 PNG-8 优化选项

"存储为 Web 和设备所用格式"对话框中 GIF 和 PNG-8 各选项的主要含义如下：

1 "颜色"选项：指定用于生成颜色查找表的方法，以及想要在颜色查找表中使用的颜色数量。

2 "仿色"选项：确定应用程序仿色的方法和数量。"仿色"是指模拟计算机的颜色显示系统中未提供的颜色的方法，较高的仿色百分比使图像中出现更多的颜色和更多的细节，但同时也会增大文件的大小。

3 "透明度"复选框 /"杂边"选项：确定如何优化图像中的透明像素，要使完全透明的像素透明并将部分透明的像素与一种颜色相混合，可以选择"透明度"，然后选择一种杂边颜色。

4 "交错"复选框：当图像文件正在下载时，在浏览器中显示图像的低分辨率版本，使下载时间感觉更短，但也会增加文件大小。

5 "Web 靠色"选项：指定将颜色转换为最接近的 Web 调板等效颜色的容差级别（并防止颜色在浏览器中进行仿色），值越大，转换的颜色就越多。

 专家指点

　　PNG-8 和 GIF 文件支持 8 位颜色，因此它们可以显示多达 256 种颜色，确定使用哪些颜色的过程称为建立索引，因此 GIF 和 PNG-8 格式图像有时也称为索引颜色图像。为了将图像转换为索引颜色，构建颜色查找表来保存图像中的颜色，并为这些颜色建立索引。如果原始图像中的某种颜色未出现在颜色查找表中，应用程序将在该表中选取最接近的颜色，或使用可用颜色的组合模拟该颜色。

19.1.2 优化 JPEG 格式

JPEG 是用于压缩连续色调图像（如照片）的标准格式。将图像优化为 JPEG 格式的过程依赖于有损压缩，它会有选择地扔掉数据。在"存储为 Web 和设备所用格式"对话框右侧的"预设"列表框中选择"JPEG 高"选项，即可显示它的优化选项，如图 19-3 所示。

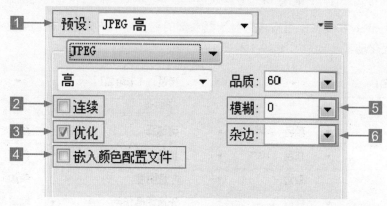

图 19-3 "JPEG 高"优化选项

"存储为 Web 和设备所用格式"对话框中 JPEG 高各选项的主要含义如下：

1 "品质"选项：确定压缩程度。"品质"设置越高，压缩算法保留的细节越多。但是，使用高"品质"设置比使用低"品质"设置生成的文件大。

2 "连续"复选框：在 Web 浏览器中以渐进方式显示图像，图像将显示为叠加图形，从而使浏览者能够在图像完全下载前查看它的低分辨率版本。

3 "优化"复选框：创建文件大小稍小的增强 JPEG，要最大限度地压缩文件，建议使用优化的 JPEG 格式。

4 "嵌入颜色配置文件"复选框：在优化文件中保存颜色配置文件，某些浏览器使用颜色配置文件进行颜色校正。

5 "模糊"选项：指定应用于图像的模糊量。"模糊"选项应用与"高斯模糊"滤镜相同的效果，并允许进一步压缩文件以获得更小的文件（建议使用 0.1 到 0.5 之间的设置）。

6 "杂边"选项：为在原始图像中透明的像素指定一个填充颜色。单击"杂边"色板以在拾色器中选择一种颜色，或者从"杂边"菜单中选择一个选项："吸管"（使用吸管样本框中的颜色）、"前景色"、"背景色"、"白色"、"黑色"或"其他"（使用拾色器）。

专家指点

由于以 JPEG 格式存储文件时会丢失图像数据，因此，如果准备对文件进行进一步编辑或创建额外的 JPEG 版本，最好以原始格式（例如 Photoshop .PSD）存储源文件。减少颜色数量通常可以减小图像的文件大小，同时保持图像品质。可以在颜色表中添加和删除颜色，将所选颜色转换为 Web 安全颜色，并锁定所选颜色以防从调板中删除。

19.1.3 优化 PNG-24 格式

PNG-24 适合于压缩连续色调图像，优点在于可在图像中保留多达 256 个透明度级别，但它所生成的文件比 JPEG 格式生成的文件要大得多。在"存储为 Web 所用格式"对话框右侧的列表框中选择 PNG-24 选项，即可显示它的优化选项，如图 19-4 所示。

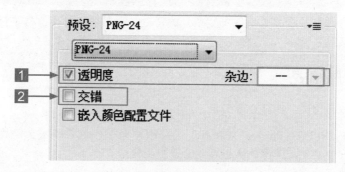

图 19-4 PNG-24 优化选项

"存储为 Web 所用格式"对话框中 PNG-24 各选项的主要含义如下：

1 "透明度"复选框和"杂边"选项：确定如何优化图像中的透明像素，与优化 GIF 和 PNG 图像中的透明度同理，在优化图像的同时可以给图像添加杂边。

2 "交错"复选框：当图像文件正在下载时，在浏览器中显示图像的低分辨率版本，使下载时间感觉更短，但也会增加文件大小。

19.1.4 优化 WBMP 格式

WBMP 格式是用于优化移动设备（如移动电话）图像的标准格式。WBMP 支持 1 位颜色，意思就是 WBMP 图像只包含黑色和白色像素。在"存储为 Web 和设备所用格式"对话框右侧的列表框中选择 WBMP 选项，即可显示它的优化选项。仿色算法和百分比确定应用程序仿色的方法和数量，其中选项如图 19-5 所示。

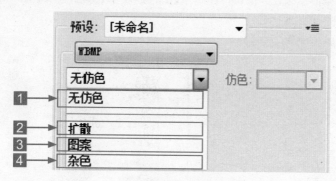

图 19-5 WBMP 优化选项

"存储为 Web 和设备所用格式"选项框中 WBMP 各选项的主要含义如下：

1 "无仿色"选项：不应用仿色，同时用纯黑和纯白像素渲染图像。

2 "扩散"选项：应用与"图案"仿色相比通常不太明显的随机图案，仿色效果在相邻像素间扩散。

③ "图案"选项：应用类似半调的方块图案来确定像素值。

④ "杂色"选项：应用与"扩散"仿色相似的随机图案，但不在相邻像素间扩散图案，使用该算法时不会出现接缝。

专家指点

扩散仿色可能导致切片边界上出现可觉察到的接缝。链接切片可在所有链接的切片上扩散仿色图案并消除接缝。

19.1.5 Web 图形格式

Web 图形格式可以是位图（栅格）或矢量。

＊位图格式（GIF、JPEG、PNG 和 WBMP）与分辨率有关，这意味着位图图像的尺寸随显示器分辨率的不同而发生变化，图像品质也可能会发生变化。

＊矢量格式（SVG 和 SWF）与分辨率无关，用户可以对图像进行放大或缩小，而不会降低图像品质。矢量格式也可以包含栅格数据，可以从"存储为 Web 和设备所用格式"中将图像导出为 SVG 和 SWF（仅限在 Adobe Illustrator 中）。

19.2 图像印前处理准备工作

为了获得高质量、高水准的作品，除了进行精心设计与制作外，还应了解一些关于打印的基本知识，这样能使打印工作更顺利地完成。

19.2.1 选择文件存储格式

作品制作完成后，根据需要将图像存储为相应的格式。如用于观看的图像，可将其存储为 JPGE 格式；用于印刷的图像，则可将其存储为 TIFF 格式。单击"文件"|"存储为"命令，弹出"存储为"对话框，并设置存储路径，单击"格式"右侧的下拉按钮，在弹出的格式菜单中选择 TIFF 格式，如图 19-6 所示，单击"保存"按钮，弹出"TIFF 选项"对话框，如图 19-7 所示，单击"确定"按钮，即可保存文件。

图 19-6 选择 TIFF 格式　　　　　　　　图 19-7 "TIFF 选项"对话框

专家指点

　　TIFF 格式是印刷行业标准的图像格式，通用性很强，几乎所有的图像处理软件和排版软件都对该格式提供了很好的支持，因此其广泛用于程序之间和计算机平台之间进行图像数据交换。

19.2.2　转换图像色彩模式

　　用户在设计作品的过程中要考虑作品的用途和输出方式，不同的输出要求所设置的色彩模式也不同。例如，输出至电视设备中供观看的图像，必须经过"NTSC 颜色"滤镜等颜色较正工具进行校正后，才能在电视上正常显示。用户可以根据需要，单击"图像"|"模式"|"CMYK 颜色"命令，弹出信息提示框，单击"确定"按钮，即可将 RGB 模式的图像转换成 CMYK 模式。图 19-8 所示为将 RGB 模式图像转换成 CMYK 模式后的对比效果。

图 19-8　RGB 模式转换成 CMYK 模式后的对比效果

专家指点

　　用户在打印前还需要注意图像分辨率应不低于 300dpi。

19.2.3　检查图像的分辨率

　　用户为确保印刷出的图像清晰，在印刷图像之前，需检查图像的分辨率。

　　下面向读者详细介绍检查图像分辨率的方法。

素材文件	光盘 \ 素材 \ 第 19 章 \ 锡器工艺 .jpg
效果文件	无
视频文件	光盘 \ 视频 \ 第 19 章 \19.2.4　检查图像的分辨率 .mp4

实战　锡器工艺

步骤 01　打开本书配套光盘中的"素材 \ 第 19 章 \ 锡器工艺 .jpg"文件，用户可以根据需要，如图 19-9 所示。

步骤 02　单击"图像"|"图像大小"命令，弹出"图像大小"对话框，即可查看"分辨率"参数，如图 19-10 所示，如果图像不清晰，则需要设置高分辨率参数。

图 19-9 素材图像　　　　　　　　　　图 19-10 查看"分辨率"参数

19.3 安装＼添加＼设置打印机

　　制作图像效果之后，有时需要以印刷品的形式输出图像，需要将其打印输出。在对图像进行打印输出之前，需要对打印选项做一些基本的设置。

19.3.1 安装打印机驱动

　　在日常工作中，打印机是必不可少的办公设备。随着科技的进步，无纸化作业离用户越来越近，打印机的作用也随着日益凸显，打印机在计算机的配合下，可以实现文档、图纸、照片、报表等多种图文内容的输出。

　　安装打印机驱动是使用打印机前必须执行的操作，无论用户使用的是网络打印机，还是本地打印机，都需要安装打印机驱动程序。下面向读者详细介绍安装打印机驱动的操作方法。

	素材文件	无
	效果文件	无
	视频文件	光盘＼视频＼第 19 章＼19.3.1 安装打印机驱动 .mp4

实战 安装打印机驱动

步骤 01 打开"打印机驱动程序 HP1020"文件夹，找到 SETUP.EXE 图标，单击鼠标右键，在弹出的快捷菜单中选择"打开"选项，如图 19-11 所示。

步骤 02 弹出"欢迎"对话框，欢迎用户使用该打印机，如图 19-12 所示。

步骤 03 单击"下一步"按钮，弹出"最终用户许可协议"页面，请用户仔细阅读许可协议内容，如图 19-13 所示。

步骤 04 单击"是"按钮，弹出"型号"对话框，选择打印机的型号，如图 19-14 所示。

步骤 05 单击"下一步"按钮，弹出"开始复制文件"对话框，在列表框中显示了当前打印机的相关设置，如图 19-15 所示。

步骤 06 单击"下一步"按钮，开始复制系统文件，弹出复制框并显示复制进度，如图 19-16 所示。

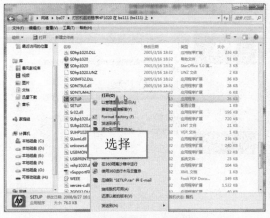

图 19-11 选择"打开"选项

图 19-12 欢迎用户使用该打印机

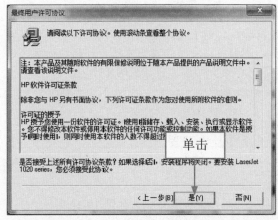

图 19-13 请用户仔细阅读许可协议内容

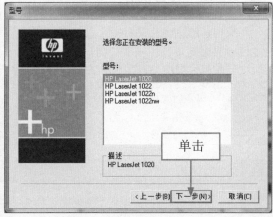

图 19-14 选择打印机的型号

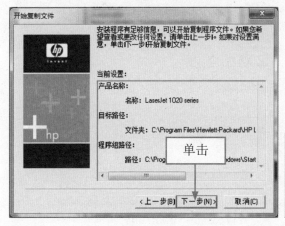

图 19-15 显示当前打印机的相关设置

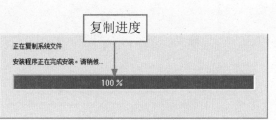

图 19-16 显示复制进度

步骤 07 稍等片刻，弹出"安装完成"对话框，选中"打印测试页"复选框，如图 19-17 所示。

步骤 08 单击"完成"按钮，进入相应页面，其中显示了打印机的相关信息，单击"确定"按钮，如图 19-18 所示。

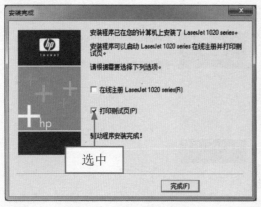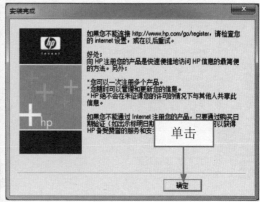

图 19-17 选中相应复选框　　　　　　　　　图 19-18 单击"确定"按钮

19.3.2　添加打印机

要将创建的图像作品打印，首先要安装和设置打印机。对于个人用户，可以通过安装和设置本地打印机来满足打印需要；而对于网络用户来说，不但可以安装和设置本地打印机，而且还可以通过安装和设置网络打印机来完成打印。下面向读者详细介绍添加打印机的操作方法。

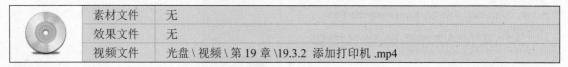

素材文件	无
效果文件	无
视频文件	光盘 \ 视频 \ 第 19 章 \19.3.2 添加打印机 .mp4

实战 添加打印机

步骤 01 单击"开始"｜"控制面板"命令，打开"控制面板"窗口，如图 19-19 所示。

步骤 02 单击"查看设备和打印机"超链接，弹出"设备和打印机"窗口，单击"添加打印机"按钮，如图 19-20 所示。

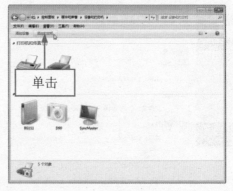

图 19-19 打开"控制面板"窗口　　　　　　图 19-20 单击"添加打印机"按钮

步骤 03 弹出"要安装什么类型的打印机"界面，选择"添加本地打印机"选项，单击下一步按钮，弹出"安装打印机驱动程序"界面，在"厂商"下拉列表框中选择"Microsoft"选项，在"打印机"下拉列表框中，选择第一个选项，如图 19-21 所示。

步骤 04 执行操作后，依次单击"下一步"按钮，弹出"键入打印机名称"界面，在"打印机名称"

右侧的文本框中输入打印机名称。依次单击"下一步"按钮，进入"您已成功添加 Microsoft XPS Document Writer（副本 1）"界面，如图 19-22 所示，单击"完成"按钮，完成添加打印机的操作。

图 19-21 选择相应选项

图 19-22 进入相应界面

19.3.3 设置打印机页面

在图像进行打印输出之前，用户可以根据需要对页面进行设置，从而达到设计作品所需要的效果。下面向读者详细介绍设置打印页面的操作方法。

素材文件	无
效果文件	无
视频文件	光盘 \ 视频 \ 第 19 章 \19.3.3 设置打印机页面 .mp4

实战 设置打印机页面

步骤 01 单击"开始"|"设备和打印机"命令，打开"设备和打印机"窗口，拖曳鼠标指针至 Microsoft XPS Document Writer（副本 1）图标上，单击鼠标右键，在弹出的快捷菜单中选择"打印机属性"选项，弹出"Microsoft XPS Document Writer（副本 1）属性"对话框，单击"首选项"按钮，如图 19-23 所示。

步骤 02 弹出"Microsoft XPS Document Writer（副本 1）打印首选项"对话框，单击右下角的"高级"按钮，弹出"Microsoft XPS Document Writer（副本 1）高级选项"对话框，在"纸张规格"下拉列表框中选择 A4 选项，依次单击"确定"按钮，如图 19-24 所示，设置纸张尺寸。

图 19-23 单击"首选项"按钮

图 19-24 单击"确定"按钮

19.3.4 设置打印选项

添加打印机后，用户还可以根据不同的工作对打印选项进行合理的设置，这样打印机才会按照用户的要求打印出各种精美的效果。

单击"文件"｜"打印"命令，弹出"Photoshop 打印设置"对话框，在该对话框的右侧，选中"居中"复选框，如图 19-25 所示。单击"打印机"右侧的下三角按钮，在弹出的列表框中选择"Microsoft XPS Document Writer"选项，在"份数"右侧的数值框中输入 1，如图 19-26 所示，设置打印为 1份，单击"完成"按钮，即可完成打印选项的设置。

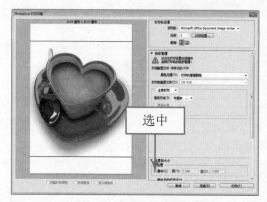

图 19-25 选中"居中"复选框　　　　　　　　图 19-26 设置打印选项

19.4 输出属性的设置

在 Photoshop CC 中，提供了专用的打印选项设置功能，用户可根据不同的工作需求进行合理的设置。

19.4.1 设置输出背景

通过设置输出背景选项，可以设置输出背景效果。下面向读者详细介绍设置输出背景的操作方法。

素材文件	光盘 \ 素材 \ 第 19 章 \ 魅力都市 .jpg	
效果文件	无	
视频文件	光盘 \ 视频 \ 第 19 章 \19.4.1 设置输出背景 .mp4	

实战 魅力都市

步骤 01 打开本书配套光盘中的"素材 \ 第 19 章 \ 魅力都市 .jpg"文件，如图 19-27 所示。

步骤 02 单击"文件"｜"打印"命令，弹出"Photoshop 打印设置"对话框，在该对话框右侧的下拉列表中选择"函数"选项，单击"背景"按钮，如图 19-28 所示。

步骤 03 执行此操作后，弹出"拾色器（打印背景色）"对话框，设置 RGB 参数值分别为 0、0、0，如图 19-29 所示。

步骤 04 单击"确定"按钮，即可设置输出背景色，如图 19-30 所示，单击"完成"按钮，确认操作。

图 19-27 素材图像

图 19-28 单击"背景"按钮

图 19-29 设置相应参数

图 19-30 设置输出背景色

19.4.2 设置出血边

"出血"是指印刷后的作品在经过裁切成为成品的过程中，4 条边上都会被裁剪约 3mm 左右，这个宽度即被称为"出血"。下面向读者详细介绍设置出血边的操作方法。

素材文件	光盘 \ 素材 \ 第 19 章 \ 红玫瑰 .jpg
效果文件	无
视频文件	光盘 \ 视频 \ 第 19 章 \19.4.2 设置出血边 .mp4

实战 红玫瑰

步骤 01 打开本书配套光盘中的"素材 \ 第 19 章 \ 红玫瑰 .jpg"文件，如图 19-31 所示。

步骤 02 单击"文件"｜"打印"命令，弹出"Photoshop 打印设置"对话框，在该对话框右侧的下拉列表中选择"函数"选项，单击"出血"按钮，如图 19-32 所示。

步骤 03 弹出"出血"对话框，设置"宽度"为 3 毫米，如图 19-33 所示。

中文版 *Photoshop CC* 应用宝典

图 19-31 素材图像

图 19-32 单击"出血"按钮

步骤 **04** 单击"确定"按钮,设置图像出血边,如图 19-34 所示,单击"完成"按钮,确认操作。

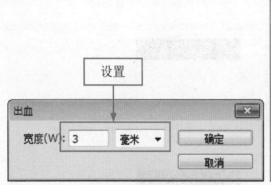
图 19-33 设置"宽度"参数

图 19-34 设置图像出血边

19.4.3 设置图像边界

通过设置边界选项,打印出来的成品将添加黑色边框。下面向读者详细介绍设置出血边的操作方法。

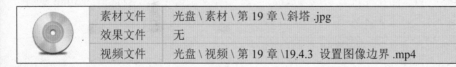

素材文件	光盘 \ 素材 \ 第 19 章 \ 斜塔 .jpg
效果文件	无
视频文件	光盘 \ 视频 \ 第 19 章 \19.4.3 设置图像边界 .mp4

实战 斜塔

步骤 **01** 打开本书配套光盘中的"素材 \ 第 19 章 \ 斜塔 .jpg"文件,如图 19-35 所示。

步骤 **02** 单击"文件"|"打印"命令,弹出"Photoshop 打印设置"对话框,在该对话框右侧的下拉列表中选择"函数"选项,单击"边界"按钮,如图 19-36 所示。

步骤 **03** 执行上述操作后,即可弹出"边界"对话框,设置"宽度"为 3.5 毫米,如图 19-37 所示。

步骤 **04** 单击"确定"按钮,即可设置图像边界,如图 19-38 所示,单击"完成"按钮,确认操作。

图 19-35 素材图像

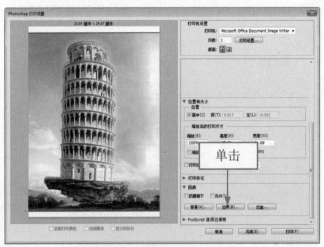

图 19-36 单击"边界"按钮

图 19-38 设置图像边界

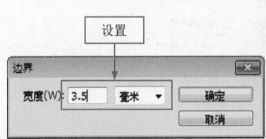

图 19-37 设置"宽度"参数

19.4.4 设置打印份数

在 Photoshop CC 中打印图像时，可以对其设置打印的份数。下面向读者详细介绍设置打印份数的操作方法。

素材文件	光盘 \ 素材 \ 第 19 章 \ 书桌 .jpg
效果文件	无
视频文件	光盘 \ 视频 \ 第 19 章 \19.4.4 设置打印份数 .mp4

实战 书桌

步骤 `01` 打开本书配套光盘中的"素材\第19章\书桌.jpg"文件,单击"文件"|"打印"命令,弹出"Photoshop打印设置"对话框,如图19-39所示。

步骤 `02` 在"Photoshop打印设置"对话框的右侧,设置"份数"为2,如图19-40所示,单击"完成"按钮确认操作。

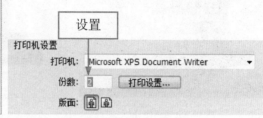

图 19-39 "Photoshop打印设置"对话框   图 19-40 设置"份数"

19.4.5 预览打印效果

在页面设置完成后,用户还需设置打印预览,查看图像在打印纸上的位置是否正确。单击"文件"|"打印"命令,弹出"Photoshop打印设置"对话框,该对话框左侧是一个图像预览窗口,可以预览打印的效果,如图19-41所示。

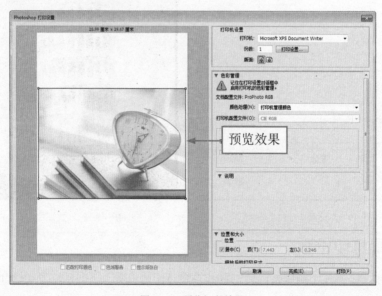

图 19-41 预览打印效果

20

设计案例:
数码照片的效果制作

学习提示

　　随着数码相机技术的不断成熟和数码产品价格的下调,很多计算机用户和摄影爱好者都对处理照片产生了浓厚兴趣。运用 Photoshop CC 可以将一张普通的照片处理得很完美,而且还可以将其处理为具有其他风格的照片效果。本章主要向读者介绍几种人像处理的操作方法。

本章案例导航

- 制作黑白效果
- 制作眼影效果
- 制作儿童相片背景图像
- 制作婚纱相片背景图像
- 制作人物素描效果
- 制作唇彩效果
- 制作儿童相片整体效果
- 制作婚纱相片整体效果

20.1 打造素描效果

　　素描是一种单色的绘画，是一种用于学习美术技巧、探索造型规律、培养专业绘画训练方式。本节主要向读者介绍将人物照片制作成素描效果。

　　本实例最终效果如图 20-1 所示。

图 20-1 打造素描效果

素材文件	光盘 \ 素材 \ 第 20 章 \ 美女 .jpg
效果文件	光盘 \ 效果 \ 第 20 章 \ 黑白效果 .jpg、素描效果 .jpg
视频文件	光盘 \ 视频 \ 第 20 章 \20.1.1 制作黑白效果 .mp4 等

20.1.1 制作黑白效果

　　运用"通道混合器"为人物进行处理，下面为读者详细介绍具体操作步骤：

步骤 01 打开本书配套光盘中的"素材 \ 第 20 章 \ 美女 .jpg"文件，如图 20-2 所示。

步骤 02 按【Ctrl ＋ J】组合键，复制"背景"图层，得到"图层 1"图层，如图 20-3 所示。

图 20-2 素材图像　　　　　图 20-3 得到"图层 1"图层

步骤 03 单击"图像"|"调整"|"通道混合器"命令，弹出"通道混合器"对话框，选中"单

色"复选框，在其中设置"红色"为33%、"绿色"为40%、"蓝色"为20%，如图20-4所示，
单击"确定"按钮。

步骤 04 执行操作后，单击"图像"|"调整"|"亮度/对比度"命令，弹出"亮度/对比度"
对话框，设置"对比度"为30，单击"确定"按钮，即可调整图像亮度/对比度，效果如图20-5所示。

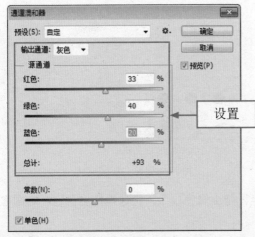

图20-4 设置各选项　　　　　　　　　图20-5 调整后的图像效果

20.1.2 制作人物素描效果

运用"图层蒙版"工具对人物进行素描化处理，下面为读者详细介绍具体操作步骤：

步骤 01 打开上一例效果文件，新建"图层2"图层，将图层填充为白色，单击"图层"面
板底部的"添加图层蒙版"按钮，添加图层蒙版，如图20-6所示。

步骤 02 选取工具箱中的椭圆选框工具，在图像编辑窗口中，创建一个椭圆选区，按【Shift
＋F6】组合键，弹出"羽化选区"对话框，设置"羽化半径"为60像素，单击"确定"按钮，
羽化选区，效果如图20-7所示。

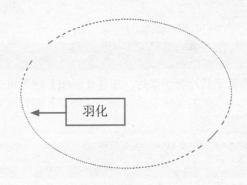

图20-6 添加图层蒙版　　　　　　　　图20-7 羽化选区

步骤 03 在"图层"面板中，选中图层蒙版缩览图，设置前景色为灰色（RGB参数值均为
240），为选区填充灰色，显示选区内的图像，并取消选区，效果如图20-8所示。

中文版 *Photoshop CC* 应用宝典

步骤 **04** 选取工具箱中的画笔工具，在工具属性栏中，设置"不透明度"为 25%、"流量"为 30%，单击属性栏上的"点按可打开'画笔预设'选取器"按钮，在弹出的列表框中选择"圆扇形细硬毛刷"画笔选项，设置"大小"为 50 像素，如图 20-9 所示。

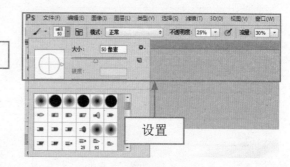

图 20-8 显示选区内图像　　　　　　　　图 20-9 设置"大小"参数

步骤 **05** 设置前景色为黑色，将鼠标指针移至图像编辑窗口中，快速地拖曳鼠标，对图像进行涂抹，效果如图 20-10 所示。

步骤 **06** 用与上同样的方法，从不同的角度反复涂抹图像，制作出具有艺术特色的素描图像，效果如图 20-11 所示。

图 20-10 对图像进行涂抹　　　　　　　　图 20-11 最终效果

专家指点

　　运用画笔工具绘制图像时，按住【Shift】键可以绘制一条垂直或平行直线；绘制对角直线时，先在一点单击鼠标左键，按住【Shift】键的同时在另一点再次单击鼠标左键，即可绘制不同角度的直线。

20.2 打造绚丽妆容

　　在人物数码相片中，往往含有各种各样不尽如人意的瑕疵需要处理，Photoshop 在对人物图像处理上有着强大的修复功能，利用这些功能可以将这些缺陷消除。同时，还可以对相片中的人物进行美容与修饰，使人物以一个近乎完美的姿态展现出来。

　　本实例最终效果如图 20-12 所示。

图 20-12 打造绚丽妆容效果

素材文件	光盘 \ 素材 \ 第 20 章 \ 人物 .jpg
效果文件	光盘 \ 效果 \ 第 20 章 \ 眼影效果 .jpg、唇彩效果 .jpg
视频文件	光盘 \ 视频 \ 第 20 章 \20.2.1 制作眼影效果 .mp4 等

20.2.1 制作眼影效果

相片中的人物进行一些必要的美容与修饰，使人物以一个近乎完美的姿态展现出来，留住美丽的容颜。下面为读者详细介绍具体操作：

步骤 01 打开本书配套光盘中的"素材 \ 第 20 章 \ 人物 .jpg"文件，如图 20-13 所示。

步骤 02 设置前景色为浅洋红色（RGB 参数值分别为 234、148、206），单击"图层"面板底部的"创建新图层"按钮，新建"图层 1"图层，如图 20-14 所示。

图 20-13 素材图像　　　　图 20-14 新建"图层 1"图层

步骤 03 选取工具箱中的套索工具，在工具属性栏中设置"羽化"为 25 像素，在图像编辑窗口中，人物的右眼处创建选区，如图 20-15 所示。

步骤 04 按【Alt + Delete】组合键，填充前景色，并取消选区，效果如图 20-16 所示。

图 20-15 创建选区　　　　　　　　　　　图 20-16 填充前景色并取消选区

步骤 05　在"图层"面板中，设置"图层 1"图层的"混合模式"为"正片叠底"，效果如图 20-17 所示。

步骤 06　复制"图层 1"图层，得到"图层 1 拷贝"图层，如图 20-18 所示。

图 20-17 设置图层混合模式为"正片叠底"　　　图 20-18 得到"图层 1 拷贝"图层

步骤 07　设置"图层 1 拷贝"图层的"不透明度"为 15%，效果如图 20-19 所示。

步骤 08　用与上同样的方法，新建"图层 2"图层，制作出人物左眼的眼影效果，效果如图 20-20 所示。

图 20-19 设置"不透明度"后的效果　　　　　图 20-20 眼影效果

20.2.2　制作唇彩效果

利用"创建新的填充或调整图层按钮"选项，也可以对人物图像进行美化，下面为读者详细介绍操作：

步骤 01　选取工具箱中的多边形套索工具，单击工具属性栏上的"添加到选区"按钮，如图 20-21 所示，沿着人物嘴唇绘制合适的闭合选区。

步骤 02 按【Shift ＋ F6】组合键，弹出"羽化选区"对话框，设置"羽化半径"为 5 像素，单击"确定"按钮，羽化选区，效果如图 20-22 所示。

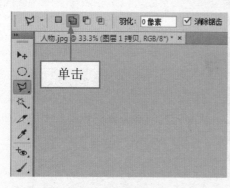 

图 20-21 单击"添加到选区"按钮　　　　图 20-22 "羽化"选区后的效果

步骤 03 在"图层"面板中，选择"背景"图层，单击"图层"面板下方的"创建新的填充或调整图层按钮" ，在弹出的快捷菜单中，选择"色相/饱和度"选项，如图 20-23 所示。

步骤 04 展开"色相/饱和度"属性面板，设置"色相"为 2、"饱和度"为 40，如图 20-24 所示。

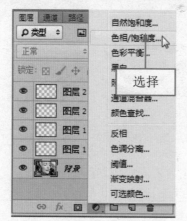 

图 20-23 选择"色相/饱和度"选项　　　　图 20-24 设置各选项

步骤 05 执行操作后，隐藏"色相/饱和度"属性面板，图像编辑窗口中的图像效果也随之改变，效果如图 20-25 所示。

图 20-25 最终效果

在 Photoshop CC 中，色彩平衡主要用来调整图像偏色，它既可以矫正图像某一区域的偏色，也可以调整整幅图像的偏色。在制作艺术效果、广告背景、照片处理中，运用较广泛，它能够制作出绚丽的色彩效果，与图层的混合模式一起运用，效果更佳。

20.3 儿童相片处理

本实例将儿童的个人照片进行编辑，并添加一系列装饰元素，对儿童照片进行美化，使照片更加生动美观。

本实例最终效果如图 20-26 所示。

图 20-26 儿童相片处理效果

素材文件	光盘 \ 素材 \ 第 20 章 \ 云朵 .psd、边框 .psd、摩天轮 .jpg、小朋友 .psd、装饰 .psd、装饰 1.psd
效果文件	光盘 \ 效果 \ 第 20 章 \ 相片背景 .psd、童年回忆 .jpg
视频文件	光盘 \ 视频 \ 第 20 章 \20.3.1 制作儿童相片背景图像 .mp4 等

20.3.1 制作儿童相片背景图像

在进行儿童照片处理时，制作出一个满意的背景效果是至关重要的，背景效果直接影响图像的整体效果。下面为读者详细介绍具体操作：

步骤 01 单击"文件"|"新建"命令，弹出"新建"对话框，在其中设置"名称"为"相片背景"、"宽度"为 1024 像素、"高度"为 768 像素、"分辨率"为 300 像素 / 英寸，颜色模式为"RGB"，如图 20-27 所示，单击"确定"按钮，即可新建空白文档。

步骤 02 新建"图层 1"图层，选取工具箱中的渐变工具，从左上角到右下角，填充深蓝色（RGB 参数值分别为 6、139、190）到浅蓝色（RGB 参数值分别为 8、209、240）再到深蓝色（RGB 参数值分别为 6、139、190）的线性渐变，效果如图 20-28 所示。

步骤 03 打开本书配套光盘中的"素材 \ 第 20 章 \ 云朵 .psd"文件，选取工具箱中的移动工具，将其拖曳至"相片背景"图像编辑窗口中的合适位置处，如图 20-29 所示。

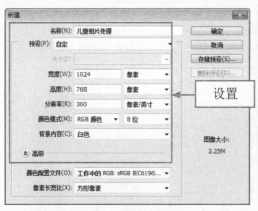

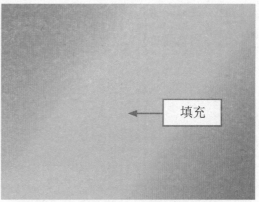

图 20-27 设置各选项

图 20-28 填充线性渐变

步骤 04 为"图层 2"图层添加图层蒙版，并使用黑色画笔工具涂抹图像，隐藏部分图像，效果如图 20-30 所示。

图 20-29 移动图像

图 20-30 隐藏部分图像

步骤 05 打开本书配套光盘中的"素材\第 20 章\边框 .psd"文件，选取工具箱中的移动工具，将其拖曳至"相片背景"图像编辑窗口中，移动图像至合适位置，如图 20-31 所示。

步骤 06 设置"图层 3"图层的"混合模式"为"滤色"，效果如图 20-32 所示。

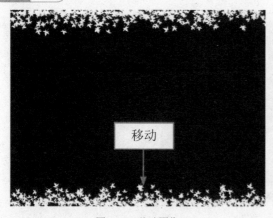

图 20-31 移动图像

图 20-32 设置混合模式为"滤色"后的效果

步骤 07　新建"图层 4"图层，使用椭圆选框工具，创建一个正圆选区，如图 20-33 所示。

步骤 08　设置前景色为白色，按【Alt + Delete】组合键，填充前景色，如图 20-34 所示。

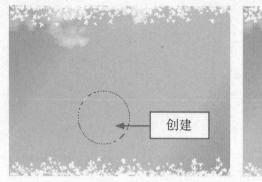

图 20-33 创建一个正圆选区　　　　　　　　图 20-34 填充前景色

步骤 09　双击"图层 4"图层，弹出"图层样式"对话框，选中"描边"复选框，设置"颜色"为黄色（RGB 参数值分别为 240、255、2），并设置"大小"10 像素、"位置"为"外部"、"混合模式"为"正常"，如图 20-35 所示。

步骤 10　选中"投影"复选框，设置"角度"为 54 度、"混合模式"为"正片叠底"、"距离"为 13 像素、"扩展"为 4%、"大小"为 35 像素，如图 20-36 所示。

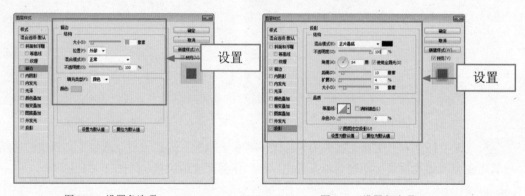

图 20-35 设置各选项　　　　　　　　图 20-36 设置各选项

步骤 11　设置完成后，单击"确定"按钮，即可添加图层样式，并取消选区，效果如图 20-37 所示。

图 20-37 添加图层样式并取消选区

20.3.2 制作儿童相片整体效果

在对儿童照片进行处理时，用户可以根据需要，导入照片素材，制作儿童照片的主体效果。下面为读者详细介绍集体操作：

步骤 01 再打开本书配套光盘中的"素材\第20章\摩天轮.jpg"文件，选取工具箱中的移动工具，将其拖曳至"相片背景"图像编辑窗口中，移动图像至合适位置，如图20-38所示。

步骤 02 单击"图层"面板底部的"添加图层蒙版"按钮，添加图层蒙版，使用黑色画笔工具涂抹图像，隐藏部分图像，设置"图层5"图层的"混合模式"为"强光"，如图20-39所示。

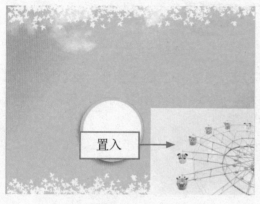

图 20-38 置入并移动图像

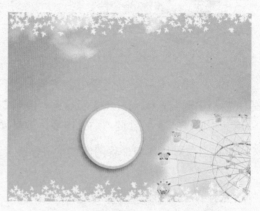

图 20-39 设置混合模式为"强光"后的效果

步骤 03 打开本书配套光盘中的"素材\第20章\小朋友.psd"文件，选取工具箱中的移动工具，将其拖曳至"相片背景"图像编辑窗口中，适当调整图像大小，移动图像至合适位置，效果如图20-40所示。

步骤 04 选取横排文字工具，设置"字体"为"方正舒体"、"字号"为20，设置"颜色"为蓝色（RGB参数值为10、78、155），并输入文字，效果如图20-41所示。

图 20-40 移动图像至合适位置

图 20-41 输入文字

步骤 05 打开本书配套光盘中的"素材\第20章\装饰.psd"文件，选取工具箱中的移动工具，将其拖曳至"相片背景"图像编辑窗口中，移动图像至合适位置，将"图层7"图层拖曳至"图层6"图层的下方，改变图层顺序，效果如图20-42所示。

步骤 06 选取工具箱中的椭圆选框工具，创建一个选区，并将其羽化 20 个像素，如图 20-43 所示。

图 20-42 改变图层顺序效果　　　　　　　　　　图 20-43 羽化选区

步骤 07 打开本书配套光盘中的"素材\第 20 章\童年回忆 .jpg"文件，按【Ctrl ＋ A】组合键，全选图像，按【Ctrl ＋ C】组合键，复制图像，切换至"相片背景"图像编辑窗口，按【Alt ＋ Shift ＋ Ctrl ＋ V】组合键，贴入图像，效果如图 20-44 所示。

步骤 08 执行操作后，将图像调整至合适大小，效果如图 20-45 所示。

贴入图像

调整

图 20-44 贴入图像　　　　　　　　　　图 20-45 调整图像至合适大小

步骤 09 打开本书配套光盘中的"素材\第 20 章\装饰 1.psd"文件，选取工具箱中的移动工具，将其拖曳至"相片背景"图像编辑窗口中，如图 20-46 所示。

步骤 10 在"图层"面板选择"气球"图层，适当调整图像位置，效果如图 20-47 所示。

置入

图 20-46 置入图像　　　　　　　　　　图 20-47 最终效果

专家指点

用户选取任意一种选框工具时，当工具处于默认状态下，用户如果按住【Shift】键，则选框工具会切换至"添加到选区"状态，按住【Alt】键，则切换至"从选区减去"状态，如果按住【Shift ＋ Alt】组合键，则切换至"与选区交叉"状态。

20.4 婚纱相片处理

随着社会的发展，数码摄影已经进入大众生活，越来越多的人追求高品质的数码摄影记录自己的生活点滴。本节将向读者介绍数码摄影后期设计的相关知识。本实例最终效果如图 20-48 所示。

图 20-48 婚纱相片处理效果

	素材文件	光盘 \ 素材 \ 第 20 章 \ 风光 .jpg、音符 .psd、婚纱照 .jpg、文字 .psd
	效果文件	光盘 \ 效果 \ 第 20 章 \ 婚纱背景 .jpg、幸福进行曲 .jpg
	视频文件	光盘 \ 视频 \ 第 20 章 \20.4.1 制作婚纱相片背景图像 .mp4 等

20.4.1 制作婚纱相片背景图像

在进行婚纱照片背景处理时，主要运用到画笔工具绘制圆点图像，并添加相应的装饰素材。下面为读者详细介绍具体操作步骤：

步骤 01 打开本书配套光盘中的"光盘 \ 素材 \ 第 20 章 \ 风光 .jpg"素材，如图 20-49 所示。

步骤 02 新建"图层 1"图层，选择画笔工具 ，单击"窗口"|"画笔"命令，展开"画笔"面板，设置"大小"为 6px、"硬度"为 100％、"间距"为 305％，如图 20-50 所示。

步骤 03 选中"形状动态"复选框，设置"大小抖动"为 100％；选中"散布"复选框，设置"散布"为 1000％，如图 20-51 所示。

步骤 04 设置前景色为白色，在图像编辑窗口中相应位置，绘制圆点图像，效果如图 20-52 所示。

图 20-49 素材图像

图 20-50 "画笔"面板

图 20-51 "画笔"面板

图 20-52 绘制图像

步骤 05 打开随书附带"光盘\素材\第 20 章\音符 .psd"素材文件，将其拖曳至"风光"图像编辑窗口，适当调整其位置，如图 20-53 所示。

步骤 06 将置入的音符素材进行复制 2 次，并适当调整其大小、位置和角度，效果如图 20-54 所示。

图 20-53 置入并调整素材

图 20-54 复制并调整素材

步骤 07 打开随书附带"光盘\素材\第20章\婚纱照.jpg"素材文件，将其拖曳至"风光"图像编辑窗口，适当调整其位置，如图 20-55 所示。

步骤 08 在"图层"面板中，选择"图层4"图层，单击面板底部的"添加矢量蒙版"按钮，添加图层蒙版，运用黑色画笔工具在图像的适当位置进行涂抹，效果如图 20-56 所示。

图 20-55 置入并调整素材

图 20-56 隐藏部分图像

20.4.2 制作婚纱相片整体效果

婚纱照的主体主要由人物照片组成，用户可以根据需要，导入人物素材。下面为读者详细介绍具体操作步骤：

步骤 01 打开上例的效果文件，单击"图层"面板底部的"创建新的填充或调整图层"按钮，在弹出的列表框中选择"色阶"选项，新建"色阶"调整图层，设置相应参数12、1.06、223，如图 20-57 所示。

步骤 02 单击"图层"|"创建剪贴蒙版"命令，隐藏部分图像效果，如图 20-58 所示。

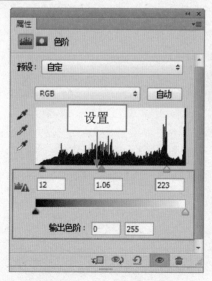
图 20-57 "色阶"调整面板

图 20-58 隐藏部分图像效果

步骤 03 打开随书附带"光盘\素材\第20章\文字.psd"素材文件,将其拖曳至"婚纱背景"图像编辑窗口中,适当调整其位置,如图20-59所示。

步骤 04 在"图层"面板中新建"色相/饱和度"调整图层,设置"饱和度"为30,最终图像效果如图20-60所示。

图 20-59 置入并调整图像

图 20-60 最终图像效果

专家指点

在 Photoshop CC 中只能对未锁定的图层添加蒙版,打开图层菜单,就可以看到添加图层蒙版选项,如果它呈浅色状态,则说明当前图像的图层是被锁定的,需要先解锁。打开图层面板,可选中某一图层,然后点击面板下方添加图层蒙版的按钮,可添加该图层蒙版。如果图层后带个小锁头,则需要先解锁。

设计案例：卡片效果的制作

学习提示

　　随着时代的发展，各类卡片广泛应用于商务活动中，它们在推销各类产品的同时还起着展示、宣传企业信息的作用。运用 Photoshop 可以方便快捷地设计出各类卡片，本章通过 4 个实例，详细讲解各类卡片及名片的组成要素、构图思路以及版式布局。

本章案例导航

- 制作会员卡文字图像
- 制作游戏卡背景图像
- 制作个人名片整体效果
- 制作银行卡整体效果

- 制作会员卡整体效果
- 制作游戏卡整体效果
- 制作个人名片立体效果
- 制作银行卡文字效果

21.1 制作会员卡

会员卡泛指普通身份识别卡，包括商场、宾馆、健身中心、酒家等消费场所的会员认证，它们的用途非常广泛，凡涉及到需要识别身份的地方，都可应用到身份识别卡。本实例主要向读者介绍制作会员卡的操作方法。

本实例最终效果如图 21-1 所示。

图 21-1 制作会员卡效果

素材文件	光盘\素材\第 21 章\会员卡模板 .psd、花纹 .psd、字形 .psd、会员卡背景 .psd、会员卡背面 .psd	
效果文件	光盘\效果\第 21 章\会员卡平面效果 .jpg、会员卡立体效果 .jpg	
视频文件	光盘\视频\第 21 章\21.1.1 制作会员卡背景图像 .mp4 等	

21.1.1 制作会员卡文字图像

本实例主要运用横排文字工具、渐变工具、图层样式等制作会员卡文字效果，并添加相应的装饰素材，具体操作方法如下。

步骤 01 打开随书附带光盘的"素材\第 21 章\会员卡模板 .psd"文件，效果如图 21-2 所示。

步骤 02 选取横排文字工具 T，在"字符"面板中设置"字体系列"为 Britannic Bold、"字体大小"为 65 点、"文本颜色"为白色、"消除锯齿的方法"为"平滑"，并单击"仿斜体"按钮 T，输入文字 VIP，如图 21-3 所示。

输入

图 21-2 素材图像   图 21-3 输入文字

步骤 03 执行上述操作后，单击"图层"|"栅格化"|"文字"命令，栅格化文字，如图 21-4 所示。

步骤 04 单击"图层"面板中的"锁定透明像素"按钮，锁定文字图层的透明像素，如图 21-5 所示。

图 21-4 栅格化文字图层

图 21-5 锁定透明像素

步骤 05 选取渐变工具，从文字的左上方向右下方填充 18% 位置为橙黄色（RGB 参数值分别为 255、222、0）、24% 位置为黄色（RGB 参数值分别为 255、214、0）、54% 位置为土黄色（RGB 参数值分别为 207、160、17）、100% 位置为黄色（RGB 参数值分别为 240、224、32）的线性渐变，效果如图 21-6 所示。

步骤 06 单击"图层"|"图层样式"|"投影"命令，弹出"图层样式"对话框，设置"混合模式"为"正片叠底"、"不透明度"为 52%、"角度"为 120 度、"距离"为 5 像素、"扩展"为 0%、"大小"为 5 像素，如图 21-7 所示。

图 21-6 填充线性渐变色

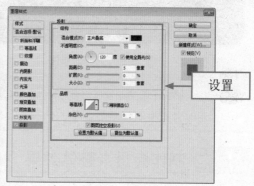

图 21-7 "图层样式"对话框

步骤 07 选中"斜面和浮雕"复选框，切换至"斜面和浮雕"参数选项区，设置"颜色"为橙黄色（RGB 参数值分别为 251、191、7），设置"样式"为"内斜面"、"方法"为"平滑"、"深度"为 62%，如图 21-8 所示。

步骤 08 单击"确定"按钮，确认添加图层样式，效果如图 21-9 所示。

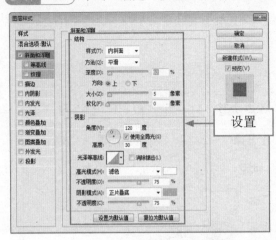

图 21-8 设置"斜面和浮雕"选项　　　　　图 21-9 添加"图层样式"后效果

步骤 09 打开随书附带光盘的"素材 \ 第 21 章 \ 字形 .psd"图像素材，选取移动工具拖曳素材图像至会员卡模板图像编辑窗口中的合适位置，效果如图 21-10 所示。

步骤 10 单击"文件"|"打开"命令，打开随书附带光盘的"素材 \ 第 21 章 \ 花纹 .psd"图像素材，选取移动工具拖曳素材图像至会员卡模板图像编辑窗口中的合适位置，并调整图层顺序，效果如图 21-11 所示。

图 21-10 拖入素材图像　　　　　　　图 21-11 调整图层顺序

 专家指点

光面会员卡制作是最简单的一种也是最普遍的，可分为丝印、胶印及丝印后胶印。

21.1.2 制作会员卡整体效果

本实例主要运用"投影"命令为卡通人物添加投影效果，并适当复制素材图像，制作出层次感明确的整体效果，具体操作方法如下。

步骤 01 单击"文件"|"打开"命令，打开随书附带光盘的"素材 \ 第 21 章 \ 会员卡背景 .psd"图像素材，如图 21-12 所示。

步骤 02 切换至"会员卡"图像编辑窗口中，合并除"背景"图层外的其他图层，并更名为"图层 1"图层，如图 21-13 所示。

图 21-12 素材图像　　　　　　　　　图 21-13 合并图层

步骤 03 执行上述操作后，将"图层 1"图层中的图像拖曳至"会员卡背景"图像编辑窗口中，如图 21-14 所示。

步骤 04 单击"文件"|"打开"命令，打开随书附带光盘的"素材 \ 第 21 章 \ 会员卡背面 .psd"图像素材，如图 21-15 所示。

图 21-14 拖拽素材图像　　　　　　　图 21-15 素材图像

步骤 05 将"会员卡背面 .psd"图像拖曳至"会员卡背景"图像编辑窗口中的适当位置处，如图 21-16 所示。

步骤 06 执行上述操作后，单击"图层"|"图层样式"|"投影"命令，弹出"图层样式"对话框，设置"不透明度"为 75%、"角度"为 80 度、"距离"为 8 像素、"大小"为 16 像素，如图 21-17 所示。

步骤 07 单击"确定"按钮，确认添加图层样式，效果如图 21-18 所示。

步骤 08 选择"图层 1"图层，单击鼠标左键并将其拖曳至"会员卡背面"图层的上方，调整图层顺序，如图 21-19 所示。

拖曳

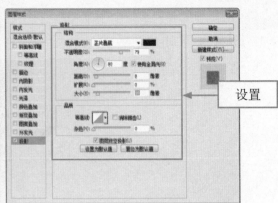

设置

图 21-16 拖拽素材图像   图 21-17 "图层样式"对话框

调整

图 21-18 添加"图层样式"后效果   图 21-19 调整图层顺序效果

步骤 09 按【Ctrl ＋ T】组合键，调出变换控制框，调整图像的位置、大小和角度，效果如图 21-20 所示。

步骤 10 选择"会员卡背面"图层，单击鼠标右键，在弹出的快捷菜单中选择"拷贝图层样式"选项，如图 21-21 所示。

调整

选择

图 21-20 调整图像的位置、大小和角度 图 21-21 选择"拷贝图层样式"选项

步骤 **11** 选择"图层 1"图层，粘贴图层样式，效果如图 21-22 所示。

图 21-22 添加图层样式

21.2 制作游戏卡

当今电子平台游戏大部分是由玩家扮演游戏中的一个或多个角色，游戏都赋予完整的故事情节，吸引玩家对游戏的热爱与着迷，从而一系列的游戏储值卡也随之诞生。本节将讲述一款游戏卡的设计。

本实例最终效果如图 21-23 所示。

图 21-23 制作游戏卡效果

素材文件	光盘 \ 素材 \ 第 21 章 \ 游戏卡背景 .psd、游戏卡条纹 .psd、文字 .psd
效果文件	光盘 \ 效果 \ 第 21 章 \ 游戏卡设计 .jpg
视频文件	光盘 \ 视频 \ 第 21 章 \21.2.1 制作游戏卡背景图像 .mp4 等

21.2.1 制作游戏卡背景图像

本实例主要运用"栅格化图层"、"添加图层蒙版"、"对称渐变"等工具制作背景图像，并适当添加"创建新的填充或调整图层"调整色彩平衡，具体操作方法如下。

步骤 01 打开随书附带光盘的"素材\第 21 章\游戏卡背景 .psd"文件，效果如图 21-24 所示。

步骤 02 打开随书附带光盘的"素材\第 21 章\游戏卡条纹 .psd"文件，运用移动工具将该素材拖曳至背景图像编辑窗口中合适位置，如图 21-25 所示。

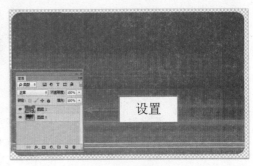

图 21-24 打开素材图像　　　　　　　　图 21-25 拖入素材图像

步骤 03 展开"图层"面板，选择"图层 1"图层，单击鼠标右键，在弹出的快捷菜单中选择"栅格化图层"选项，如图 21-26 所示。

步骤 04 执行操作后，即可栅格化图层，如图 21-27 所示。

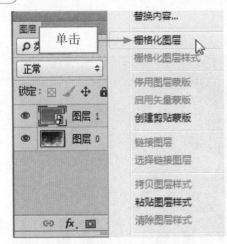

图 21-26 选择"栅格化图层"选项　　　　图 21-27 栅格化图层

步骤 05 在"图层"面板底部单击"添加图层蒙版"按钮，为"图层 1"图层添加图层蒙版，如图 21-28 所示。

步骤 06 选取工具箱中的渐变工具，在其属性栏中单击"对称渐变"按钮，然后设置"预设"为默认的"前景色到背景色渐变"，如图 21-29 所示。

步骤 07 按住【Shift】键的同时，在图像编辑窗口中的上方单击并向下拖曳鼠标，填充渐变色，效果如图 21-30 所示。

步骤 08 在"图层"面板底部单击"创建新的填充或调整图层"按钮，在弹出的列表框中选择"色彩平衡"选项，如图 21-31 所示。

图 21-28 添加图层蒙版

图 21-29 设置渐变色

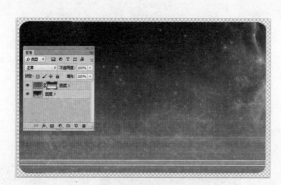

图 21-30 填充渐变色

图 21-31 选择"色彩平衡"选项

步骤 09 执行上述操作后，即可添加"色彩平衡 1"调整图层，展开"属性"面板，设置各参数分别为 58、-100、0，如图 21-32 所示。

步骤 10 执行上述操作后，即可调整图像的色彩，效果如图 21-33 所示。

图 21-32 设置相应参数

图 21-33 调整图像的色彩

21.2.2 制作游戏卡整体效果

　　本实例主要运用"描边"命令为卡通人物添加白色描边效果,并适当复制素材图像,制作出层次感明确的整体效果,具体操作方法如下。

步骤 01 打开随书附带光盘的"素材\第 21 章\游戏人物 1"素材图像,将该素材拖曳至"背景"图像编辑窗口中,如图 21-34 所示。

步骤 02 按【Ctrl + T】组合键,调出变换控制框调整图像大小,按【Enter】键确认变换,选取移动工具将其拖曳至合适位置,如图 21-35 所示。

图 21-34 拖入游戏人物素材　　　　　　图 21-35 调整图像效果

步骤 03 单击"编辑"|"描边"命令,弹出"描边"对话框,设置"宽度"为 10 像素、"颜色"为白色、"不透明度"为 100%,如图 21-36 所示。

步骤 04 单击"确定"按钮,添加"描边"效果,如图 21-37 所示。

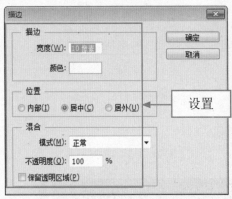

图 21-36 弹出"描边"对话框　　　　　　图 21-37 添加"描边"效果

步骤 05 打开随书附带光盘的"素材\第 21 章\游戏人物 2"素材图像,将该素材拖曳至"背景"图像编辑窗口中的合适位置处,如图 21-38 所示。

步骤 06 展开"图层"面板,按住【Ctrl】键的同时依次单击"游戏 1"图层和"游戏 2"图层,选中相应图层,如图 21-39 所示。

步骤 07 按【Ctrl + J】组合键拷贝图层,得到"游戏 1 拷贝"图层和"游戏 2 拷贝"图层,如图 21-40 所示。

图 21-38 拖入素材图像

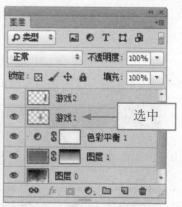

选中

图 21-39 选中相应的图层

步骤 08 选择"游戏 1 拷贝"图层，选取工具箱中的魔棒工具，设置"容差"为 1，在图像中的白色边缘处单击鼠标左键，选中白边，如图 21-41 所示。

图 21-40 复制图层

单击

图 21-41 选中白边

步骤 09 按【Delete】键，删除图像的白边，效果如图 21-42 所示。

步骤 10 按【Ctrl + D】组合键，取消选区，效果如图 21-43 所示。

图 21-42 删除图像的白边

图 21-43 取消选区

步骤 11 运用以上同样的方法，删除"游戏 2 拷贝"图层中的图像白边，效果如图 21-44 所示，并取消选区。

步骤 12 同时选中"游戏 1 拷贝"图层和"游戏 2 拷贝"图层，按【Ctrl ＋ T】组合键调出变换控制框，适当调整图像的大小和位置，按【Enter】键确认变换，效果如图 21-45 所示。

图 21-44 删除其他图像白边　　　　　　　　图 21-45 调整图像大小

步骤 13 在"图层"面板中设置两个图层"不透明度"为 30%，并调整图层顺序，如图 21-46 所示。

步骤 14 执行上述操作后，即可改变图像效果，如图 21-47 所示。

图 21-46 制作图像效果　　　　　　　　　图 21-47 设置不透明度

步骤 15 打开随书附带光盘的"素材\第 21 章\文字 .psd"素材图像，将其拖曳至背景图像编辑窗口中合适位置处，调整图像位置，最终效果如图 21-48 所示。

图 21-48 最终效果

21.3 制作个人名片

名片作为一个人、一种职业的独立媒体，在设计上要讲究其艺术性，名片在大多情况下不会引起人的专注和追求，主要是为了便于记忆，因此具有更强的识别性，能够让人在最短的时间内获取到所需要的信息。本实例主要向用户介绍制作名片的操作方法。

本实例最终效果如图 21-49 所示。

图 21-49 制作个人名片效果

	素材文件	光盘 \ 素材 \ 第 21 章 \ 名片背景 .psd、名片花纹 .psd、名片标示 .psd
	效果文件	光盘 \ 效果 \ 第 21 章 \ 名片设计 .jpg、个人名片 .jpg
	视频文件	光盘 \ 视频 \ 第 21 章 \21.3.1 制作个人名片整体效果 .mp4 等

专家指点

名片有几个组成要素：企业标志、企业名称、名片主人姓名、地址以及电话等，在设计时应以这些要素为主，再增加一些辅助效果，使其看起来更具有个性。

21.3.1 制作个人名片整体效果

本实例首先运用"圆角矩形"工具和"投影"工具制作名片整体效果，并适当加入相应的装饰素材图像，具体操作方法如下。

步骤 01 设置"前景色"为"白色"、"背景色"为"黑色"，单击"文件"|"新建"命令，弹出"新建"对话框，在其中设置"名称"为"个人名片"、"宽度"为9厘米、"高度"为5厘米、"分辨率"为300像素/英寸、"背景内容"为"背景色"、"颜色模式"为"RGB颜色"，如图 21-50 所示，单击"确定"按钮，即可新建一幅空白图像。

步骤 02 单击"图层"面板底部的"新建图层"按钮，新建"图层1"图层，使用圆角矩形工具，绘制一个"宽度"和"高度"分别为8.5厘米、4.5厘米、"半径"为120像素的圆角矩形填充像素图像，效果如图 21-51 所示。

步骤 03 单击"图层"面板底部的"新建图层"按钮，新建"图层2"图层，使用矩形工具绘制一个填充矩形，效果如图 21-52 所示。

步骤 04 用与上同样的方法，再绘制一个填充矩形，此时图像编辑窗口中的图像效果如图 21-53 所示。

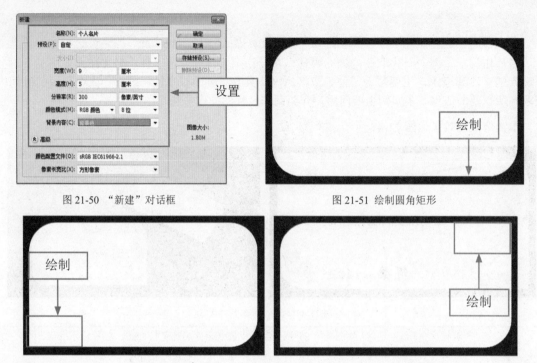

图 21-50 "新建"对话框　　　　　　　　图 21-51 绘制圆角矩形

图 21-52 绘制填充矩形　　　　　　　　图 21-53 绘制填充矩形

步骤 05 单击"文件"|"打开"命令，打开随书附带光盘的"素材\第 21 章\名片花纹 .psd"图像素材，如图 21-54 所示。

步骤 06 选取移动工具，将其拖曳至"个人名片"图像编辑窗口中并调整图像至合适位置，更改大小，如图 21-55 所示。

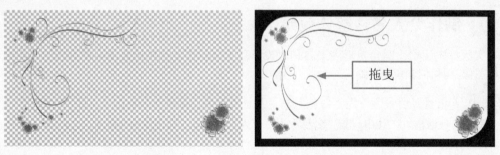

图 21-54 素材图像　　　　　　　　图 21-55 拖曳素材图像

步骤 07 单击"图层"|"图层样式"|"投影"命令，弹出的"图层样式"对话框，设置"距离"为 5 像素、"扩展"为 7%、"大小"为 6 像素，如图 21-56 所示。

步骤 08 单击"确定"按钮，应用图层样式，效果如图 21-57 所示。

步骤 09 单击"文件"|"打开"命令，打开随书附带光盘的"素材\第 21 章\名片标示 .psd"图像素材，如图 21-58 所示。

步骤 10 选取移动工具，将其拖曳至"个人名片"图像编辑窗口中的合适位置，更改大小，如图 21-59 所示。

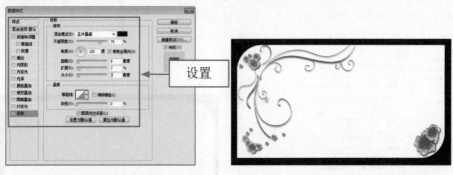

图 21-56 设置"投影"参数　　　　图 21-57 应用"图层样式"后效果

图 21-58 素材图像

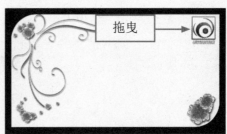

图 21-59 拖曳素材图像

步骤 11 单击"图层"|"图层样式"|"外发光"命令，弹出"图层样式"对话框，设置"颜色"为暗红色（RGB 参数值分别为 145、0、0），"混合模式"为"正常"、"不透明度"为 14%、"大小"为 27 像素、"范围"为 50%，如图 21-60 所示。

步骤 12 单击"确定"按钮，即可添加"外发光"样式，效果如图 21-61 所示。

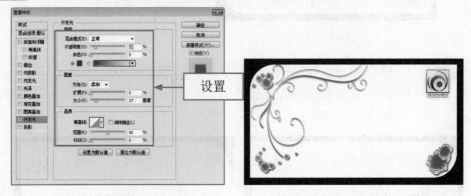

图 21-60 "图层样式"对话框　　　　图 21-61 应用"图层样式"后效果

步骤 13 选取横排文字工具，在工具属性栏中设置"字体"为宋体、"大小"为 8、"颜色"为白色，在图像编辑窗口中输入文字，单击"图层"|"图层样式"|"投影"命令，弹出"图层样式"对话框，设置"距离"为 5 像素、"扩展"为 12%、"大小"为 5 像素，如图 21-62 所示。

步骤 14 单击"确定"按钮，添加"投影"样式后的效果如图 21-63 所示。

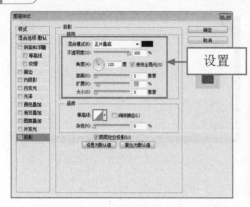

图 21-62 "图层样式"对话框　　　　　　图 21-63 添加"投影"样式

步骤 15 设置"字体"为"华文行楷"、"大小"为 16 点、"颜色"为黑色，在图像编辑窗口中合适位置输入文字，如图 21-64 所示。

步骤 16 单击"窗口"|"字符"命令，弹出"字符"面板，选中输入的文字，单击"粗体"按钮 **T**，如图 21-65 所示。

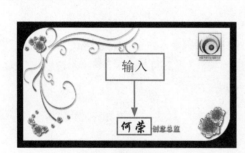

图 21-64 输入文字　　　　　　图 21-65 "字符"面板

步骤 17 执行上述操作后，文字效果随之改变，如图 21-66 所示。

步骤 18 选取横排文字工具 **T**，设置"字体"为"黑体"、"字号"为 9 点、"颜色"为"黑色"，在适当位置处输入相应文字，效果如图 21-67 所示。

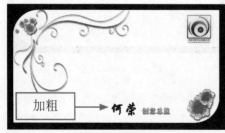

图 21-66 加粗文字　　　　　　图 21-67 输入文字

步骤 19　设置"字体"为"宋休"、"字号"为6点、"颜色"为"黑色"，在相应位置输入地址、电话及传真，效果如图21-68所示。

步骤 20　单击"图层"|"图层样式"|"图案叠加"命令，弹出"图层样式"对话框，并自动切换至"图案叠加"选项区，使用默认设置，单击"确定"按钮，即可为文字图层添加"图案叠加"样式，效果如图21-69所示。

图21-68　输入文字　　　　　　　　图21-69　添加图层样式

专家指点

在设计名片时，其版面设计力求简明，忌过分复杂和无序。在名片的版面设计中，要主题突出、构思完整、有一个最佳视域区和注目的焦点。

21.3.2 制作个人名片立体效果

本实例运用调整变换"透视"工具，调整图像的大小、位置和角度，制作名片的立体效果，具体操作方法如下。

步骤 01　单击"文件"|"打开"命令，打开随书附带光盘的"素材\第21章\名片背景.psd"文件，如图21-70所示。

步骤 02　切换至"个人名片"图像编辑窗口中，合并除"背景"图层外的其他图层，并将其拖曳至"名片背景"图像编辑窗口中，如图21-71所示。

图21-70　素材图像　　　　　　　　图21-71　拖曳素材图像

步骤 03　按【Ctrl＋T】组合键，调出变换控制框，调整图像的位置、大小和角度，效果如图21-72所示。

步骤 04　复制上一步中所制作图像的图层，得到相应的拷贝图层，效果如图21-73所示。

图 21-72 调整图片   图 21-73 调整透视

步骤 05 按【Ctrl ＋ T】组合键，调整相应位置、大小和角度，效果如图 21-74 所示。

图 21-74 最终效果

21.4 制作银行卡

生活中，银行卡是很常见的，大部分人都拥有自己的银行卡，不同的银行设计的银行卡是不同的。本实例主要向读者介绍制作银行卡的具体操作方法。

本实例最终效果如图 21-75 所示。

图 21-75 制作银行卡效果

素材文件	光盘 \ 素材 \ 第 21 章 \ 背景 2.psd、标示 .psd、标示 1.psd
效果文件	光盘 \ 效果 \ 第 21 章 \ 银行卡 .jpg
视频文件	光盘 \ 视频 \ 第 21 章 \21.3.1 制作银行卡主体效果 .mp4 等

21.4.1 制作银行卡主体效果

本实例主要运用圆角矩形工具、路径转换制作银行卡的主体效果，并加入相应的装饰素材图像，具体操作方法如下。

步骤 01 打开随书附带光盘的"素材\第21章\背景2.psd"素材图像，如图21-76所示。

步骤 02 选取工具箱中的圆角矩形工具，在图像上绘制一个"宽度"和"高度"分别为8厘米、5厘米、"半径"为40像素的圆角矩形路径，如图21-77所示。

图 21-76 打开素材图像

图 21-77 创建一个圆角矩形路径

步骤 03 按【Ctrl＋Enter】组合键，将路径转换为选区，按【Ctrl＋Shift＋I】组合键，反向选区，如图21-78所示。

步骤 04 执行上述操作后，按【Delete】键删除选区内的图像，并取消选区，如图21-79所示。

图 21-78 反向选区

图 21-79 删除选区内的图像

步骤 05 打开随书附带光盘的"素材\第21章\标识.psd"素材图像，并将该素材拖曳至"背景2"图像编辑窗口中的合适位置，如图21-80所示。

步骤 06 打开随书附带光盘的"素材\第21章\标识1.psd"素材图像，将该素材拖曳至"背景2"图像编辑窗口中合适位置，如图21-81所示。

图 21-80 拖入素材图像

图 21-81 拖入素材图像

21.4.2 制作银行卡文字效果

本实例主要运用横排文字工具、"图层样式"制作银行卡上的文字效果，包括银行卡名和银行卡账号等。具体操作方法如下。

步骤 01 选取工具箱中的横排文字工具，在图像上单击鼠标左键，确定插入点，设置"字体"为"迷你简水柱"、"字体大小"为 10 点、"颜色"为白色（RGB 参数值均为 255），输入文字"山水银行"，如图 21-82 所示。

步骤 02 在"图层"面板中，双击文字图层，在弹出的"图层样式"对话框，选中"投影"复选框，设置"不透明度"为 75%、"距离"为 5 像素、"扩展"为 14%、"大小"为 5 像素，单击"确定"按钮，如图 21-83 所示。

图 21-82 输入文字　　　　　　　　　　图 21-83 添加图层样式

步骤 03 选取工具箱中的横排文字工具，在图像上单击鼠标左键，确定插入点，设置"字体"为"迷你简水柱"、"字体大小"为 4 点、"颜色"为白色（RGB 参数值均为 255），输入文字"SHANSHUIYINHANG"，如图 21-84 所示。

步骤 04 在"图层"面板中，双击文字图层，在弹出的"图层样式"对话框中，选中"投影"复选框，设置"不透明度"为 75%、"距离"为 5、"扩展"为 14、"大小"为 5，单击"确定"按钮，如图 21-85 所示。

图 21-84 输入文字　　　　　　　　　　图 21-85 添加图层样式

步骤 05 选取工具箱中的横排文字工具，在图像上单击鼠标左键，确定插入点，设置"字体"为"迷你简水柱"、"字体大小"为 10 点、"颜色"为白色（RGB 参数值均为 255），输入文字"8659345872562345886"，如图 21-86 所示。

步骤 06 在"图层"面板中，双击文字图层，在弹出的"图层样式"对话框中，选中"斜面和浮雕"复选框，设置"样式"为内斜面，平滑，深度为 100%，大小 5 像素、角度 120 度、高度 30 度，高光模式为"滤色"，"不透明度"为 75%，阴影模式为"正片叠底"，"不透明度"为 75%，选中"投影"复选框，混合模式为正片叠底，设置"不透明度"为75%、"距离"为5像素、"扩展"为0%、"大小"为5像素，单击"确定"按钮，如图21-87所示。

图 21-86 输入文字

图 21-87 添加文字图层样式

步骤 07 选取工具箱中的横排文字工具，在图像上单击鼠标左键，确定插入点，设置"字体"为"迷你简水柱"、"字体大小"为6点、"颜色"为白色（RGB参数值均为255），输入文字"一卡通"，如图21-88所示。

步骤 08 在"图层"面板中，双击文字图层，在弹出的"图层样式"对话框中，选中"投影"复选框，设置"不透明度"为75%、"距离"为5像素、"扩展"为14%、"大小"为5像素，单击"确定"按钮，如图21-89所示。

图 21-88 输入文字

图 21-89 添加文字图层样式

步骤 09 选取工具箱中的横排文字工具，在图像上单击鼠标左键，确定插入点，设置"字体"为"迷你简水柱"、"字体大小"为5点、"颜色"为白色（RGB参数值均为255），输入文字"2015"，如图21-90所示。

步骤 10 在"图层"面板中，双击文字图层，在弹出的"图层样式"对话框中，选中"投影"复选框，设置"不透明度"为75%、"距离"为5像素、"扩展"为14%、"大小"为5像素，单击"确定"按钮，如图21-91所示。

图 21-90 输入文字

图 21-91 最终效果

设计案例：
设计海报招贴广告

学习提示

　　海报是一种最古老的广告形式之一，它具有传播信息及时、成本费用低、制作简便的优点。海报的表现形式多样化，可以具体表现，也可以抽象表现（写实或写意），以造成强烈的视觉冲击力。本章主要向读者介绍制作4种海报的操作方法。

本章案例导航

- 制作百货海报背景效果
- 制作餐厅海报背景效果
- 制作葡萄酒海报背景效果
- 制作华旗电脑城海报背景效果

- 制作春天百货整体效果
- 制作餐厅海报整体效果
- 制作葡萄酒海报整体效果
- 制作华旗电脑城海报整体效果

22.1 制作春天百货海报

本实例设计的是一幅春天百货购物中心海报，海报是一种比较直接、灵活性的广告宣传形式，它是产品销售活动中最后一个环节，能在商品销售的现场营造出良好的商业气氛，引起消费冲动，产生购买欲。

本实例的最终效果如图 22-1 所示。

图 22-1 春天百货海报效果

素材文件	光盘 \ 素材 \ 第 22 章 \ 背景 1.psd、星点 .psd、光芒 .psd、方框 .psd、饰品 .psd、饰品 1.psd、文字 1.psd
效果文件	光盘 \ 效果 \ 第 22 章 \ 春天百货海报 .jpg
视频文件	光盘 \ 视频 \ 第 22 章 \22.1.1 制作春天百货海报背景效果 .mp4 等

22.1.1 制作春天百货海报背景效果

本实例以绿色为整体色调，在其中添加各种装饰素材，为春天百货海报制作背景效果，具体操作方法如下。

步骤 01 打开随书附带光盘的"素材 \ 第 22 章 \ 背景 1.psd"素材图像，如图 22-2 所示。

步骤 02 打开随书附带光盘的"素材 \ 第 22 章 \ 星点 .psd"素材，并将该素材拖曳至"背景 1"素材文件中，效果如图 22-3 所示。

图 22-2 打开素材文件

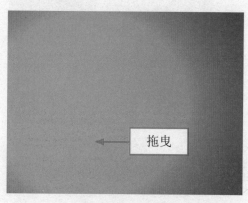

拖曳

图 22-3 拖入素材图像

> **专家指点**
>
> 海报设计的任务是根据企业营销目标和广告战略的要求，通过引人入胜的艺术表现，清晰准确地传递商品或服务的信息。

步骤 03 打开随书附带光盘的"素材\第 22 章\光芒 .psd"素材图像，将其拖曳至"背景 1"图像编辑窗口中的合适位置效果如图 22-4 所示。

步骤 04 打开随书附带光盘的"素材\第 22 章\方框 .psd"素材图像，将其拖曳至"背景 1"图像编辑窗口中的合适位置，效果如图 22-5 所示。

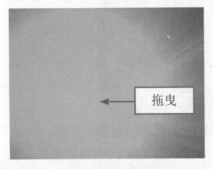

图 22-4 拖入素材图像

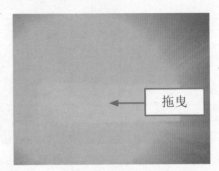

图 22-5 拖入素材图像

22.1.2 制作春天百货海报整体效果

本实例主要运用图层蒙版、横排文字工具等制作春天百货海报的主体效果，再置入相应的素材图像，突出海报的主体效果，具体操作方法如下。

步骤 01 打开随书附带光盘的"素材\第 22 章\饰品 .psd"素材图像，将该素材拖曳至"背景 1"图像编辑窗口中，并移动图像至合适位置，效果如图 22-6 所示。

步骤 02 打开随书附带光盘的"素材\第 22 章\饰品 1.psd"素材图像，将该素材拖曳至"背景 1"图像编辑窗口中，并移动图像至合适位置，效果如图 22-7 所示。

图 22-6 拖入素材图像

图 22-7 拖入素材图像

步骤 03 打开随书附带光盘的"素材\第 22 章\饰品 2.psd"素材图像，将该素材拖曳至"背景 1"图像编辑窗口中，并移动图像至合适位置，设置该图层的混合模式为"正片叠底"，效果如图 22-8 所示。

步骤 04 打开随书附带光盘的"素材\第22章\饰品3.psd"素材图像，将该素材拖曳至"背景1"图像编辑窗口中，并移至合适位置，为该图层添加图层蒙版，运用黑色的画笔工具在图像上涂抹，隐藏部分图像，效果如图22-9所示。

图 22-8 设置图层混合模式

图 22-9 隐藏部分图像

步骤 05 选取工具箱中的横排文字工具，在图像上单击鼠标左键，确定插入点，设置"字体"为"华康海报体"、"字体大小"为19.45点、"颜色"为白色（RGB参数值均为255），输入文字，效果如图22-10所示。

步骤 06 选择"春天"文字，更改"字体大小"为36.47点，选择"送"文字，更改字体大小，并将文字适当旋转角度，并为文字图层添加"投影"图层样式，效果如图22-11所示。

图 22-10 输入文字

图 22-11 为文字图层添加图层样式

步骤 07 用与上同样方法，设置文字属性，输入文字，为文字图层添加相应的图层样式，效果如图22-12所示。

步骤 08 打开随书附带光盘的"素材\第22章\文字1.psd"素材图像，将该素材拖曳至"背景1"图像编辑窗口中，并移至合适位置，最终效果如图22-13所示。

图 22-12 输入文字

图 22-13 最终效果

22.2 制作餐厅海报

本实例设计的是一款佳年华西餐厅海报招贴，以鲜明的红色、黄色、白色进行搭配，使得整体效果简洁明了、生动、富有情趣，能让顾客第一时间留意到海报商品，效果如图 22-23 所示。

本实例的最终效果如图 22-14 所示。

图 22-14　佳年华西餐厅海报效果

	素材文件	光盘 \ 素材 \ 第 22 章 \ 网格 .psd、面包 .jpg
	效果文件	光盘 \ 效果 \ 第 22 章 \ 餐厅海报 .jpg
	视频文件	光盘 \ 视频 \ 第 22 章 \22.2.1　制作餐厅海报背景效果 .mp4 等

22.2.1　制作餐厅海报背景效果

本实例以红色为整体色调，在其中添加相应的文字和图片素材，运用横排文字工具、栅格化文字、橡皮擦工具等为餐厅海报制作背景效果图片，具体操作方法如下。

步骤 01　单击"文件"|"新建"命令，弹出"新建"对话框，新建一幅名为"餐厅海报"的 RGB 模式图像，设置"宽度"为 10 厘米、"高度"为 20 厘米、"分辨率"为 300 像素 / 英寸、"背景内容"为"白色"，如图 22-15 所示。

步骤 02　单击"确定"按钮，新建一个指定大小的空白文档，设置前景色为深红色（RGB 参数值分别为 175、0、25），按【Alt ＋ Delete】组合键，填充前景色，效果如图 22-16 所示。

步骤 03　打开随书附带光盘的"素材 \ 第 22 章 \ 网格 .psd"素材，并将其拖曳至"餐厅海报"图像编辑窗口中，效果如图 22-17 所示。

步骤 04　选取工具箱中的横排文字工具，在工具属性栏中设置"字体"为"华文细黑"、"字号"为 500、"颜色"为"黄色"（RGB 参考值分别为 242、208、49），在图像编辑窗口中输入文字 6，按【Ctrl ＋ Enter】组合键，确认输入的文字，效果如图 22-18 所示。

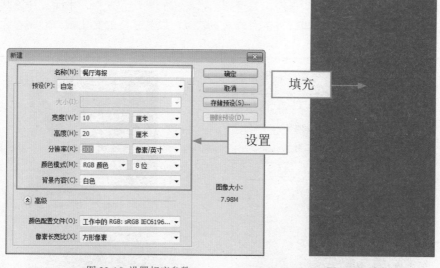

图 22-15 设置相应参数   图 22-16 填充前景色

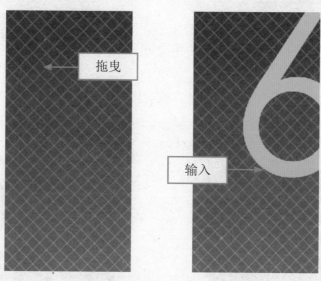

图 22-17 拖入素材图像   图 22-18 输入文字

步骤 05 展开"图层"面板，选择"6"文字图层，单击鼠标右键，在弹出的快捷菜单中，选择"栅格化文字"选项，将其转换成普通图层，效果如图 22-19 所示。

步骤 06 打开随书附带光盘的"素材 \ 第 22 章 \ 面包 .jpg"素材，并将其拖曳至"餐厅海报"图像编辑窗口中，调整置入图像的大小与位置，效果如图 22-20 所示。

专家指点

    走在繁华大街上，随处可见报纸、杂志、海报、招贴等媒介都应用到了平面设计技术，而要掌握这些精美图像画面的制作，不仅需要掌握软件的操作，还需要掌握与图形图像相关的平面设计知识。平面设计是一门静态艺术，它通过各种表现手法在静态平面上传达信息，是一种视觉艺术且颇具实用价值，能给人以直观的视觉冲击，是一种视觉艺术且颇具实用价值，能给人以直观的视觉冲击，也能让人受到艺术美感的熏陶。现在，平面设计以其独特有宣传功能，全面进入社会经济和日常生活的众多领域，以其独特的文化张力影响着人们的工作和生活。

图 22-19 转换文字图层为普通图层

图 22-20 拖入素材图像

步骤 07 按【Ctrl ＋［】组合键，将"图层 1"图层移动至"6"图层的下方，效果如图 22-21 所示。

步骤 08 选取工具箱中的橡皮擦工具，在图像编辑窗口的 6 图像外侧单击鼠标左键并拖曳，擦除"图层 1"图层中图像的多余部分，效果如图 22-22 所示。

图 22-21 移动图层

图 22-22 擦除多余部分

22.2.2 制作餐厅海报整体效果

本实例在制作餐厅海报整体效果时，运用了直排文字工具、横排文字工具等丰富海报的整体效果，具体操作方法如下。

步骤 01 选取工具箱中的直排文字工具，在"字符"面板中设置"字体"为"方正黄草简体"、"字号"为43点、"设置所选字符的字距调整"为19、"颜色"为白色、"设置消除锯齿的方法"为"平滑"，单击"仿粗体"按钮，如图22-23所示。

步骤 02 在图像编辑窗口中的左上角处，单击鼠标左键，输入文字"八月，面包八折优惠"，效果如图22-24所示。

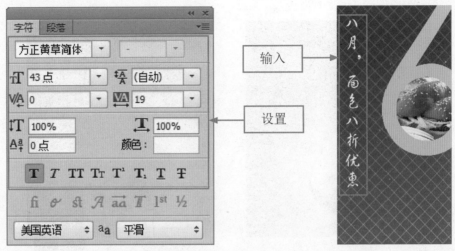

图22-23 设置相应参数　　　　图22-24 输入文字

步骤 03 选取工具箱中的横排文字工具，在"字符"面板中设置"字体"为"华文细黑"、"字号"为33点、"设置所选字符的字距调整"为80、"设置基线偏移"为6、"颜色"为"黄色"（RGB参考值分别为242、208、49）、设置"消除锯齿的方法"为"平滑"，单击"仿粗体"按钮，在图像编辑窗口中的底部单击鼠标左键，输入文字"佳年华西餐厅"，按【Ctrl＋Enter】组合键，确认文字的输入，效果如图22-25所示。

步骤 04 用以上同样的方法，设置相应的字体、字号、颜色、字间距以及位置，输入其他的文字，效果如图22-26所示。

图22-25 输入文字　　　　图22-26 最终效果

22.3 制作葡萄酒海报

本实例设计的是一款金英生葡萄酒海报，画面以葡萄酒为主体，直接体现了主题，给人一目了然的感觉，以甜美丰硕的葡萄味辅助，体现葡萄酒的原汁原味、滴滴浓香，使得画面更明朗、大方。

本实例最终效果如图 22-27 所示。

图 22-27 制作葡萄酒海报效果

	素材文件	光盘 \ 素材 \ 第 22 章 \ 素材 1.psd、葡萄酒 .psd、葡萄 .psd、标志 .psd
	效果文件	光盘 \ 效果 \ 第 22 章 \ 葡萄酒海报 .jpg
	视频文件	光盘 \ 视频 \ 第 22 章 \22.3.1 制作葡萄酒海报背景效果 .mp4 等

22.3.1 制作葡萄酒海报背景效果

本实例制作葡萄酒海报背景效果，适当添加红酒素材图像，运用矩形选框工具、填充、图层样式、添加图层蒙版、复制图层等工具可以突出海报的商品元素，具体操作方法如下。

步骤 **01** 单击"文件"|"新建"命令，弹出"新建"对话框，在其中设置"名称"为"葡萄酒海报"、"宽度"为 13.67 厘米、"高度"为 19.51 厘米、"分辨率"为 300 像素 / 英寸，如图 22-28 所示，单击"确定"按钮，即可新建空白文档。

步骤 **02** 打开本书配套光盘中的"素材 \ 第 22 章 \ 素材 1.psd"文件，选取工具箱中的移动工具，将其拖曳至"葡萄酒海报"图像编辑窗口中，调整图像的大小及位置，如图 22-29 所示。

步骤 **03** 选取工具箱中的矩形选框工具，在图像编辑窗口中的下方绘制合适的矩形选区，新建"图层 2"图层，为选区填充灰色（RGB 参数值均为 230），并取消选区，效果如图 22-30 所示。

步骤 **04** 打开本书配套光盘中的"素材 \ 第 22 章 \ 葡萄酒 .psd"文件，选取工具箱中的移动工具，将其拖曳至"葡萄酒海报"的图像编辑窗口中，调整其图像的大小及位置，如图 22-31 所示。

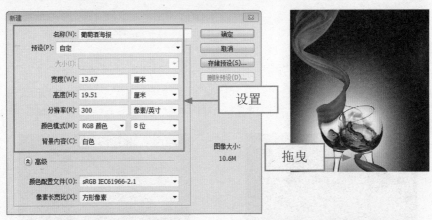

图 22-28 设置各选项　　　　　　　　　　图 22-29 拖入素材图像

图 22-30 填充颜色并取消选区　　　　　　图 22-31 拖入素材图像

步骤 05　双击"图层 3"图层，弹出"图层样式"对话框，选中"外发光"复选框，设置"不透明度"为 25%、"大小"为 51 像素，如图 22-32 所示。

步骤 06　以上参数设置完之后，单击"确定"按钮，即可添加"外发光"图层样式，效果如图 22-33 所示。

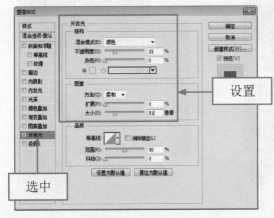　　　

图 22-32 设置各选项　　　　　　　　　图 22-33 添加"图层样式"后的效果

步骤 07 复制"图层 3"图层，得到"图层 3 拷贝"图层，向右移动图像至合适位置，如图 22-34 所示。

步骤 08 选择"图层 3"图层及其拷贝图层，单击"图层"|"图层编组"命令，将所选图层进行编组，得到"组 1"图层组，复制该组，得到"组 1 拷贝"图层组，单击"编辑"|"变换"|"垂直翻转"命令，垂直翻转图像，再运用移动工具将图像调整至合适位置，如图 22-35 所示。

图 22-34 复制并移动图像

图 22-35 垂直翻转并移动图像

步骤 09 选择"组 1 拷贝"图层组，单击"图层"面板底部的"添加图层蒙版"按钮，为该组添加图层蒙版，选取工具箱中的渐变工具，从下至上填充黑白线性渐变色，隐藏部分图像，如图 22-36 所示。

步骤 10 打开本书配套光盘中的"素材 \ 第 22 章 \ 葡萄 .psd"文件，选取工具箱中的移动工具，将其拖曳至"葡萄酒海报"图像编辑窗口中调整其大小和位置，如图 22-37 所示。

图 22-36 填充线性渐变色

图 22-37 拖入素材图像

步骤 **11** 选择"图层4"图层，复制"图层4"图层，得到"图层4拷贝"图层，将图像进行垂直翻转，移至合适位置，设置"不透明度"为40%，效果如图22-38所示。

步骤 **12** 单击"图层"面板底部的"添加图层蒙版"按钮，添加图层蒙版，选取工具箱中的画笔工具，设置前景色为黑色，在图像上进行涂抹，隐藏部分图像，效果如图22-39所示。

图22-38 设置"不透明度"后的效果　　　　图22-39 涂抹隐藏部分图像

步骤 **13** 设置前景色为暗红色（RGB参数值分别为180、104、76），新建"图层5"图层，选取工具箱中的椭圆选框工具，在图像编辑窗口中创建一个椭圆选区，并填充前景色，如图22-40所示。

步骤 **14** 在"图层"面板中，设置"不透明度"为57%，并取消选区，将"图层5"图层，移至"图层4拷贝"图层的下方，调整图层顺序，打开本书配套光盘中的"素材\第22章\标志.psd"文件，选取工具箱中的移动工具，将其拖曳至"葡萄酒海报"图像编辑窗口中，调整图像大小及位置，效果如图22-41所示。

图22-40 填充前景色　　　　　　　图22-41 拖入素材图像

22.3.2 制作葡萄酒海报整体效果

本实例制作葡萄酒海报整体效果，运用了横排文字工具、栅格化文字、描边等工具，添加文字加以说明，丰富海报的整体效果。具体操作方法如下。

步骤 01 选取工具箱中的横排文字工具，展开"字符"面板，设置"字体"为"方正粗倩简体"、"字号"为 25 点、"字距"为 40、"颜色"为"黑色"，在图像编辑窗口中单击鼠标左键，输入文字，如图 22-42 所示。

步骤 02 在文字图层上单击鼠标右键，在弹出的快捷菜单中选择"栅格化文字"选项，将文字图层栅格化，转换为普通图层，单击"锁定透明像素"按钮，锁定该图层的透明像素，选取工具箱中的渐变工具，填充渐变色从左至右依次 RGB 参数值 0% 的位置为（227、186、0）、15% 的位置为（255、251、150）、30% 的位置为（179、110、0）、50% 的位置为（171、122、0）、65% 的位置为（255、245、140）、80% 的位置为（240、201、38）、100% 的位置为（195、110、0）的线性渐变，如图 22-43 所示。

图 22-42 输入文字　　　　　　　　　图 22-43 填充线性渐变

步骤 03 双击栅格化文字后的图层，弹出"图层样式"对话框，选中"描边"复选框，设置"颜色"为土黄色（RGB 参数值分别为 194、151、0），单击"确定"按钮，即可添加图层样式，效果如图 22-44 所示。

步骤 04 选取工具箱中的横排文字工具，在图像编辑窗口中输入相应文字，设置好字体、字号、颜色和位置，效果如图 22-45 所示。

图 22-44 添加"图层样式"后的效果　　　　图 22-45 最终效果

22.4　制作华旗电脑城海报

本案例设计的是一幅电脑城海报，通过精美的画面感，直接刺激消费者的视觉，制作颜色鲜艳、造型独特、主题突出的海报，可以更好地吸引人们的视线。

本实例的最终效果如图 22-46 所示。

图 22-46　华旗电脑城海报效果

素材文件	光盘 \ 素材 \ 第 22 章 \ 背景 2.jpg、电脑 .psd、文字 .psd
效果文件	光盘 \ 效果 \ 第 22 章 \ 华旗电脑城海报 .jpg
视频文件	光盘 \ 视频 \ 第 22 章 \22.4.1 制作华旗电脑城海报背景效果 .mp4 等

22.4.1　制作华旗电脑城海报背景效果

本实例制作华旗电脑城海报的背景效果，运用了水平翻转画布、调整图像大小、图层样式、描边等工具，再适当添加相应的素材图像，具体操作方法如下。

步骤 01　打开随书附带光盘的"素材 \ 第 22 章 \ 背景 2.jpg"素材图像，如图 22-47 所示。

步骤 02　单击"图像"|"图像旋转"|"水平翻转画布"命令，即可水平翻转画布，效果如图 22-48 所示。

图 22-47　打开素材图像

翻转

图 22-48　水平翻转画布

步骤 03 单击"图像"|"图像大小"命令,弹出"图像大小"对话框,设置各选项,像素大小宽度为 1024 像素,高度为 768 像素,分辨率为 300 像素,选择重新采样,两次立方(平滑渐变),效果如图 22-49 所示。

步骤 04 执行上述操作后,单击"确定"按钮,即可调整图像大小,并适当放大图像显示,效果如图 22-50 所示。

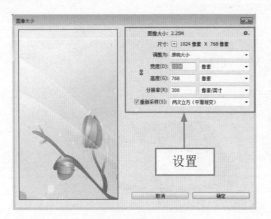

图 22-49 设置各选项　　　　　　　　　　　　图 22-50 调整图像大小

步骤 05 打开随书附带光盘的"素材\第 22 章\电脑 .psd"素材图像,并将该素材拖曳至"背景 2"图像编辑窗口中的合适位置,效果如图 22-51 所示。

步骤 06 双击"图层 1"图层,在弹出的"图层样式"对话框中,选中"外发光"复选框,设置"大小"为 120,单击"确定"按钮,即可为该图层添加"外发光"图层样式,效果如图 22-52 所示。

图 22-51 置入素材图像　　　　　　　　　　　图 22-52 添加"外发光"图层样式

步骤 07 打开本书配套光盘中的"素材\第 22 章\文字 .psd"素材图像,并将该素材拖曳至"背景 2"图像编辑窗口中的合适位置,效果如图 22-53 所示。

步骤 08 双击"图层 2"图层,弹出"图层样式"对话框,选中其中的"描边"复选框,设置"颜色"为白色(R:255,G:255,B:255),选中其中的"投影"复选框,设置"扩展"选项为 17,单击"确定"按钮,即可以为该图层添加"描边"的图层样式效果,效果如图 22-54 所示。

图 22-53 置入素材图像

图 22-54 添加"描边"图层样式

22.4.2 制作华旗电脑海城报整体效果

本实例在制作华旗电脑城海报主体效果，运用了横排文字工具、更改"字体大小"、图层样式、描边等工具，再适当的添加相应的素材图像，具体操作方法如下。

步骤 **01** 选取工具箱中的横排文字工具，在图像上单击鼠标左键，确定插入点，设置"字体"为"方正水柱"、"字体大小"为 32 点、"颜色"为红色（RGB 参数值分别为 255、0、0），输入文字，效果如图 22-55 所示。

步骤 **02** 选择"元"文字，更改"字体大小"为 14，双击文字图层，在弹出的"图层样式"对话框中，选中"描边"复选框，设置"颜色"为白色（RGB 参数值均为 255），单击"确定"按钮，即可为文字图层添加"描边"图层样式，效果如图 22-56 所示。

图 22-55 输入文字

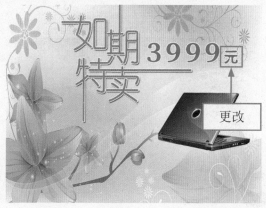

图 22-56 为文字图层添加"描边"图层样式

步骤 **03** 选取工具箱中的横排文字工具，在图像上单击鼠标左键，确定插入点，设置"字体"为"叶根有毛笔行书简体"、"字体大小"为 8 点、"颜色"为红色（RGB 参数值分别为 255、0、0），输入文字，适当的旋转文字，效果如图 22-57 所示。

步骤 **04** 选择"25"、"30"文字，更改"字体大小"为 14，双击文字图层，在弹出的"图层样式"对话框中，选中"描边"复选框，设置"颜色"为白色（RGB 参数值均为 255），单击"确定"按钮，即可为文字图层添加"描边"图层样式，效果如图 22-58 所示。

图 22-57 输入文字　　　　　　　　　　　图 22-58 为文字图层添加"描边"图层样式

步骤 05　选取工具箱中的横排文字工具，在图像上单击鼠标左键，确定插入点，设置"字体"
为"方正水柱"、"字体大小"为 10 点、"颜色"为黑色（RGB 参数值分别为 0、0、0），输入文字，
效果如图 22-59 所示。

步骤 06　双击文字图层，在弹出的"图层样式"对话框中，选中"描边"复选框，设置"颜色"
为白色（RGB 参数值均为 255），单击"确定"按钮，即可为文字图层添加"描边"图层样式，
效果如图 22-60 所示。

图 22-59 输入文字　　　　　　　　　　　　　图 22-60 最终效果

专家指点

　　平面设计的目的就是通过调动图像、图形、文字、色彩、版式等诸多元素，并经过一定
的组合，在给人以美的享受的同时，兼顾某种视觉信息的传递。这个商业海报就是在给人以
美的感受的同时，能让人记住销售的此款电脑。

设计案例：
商品包装的效果制作

学习提示

　　商品包装具有和广告一样的效果，是企业与消费者进行第一次接触的桥梁，它也是一个极为重要的宣传媒介。包装设计以商品的保护、使用和促销为目的，在传递商品信息的同时也给人以美的艺术效果，可以提高商品的附加值和竞争力。

本章案例导航

- 制作 CD 光盘包装盒平面效果
- 制作书籍包装平面效果
- 制作喜糖包装袋平面效果
- 制作手提袋包装平面效果

- 制作 CD 光盘包装盒立体效果
- 制作书籍包装立体效果
- 制作喜糖包装袋立体效果
- 制作手提袋包装立体效果

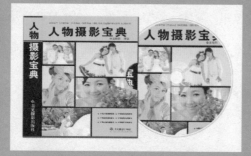

23.1 制作 CD 光盘包装盒

本案例主要介绍使用 Photoshop CC 制作 CD 外包装盒和 CD 光盘盘面的操作方法，体现产品在市场上的应用领域，设计简单明了、醒目，效果如图 23-1 所示。

图 23-1 CD 光盘包装盒效果

	素材文件	光盘 \ 素材 \ 第 23 章 \ 封面 .jpg、背景 1.psd、CD 光盘盘面 .psd、CD 光盘包装盒 .jpg
	效果文件	光盘 \ 效果 \ 第 23 章 \CD 包装盒 .jpg、CD 光盘盘面 .jpg、CD 光盘包装立体效果 .jpg
	视频文件	光盘 \ 视频 \ 第 23 章 \23.1 制作 CD 光盘包装盒平面效果 .mp4 等

23.1.1 制作 CD 光盘包装盒平面效果

本实例在制作 CD 光盘包装盒平面效果时，运用了新建参考线、贴入图像、清除参考线、椭圆选框工具、描边、变化选区等工具，并适当添加相应的素材图像，具体操作方法如下。

步骤 01 单击"文件"｜"新建"命令，弹出"新建"对话框，设置"宽度"和"高度"均为 12 厘米、"分辨率"为 300，单击"确定"按钮，新建一幅空白图像，如图 23-2 所示。

步骤 02 新建"图层 1"图层，单击"视图"｜"新建参考线"命令，在水平和垂直方向，创建 50% 的参考线，效果如图 23-3 所示。

新建 ⟶

绘制 ⟶

图 23-2 新建一幅空白图像　　　　图 23-3 创建参考线

步骤 03 按【Ctrl + A】组合键，全选图像，选取工具箱中的椭圆选框工具，按住【Alt】键，在图像中减选选区，效果如图 23-4 所示。

步骤 04 打开随书附带光盘的"素材\第 23 章\封面 .jpg"素材图像，按【Ctrl + A】组合键，全选图像，效果如图 23-5 所示。

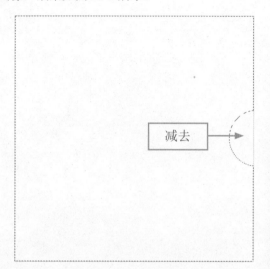

图 23-4 减选选区

图 23-5 全选图像

步骤 05 切换至"未标题 -1"图像编辑窗口中，按【Alt + Shift + Ctrl + V】组合键，贴入图像，并适当缩放图像大小，移动图像至合适位置，效果如图 23-6 所示。

步骤 06 执行上述操作后，单击"视图"|"清除参考线"命令，即可隐藏参考线，效果如图 23-7 所示。

图 23-6 贴入素材图像

图 23-7 最终效果

步骤 07 单击"文件"|"新建"命令，弹出"新建"的对话框，设置"宽度"和"高度"均为 12 厘米、"分辨率"为 300，单击"确定"按钮，新建一幅空白的图像，效果如图 23-8 所示。

步骤 08 新建"图层 1"图层，单击"视图"｜"新建参考线"命令，在水平和垂直方向，创建 50% 的参考线，效果如图 23-9 所示。

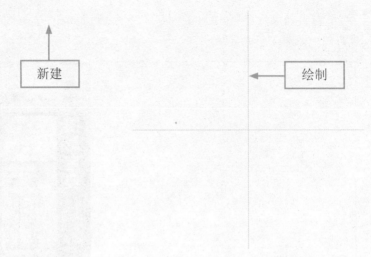

图 23-8 新建一幅空白图像　　　　　　　　　　　图 23-9 创建参考线

步骤 09 选取工具箱中的椭圆选框工具，按【Alt ＋ Shift】组合键，创建一个正圆选区，效果如图 23-10 所示。

步骤 10 单击"编辑"｜"描边"命令，弹出的"描边"对话框，设置"宽度"为 3、"颜色"为"灰色"（RGB 参数值分别为 209、210、209），选中"居中"单选按钮，单击"确定"按钮，即可描边选区，效果如图 23-11 所示。

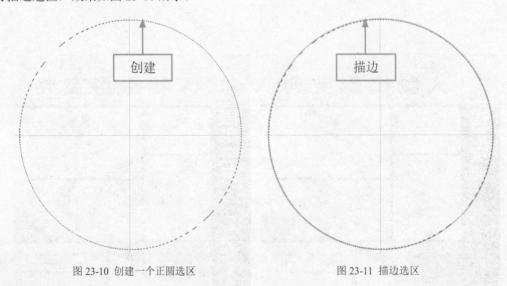

图 23-10 创建一个正圆选区　　　　　　　　　　图 23-11 描边选区

步骤 11 新建"图层 2"图层，单击"选择"｜"变化选区"命令，适当缩放选区大小，设置前景色为黑色，按【Alt ＋ Delete】组合键，填充前景色，效果如图 23-12 所示。

步骤 12 新建"图层 3"图层，单击"选择"｜"变化选区"命令，适当缩放选区大小，效果如图 23-13 所示。

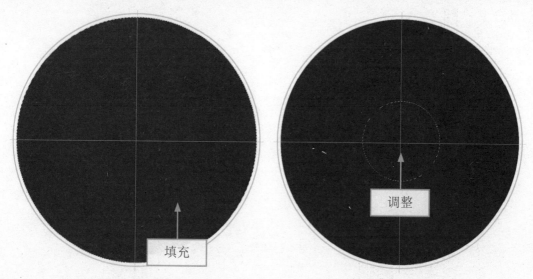

图 23-12 填充前景色   图 23-13 适当缩放选区大小

步骤 **13** 单击"编辑"｜"描边"命令，弹出"描边"对话框，设置"宽度"为 2、"颜色"为灰色（RGB 参数值分别为 209、210、209），单击"确定"按钮，即可描边选区，效果如图 23-14 所示。

步骤 **14** 新建"图层 4"图层，单击"选择"｜"变化选区"命令，适当缩放选区大小，设置前景色为白色，填充前景色，效果如图 23-15 所示。

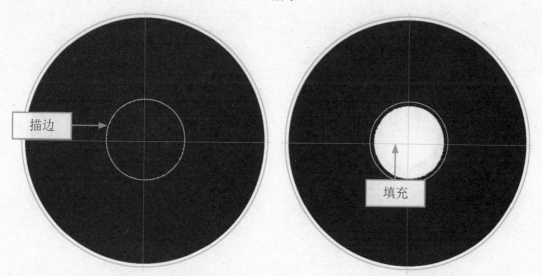

图 23-14 描边选区   图 23-15 填充前景色

步骤 **15** 新建"图层 5"图层，单击"选择"｜"变化选区"命令，适当缩放选区大小，如图 23-16 所示。

步骤 **16** 单击"编辑"｜"描边"命令，弹出的"描边"对话框，设置"宽度"为 2、"颜色"为"灰色"（RGB 参数值分别为 209、210、209），选中"居中"单选按钮，单击"确定"按钮，即可描边选区，如图 23-17 所示。

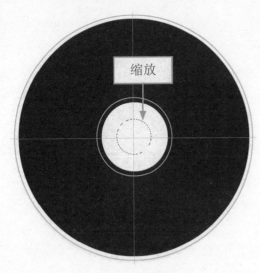

图 23-16 适当缩放选区大小　　　　　　　　　图 23-17 描边选区

步骤 17　新建"图层 6"图层，单击"选择"｜"变化选区"命令，适当缩放选区大小，用与上同样方法，描边选区。选择"图层 2"图层，按【Delete】键，删除选区内的图像，如图 23-18 所示。

步骤 18　新建"图层 7"图层，设置前景色为白色，按【Alt＋Delete】组合键，为选区填充前景色，取消选区，设置"图层 4"图层的"不透明度"为 50%，效果如图 23-19 所示。

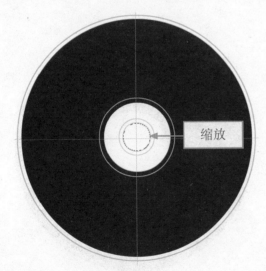
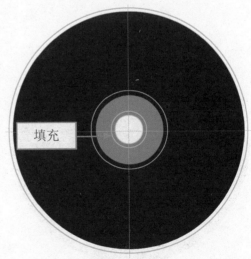

图 23-18 描边选区　　　　　　　　　　　图 23-19 设置"图层 4"图层的不透明度为 50%

步骤 19　打开随书附带光盘的"素材\第 23 章\封面.jpg"素材图像，按【Ctrl＋A】组合键，全选图像，如图 23-20 所示。

步骤 20　切换至"未标题-2"图像编辑窗口中，按住【Ctrl】键的同时，单击"图层 2"图层的缩览图，调出选区。执行上述操作后，按【Alt＋Shift＋Ctrl＋V】组合键，贴入图像，并适当缩放图像大小，移动图像至合适位置，单击"视图"｜"清除参考线"命令，取消显示参考线，如图 23-21 所示。

全选

贴入

图 23-20 全选图像

图 23-21 最终效果

23.1.2 制作 CD 光盘包装盒立体效果

本实例在制作 CD 光盘包装盒立体效果时，运用了缩放、魔棒工具、投影等工具，具体操作方法如下。

步骤 01 打开随书附带光盘的"素材\第 23 章\背景 1.psd、CD 光盘盘面 .psd"素材图像，将"CD 光盘盘面"素材图像拖曳至"背景 1"图像编辑窗口，适当调整图像大小，并移至合适位置，效果如图 23-22 所示。

步骤 02 打开随书附带光盘的"素材\第 23 章\CD 光盘包装盒 .jpg"素材图像，将该素材拖曳至"背景 1"图像编辑窗口，适当调整图像大小，并移至合适位置，如图 23-23 所示。

拖曳

拖曳

图 23-22 置入素材图像

图 23-23 置入素材图像

步骤 03 选取工具箱中的魔棒工具，创建选区，按【Delete】键，删除选区内的图像，并取消选区，如图 23-24 所示。

步骤 04 双击"图层 3"图层，弹出"图层样式"对话框，选中"投影"复选框，设置"距离"为 8 像素、"扩展"为 46%、"大小"为 8 像素，单击"确定"按钮，即可为图层添加"投影"图层样式，最终效果如图 23-25 所示。

专家指点

　　产品造型通过精心包装设计，使产品的使用功能、结构、材料、造型在风格上相统一，相得益彰，能深刻反映产品固有的特色和魅力，从而使消费者迅速地选择同种效率不同的牌号的产品。

图 23-24　删除选区内的图像　　　　　　　　图 23-25　最终效果

23.2　制作书籍包装

　　本案例设计的是一本达夫游记小说集的书籍封面。本案例使用淡蓝色做主色调，白色为辅助色，以书的名称作为视觉要点，运用图片、文字为设计元素，突出了书籍的主体特性。

　　本实例最终效果如图 23-26 所示。

图 23-26　书籍包装效果

素材文件	光盘＼素材＼第 23 章＼天空 .jpg、山海 .jpg、封面装饰 .psd、封面文字 .psd、书籍立体效果背景 .jpg
效果文件	光盘＼效果＼第 23 章＼书籍包装平面效果 .jpg、书籍包装立体效果 .jpg
视频文件	光盘＼视频＼第 23 章＼23.2.1 制作书籍包装平面效果 .mp4 等

23.2.1　制作书籍包装平面效果

　　本实例在制作书籍包装平面效果时，运用了新建参考线、矩形工具、添加图层蒙版、直排文字工具等工具，并添加相应的素材图像，具体操作方法如下。

步骤 01 单击"文件"|"新建"命令，弹出"新建"对话框，在其中设置"名称"为"书籍包装平面效果"、"宽度"为 21.3 厘米、"高度"为 23.6 厘米、"分辨率"为 300 像素 / 英寸，如图 23-27 所示，单击"确定"按钮，即可新建空白文档。

步骤 02 单击"视图"|"新建参考线"命令，弹出"新建参考线"对话框，选中"垂直"单选按钮，依次设置"位置"为 0 厘米、0.3 厘米、2.5 厘米、21 厘米、21.3 厘米，新建 5 条垂直参考线，效果如图 23-28 所示。

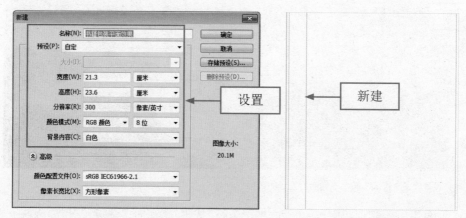

图 23-27 设置各选项   图 23-28 新建垂直参考线

步骤 03 单击"视图"|"新建参考线"命令，弹出"新建参考线"对话框，选中"水平"单选按钮，依次设置"位置"为 0 厘米、0.3 厘米、23.3 厘米、23.6 厘米，新建 4 条水平参考线，效果如图 23-29 所示。

步骤 04 设置前景色为淡蓝色（RGB 参数值分别为 158、209、231），新建"图层 1"图层，使用矩形工具，依据参考线，绘制一个填充矩形，效果如图 23-30 所示。

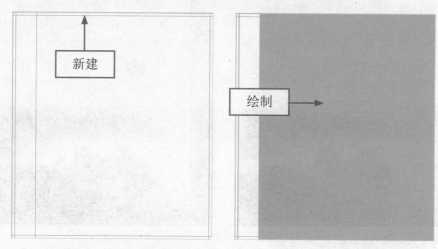

图 23-29 新建水平参考线   图 23-30 绘制一个填充矩形

步骤 05 打开本书配套光盘中的"素材 \ 第 23 章 \ 天空 .jpg"文件，选取工具箱中的移动工具，将其拖曳至"书籍包装平面效果"图像编辑窗口中的合适位置，并适当调整其大小，在"图层"面板中，设置图层"混合模式"为"滤色"、"不透明度"为 81%，效果如图 23-31 所示。

步骤 06 打开本书配套光盘中的"素材\第23章\山海.jpg"文件,使用移动工具,将其拖曳至"书籍包装平面效果"图像编辑窗口中,并调整图像大小和位置,效果如图23-32所示。

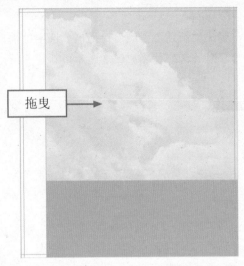

图 23-31 设置"混合模式"和"不透明度"后的效果　　图 23-32 拖入素材图像

步骤 07 单击"图层"面板底部的"添加图层蒙版"按钮,添加图层蒙版,运用黑色的画笔工具,调整相应的画笔大小和不透明度,在图像编辑窗口中,对图像进行涂抹,隐藏部分图像,效果如图 23-33 所示。

步骤 08 打开本书配套光盘中的"素材\第23章\封面装饰.psd"文件,使用移动工具,将其拖曳至"书籍包装平面效果"图像编辑窗口中,并调整图像大小和位置,效果如图 23-34 所示。

图 23-33 涂抹隐藏部分图像后的效果　　　　图 23-34 拖入素材图像

步骤 09 选取工具箱中的直排文字工具,在"字符"面板中,设置"字体"为"叶根友毛笔行书简体"、"字号"为100点、"字距"为40、"颜色"为"黑色",单击"仿粗体"按钮,输入文字,效果如图 23-35 所示。

步骤 10 打开本书配套光盘中的"素材\第23章\封面文字 .psd"文件，使用移动工具，将其拖曳至"书籍包装平面效果"图像编辑窗口中，并调整图像大小和位置，效果如图 23-36 所示。

图 23-35 输入文字

图 23-36 最终效果

23.2.2 制作书籍包装立体效果

本实例在制作书籍包装立体效果时，运用了拼合图像、拷贝、扭曲、变换、添加图层蒙版、羽化、油漆桶工具、图层样式、参考线等工具，具体操作方法如下。

步骤 01 单击"图层"|"拼合图像"命令，将所有图层合并为"背景"图层，使用矩形选框工具，依据参考线，创建一个矩形选区，如图 23-37 所示，按【Ctrl + C】组合键，复制选区内的图像。

步骤 02 打开本书配套光盘中的"素材\第23章\书籍立体效果背景 .jpg"文件，按【Ctrl + V】组合键，粘贴拷贝的图像，按【Ctrl + T】组合键，调出变换控制框，适当调整图像的大小和位置，在图像编辑窗口中，单击鼠标右键，在弹出的快捷菜单中，选择"扭曲"选项，按住【Shift】键的同时，依次向下和向上拖曳相应的控制柄，扭曲图像，按【Enter】键，确认变换操作，如图 23-38 所示。

图 23-37 拼合图层并创建选区

图 23-38 调整图像的大小和位置

步骤 03 在"图层"面板中，选择"图层1"图层，复制"图层1"图层，得到"图层1拷贝"图层，单击"编辑"｜"变换"｜"垂直翻转"命令，垂直翻转图像，并将其移至合适位置，效果如图23-39所示。

步骤 04 单击"编辑"｜"变换"｜"斜切"命令，调出变换控制框，向上拖曳右侧的控制柄至合适位置，按【Enter】键，确认变换操作，效果如图23-40所示。

图 23-39 复制垂直翻转并移动图像　　　　图 23-40 斜切图像

步骤 05 在"图层"面板中，设置"不透明度"为40%，单击"图层"面板底部的"添加图层蒙版"按钮，添加图层蒙版，使用渐变工具，在图像编辑窗口中，从下到上拖曳，填充黑色到白色的线性渐变，隐藏部分图像，效果如图23-41所示。

步骤 06 用与上同样的方法，制作书籍的书脊效果，如图23-42所示。

图 23-41 填充线性渐变　　　　图 23-42 制作书籍的书脊效果

步骤 **07** 在"图层"面板中，选择"背景"图层，设置前景色为深灰色（RGB 参数值均为 74），新建"图层 3"图层，使用多边形套索工具，设置工具栏中的"羽化"为 8 像素，创建一个多边形羽化选区，效果如图 23-43 所示。

步骤 **08** 使用油漆桶工具，在选区内单击鼠标左键，填充前景色，并取消选区，如图 23-44 所示。

图 23-43 创建多边形羽化选区

图 23-44 填充前景色并取消选区

步骤 **09** 在"图层"面板中，选择"图层 1"图层，单击"图层"|"图层样式"|"投影"命令，在弹出的"图层样式"对话框中，设置"不透明度"为 50%、"角度"为 1，单击"确定"按钮，添加"投影"图层样式，将"图层 1"图层拖曳至最顶层，调整图层顺序，效果如图 23-45 所示。

步骤 **10** 单击"视图"|"显示"|"参考线"命令，隐藏参考线，效果如图 23-46 所示。

图 23-45 添加"图层样式"并调整图层顺序后的效果

图 23-46 最终效果

23.3 喜糖包装袋设计

产品包装外形的醒目程度直接影响消费者的视觉，良好的形式可以刺激消费者的视觉，激起消费者购买商品的欲望。下面向读者介绍制作喜糖塑料包装的操作方法：

本实例最终效果如图 23-47 所示。

图 23-47 喜糖包装袋设计效果

	素材文件	光盘\素材\第 23 章\背景 2.psd、喜庆 .jpg、文字 .psd、新人 .psd、立体背景 .psd、亮光 .psd
	效果文件	光盘\效果\第 23 章\喜糖包装袋 .jpg、喜糖包装袋立体效果 .jpg
	视频文件	光盘\视频\第 23 章\23.3.1 制作喜糖包装袋平面效果 .mp4 等

23.3.1 制作喜糖包装袋平面效果

本实例在制作喜糖包装袋平面效果时，运用了缩放、矩形选框工具、滤镜、横排文字工具、图层样式等工具，并添加相应的素材图像，具体操作方法如下。

步骤 01 打开随书附带光盘的"素材\第 23 章\背景 2.psd"素材图像，如图 23-48 所示。

步骤 02 打开随书附带光盘的"素材\第 23 章\喜庆 .jpg"素材图像，将该"喜庆"素材图像拖曳至"背景 2"图像编辑窗口中，适当调整图像大小，并移至合适位置，如图 23-49 所示。

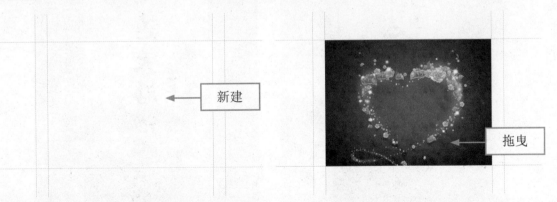

新建

拖曳

图 23-48 打开素材图像　　　　　图 23-49 置入素材图像

步骤 03 新建"图层 2"图层，选取工具箱中的矩形选框工具，创建一个选区，设置前景色为暗红色（RGB 参数值分别为 89、8、13），按【Alt + Delete】组合键，为选区填充颜色，取消选区，如图 23-50 所示。

步骤 04 单击"滤镜"|"扭曲"|"波浪"命令，弹出"波浪"对话框，在其中设置各选项，

生成器数：9，波长：最小 1、最大 21，波幅：最小 1、最大 2，比例：水平 100%、垂直 100%，类型：三角形，未定义区域：重复边缘像素。效果如图 23-51 所示。

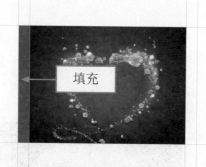

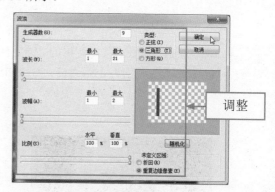

图 23-50 为选区填充颜色 　　　　　　　　　图 23-51 设置各选项

步骤 05 单击"确定"按钮，即可为图像添加波浪扭曲滤镜，效果如图 23-52 所示。

步骤 06 复制"图层 2"图层，得到"图层 2 拷贝"图层，移动图像至合适位置，效果如图 23-53 所示。

图 23-52 为图像添加波浪扭曲滤镜 　　　　　图 23-53 复制并移动图像

步骤 07 打开随书附带光盘中的"素材\第 23 章\新人 .psd"素材图像，并将该素材拖曳至"背景 2"图像编辑窗口中的合适位置，效果如图 23-54 所示。

步骤 08 打开本书配套光盘中的"素材\第 23 章\文字 .psd"文件，将该素材拖曳至"背景 2"图像编辑窗口的合适位置，效果如图 23-55 所示。

图 23-54 置入素材图像 　　　　　　　　　图 23-55 置入素材图像

步骤 09 选取工具箱中的横排文字工具，在图像上单击鼠标左键，确定插入点，设置"字体"为"隶书"、"字体大小"为 62.77 点、"颜色"为褐色（RGB 参数值分别为 109、0、4），输入文字，如图 23-56 所示。

步骤 10 双击文字图层，在弹出的"图层样式"对话框中，选中"描边"复选框，设置"颜色"为黄色（RGB 参数值分别为 250、213、7）单击"确定"按钮，即可为图层添加"描边"图层样式，如图 23-57 所示。

图 23-56 输入文字　　　　　　　　　　　　　　图 23-57 为图层添加"描边"图层样式

步骤 11 选取工具箱中的横排文字工具，在图像上单击鼠标左键，确定插入点，设置"字体"为"隶书"、"字体大小"为 8 点、"颜色"为白色（RGB 参数值分别均为 255），输入文字，如图 23-58 所示。

步骤 12 双击文字图层，在弹出的"图层样式"对话框中，选中"投影"复选框，设置"扩展"为 36，单击"确定"按钮，即可为文字图层添加"投影"图层样式，取消显示参考线，如图 23-59 所示。

图 23-58 输入文字　　　　　　　　　　　　　　图 23-59 最终效果

专家指点

　　＊ 在包装设计中，将设计的构思、定位与形式美付诸实际的行为便是构图，它包括所包装物体结构、图形、色彩、文字的处理以及装饰的风格等。常见的构图类型可分为几何型构图形式和随意型构图形式两大类。

　　＊ 包装设计给人的视觉冲击力的强弱取决于设计师对形势法则的理解与运用。形式美是

客观事物外在形式审美的一般法则，多用于说明造型艺术中的形象和构图方面的问题，从一种心理的"力"的假设来理论，色彩的各种视觉的"力"包括它的作用力、夺目力、感召力等，形式法则的合理运用将会给人以美的享受。

23.3.2 制作喜糖包装袋立体效果

本实例在制作喜糖包装袋立体效果时，运用了缩放、椭圆选框工具、羽化、填充等工具，具体操作方法如下。

步骤 **01** 打开本书配套光盘中的"素材\第23章\立体背景.psd"素材图像，如图23-60所示。

步骤 **02** 将该"喜糖包装袋"效果图像合并，背景图层除外，拖曳至"立体背景"图像编辑窗口中，调整图像大小，适当变形，并移至合适位置，如图23-61所示。

图 23-60 打开素材图像   图 23-61 置入素材图像

步骤 **03** 打开本书配套光盘中的"素材\第23章\亮光.psd"素材图像，将其拖曳至"立体背景"图像编辑窗口中的合适位置，效果如图23-62所示。

步骤 **04** 复制"图层2"图层，并调整图像大小、方向，移至合适位置，设置图层"不透明度"为80%，效果如图23-63所示。

图 23-62 置入素材图像   图 23-63 设置图层"不透明度"为80%

步骤 **05** 新建"图层3"图层，选取工具箱中的椭圆选框工具，在图像中创建选区，羽化选区20个像素，效果如图23-64所示。

步骤 **06** 设置前景色为黑色，按【Alt + Delete】组合键，为选区填充前景色，取消选区，拖曳"图层3"图层至"图层1"图层的下方，调整图层顺序，效果如图23-65所示。

图 23-64 羽化选区 20 个像素   图 23-65 最终效果

23.4 制作手提袋

本案例设计的是一个思科达网络产品的手提袋,在设计上运用了蓝色,蓝色是一种沉静的色彩,给人冷静、理智的感觉;画面通过线条进行分割,版式明朗,给人以平稳、整齐的美感;采用科技、商业化的图片作为点缀,传达最直接的信息, 效果如图 23-66 所示。

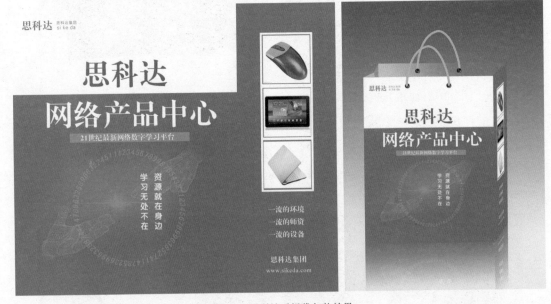

图 23-66 思科达手提袋包装效果

	素材文件	光盘 \ 素材 \ 第 23 章 \装饰 .psd、手提袋文字 1.psd、广告图片 .psd、手提袋文字 2.psd、手提袋立体效果背景 .jpg、手提绳 .psd
	效果文件	光盘 \ 效果 \ 第 23 章 \ 手提袋平面效果 .jpg、手提袋立体效果 .jpg
	视频文件	光盘 \ 视频 \ 第 23 章 \23.4.1 制作手提袋的平面效果 .mp4 等

23.4.1 制作手提袋包装平面效果

本实例在制作手提袋包装平面效果时,运用了新建参考线、填充、直排文字工具、横排文字工具、矩形选框工具等工具,并添加相应的素材图像,具体操作方法如下。

步骤 01 单击"文件"|"新建"命令，弹出"新建"对话框，新建一幅名为"手提袋平面效果"的 RGB 模式图像，设置"宽度"和"高度"分别为 11.5 厘米和 10 厘米、"分辨率"为 300 像素/ 英寸、"背景内容"为"白色"，然后单击"确定"按钮，如图 23-67 所示。

步骤 02 单击"视图"|"新建参考线"命令，在弹出的"新建参考线"对话框中，选中"垂直"单选按钮，设置"位置"值为 8 厘米，然后单击"确定"按钮，如图 23-68 所示。

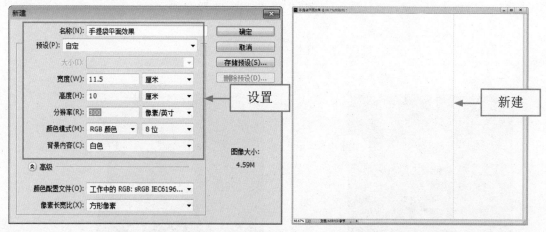

图 23-67 设置个选项   图 23-68 新建垂直参考线

步骤 03 设置前景色为蓝色（RGB 的参考值分别为 39、83、114），背景色为天蓝色（RGB 的参考值分别为 11、140、198），单击"图层"|"新建"|"图层"命令，新建"图层 1"图层，选取工具箱中的矩形选框工具，在图像编辑窗口中，根据添加的参考线，在窗口的左侧拖曳鼠标，创建一个矩形选区，然后按【Alt ＋ Delete】组合键，填充前景色，单击"选择"|"取消选择"命令，效果如图 23-69 所示。

步骤 04 新建"图层 2"图层，然后选取工具箱中的矩形选框工具，在图像编辑窗口的"图层 1"图像上方，拖动鼠标，创建一个矩形选区，并按【Ctrl ＋ Delete】组合键，填充背景色，最后按【Ctrl ＋ D】组合键，取消选区后，效果如图 23-70 所示。

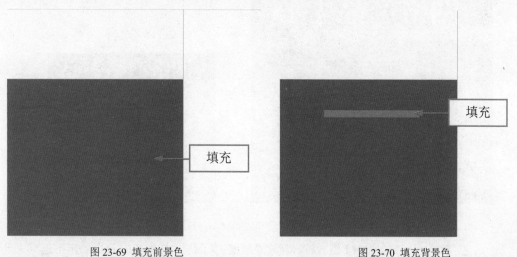

图 23-69 填充前景色   图 23-70 填充背景色

步骤 05 打开随书附带光盘的"素材 \ 第 23 章 \ 装饰 .psd"素材，拖曳至"手提袋平面效果"并移动至合适位置，如图 23-71 所示。

步骤 06 选取工具箱中的直排文字工具 ，在"字符"面板中，设置"字体"为"方正粗圆简体"、"字号"为"8"点、"设置所选字符的字距调整"为 200%、"颜色"为白色，将鼠标移至图像编辑窗口中，单击鼠标左键，确认插入点，输入文字"资源就在身边 学习无处不在"，按【Ctrl ＋ Enter】组合键，确认输入的文字，效果如图 23-72 所示。

图 23-71 拖曳素材至合适位置

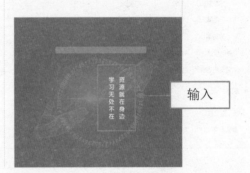

图 23-72 输入文字

步骤 07 选取工具箱中的横排文字工具 ，在图像编辑窗口中，单击鼠标左键，在工具属性栏中，设置"字体"为"方正小标宋简体"、"字号"为 28 点、"设置行距"为 11、"设置所选字符的字距调整"为 50、"颜色"为白色，输入文字"网络产品中心"，按【Ctrl ＋ Enter】组合键，确认输入的文字，效果如图 23-73 所示。

步骤 08 打开本书配套光盘中的"素材 \ 第 23 章 \ 手提袋文字 1.psd"文件，并将其拖曳至"手提袋平面效果"的合适位置处，效果如图 23-74 所示。

图 23-73 输入文字

图 23-74 拖入素材图像

步骤 09 按【Ctrl ＋ Shift ＋ N】组合键，新建"图层 3"图层，选取工具箱中的矩形选框工具，在图像编辑窗口中，根据添加的参考线，在图像的右侧方框处，拖动鼠标，创建一个矩形选区，如图 23-75 所示。

步骤 10　选取工具箱中的吸管工具，在图像编辑窗口中"图层 1"图像的上方，单击鼠标左键吸取颜色，然后选取工具箱中的油漆桶工具，在创建的选区内，单击鼠标左键，填充吸取的颜色，按【Ctrl ＋ D】组合键，取消选区，效果如图 23-76 所示。

图 23-75　创建矩形选区　　　　　　　　　　　　图 23-76　填充颜色

步骤 11　单击"文件" | "打开"命令，打开随书附带光盘的"素材 / 第 23 章 / 广告图片 .psd"文件，拖曳至"手提袋平面效果"图像编辑窗口中，并移动至合适的位置，如图 23-77 所示。

步骤 12　打开本书配套光盘中的"素材 \ 第 23 章 \ 手提袋文字 2.psd"文件，并将其拖曳至"手提袋平面效果"图像编辑窗口中的合适位置处，效果如图 23-78 所示。

图 23-77　拖入素材图像　　　　　　　　　　　　图 23-78　最终效果

专家指点

　　商品的"形象色"是商品包装设计的一大要素。一般来说，所谓"形象色"是指与商品或原料本身固有颜色有密切联系的颜色。为商品设计包装时，在色彩处理上应注意与产品本身色彩的关系，每种产品都有自己特定的色彩序列，在配以一些色彩鲜艳夺目的产品宣传用语来活跃画面，可吸引消费者。

23.4.2 制作手提袋包装立体效果

本实例在制作手提袋包装立体效果时，运用了拷贝、矩形选框工具、变换、渐变工具、多边形套索工具、曲线、添加图层蒙版等工具，具体操作方法如下。

步骤 01 打开随书附带光盘的"素材 \ 第 23 章 \ 手提袋立体效果背景 .jpg"素材，如图 23-79 所示。

步骤 02 单击"文件" | "打开"命令，打开保存的"手提袋平面效果"的 JEPG 图像，按【Ctrl ＋ A】组合键，全选图像，单击"编辑" | "拷贝"命令，复制选区内的图像，切换至"手提袋立体效果背景"图像窗口，按【Ctrl ＋ V】组合键，粘贴复制的图像，调整图像的大小及位置，效果如图 23-80 所示。

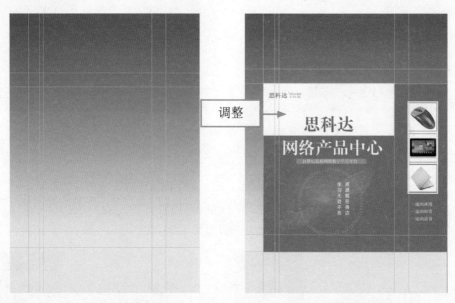

图 23-79 素材图像   图 23-80 置入图像并调整

步骤 03 选取工具箱中的矩形选框工具，在图像编辑窗口中拖动鼠标，创建一个矩形选区，如图 23-81 所示。

步骤 04 单击"图层" | "新建" | "通过剪切的图层"命令，将选区内的图像剪切并粘贴至自动生成的"图层 2"图层中，单击"编辑" | "变换" | "扭曲"命令，调出变换控制框，拖动变换控制框右侧中间与上方左侧的节点至合适位置，按【Enter】键，确认变换操作，效果如图 23-82 所示。

步骤 05 设置前景色为蓝色（RGB 的参考值分别为 185、201、225），背景色为深蓝色（RGB 的参考值分别为 87、107、135），在"图层"面板中选择"背景"图层，单击面板底部的"创建新图层"按钮，新建"图层 3"图层，选取工具箱中的矩形选框工具，在图像编辑窗口中拖动鼠标，创建一个矩形选区，如图 23-83 所示。

步骤 06 选取工具箱中的渐变工具，单击工具属性栏中的"线性渐变"按钮，在图像编辑窗口中选区的上方右侧处，单击鼠标左键，并向左拖动，绘制一条斜线，填充渐变颜色，按【Ctrl ＋ D】组合键，取消选区后，效果如图 23-84 所示。

图 23-81 创建矩形选区　　　　　　　　图 23-82 变换图像后的效果

图 23-83 创建矩形选区　　　　　　　　图 23-84 填充渐变颜色

步骤 07 设置前景色为灰色（RGB 的参考值分别为 181、188、199），背景色为灰色（RGB 的参考值分别为 132、141、155），单击"图层"面板底部的"创建新图层"按钮 🔳，新建"图层"4 图层，选取工具箱中的多边形套索工具 ，在图像编辑窗口中的"图层 3"图层中的图像左侧处，单击鼠标左键，绘制一个闭合选区，如图 23-85 所示。

步骤 08 单击"编辑"|"填充"命令，在弹出的"填充"对话框中，单击"使用"右侧的下拉按钮，在弹出的列表框中选择"背景色"选项，单击"确定"按钮，单击"选择"|"取消选择"命令，效果如图 23-86 所示。

步骤 09 新建"图层 5"图层，运用工具箱中的多边形套索工具 ，在图像编辑窗口中单击鼠标左键，创建一个闭合选区，按【Alt + Delete】组合键，填充前景色，最后按【Ctrl + D】组合键，取消选区后，效果如图 23-87 所示。

中文版 *Photoshop CC* 应用宝典

步骤 10 在"图层"面板中，选择"图层 2"图层为当前工作图层，单击"图像"|"调整"|"曲线"命令，在弹出的"曲线"对话框中的编辑框中，单击鼠标左键出现一个黑色方框，调整曲线，输出为 65，输入为 48 执行上述操作后，单击"确定"按钮，调整图像的亮度，效果如图 23-88 所示。

图 23-85 绘制闭合路径

图 23-86 填充背景色

图 23-87 填充前景色

图 23-88 调整图像的亮度

步骤 11 打开本书配套光盘中的"素材\第 23 章\手提绳 .psd"文件，拖曳至"手提袋立体效果背景"，并移动图像至合适位置，效果如图 23-89 所示。

步骤 12 执行上述操作后，在"图层"面板中，复制一个"手提绳"图层得到"手提绳拷贝"图层，并将其调整至"图层 3"图层的下方，在图像编辑窗口中，移动图像至合适的位置处，效果如图 23-90 所示。

图 23-89 拖入素材图像

图 23-90 调整图像位置

步骤 13 复制"图层1"图层得到"图层1拷贝"图层，单击"编辑"|"变换"|"垂直翻转"命令，翻转图像至合适位置，效果如图 23-91 所示。

步骤 14 为"图层1拷贝"图层添加图层蒙版，运用渐变工具，填充黑色到白色的线性渐变，隐藏图像，效果如图 23-92 所示。

图 23-91 移动复制的图像　　　　　图 23-92 填充渐变颜色

步骤 15 复制"图层2"图层得到"图层2拷贝"图层，单击"编辑"|"变换"|"垂直翻转"命令，翻转图像至合适位置，效果如图 23-93 示。

步骤 16 单击"编辑"|"变换"|"斜切"命令，调出变换控制框，向上拖曳右侧中间的控制柄至合适位置，双击鼠标确认变换操作，并为"图层2拷贝"图层添加图层蒙版，运用渐变工具，填充黑色到白色的线性渐变，效果如图 23-94 示。

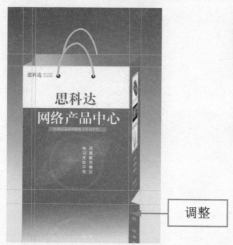

图 23-93 移动复制的图像　　　　　图 23-94 最终效果

 专家指点

包装设计效果虽不是纯艺术品，但必须有一定的艺术感染力。